推荐序

徜徉在美酒世界的快意人生————陈新民

香槟骑士黄辉宏兄，在众人的延颈鹤望下，大作《和葡萄酒相遇在最好的年代》终于问世。这是一本由一位喜爱美酒的权威人士，带领大家畅游世界100座伟大的酒庄，亲身体验历代庄主所灌注终身的热情与无穷血汗所获致的成果。并且娓娓道来每款佳酿的美味，以及迎来的哪些伟大的年份。

能将世界饮酒文化中最菁华的片段，浓缩在400多页流畅的文笔与精美的图片之中者，绝对需要对美酒抱有持续的热忱、勤而不倦地搜集资料，以及不惜重金地搜寻名酒，并将品尝后的经验与感触，巨细靡遗地记述下来的勤奋功夫。本书的作者黄辉宏正是撰写此类经典之作的绝佳人选！在投入名酒进口行业20余年的漫长岁月中，他目睹了台湾由烟酒公卖时代的"葡萄酒荒漠"，迈过了开放酒禁后，各国葡萄酒蜂拥登台，进口商与酒商相互厮杀的"酒市战国时代"。而到如今，葡萄酒热潮已过，"尝鲜族"已纷纷退场，回归各自钟爱的烈酒或啤酒领域。仍然固守在葡萄酒品饮阵线的酒友们，几乎都是基于"认知型"的爱好者。换言之，中国台湾的葡萄酒文化已经达到相当程度的"根深化"，世界各地的各种美酒，都可以因其特色，在宝岛获得一批忠心的支持者。辉宏兄全程体验这种过程的演变，在进口葡萄酒推广与教学这漫长的岁月中，他累积了无数的酒学素养，也收藏了无穷的味蕾回忆。这一本著作也可以称为他全部葡萄酒生涯最完美、最丰富的回忆之作！

除了推荐世界100座目前最炙手可热的酒庄，本书还将其近年来表现最优的年份，以及能购得的市价都很贴心地介绍出来。可以让读者在钦羡该款佳酿之余，也可以掂掂钱包，看看有无下手的可能，而不至于望"书"兴叹。对读者而言，本书也起到了"消费指南"的作用。

本书还有另一个值得大书特书的特点，便是替每款佳酿找寻一个搭档的中华名菜。虽云：顶级美酒当以单饮为宜。这是担心其纤细如丝的酒体、芳醇的香气，不至为食物的气味所侵扰。然而，品赏美酒之时，多半为友朋欢聚之时，怎可无食无酒？美酒搭美食，也变成品赏美酒文化中的一个最重要之"次文化"。由这个美酒搭配美食，能够晋升到文化的层次，体现了一个味蕾功夫。必须是美酒专家，再加上尝遍百味的美食专家，两相结合，方足以承担此挑选的重责大任。精通美酒一门已难矣，如要再加上美食一关，能下笔者更寥寥无几矣！

在葡萄酒文化已经落地生根超过500年的欧美国家，评述美酒搭美食的著作，已经汗牛充栋。但这些佐搭的美食几乎全部是欧美食单，中华美味佳肴几无立足之地！理由非常简单：这些欧美的美食美酒家，无缘品试大江南北之中国菜也。无怪乎，当我国读者读到欧洲公认美食美酒的搭配名单，多半有"鸭子听雷"之憾，便是这种酒食搭配的"水土不服"的现象。

我随便举一个例子：提到法国隆河普罗旺斯的教皇新堡，其陈年老酒的魅力，实在不亚于波尔多与勃艮第者。然而其粗犷的酒体，经常具有强烈的皮革、兽体散发的骚臊味，美食搭配常建议以熏或炖野兔肉、烤鹿排，以压盖其味。

作为一个美食家，辉宏兄本身也精于厨艺。数年前，恰逢春节假期，他为了证明他也能"耍两手"，居然在半天内独自一人办出一桌传统台湾的大菜酒席，菜单上自然包括著名的酒家菜"螺肉蒜""红烧全蹄""翅头白菜卤""红烧牛尾汤"……果然一"炒"惊人！本书每款顶级美酒，辉宏兄都会建议搭配的中菜色，而且也会特别建议其中一款代表作，附上精美的图片与资讯，光是寻找此"百大佐食"就耗费了他许多的功夫。无怪乎，三四年前开始，每次我们聚餐时，发现有一道不错的美食，他都会要求大家暂时停住，让他拍照，原来便是为了撰写本书而预备资料。

的确，在葡萄酒文化已经相当普及的台湾美酒品赏界中，世界上许多顶级、能够跨入各个评酒家心目中"百大"或"五十大"门槛的好酒，都已经登堂入室，成为各个评酒会品谈的重点。但酒市如同人世，老去新来，美酒世界仿佛宇宙星云，随时有新星的迸发，给星空带来一片耀光。成功的酒庄，也是一样。不管它是"老干新枝"——原本已经有名的老酒庄，经过新一代庄主的奋发图强，而重登酒市高峰；或仅是"酒园新秀"，蒙上主或酒神看中庄主的才华、努力与机运，让这个新酒庄，酿出令人惊艳的美酒，成为"酒市宠儿"，都是值得每个美酒爱好者应当注意、亲近与品赏的！

在国内，葡萄酒文化的普及扩大了饮酒客的国际视野，正如同夏天五彩缤纷的花园，万紫千红，美不胜收。如今，香槟骑士又栽下一株盛开的玫瑰。在书中，我仿佛嗅到玫瑰花中的绵绵不断的香槟气息与醉人的酒香。

本书能让人驰念于巡礼五大洲的伟大酒庄，又可使人徜徉在这种美酒世界，这种人生是何其快意与美好！

陈新民，写于2015年4月

相遇在最好的年代

葡萄酒作家、
培训讲师　林殿理

　　欣闻黄辉宏老师筹备多时的新书马上要在中国大陆发行简体版了，在此谨致上衷心的祝福！

　　我与黄兄是多年前在酒会上结识的，他为人极为热情且乐于分享，在葡萄酒的培训推广上更是桃李满天下。为了新作，他更是不辞辛劳地拜访了许多产区，而我也很荣幸地牵线促成了几个宁夏贺兰山东麓酒庄的采访。

　　黄老师对于葡萄酒产区的品种有着深入的了解，但诠释的风格非常平易近人，让人能够轻松愉快地学习到许多知识。我郑重推荐此书给喜爱葡萄酒的朋友们！

林殿理

享受美酒美食的人生—— 作者　黄辉宏

　　中国国民党元老、书法家兼美食家的于右任曾说过："人生就像饮食，每得一样美食，便觉得生命更圆满一分。享受五味甘美，如同享受色彩、美人一样。多一样收获，生命便丰足滋润一分。"吃吃喝喝绝不是生活中的一件小事，而是对人生的一种品味。

　　春秋以来孔夫子就已经主张"食不厌精，脍不厌细"，这是中国人在饮食上追求的一种态度。唐朝李白醉酒后能斗诗300首，宋朝苏轼在通宵酣畅之余能舞剑吟出流传千古的《水调歌头》，清代文人袁枚在遍尝名菜之后能写出《随园食单》，余光中在《寻李白》的新诗中写说："酒放豪肠，七分酿成了月光，余下的三分啸成剑气，口一吐就半个盛唐。"从古到今，帝王百姓，文人骚客都为饮食留下了许多美丽的诗句与不同的注解。

　　中国美食，博大精深，浩瀚无穷，上至山珍海味，下至地方小吃，各地的风俗和地理条件不同，所以各具风味。中国菜系主要分为八大菜系：鲁、川、苏、粤、闽、浙、徽、湘。再加上客家菜和道地台菜，就成了十大菜系。想要品出各流派菜系真正的味道，必须要去当地，只有沉浸在当地的人文山水之中，才能够品出一道菜的真味。就如苏东坡被贬于黄州时，贫困之余成就了"东坡肉"这道名菜，张大千到了敦煌莫高窟发明了"苜蓿炒鸡片"，这道菜流传于世。我虽不如东坡居士与张大师的聪颖睿智，但这20年来进出大陆不下200次，东奔西跑，南北闯荡，遍寻美食，甚至深入新疆、蒙古、宁夏大西北实地采访，尝过的地方佳肴虽达百道以上，但仍不能窥其一二，只是野人献曝，仅供参考而已。

　　本人自1992年开始进入葡萄酒进口公司服务，历经中国台湾公卖局时期的公卖利益缴税、20世纪90年代的葡萄酒进口过剩，导致崩盘、重新洗牌，到近年的WTO酒精税、网络上的百家争鸣，目前为止几乎每一役都参与过。笔者也从

作者：黄辉宏（Jacky Huang）
2012授勋法国香槟骑士、上海第五届葡萄酒博览会专任评审委员、英国《品醇客》（Decanter）葡萄酒杂志中文版专业讲师、台北市士林社区大学葡萄酒讲师、文化大学推广部葡萄酒讲师、台湾彰化二林农会紫晶杯葡萄酒评审委员、百大葡萄酒讲师。

一个门外汉，苦读自修，虚心请教，尝遍世界不同美酒，拜访欧美各大酒庄，经过这一番洗礼之后，在葡萄酒的领域上颇有心得。2007年，我受聘为台北社区大学、文化大学葡萄酒讲师，自2007年起每年都带团到世界各地参观酒庄，从不间断，今年已经是第九届了。2009年，我受邀为上海第五届葡萄酒博览会的评审，2010年再度受邀成为上海世博展馆举办的葡萄酒博览会评审，2012年在香港获颁法国香槟骑士荣誉勋章，2013年再度游历采访欧美、澳洲和中国大陆各知名酒庄，到2015年为止，我拜访的酒庄超过200家，并成为这本百大新书的素材。

世界上的酒庄数目和葡萄酒品种众多，本书难免有遗珠之憾。如勃艮第的寇许·杜里（Coche Dury）、波尔多的花堡（Château Lafleur）、隆河的夏芙（Jean-Louis Chave）、西班牙的平古斯（Pingus）、美国的达拉·维尔（Dalla Valle），还有罗亚尔河和南非酒，由于手边资料和照片收集不足，故未收录。而且考虑到本书是以涵盖世界各个新旧产区，且能见度较高，以读者都能买到的酒为主，故而无法一一列入百大之中。

这本书能够出版，要感谢我的老大哥《稀世珍酿》作者陈新民教授。这十多年来，他对我耳提面命，鞭策勉励，让我在葡萄酒世界里如沐春风，并且给本书命名与写推荐序，亦师亦兄，永志难忘！还有催生此书的中国轻工业出版社时尚生活分社社长王巧丽女士，没有她的厚爱与签约，这本书至今也不可能问世。好友葡萄酒老师林殿理百忙之中特别撰写推荐序美言，不胜感激。在美国加州的政道和莉婷夫妇的带领下，我才能顺利采访纳帕15个酒庄。摄影师程建翰先生的协助拍摄，书中照片才能栩栩动人。好友刘永智兄和华曜兄的照片提供，中国轻工业出版社编辑朱启铭和巴丽华日夜辛苦地编辑，此书才能迅速出版。最后还要感谢我的公司同仁帮忙校稿和家人的体谅与长期支持，尤其是大儿子禹翰花了大量时间找资料、照片，最后到校稿，劳苦功高，在此向你们说声：辛苦了！

《和葡萄酒相遇在最好的年代》这本书花了长达10年时间进行酒庄采访，又花了5年时间进行资料收集，两年来一个字一个字地敲打撰写，可说是集毕生精力呕心沥血之作，如今能付梓成册，轻松之余，更多了一份自在。此刻心情可用李白诗句来形容："长风万里送秋雁，对此可以酣高楼。"

黄辉宏　序于2018年春修改

本书参考文献：

《稀世珍酿》、《酒缘汇述》、百大葡萄酒网站、《顶级酒庄传奇》、《世界最珍贵的100种绝世美酒》、《罗伯特·帕克之世界顶级葡萄酒及酒庄全书》、美国《葡萄酒观察家》杂志（Wine Spectator）、《法国葡萄酒评论》杂志、罗伯特·帕克《葡萄酒倡导家》杂志（Wine Advocate）、《橄榄美酒评论》杂志、《美食与美酒》杂志、《上海名菜，味蕾飘香》。

Contents

Chapter 1　法国　France

Chapter 2　美国　America

Chapter 3　阿根廷　Argentina

Chapter 4　澳洲　Australia

Chapter 5　奥地利　Austria

Chapter 6　智利　Chile

Chapter 7　德国　Germany

世界十大酒评家和两个酒评杂志的评分制度

★Michael Broadbent 评分体系：1~5颗星制
　　英国《品醇客》资深主编，The Great Vintage Wine Book 作者

★Robert Parker评分体系：100分制
　　简称RP

★Jancis Robinson评分体系：20分制
　　《世界葡萄酒地图》作者

★Bettane & Desseauve评分体系：20分制
　　同时使用5个"BD"划分酒庄，"BD"数值越大代表酒庄质量越高
　　Bettane & Desseauve法国葡萄酒指南作者

★Allen Meadows评分体系：100分制
　　创立Bourghound网站，专攻勃艮第酒，简称BH

★Antonio Galloni评分体系：100分制
　　创立Vinous网站，意大利酒专家，简称AG

★James Halliday评分体系：100分制
　　同时使用5星制划分酒庄，星数越高酒庄质量越高
　　澳洲酒专家，简称JH

★James Suckling评分体系：100分制
　　Wine Spectator资深酒评家，简称JS

★Stephen Tanzer评分体系：100分制
　　创立International Wine Cellar杂志，简称IWC

★Bob Campbell评分体系：100分制加5星制奖项
　　新西兰最知名的酒评家

★Wine Advocates 评分体系：100分制
　　罗伯特·帕克所创立的网站，简称WA

★Wine Spectator评分体系：100分制
　　美国最著名的葡萄酒网站，简称WS

WS 12支世纪之酒

Wine Spectator在1999年1月31日的封面故事中，众编辑们选出了1900~
1999这100年间，大家心目中的12瓶20世纪梦幻之酒，结果如下：

Château Margaux 1900

Inglenook Napa Valley 1941

Château Mouton-Rothschild 1945

Heitz Napa Valley Martha's Vineyard 1974

Château Pétrus 1961

Château Cheval-Blanc 1947

Domaine de la Romanée-Conti Romanée-Conti 1937

Biondi-Santi Brunello di Montalcino Riserva 1955

Penfolds Grange Hermitage 1955

Paul Jaboulet Aine Hermitage La Chapelle 1961

Quinta do Noval Nacional 1931

Château d'Yquem 1921

世界拍卖市场上最贵的十大葡萄酒

1. Screaming Eagle Cabernet 1992
   500,000美元（6L）

2. Champagne Piper-Heidsieck
   Shipwrecked 1907
   275,000美元（750ml）

3. Château Margaux 1787
   225,000美元（750ml）

4. Château Lafite 1787
   156,450美元（750ml）

5. Château d'Yquem 1787
   100,000美元（750ml）

6. Massandra Sherry 1775
   43,500美元（750ml）

7. Penfolds Grange Hermitage 1951
   38,420美元（750ml）

8. Cheval Blanc 1947
   33,781美元（750ml）

9. Romanée-Conti DRC 1990
   28,113美元（750ml）

10. Château Mouton Rothschild 1945
    23,000美元（750ml）

罗伯特·帕克（Robert Parker）
选出的心目中最好的12支葡萄酒

1. 1975 La Mission-Haut-Brion
2. 1976 Penfolds Grange
3. 1982 Château Pichon-Longueville Comtesse de Lalande
4. 1986 Château Mouton Rothschild
5. 1990 Paul Jaboulet Aîné Hermitage La Chapelle
6. 1991 Michel Chapoutier Côté-Rôtie La Mordorée
7. 1992 Dalla Valle Vineyards Maya Cabernet Sauvignon
8. 1996 Château Lafite-Rothschild
9. 1997 Screaming Eagle, Napa Valley Cabernet Sauvignon
10. 2000 Château Margaux
11. 2000 Château Pavie St.-Émillion
12. 2001 Harlan Estate

英国《品醇客》(Decanter)
一生必喝的100支葡萄酒

前10名的酒款

1945 Château Mouton-Rothschild

1961 Château Latour

1978 La Tâche-Domaine de la Romanée-Conti

1921 Château d'Yquem

1959 Richebourg-Domaine de la Romanée-Conti

1962 Penfolds Bin 60A

1978 Montrachet-Domaine de la Romanée-Conti

1947 Château Cheval-Blanc

1982 Pichon Longueville Comtesse de Lalande

1947 Le Haut Lieu Moelleux, Vouvray, Huet SA

法国波尔多区

Château Ausone 1952

Château Climens 1949

Château Haut-Brion 1959

Château Haut-Brion Blanc 1996

Château Lafite 1959

Château Latour 1949, 1959, 1990

Château Leoville-Barton 1986

Château Lynch-Bages 1961

Château La Mission Haut-Brion 1982

Château Margaux 1990, 1985

Château Pétrus 1998

Clos l'Eglise, Pomerol 1998

葡萄酒
必备知识

法国勃艮第区

Comte Georges de Vog, Musigny Vieilles Vignes 1993

Comte Lafon, les Genevrieres, Meursault 1981

Dennis Bachelet, Charmes-Chambertin 1988

Domaine de la Romanée-Conti, La Tache 1990, 1966, 1972

Domaine de la Romanée-Conti, Romanée-Conti 1966, 1921, 1945, 1978, 1985

Domaine Joseph Drouhin, Musigny 1978

Domaine Leflaive, Le Montrachet Grand Cru 1996

Domaine Ramonet, Montrachet 1993

G. Roumier, Bonnes Mares 1996

La Moutonne, Chablis Grand Cru 1990

Comte Lafon, Le Montrachet 1966

Rene & Vincent Dauvissat, Les Clos, Chablis Grand Cru 1990

Robert Arnoux, Clos de Vougeot 1929

法国阿尔萨斯区

Jos Meyer, Hengst, Riesling, Vendange Tardive 1995

Trimbach, Clos Ste-Hune, Riesling 1975

Zind-Humbrecht, Clos Jebsal, Tokay Pinot Gris 1997

法国香槟区

Billecart-Salmon, Cuvee Nicolas-Francois 1959

Bollinger, Vieilles Vignes Francaises 1996

Charles Heidsieck, Mis en Cave 1997

Dom Perignon 1988

Dom Perignon 1990

Krug 1990

Louis Roederer, Cristal 1979

Philipponnat, Clos des Goisses 1982

Pol Roger 1995

法国罗瓦尔河区

Domaine des Baumard, Clos du Papillon, Savennieres 1996

Moulin Touchais, Anjou 1959

法国隆河区

Andre Perret, Coteau de Chery, Condrieu 2001

Chapoutier, La Sizeranne 1989

Château La Nerthe, Cuvee des Cadettes 1998

Château Rayas 1989

Domaine Jean-Louis Chave, Hermitage Blanc 1978

Guigal, La Landonne 1983

Guigal, La Mouline, Cote-Rotie 1999

Jaboulet, La Chapelle, Hermitage 1983

法国其他地区

Château Montus, Prestige, Madiran 1985

Domaine Bunan, Moulin des Costes, Charriage, Bandol 1998

意大利

Ca'dl Bosco, Cuvee Annamaria Clementi, Franciacorta 1990

Cantina Terlano, Terlano Classico, Alto Adige 1979

Ciacci Piccolomini, Riserva, Brunello di Montalcino 1990

Dal Forno Romano, Amarone della Valpolicella 1997

Fattoria il Paradiso, Brunello di Montalcino 1990

Gaja, Sori Tildin, Barbaresco 1982

Tenuta di Ornellaia 1995

Tenuta San Guido, Sassicaia 1985

德国

Donnhoff, Hermannshole, Riesling Spatlese, Niederhauser 2001

Egon Muller, Scharzhofberger TrockenBeerenauslese 1976

Frita Haag, Juffer-Sonnenuhr Brauneberger, Riesling TBA 1976

J.J. Prum, Trockenbeerenauslese, Wehlener Sonnenuhr 1976

Maximin Grunhaus, Abtsberg Auslese, Ruwer 1983

葡萄酒
必备知识

澳洲

Henschke, Hill of Grace 1998

Lindemans, Bin 1590, Hunter Valley 1959

Seppelts, Riesling, Eden Valley 1982

北美洲

Martha's Vineyard, Cabernet Sauvignon 1974

Monte Bello, Ridge 1991

Stag's Leap Wine Cellars, Cask 23, Cabernet Sauvignon 1985

西班牙

Vega Sicilia, Unico 1964

Dominio de Pingus, Pingus 2000

匈牙利

Crown Estates, Tokaji Aszu Essencia 1973

Royal Tokaji, Szt Tamas 6 Puttonyos 1993

奥地利

Emmerich Knoll, Gruner Veltliner, Smaragd, Wachau 1995

新西兰

Ata Rangi, Pinot Noir 1996

波特酒 / 加烈酒

Cossart Gordon, Bual 1914

Fonseca, Vintage Port 1927

Graham's 1945

Henriques & henriques, Malmsey 1795

HM Borges, Terrantez, Madeira 1862

Quinta do Noval, Nacional 1931

Taylor's 1948, 1935, 1927

美国最好的20个酒庄

1. Screaming Eagle

2. Harlan Estate

3. Bryant Family

4. Araujo

5. Dalla Valle Vineyards

6. Diamond Greek Vineyards

7. Caymus Vineyards

8. Stag's Leap Wine

9. Shafer

10. Grace Family Vineyards

11. Joseph Phelps Vineyards

12. Opus One

13. Scarecrow

14. Schrader Cellars

15. Colgin Cellars

16. Sine Qua Non

17. Kistler

18. Kongsgarrd

19. Quilceda

20. Marcassin

2017世界最贵50款葡萄酒

1. Domaine de la Romanée-Conti Grand Cru, Coe de Nuit, France
2. Egon Muller-Scharzhof Scharzhofberger Riesling Trockenbeerenauslese, Mosel, Germany
3. Domaine Leroy Musigny Grand Cru, Cote de Nuits, France
4. Domaine Leflaive Montrachet Grand Cru, Cote de Beaune, France
5. Domaine Georges & Christophe Roumier Musigny Grand Cru, Cote de Nuits, France
6. Domaine de la Romanée-Conti Montrachet Grand Cru, Cote de Beaune, France
7. Joh. Jos. Prum Wehlener Sonnenuhr Riesling Trockenbeerenauslese, Mosel, Germany
8. Domaine Leroy Chambertin Grand Cru, Cote de Nuits, France
9. Domaine du Comte Liger-Belair La Romanée Grand Cru, Cote de Nuits, France
10. Domaine de la Romanée-Conti La Tache Grand Cru Monopole, Cote de Nuits, France
11. Screaming Eagle Cabernet Sauvignon, Napa Valley, USA
12. Coche-Dury Corton-Charlemagne Grand Cru, Cote de Beaune, France
13. Domaine Leroy Richebourg Grand Cru, Cote de Nuits, France
14. Boerl & Kroff Brut, Champagne, France
15. Domaine Faiveley Musigny Grand Cru, Cote de Nuits, France
16. Pétrus, Pomerol, France
17. Kloster Eberbach Erbacher Steinberger Riesling Trockenbeerenauslese, Rheingau, Germany
18. Le Pin, Pomerol, France
19. Egon Muller-Scharzhof Scharzhofberger Riesling Beerenauslese, Mosel, Germany
20. Domaine Leroy Romanée-Saint-Vivant Grand Cru, Cote de Nuits, France

21. Domaine Dujac Chambertin Grand Cru, Cotes de Nuits, France

22. Krug Clos d'Ambonnay, Champagne, France

23. Domaine Leroy Clos de la Roche Grand Cru, Cote de Nuits, France

24. Egon Muller-Scharzhof Scharzhofberger Riesling Eiswein, Mosel, Germany

25. Domaine Leroy Corton-Charlemagne Grand Cru, Cote de Beaune, France

26. Domaine Leroy Latricieres-Chambertin Grand Cru, Cote de Nuits, France

27. Doamine de la Romanée-Conti Richebourg Grand Cru, Cote de Nuits, France

28. Domaine Dugat-Py Chambertin Grand Cru, Cote de Nuits, France

29. Coche-Dury Les Perrieres, Meursault Premier Cru, France

30. Dom perignon P3 Plenitude Brut, Champagne, France

31. Sylvain Cathiard Romanée-Saint-Vivant Grand Cru, Cote de Nuits, France

32. Domaine Ramonet Montrachet Grand Cru, Cote de Beaune, France

33. Dr. Bassermann-Jordan Forster Jesuitengarten Riesling Trockenbeerenauslese, Pfalz, Germany

34. Doamine de la Romanée-Conti Romanée-Saint-Vivant Grand Cru, Cote de Nuits, France

35. Domaine Leroy Corton-Renardes Grand Cru, Cote de Beaune, France

36. Domaine Georges & Christophe Roumier Les Amoureuses, Chambolle-Musigny Premier Cru, France

37. Domaine Leroy Clos de Vougeot Grand Cru, Cote de Nuits, France

38. Domaine des Comtes Lafon Montrachet Grand Cru, Cote de Beaune, France

39. Domaine de la Romanée-Conti Grands Echezeaux Grand Cru, Cote de Nuits, France

40. Kloster Eberbach Hochheimer Domdechaney Riesling Trockenbeerenauslese, Rheingau, Germany

41. Emmanuel Rouget Cros Parantoux, Vosne-Romanée Premier Cru, France

42. Domaine Armand Rousseau Pere et Fils Chambertin Grand Cru, Cote de Nuits, France

43. Meo-Camuzet Au Cros Parantoux, Vosne-Romanée Premier Cru, France

44. Kloster Eberbach Rauenthaler Baiken Riesling Trockenbeerenauslese,

Rheingau, Germany

45. Domaine de la Romanée-Conti Echezeaux Grand Cru, Cote de Nuits, France

46. Egon Muller-Scharzhof 'Le Gallais' Wiltinger Braune Kupp Riesling Beerenauslese, Mosel, Germany

47. Domaine Armand Rousseau Pere et Fils Chambertin Clos-de Beze Grand Cru, Cote de Nuits, France

48. Meo-Camuzet Richebourg Grand Cru, Cote de Nuits, France

49. Schloss Vollrads Riesling Trockenbeerenauslese, Rheingau, Germany

50. Joh. Jos. Prum Wehlener Sonnenuhr Riesling Eiswein, Mosel, Germany

勃艮第33个特级葡萄园

Chambertin	Echézeaux
Chambertin-Close de Bèze	Romanée-Conti
Charmes-Chambertin	La Tâche
Mazoyères-Chambertin	Richebourg
Mazis-Chambertin	Romanée Saint-Vivant
Ruchottes-Chambertin	La Romanée
Latricières-Chambertin	La Grande Rue
Griotte-Chambertin	Corton
Chapelle-Chambertin	Corton-Charlemagne
Clos de Tart	Charlemagne
Clos des Lambrays	Montrachet
Clos de la Roche	Chevalier-Montrachet
Clos Saint-Denis	Bâtard-Montrachet
Bonnes Mares	Bienvenues-Bâtard-Montrachet
Musigny	Criots-Bâtard-Montrachet
Clos de Vougeot	Chablis Grands Crus
Grands Echézeaux	

法国50个最佳香槟品牌

1. Louis Roederer
2. Pol Roger
3. Bollinger
4. Gosset
5. Dom Pérignon
6. Jacquesson
7. Krug
8. Salon
9. Deutz
10. Billecart-Salmon
11. Charles Heidsieck
12. Perrier-Jouët
13. Philipponnat
14. A. R. Lenoble
15. Veuve Clicquot
16. Taittinger
17. Henri Giraud
18. Joseph Perrier
19. Laurent-Perrier
20. Ruinart
21. Mailly Grand Cru
22. Henriot
23. Bruno Paillard
24. Drappier
25. Alfred Gratien
26. Duval-Leroy
27. Palmer & Co
28. Delamotte
29. Lallier
30. Moët & Chandon
31. Ayala
32. Veuve A. Devaux
33. Cattier
34. Fleury
35. G. H. Mumm
36. Pannier
37. Besserat de Bellefon
38. Nicolas Feuillatte
39. De Venoge
40. Piper-Heidsieck
41. Pommery
42. Lanson
43. Tiénot
44. Henri-Abelé
45. Jacquart
46. Barons de Rothschild
47. Beaumont des Crayères
48. Mercier
49. Canard-Duchêne
50. Vranken

香槟区17个特级园（Grand Cru）

Ambonnay、Avize、Ay、Beaumont-sur-Vesle、Bouzy、Chouilly、Cramant、Louvois、Mailly-Champagne、Le Mesnil-sur-Oger、Oger、Oiry、Puisieulx、Sillery、Tours-sur-Marne、Verzenay、Verzy

1

Domaine de La
Romanée-Conti

罗曼尼·康帝酒庄

　　罗曼尼·康帝,给亿万富翁喝的酒。

　　罗曼尼·康帝酒庄以其高昂的酒价总是让人咋舌,世界最具影响力的酒评人罗伯特·帕克说:"百万富翁的酒,但却是亿万富翁所饮之酒。"因为在最好的年份里罗曼尼·康帝的葡萄酒产量十分有限,百万富翁还没来得及出手,它就已经成为亿万富翁的"期酒"了。不少亚洲买家而今热衷于寻觅一瓶罗曼尼·康帝,希望在有生之年一尝其滋味,不少人更将收藏的罗曼尼·康帝视为镇宅之宝。

　　红酒之王(Domaine de La Romanée-Conti),常被简称为"DRC",是全世界最著名的酒庄,拥有两个独占园(Monopole)罗曼尼·康帝园(La Romanée-Conti)和塔希园(La Tâche)这两个特级葡萄园,另外还有李奇堡(Richebourg)、圣-维望之罗曼尼(La Romanée St-Vivant)、大依瑟索(Grands Echézeaux)、依瑟索(Echézeaux)特级园红酒和蒙哈谢特级园白酒(Le Montrachet),每支酒都是天王中的天王。

　　罗曼尼·康帝位于勃艮第的金丘(Côte d'Or),它的历史可以追溯到12世纪,早在当时酒园就已经有了一定声望。那时酒园属于当地的一个名门望族,产出的葡萄酒如同性感尤物般魅惑众生。你可能有所不知,如此极致的美酒佳酿最初竟源于西多会的教士们。对于葡萄酒,他们有着极高的鉴赏能力和酿制水准,他们的虔诚近乎疯狂,并不单单局限于品味佳酿,而是同样关注酒款的气候、土

A. 以马来耕种葡萄园。B. 酒庄掌门人欧伯特。C. 作者在罗曼尼·康帝特级园留影。D. 罗曼尼·康帝特级园"十"字标志。

地等条件，甚至用舌头来品尝泥土，鉴别其中的成分是否适合种植葡萄。

酒园与教会的渊源在1232年后又得以延续，拥有酒园的维吉（Vergy）家族随后将酒园捐给了附近的教会，在漫长的400年间它都是天主教的产业。

1631年，为给基督教人士所发动的十字军东征巴勒斯坦的军事行动筹巨额军费，教会将这块葡萄园卖给克伦堡（Croonembourg）家族。直到那时，酒园才被正式改名为罗曼尼（Romanée）。但之后的一场酒园主权的争斗，可谓撼动了整个欧洲宫廷，皇宫贵族们都屏气凝神地关注着这场内部争斗，罗曼尼最后究竟会花落谁家呢？当然两位主角都大有来头，且实力不相上下。这其中的男主角是皇亲国戚，同属波旁王朝支系，具亲王与公爵头衔的康帝公爵（Louis-François de Conti）；女主角则是法王路易十五的枕边人，他的情妇庞巴杜夫人。康帝公爵热衷于美食、美酒，对文学也颇有鉴赏力。其军事才能和雄才远略也深受法王赏识，他在外交事务上也为法王献计献策，和法王路易十五共享着不少政务机密。庞巴杜夫人对艺术有着极高的鉴赏力，伏尔泰称赞其："有一个缜密细腻的大脑和一颗充满正义的心灵"。虽然法王不得不面临左右为难的局面，但最终罗曼尼被康帝公爵以令人难以置信的高价，据传为8,000里弗（Livres，古时的法国货币单位及其银币）收入囊中，使其成为当时最昂贵的酒庄，而自此之后酒庄也随公爵的姓——康帝，才成为了我们现在耳熟能详的罗曼尼·康帝，据传康帝公爵在餐桌上只喝罗曼尼·康帝葡萄酒。

1789年，法国大革命到来，康帝家族被逐，酒庄及葡萄园被充公。1794年后，康帝酒庄经多次转手，于1869年被葡萄酒领域非常专业的雅克·玛利·迪沃·布洛谢（Jacques Marie Duvault Blochet）以260,000法郎购入。康帝酒庄在迪沃家族不懈的经营管理下，最终真正达到了勃艮第乃至世界顶级酒庄的水准。1942年，亨利·乐花（Henri Leroy）从迪沃家族手中购得康帝酒庄的一半股权。此后，康帝酒庄一直为两个家族共同拥有。

至今，康帝酒庄葡萄园在种植方面仍采用顺应自然的种植方法，管理十分严格。葡萄的收获量非常低，平均每公顷种植葡萄树约10,000株，平均3株葡萄树的葡萄才能酿出一瓶酒，年产量只有五大酒庄之一——拉菲堡的1/50。在采收季节里，禁止闲杂人等进园参观。为期8~10天的采收中，会有一支90人组成的采摘队伍，熟练的葡萄采收工小心翼翼地挑选出成熟的果实，在酿酒房经过了又一轮严格筛选后的葡萄才可以用于酿酒。酿酒的时候酒庄不用现在广泛使用的恒温不锈钢发酵罐，而是在开盖的木桶中发酵。自1975年开始，酒庄就有这样一条规定：每年酒庄使用的橡木桶都要更新，酿造所使用的木桶由风干3年的新橡木制成。罗曼尼·康帝对橡木的要求极其苛刻，还拥有自己的制桶厂。酒庄的终极目标是追求土壤和果实间的平衡，达到一种和谐的共生局面。

1974年，欧伯特·德·维蓝尼（Aubert de Villaine）和乐花家族的拉

左：罗曼尼·康帝酒庄特级园套酒。
右：罗曼尼·康帝酒庄1995渣酿白兰地。

左：酒窖。中：罗曼尼·康帝特级园。右：葡萄园。

鲁·比兹（Lalou Bize）女士开始共同管理酒庄。当时双方的父母仍在背后出谋划策，所以他真正执掌康帝酒庄大权是10年后的事情了。但之后拉鲁的决策失败，迫使其离开了罗曼尼·康帝管理者的角色。这对于欧伯特而言无疑是一个巨大挑战，他说："1991年当拉鲁离开后，我有一种白手起家的感觉，但很快进入状态，酒庄的发展也蒸蒸日上。"在酿造方法上他停止使用肥料和农药，转而采用自然动力种植法（Biodynamism），利用天体运行的力量牵引葡萄的生长。

第二次世界大战也对酒园造成了巨大的影响，战乱导致的人工短缺加上天公不作美——严重的霜冻，使得罗曼尼·康帝回天乏术。1945年，酒园只产出了两桶葡萄酒，仅有600瓶。1946年，酒庄又将罗曼尼·康帝园的老藤去除，从拉塔希园引进植株种植，因此在1946年到1951年期间，酒庄没有出产一瓶葡萄酒。假如你在市场上发现了这期间几个年份的葡萄酒款，那么必定是假的。

英国《品醇客》杂志曾经选出罗曼尼·康帝园1921、1945、1966、1978、1985五个年份和塔希园（La Tâche）1966、1972、1990三个年份为此生必饮的100支葡萄酒之一，一个酒庄能有8支酒入选，当今葡萄酒界只有罗曼尼·康帝一家。巴黎盲品会主持人史帝芬·史普瑞尔（Steven Spurrier）对1990的塔希园如此形容："一直以来的挚爱，拥有深沉的色泽，饱满的花的芬芳与天鹅绒般的口感，它是一件超越美术的艺术品，是勤于奉献的人所带来的大自然之作，最纯净地表达了它们土壤的各种可能性。"另外，他对1966年的塔希园更为推崇："1990的塔希园以后会变得更好，但自此还是很难打败1966年的。"

对于这样伟大的一家酒庄来说，世界上任何酒评家的评论和分数也许对他来说已经不重要了。也许这句话比较贴切，有人曾用富有诗意的语言来形容罗曼尼·康帝的香气："有即将凋谢的玫瑰花的香气，令人流连忘返，也可以说是上帝遗留在人间的东西。"

DRC蒙哈谢特级园白酒
Le Montrachet 1989

基本介绍
分数：WA99 WS98 BH95
适饮期：现在~2030
台湾市场价：约200,000元台币
品种：100%夏多内
桶陈：24个月
年产量：约3,000瓶

DRC罗曼尼·康帝红酒
La Romanée-Conti 2005

基本介绍
分数：WA99~100 WS98 BH99+
适饮期：2020~2055
台湾市场价：约600,000元台币
品种：100%黑皮诺
桶陈：24个月
年产量：5,000~9,000瓶

DaTa

地　址｜1, rue Derriere-le-Four 21700 Vosne-Romanée
电　话｜33 3 80 62 48 80
传　真｜33 3 80 61 05 72
网　址｜www.Romanée-conti.fr
备　注｜不接受参观

Wine

DRC塔希园

La Tâche 1989

基本介绍

分数：BH94 WA90 WS94
适饮期：2012~2040
台湾市场价：约150,000元台币
品种：100%黑皮诺
桶陈：24个月
年产量：约20,400瓶

🍷 品酒笔记

2010年12月，在一个颇为寒冷的晚上，好友大卫·周喜获这支美酒，特地邀请几位酒友前来品鉴。这样一支经过20年洗礼的DRC塔希园究竟会有什么样的表现？让人非常期待。这支酒已经开瓶醒了将近5小时，是当晚最后品尝的一款酒。1989年的塔希呈现出深红宝石色，首先闻到的是烟熏、橡木为主的味道，花朵也慢慢绽放，接着而来的是成熟黑色水果、樱桃和新鲜的红醋栗，芳香复杂。入口后，精神一振，20多年的等待是值得的，现在已经开始成熟，到了丰收的时刻。黑樱桃、香料、樱桃、草莓、干草、薄荷和松露味，层层叠叠，忽隐忽现，伴随着天鹅绒般的细致单宁，奇妙丰富，精彩绝伦，深度、广度、长度、美味样样高超。这是我尝过最好的塔希园之一，有如一趟奇异之旅。

🍴 建议搭配

简单的禽类料理。

★ 推荐菜单　白鲳米粉

基隆港海鲜的白鲳米粉是目前台湾最正宗的，用的是真材实料，该有的都有，将正白鲳鱼油炸后放进米粉汤锅，汤内还有芋头、蛋酥、香菇和鱿鱼，再撒上宜兰蒜苗，香喷喷，热腾腾。这道菜只是让大家先吃饱，再来品尝美酒。因为这支塔希园根本不需要任何菜来配，它本身就是一道最精彩的菜，除了鲍参翅肚可以比它高贵，还有什么美食能与它争锋。

餐厅｜基隆港海鲜餐厅
地址｜台北市文山区木新路三段
112号

2
Domaine Leroy

乐花酒庄

　　1868年，弗朗索瓦·乐花（François Leroy）在莫索产区一个名为奥赛·都雷斯（Auxey-Duresses）的小村子建立了乐花酒庄。自那时起，乐花酒庄就成为传统的家族企业。到19世纪末，弗朗索瓦的儿子约瑟夫·乐花（Joseph Leroy）和他的妻子一起联手将自己小型的葡萄酒业务一步步扩大，他们一边挑选出最上乘的葡萄酒，一边选择勃艮第产区最好的土地，种植出最优质的葡萄。1919年，他们的儿子亨利·乐花（Henry Leroy）开始进入家族产业，他将自己的全部时间和精力都投入到乐花酒庄，使酒庄成为国际上专家们口中的"勃艮第之花"。

　　亨利只有2个女儿，而小女儿拉鲁自幼就对父亲的酿酒事业表现出浓厚的兴趣。在1955年时，拉鲁女士正式接管父亲的事业。当时年仅23岁的她即以特立独

A. 乐花庄主拉鲁女士。B. 酒窖。C. 酒庄。D. 橡木桶。

	B
A	C
	D

行、充满野心且作风强悍的个性闻名于勃根第的酒商之间。1974年拉鲁担任罗曼尼·康帝酒庄的经理人，拉鲁坚持保有酒庄独立的特色与积极开拓海外市场的策略，一直未能获得其他股东的认同。虽然拉鲁将康帝酒庄经营得有声有色，但在理念不合的情况下，拉鲁最后还是被迫离开酒庄。在向来以男人为中心的勃艮第葡萄酒业里，拉鲁是个特例，过去由她掌管的罗曼尼·康帝酒庄以及现在的乐花酒庄在勃艮第都有着难以企及的崇高地位，酒价都是最高的。

失去了天下第一庄——罗曼尼·康帝，拉鲁仅存的资产是一块23公顷（包括一级与特级产地）已荒废多年的葡萄园。土地虽好，但代价可不小。为了能东山再起，拉鲁咬紧牙关，依然秉持追求完美的精神，陆续酿造出不少令人惊艳的佳酿。同时，她也积极地开拓海外市场，在由日本高岛屋集团取得东亚地区的经销权，成功地打进日本市场后，拉鲁便开始扩展版图，又陆续收购了几个优质的葡萄庄园，甚至以绝地大反攻之势重新买回罗曼尼·康帝酒庄的部分股权。拉鲁·乐花也成为勃艮第产区最传奇的女性。

乐花红头不同年份和不同葡萄园。

几十年来，她一直都是勃艮第最受争议的人物，即使今年她都已经80岁了，有关她的传说还是争论不休。除了完全拒绝使用化学合成的肥料与农药外，拉鲁还相信天体运行的力量会牵引葡萄的生长，依据鲁道夫·斯坦纳（Rudolf Steiner）的理论，加上她自己的认识和灵感，她想出千奇百怪的方法来"照料"葡萄园。例如，把蓍草、春日菊、荨麻、橡木皮、蒲公英、缬草、牛粪及硅石等物质放入动物的器官中发酵，然后再撒到葡萄园里。这种自然动力种植法也许在旁人的眼里显得迷信、好笑甚至疯狂，但确实能生产出品质相当好的葡萄酒来。

乐花酒庄除了村庄级、一级园以外，在特级葡萄园区拥有9座葡萄园，面积接近17英亩[①]，包括高登-查理曼（Corton-Charlemagne）、高登-赫纳尔（Corton-Renardes）、李奇堡（Richebourg）、罗曼尼·圣-维望（Romanée St-Vivant）、伏旧园（Clos de Vougeot）、慕西尼（Musigny）、荷西园（Clos de la Roche）、拉切西·香贝丹（Latricières Chambertin）和香贝丹（Chambertin）。这些园区的葡萄用来酿制乐花红头。另外，也收购其他酒农生产的葡萄酿制成乐花白头出售。

乐花酒庄的葡萄酒价格相当昂贵，当然这与它卓越的品质是分不开的。目前村庄级或一级园价格都在5位数以上，如果是特级园都要一瓶50,000元台币起跳，好一点的，如李奇堡的价格也需要70,000台币到200,000台币。膜拜级的慕西尼园起价也都是在200,000台币到500,000台币之间。乐花酒庄的酒价已经不是一般酒友能承受得起的，节节高涨，在拍卖会上屡创佳绩，做为普通老百姓的我们只能望"酒"兴叹了！乐花酒庄在勃艮第的地位，除了罗曼尼·康帝酒庄，已经无人能及了。知名的酿酒学家雅克·普塞斯（Jacques Pusais）曾说："现在我们就站在乐花酒庄，这些酒是葡萄酒和有关葡萄酒语言的里程碑。"著名的作家尚·雷诺瓦（Jean Lenoir）将乐花酒庄的酒窖比做"国家图书馆，是伟大艺术作品的诞生地。"

DaTa

地　址 | 15 Rue de la Fontaine, 21700 Vosne-Romanée, France
电　话 | (33) 03 80 21 21 10
传　真 | (33) 03 80 21 63 81
网　站 | www.domaine-leroy.com
备　注 | 只接受私人预约参观

注：① 1英亩≈0.405公顷。

Recomendación de
Wine

乐花李奇堡
Richebourg 1999

基本介绍
分数：AM94　WA95
适饮期：2005~2030
台湾市场价：约90,000元台币
品种：100%黑皮诺
桶陈：18个月
年产量：1,100~2,700瓶

🍷 **品酒笔记**

这款巨大的乐花李奇堡1999年份可说是我喝过最好喝的李奇堡之一，实力绝对可以和康帝酒庄的李奇堡相抗衡。当我在2009年的一个深秋喝到它时，内心无比激动，天之美禄，受之有愧啊！除了感谢上海的友人外，还要谢天谢地。深红宝石色的酒色，文静醇厚。开瓶经过1小时的醒酒后，香气缓缓泊出，先是玫瑰、紫罗兰、薰衣草，再来是黑樱桃、黑醋栗、大红李子和蓝莓，众多的水果香气陆续迎面而来。如天鹅绒般的单宁从口中滑下，薄荷、樱桃、蓝莓、香料、烟熏培根、雪茄盒等不同的味道轻敲在舌尖上的每个细胞，有如大珠小珠落玉盘，密集而流畅。能喝到这款伟大的酒，且让我对拉鲁女士大声说出"万岁"。

🍴 **建议搭配**

油鸡、烧鹅、东山鸭头、阿雪珍瓮鸡。

★ **推荐菜单　白斩土鸡**

基隆港土鸡是店中最招牌的菜色之一，如果没有提前预订，常常会败兴而归。土鸡用的是乌来山上的放山鸡，肉质鲜美肥甜，弹嫩有弹性，吃起来别有一番滋味。乐花李奇堡酒性醇厚饱满，果香与花香并存，单宁细致柔和，余韵悠扬顺畅。这道土鸡以原汁原味来呈现，不抢风头，可以让主角无拘无束，不疾不徐地发挥，这才不负如此高贵迷人的美酒。

餐厅｜基隆港海鲜餐厅
地址｜台北市文山区木新路三段
112号

3

Maison Albert Bichot

亚柏毕修

　　夏布利（Chablis）的罗曼尼·康帝（Romanée-Conti）~ 龙德帕基酒庄慕东呢特级园（Domaine Long-Depaquit, Chablis Grand Cru "La Moutonne"）。"慕东呢"独占葡萄园（MONOPOLE），有如红酒中的罗曼尼·康帝，仅此一家，别无分号！1990年的慕东呢园同时也是《品醇客》杂志所列死前必喝的100支酒之一。

　　亚柏毕修酒庄（Maison Albert Bichot）是勃艮第博恩（Beaune）地区少有的家族式葡萄酒公司。亚柏毕修酒庄由柏纳·毕修（Bernard Bichot）在蒙蝶利（Monthélie）创立，随后搬到了博恩地区。这家酒庄经过世代的传承不断发展和兴盛，现在由亚伯力克·毕修（Albéric Bichot）管理。这个家族的历史可以追溯到1214年十字军东征时期，家族的徽章上画着一只母鹿，是一家历史悠久的酒庄。

　　亚柏毕修酒庄总部位于博恩城，酒庄拥有100公顷的葡萄园，这在勃艮第算是非常大的面积了，是一个巨大的酒庄。酒庄建立初期，尤其是在根瘤蚜虫灾害之前，只拥有几公顷坐落在香波（Chambolle）的葡萄园。一战后，酒庄陆续购买葡萄园，到了二战的时候又统统卖出了。从20世纪60年代起，酒庄开始重新建葡萄园。那时，各酒庄根本没有买地的想法，亚柏毕修酒庄以其敏锐的洞察力而拥有了现在的规模。该酒庄目前拥有四大酒庄：芳藤酒庄（Domaine du Clos Frantin）、帕维侬酒庄（Domaine du Pavillon）、阿蝶利酒庄（Domaine Adélie）、龙德帕基酒庄（Domaine Long-Depaquit），而在勃艮第及勃艮第

```
A | B
C|D|E|F
```
A. 酒庄。**B.** 作者和酒庄主在酒庄客厅合影。**C.** 作者在酒庄试酒。
D. 橡木桶。**E.** 酒窖。**F.** 葡萄园以人工耕地。

南边的隆格多克胡西雍地区（Languedoc‑Roussillon），都有长期固定合作的优良果农。

芳藤酒庄位于夜圣乔治（Nuits-Saint-Georges）产区，占地13公顷，在里奇堡（Richebourg）、香贝丹（Chambertin）、伏旧园（Clos Vougeot）、埃雪索（Échézeaux）和大埃雪索（Grands-Échézeaux）都有葡萄园。它在一级园沃恩·罗曼尼（Vosne-Romanée）拥有葡萄园马康索（Les Malconsorts），与拉·塔希（La Tâche）葡萄园相邻。它还在夜丘的罗曼尼·圣·维望（Romanée-Saint-Vivant）和夏姆·香贝丹（Charmes-Chambertin）收购葡萄进行酿酒。

帕维侬酒庄位于波玛尔（Pommard）地区，它拥有17公顷的葡萄园，其中包括专属的葡萄园。另外，在可登·查里曼（Corton-Charlemagne）、Pommard Les Rugiens、Volnay Les Santenots和Meursault Les Charmes也有葡萄园。此外，还有蒙哈谢（Montrachet）、骑士·蒙哈谢（Chevalier- Montrachet）、巴塔·蒙哈谢（Batard-Montrachet）。

龙德帕基酒庄独占了声名显赫的慕东呢特级酒出产的园地，有人认为这块园地是夏布利最好的风土。酒庄慢慢恢复了橡木桶陈酿，但人们没有一点儿让木香超过矿物质的意愿。每个新的年份都是依次进步：酒的结构更加宽广、丰富，香气更加开放。

今天我们就来介绍慕东呢园。

夏布利给人的印象，在美国可能是便宜的白酒，不过在中国台湾情况可能好一些。许多人都知道它可以配生蚝，仔细一点的朋友，还知道它只有7块特级葡萄园，整个产区共分成4级。

其实，夏布利另有1块葡萄园，名气比那7块特级葡萄园还要响亮，它就是今天的主角——慕东呢园。这块葡萄园有2.35公顷，大部分位于渥玳日尔园（Les Vaudesirs），一小部分在普尔日园（Les Preuses），以上两者都是夏布利特级葡萄园，由此不难想象此园之实力。但根据《牛津葡萄酒大辞典》（The Oxford Companion to Wine），慕东呢园目前虽是以特级园的姿态呈现，但还未获国家原产地名称管理局（INAO）正式承认。这段酒界逸事，漫画《神之雫》自然没有放过，第21集中还特别着墨！这家酒庄隶属博恩的亚柏毕修酒商。酒庄的葡萄园拥有非常卓越的风土条件，其中有一片优质的园子叫作慕东呢园，为酒庄所独有。夏布利有7块特级园，面积广达100公顷，可细分为7个地块：Les Clos、Blanchots、Valmur、Vaudésir、Les Grenouiles、Les Preuses以及Bougros。此园被称为"第8块"，但从来没有被正式认证。它跨越Les Preuses地块和Vaudésir地块，但大部分处在Vaudésir区域内。这片园区的朝向好，酿酒使用1/4的大橡木桶，这样产出的酒圆润而慷慨。每年产量大约10,000瓶，在全世界最会评勃艮第酒的亚伦·米道（Allen Meadow）的夯堡（Burghound）网站也有不错的成绩，分数几乎都在90分以上，2007、2008和2010年份都获得了94的高分，这在夏布利白酒中算是难能可贵了，新年份目前市价约4,200元台币一瓶。

值得一提的是，慕东呢园是面南坡地，因此有了得天独厚的日照，漫画里说这块园区是夏布利的罗曼尼·康帝，从此可看出对慕东呢园的赞许之意。此外，这个葡萄园的1990年份酒，是《品醇客》杂志所列死前必喝的100支酒之一，葡萄酒大师罗斯玛莉·乔治（Rosemary George）也对它赞许有加。

慕东呢园是一座独占葡萄园，它完全由勃艮第老牌酒商亚柏毕修拥有的龙德帕基酒庄控制，所以你想喝的话，只有这一家。这支酒是属于行家聊东话西的酒，有着丰富的历史与其特殊性。至于酒款方面，口感纯净、优雅和果味绝妙。在不锈钢槽中发酵，不锈钢槽和橡木桶中熟成12个月，色泽是带绿光的浅金黄，呈现年轻新鲜的活力，以水果和矿物质为主，细致复杂的香味，以丰厚肥美的酒体形成和谐的平衡感。漫画里形容这支酒是"人鱼公主脱下衣裳，回到大海鲜活地苏醒过来了！"

DaTa

地　　址｜6, Boulevard Jacques-Copeau, 21200 Beaune
电　　话｜+33 3 80 24 37 37
传　　真｜+33 3 80 24 37 38
网　　站｜www.albert-bichot.com
备　　注｜必须预约参观，上午9：00-12：30，下午1：30-6：30

注：1台币≈0.22元人民币。

龙德帕基酒庄慕东呢特级园

Domaine Long-Depaquit "La Moutonne" Grand Cru 2007

基本介绍
分数：AM94 WA91 WS90
适饮期：2011~2024
台湾市场价：约4,200元台币
品种：100%夏多内
橡木桶：25%
不锈钢桶：75%
桶陈：9个月
瓶陈：6个月
年产量：10,000瓶

🍷 **品酒笔记**
这是一支伟大的夏多内白酒，让我们体验到深海的气味，从盐水到牡蛎壳，从矿物质到海菜；柠檬皮、柚皮、生姜、柑橘、水仙花香不断萦绕在眼前，最后以性感动人的蜂蜜作为结束。停留在口中的香气持久悠长，甘美而细腻，令人印象深刻，流连忘返。现在已进入适饮期，在未来的几年中将是最佳赏味期。

🍴 **建议搭配**
生菜沙拉、鱼类料理、奶油酱汁的家禽、新鲜的芦笋及贝类，特别是夏布利的良伴——生蚝。

★**推荐菜单 秘制手工打鲮鱼饼**

秋天是鲮鱼最肥美的季节，它的肉质细嫩、味道鲜美，是广东特有的一种淡水鱼。鲮鱼虽然入馔味极鲜，但刺细小且多，直接清蒸食用易被鱼刺卡喉，广东人喜欢用油煎成香酥的鲮鱼饼。这道香煎鲮鱼饼算是文兴酒家独家的腌料秘制而成，吃来皮酥肉嫩，饱满生香。这支号称康帝的夏布利白酒，矿物质味重，带有深海的盐水味和生姜味，刚好可以柔化鱼中的腥味，并且提升鱼饼的口感，越嚼越香，不会太淡也不致过咸，秾纤合宜，这样的地道海鲜美食就该配这款高级的白葡萄酒，今朝有酒今朝醉，明日有事明日烦！

餐厅｜文兴酒家
地址｜上海市静安区愚园路68号
晶品6楼605

4

Domaine Armand
Rousseau Pere et Fils

阿曼·卢骚酒庄

　　阿曼·卢骚酒庄（Armand Rousseau）被称为"香贝丹之王"，身为哲维瑞·香贝丹（Gevrey Chambertin）村庄最具代表性的酒厂之一，地位有如冯·侯玛内（Vosne Romanée）村庄的罗曼尼·康帝，其出名顶级酒2005年份的香贝丹特级园与2005年份的罗曼尼·康帝同样荣获勃艮第最好的酒评家艾伦·米道斯（Allen Meadows）99分的高分，自2000年以来勃艮第葡萄酒只有6个葡萄园获得《BH》99分的高分，这份殊荣得来不易。

　　酒庄创办人阿曼在1909年结婚后，分得了葡萄园和房子。该房子在一座建于13世纪的教堂周围，房产包括房屋、储藏室和酒窖。刚刚开始酿酒时，阿曼都是将葡萄酒以散装的方式批发给当地的经销商。阿曼·卢骚酒厂成立于20世纪初，从一个小地农经营葡萄园，陆续购入了许多有名的葡萄庄园，如在1919年购买香姆·香贝丹（Charmes Chambertin），在1920年购入Clos de La Roche，1937年购入Mazy Chambertin，1940年购入Mazoyeres Chambertin。在法国葡萄酒杂志Revue des Vins de France创办人雷曼德的建议下，阿曼决定自己装瓶以自家名字销售葡萄酒，特别是针对餐馆和葡萄酒爱好者。

　　1959年，阿曼一日外出狩猎，遭遇车祸不幸去世，查理·卢骚（Charles Rousseau）担起重任，成为第二代庄主，延续酒庄的发展。查理·卢骚有着非常惊人的语言天赋，他可以用英语和德语非常流利地同其他人沟通，因此，他决

A. 葡萄园。B. 老庄主查理·卢骚。C. Armand Rousseau Clos de la Roche 老年份。D. 香贝丹之王Chambertin。

定大力拓展葡萄酒出口业务，业务范围从英国、德国、瑞士迅速扩展到整个欧洲，接着是美国、加拿大、澳大利亚、日本和中国台湾等地。阿曼·卢骚的葡萄酒出口占80%，剩余的20%才留在法国；而这20%当中的1/2，则由外国观光客所购，因此只有10%的阿曼·卢骚才真正为法国人所享用，可见阿曼·卢骚的葡萄酒在世界上有多受欢迎。

1982年，查理·卢骚的儿子艾瑞克（Eric）加入酒庄的酿酒团队，他在葡萄种植中引入了新技术，采取低产量管理系统，去除超产的葡萄来保证酿酒葡萄的品质。同时，他非常尊重传统的葡萄酒酿造技术，尽力减少对酿酒过程的任何干涉。绝不使用化学肥料，而是利用动物粪肥和腐殖土。种植精细，采收更是严谨，葡萄由人工严格筛选。

阿曼·卢骚几乎坐拥哲维瑞村内所有最知名的葡萄园。在其拥有的14公顷葡萄园中，特级葡萄园就占了8.1公顷，反而是村庄级地块占地最小，仅2.2公顷；14公顷的土地，分散在11个园区，其中一个在荷西园（Clos de la Roche），其他10个都在香贝丹区，这11个园里有6个是特级园，不知羡煞多少人。其中最知名的当然是酒王香贝丹和酒后香贝丹·贝日园。香贝丹·贝日园被分为40块园区，目前分别属于Pierre Damoy、Leroy、Armand Rousseau、Faiveley、Louis Jadot、Joseph Drouhin等18个酒庄。阿曼·卢骚贝日园坐落于产区东坡，面向日出方向，主要田块位于坡地斜面中部，土壤多石子、碎石，尤其富含石灰岩。在此两名园之下，则是品质可媲美特级园的一级园——圣杰克庄园酒款。此园如同香波·蜜思妮（Chambolle-Musigny）酒村的一级爱侣园同属勃艮第最精华的一级园代表，实有特级园的实力。目前只有五家拥有，除了阿曼·卢骚外，其他四家分别为：Bruno Clair、Esmonin、Fourrier和Louis Jadot。阿曼·卢骚并未酿造 Bourgogne，唯一的一款村庄等级的哲维瑞·香贝丹即是酒厂的入门酒款。

　　阿曼·卢骚父子酒庄所生产的葡萄酒几个好年份是：1949年、1959年、1962年、1971年、1983年、1988年、1990年、1991年、1993年、1995年、1996年、1999年、2002年、2005年、2009年、2010年和2012年。最高分当然是香贝丹（Chambertin 2005）获得AM99的高分，1991、2009和2010年份的香贝丹园也一起获得98的高分。另外，香贝丹·贝日园（Chambertin Clos de Beze 2005）也有98的高分，1962、1969、2010和2012这4个年份的香贝丹·贝日园也同样获得97的高分。目前，新年份中国台湾市价一瓶都要20,000元台币起跳，老年份则更贵，而且一直在上涨，建议酒友们看到一瓶收一瓶，因为数量实在是太少。连帕克都说："我极度景仰查理·卢骚，并以收藏其酒酿为傲。"在勃艮第，阿曼·卢骚酒庄所酿造的葡萄酒已经广为消费者接受和认可。

地　址 | 1. rue de l'Aumônerie,21220 Gevrey Chambertin, France
电　话 | +33（03）80 34 30 55
传　真 | +33（03）80 58 50 25
网　站 | www.domaine-rousseau.com

香贝丹
Chambertin 1990

基本介绍

分数：AM94、WA90
适饮期：2015~2040
台湾市场价：约90,000元台币
品种：100%黑皮诺（Pinot Noir）
桶陈：18个月
年产量：约1500瓶

🍷 **品酒笔记**

这是一款非常孔武有力的酒，作为一支勃艮第酒，它有着旺盛的生命力。这是一支带有浓郁厚重的红色、黑色果香的黑皮诺，经过两小时的醒酒后，玫瑰花、丁香、紫罗兰才开始奔放绽开，还显幼嫩的青草和新木桶香，闭花羞月，欲拒还迎。微微的香料辛辣，松露和熏烤香，虽不成熟但却清新。单宁慢慢趋近圆润柔顺，如丝绒般的细致诱人，香气与口感都展现出王者之风。1990年必定是一个伟大而传奇的年份，对阿曼·卢骚的香贝丹来说，未来的20年它将成为一支美妙而动人的经典佳酿。

🍴 **建议搭配**

台湾蚵仔面线、生炒鹅肝鹅肠、台湾卤味、白斩鸡。

★ 推荐菜单　台湾盐酥鸡

台湾的大街小巷都有盐酥鸡，从南到北，从东到西；从路边摊、小吃店，到餐厅都有这道菜。虽然有这么多家在卖，但是做得好吃的却没几家。盐酥鸡要做得好吃有3个要素:第一是腌料，这属于独家配方，不能太咸或太甜，腌制时间不能太短或太长，必须要入味。第二是油炸粉，个人觉得应该用地瓜粉才会酥脆，不会糊。第三是油炸的温度与时间控制，要刚好熟又不会太老涩。用这支阳刚味浓郁的勃艮第酒来配这道台湾传统小吃，真是神来之笔，不是一般人能想到，而且也出乎意料的惊艳。鸡肉的酥脆柔嫩，香贝丹红酒的浓郁刚烈，有如虞姬与霸王般投缘与绝配。

餐厅｜金叶台菜餐厅（美国洛杉矶店）
地址｜717 W Las Tunas Dr

5

Domaine Faiveley

飞复来酒庄

在介绍飞复来酒庄之前，我们先来看看这段名人轶事。1994年，勃艮第一代"酒爷"于贝特（Huibert de Montille）代表飞复来酒庄将帕克及其出版公司告上法庭，指责其1993年出版的第三版《帕克葡萄酒购买指南》（Parker's Wine Buyer's Guide）中对飞复来酒庄1990年份酒的不实评价造成了"诽谤"。在书中，帕克品尝了32款飞复来酒庄1990年份酒并打分，最后的平均分为88.75分，算得上是帕克在勃艮第酒评分中的高分。但是随后帕克又补上一句："从负面角度看，一直有报道称飞复来酒庄的酒在法国以外品尝时，口感不及在酒庄地窖中的醇厚，我本人也有同感，嘻嘻……"于贝特代表飞复来酒庄提出的控诉理由是：帕克的评论会导致消费者误解飞复来酒庄将品质较差的酒出口到国外。这宗诉讼最终以庭外和解了结。1990年，帕克曾在他的著作《勃艮第》中将飞复来酒庄评为五星级酒庄，并盛赞："当今勃艮第区品质可以超越飞复来的酒庄，只有罗曼尼·康帝和乐花酒庄！"然而在1995年出版的第四版《帕克葡萄酒购买指南》中，飞复来酒庄马上被降为三星级酒庄，令人玩味。据说，飞复来酒庄当时的庄主弗朗索瓦·飞复来（François Faiveley）在诉讼期间曾经表示："我们只希望告诉人们：我们是诚实的。"

飞复来酒庄是台湾酒迷耳熟能详的勃艮第酒庄，在原版的《稀世珍酿》中曾有特别介绍。陈新民教授在书中称Faiveley为"飞复来园"。飞复来酒庄，

A. 酒庄葡萄园。B. 难得的Faiveley Corton Charlemagne。C. 酒庄庄主 Erwan Faiveley。D. 作者在Clos de Vougeot纪念馆前留影。

可上溯至1825年。近两个世纪以来，延续7代，一直是由家族经营。前任管理者弗朗索瓦自1978年主事，近年来保留部分葡萄梗、采用发酵前的低温浸皮技术，提高年轻时的果味。2005年由伊旺·飞复来（Erwan Faiveley）接手，此人30岁出头，雄心勃勃，一方面以科学方法研究种植与酿造技术，聘请原布夏酒庄（Bouchard Pere & Fils）酿酒总管伯纳·哈维特（Bernard Hervet）加入，改变葡萄酒原来需要时间柔化的严肃印象，创造出不同以往的全新风格，年轻时展现出细腻诱人姿态，亦可陈年很久；另一方面让飞复来在向来的"清澈、集中"外，以科学方法考虑种植与酿造，看看其中哪些事情可以不必做、或是不必管太多，因此得以减少人为干预，让酒能够反映当地的风土。挟资金之力，飞复来积极收购勃艮第各葡萄园，自夜丘与夏隆内丘进军伯恩丘，品项分布各次产区，但水准整齐且连年获得高分。像它极为抢手的慕西尼（Musigny），年仅130瓶；独占葡萄园高登围墙园（Corton Clos des Cortons），也是奇货可居。近年来，它的白酒也十分抢手，特别是高登·查理曼（Corton-Charlemagne）频获酒友好评。自2005年开始，飞复来的表现陆续获得各大酒评家的高分肯定，2009年份的高登围墙园更获得史帝芬·坦泽（Stephen Tanzer）96~99的高分，为所有2009年份勃艮第红酒最高分。飞复来酒庄现拥有十余块顶级葡萄园，包括慕西尼、贝日园、伏旧园以及独占葡萄园高登围墙园顶级酒，白酒则以高登·查理曼最为出名，与路易·拉图（Louis Latour）和马特瑞（Bonneau du Martray）共同被评为勃艮第最杰出的高登·查理曼白酒。

伏旧园是个最小的村庄，但却是最大的特级园，占地约50.6公顷，分属80位不同的主人。虽为同一特级葡萄园，但因占地面积大，所以各个酒庄产出的葡萄酒风格也大不相同，伏旧园也是价格最亲民的特级园。园区外围由石墙所包围，明显早期为教会所拥有，这里原本是个捐赠与教会的林地，经由修士的努力才逐渐变成葡萄园。后来大革命后国家收回，并以国有土地的名义拍卖，后经过几次转手，19世纪末开始分割，目前由80家酒庄共同拥有，至今约有900年的酿酒历史。在特级园中，伏旧园的面积虽然算是庞然巨物，但飞复来只有1.3公顷，年产量大约5,000瓶，除20世纪40年代的老藤之外，葡萄株主要是70年代中期栽种的，现已是精华阶段。飞复来的特级园与一级园均有使用新橡木桶，但比例是随年份而变。

飞复来酒庄的伏旧园一直以来都有相当稳定的品质，我个人认为，它是在众多伏旧园中可以和乐花酒庄较量的唯一酒庄。来看看世界上最会评勃艮第酒的亚伦·米道的评分，从2003年到2013年总共有8个年份被评92~95的高分，这对勃艮第酒来说是非常难能可贵的，更何况是常被误认为廉价的伏旧园酒。另外，艾伦也在2014年的10月份对本庄的伏旧园1934年份打出了95的高分，对一支已80高龄的酒来说是何等的礼遇与尊重？由此可见，伏旧特级园的酒绝对可以耐藏，只要是遇到好年份、好酒庄，同时又窖藏得好，百年以上不是不可能。喜爱伏旧园的朋友们，不妨多买几支来珍藏。

地　址 | 12 Boulevard Bretonnière 21200 BEAUNE
电　话 | 03.80.20.10.40
传　真　03.80.25.04.90
网　站 | www.domaine-faiveley.com
备　注 | 参观前须先预约

DaTa

飞复来酒庄伏旧园
Clos de Vougeot 2010

基本介绍
分数：AM92~95
适饮期：2015~2050
台湾市场价：约5,500元台币
品种：100%黑皮诺
桶陈：18个月
年产量：5,000瓶

🍷 品 酒 笔 记
年轻时有烟熏味一直是伏旧园的特色，闻上去有点像年轻时的
德国丽丝玲。综合来说，酒质稳定，果香直接又有层次，有草
莓、樱桃及些许辛香味，圆润多汁，口感丰富集中，均衡间杂
着紫罗兰与松露香气，余韵悠长。2010年仍是不寻常的勃艮
第绝佳年份，优雅与精致是最佳的形容词，虽然目前有不错的
果味与香气，但需要10年以上才能展现出其全部潜力，所以
需要耐心等待。

🍴 建 议 搭 配
宜兰鸭赏、烟熏鹅肉、咸水鸡、烤乳鸽。

★推 荐 菜 单　麒麟乳猪片

这道麒麟乳猪片实在是太有创意了，总共有3层：第一层是烤乳猪，
香又脆；第二层是生菜，甜鲜脆；最下层是烤吐司片，香酥脆。必
须像吃三明治一样，用手整块拿起一起咬下，才能吃出三层食材的
美味，因为太好吃了，大家又加点了第二块。配上这支年轻有活
力、果味充沛、带些许草木味的红酒，可以柔化乳猪的油味，并且
让整块乳猪片更加有滋味，酒和菜都激化起来，让在场的酒友们越
吃越有味，越喝越想喝。

餐厅｜文兴酒家（上海店）
地址｜上海市静安区愚园路68号
　　　晶品6楼605

Chapter 1　法国　France
勃艮第篇

6
Domain Leflaive
乐飞酒庄

白酒之王——乐飞酒庄（乐飞酒庄昵称为"双鸡"）。

无论价格或品质，勃艮第的白酒都可以说是世界之最！但在世界之最里，谁又是王中王？目前蒙哈谢（Montrachet）价格已经超越DRC，在勃艮第有"白酒第一名庄"之美誉的，就是乐飞酒庄。

乐飞酒庄是珍奇异品，它很好认，两只黄色公鸡中间夹了一个像是家徽的图样，所以酒友均称它"双鸡牌"。乐飞酒庄早在1717年就成立，葡萄园多半位于勃艮第最佳的白酒村庄普里尼·蒙哈谢（Puligny-Montrachet），4个特级园都有作品，瓶瓶都是上万元身价。尤其他的蒙哈谢更是一瓶难求，近年开出的行情都是六位数起跳，无论是在佳士得还是台湾的罗芙奥落槌价都超过DRC的蒙哈谢，已经成为白酒的新天王，瓶瓶都落入收藏家酒窖。最近一次罗芙奥拍卖会上，2007年份的乐飞蒙哈谢白酒拍出了200,000元以上台币。

值得一提的是，此庄园虽然名气非凡，但女庄主安妮·克劳德·乐飞（Anne Claude Leflaive）更是竭力挑战自我。她领先业界改采自然动力法，让整个乐飞在饱满与坚实之外，还多了那难以忘怀的纯净与深邃，系列品项一向灵气十足，不愧为世界标杆。不论帕克所著《世界最伟大的156个酒庄》，还是陈新民教授所著《稀世珍酿》，任何一本讨论顶级酒款的书，都必定有乐飞酒庄。葡萄酒大师（MW）克里夫·寇提斯（Clive Coates）说，"它是一支饮酒者需

046

A. 巴塔蒙哈谢葡萄园。B. 酒窖。C. 庄主安妮·克劳德·乐飞。D. 成熟葡萄。

要屈膝并发自内心感谢的酒。"1996年份的乐飞蒙哈谢也被《品醇客》杂志选为此生必喝的100支酒之一。1995年份的骑士蒙哈谢白酒更获得了《葡萄酒观察家》杂志100满分的评分。

毕竟是一等一的酒庄，大部分玩家只要喝过乐飞酒，就能轻易感觉它精彩的实力，甚至终生难忘！从特级园巴塔蒙哈谢（Batard Montrachet）、迎宾巴塔蒙哈谢（Bienvenues Bâtard Montrachet）、骑士蒙哈谢（Chevalier Montrachet）到天王级蒙哈谢，款款精彩，扣人心弦。尤其是2007年份的酒，这是功力深厚的酒庄总管皮尔·墨瑞（Pierre Morey）自1989年起，在乐飞酒庄任事的最后一个年份，一瓶难求，玩家值得珍藏。

较为平价的品项，还有2004年添购的马贡-维尔兹（Macon-Verze）。在勃艮第酒价狂飙的今天，大概只能摇头叹息，如果还想喝到名家风范，这种马贡内区的村庄级好酒千万不要放过。若是处在两者之间，口袋不上不下的酒友，乐飞酒庄也提供了莫索（Meursault）一级园，该园地处普里尼蒙哈谢与莫索之间，在乐飞几块一级园中，位置偏北，地势略高，酒易偏酸而较有矿石味。不过在安妮的调教下，实力依然精彩，价格相对来说却是平易近人。比起赫赫有名的一级园普赛勒园（Les Pucelles），酒价可能只有一半。

1920年，约瑟夫·乐飞（Joseph Leflaive）建立起了这座珍贵而古老的勃艮第酒庄。1953年，约瑟夫去世后，乐飞酒庄由他的第四个孩子继承。文森特·乐飞（Vincent Leflaive）是第一位继任者，此后他一直执掌乐飞酒庄，直到1993年逝世；弟弟约瑟夫（Joseph）在哥哥文森特执掌乐飞酒庄时，负责行政和经济事务，以及酿酒工人的雇用事项。1990年文森特的女儿——酿酒师安妮·克劳德·乐飞与约瑟夫的儿子奥利维尔（Olivier）共同执掌乐飞酒庄。而到了1994年，奥利维尔离开了酒庄，开始经营自己的葡萄酒买卖。目前，安妮·克劳德是酒庄的全权负责人。

从1990年开始，乐飞酒庄就开始尝试进行有机种植与活机种植；到了1998年，整个酒庄完全采用活机种植，摒弃了杀虫剂、化学肥料和除草剂，使用农犁和堆肥来改善土壤的透气性。发酵时只使用天然酵母，然后将初步压榨的葡萄酒转移到不锈钢桶，最后放入更新比例为25%~33%的橡木桶中进行陈年，为期16~18个月。采收及装瓶流程全部在酒庄内完成。乐飞酒庄目前的葡萄园面积为23公顷，全部种植夏多内品种。酒庄所有葡萄园中，特级葡萄园有4公顷；其中包括蒙哈谢0.08公顷、骑士蒙哈谢1.99公顷、巴塔蒙哈谢1.91公顷和迎宾巴塔蒙哈谢1.15公顷。一级葡萄园有10公顷，村庄级葡萄园有4公顷，勃艮第区级葡萄园有3公顷。

乐飞酒庄每年有70%的葡萄酒会销售到国外市场，只有30%的葡萄酒在法国本地销售。所以，就连法国人想享用一瓶乐飞的酒也不是那么的容易。不幸的是，2015年4月5日安妮·克劳德在她位于勃艮第的家中过世，享年59岁。对于这位被《品醇客》杂志誉为"世界最好的酿酒师（Master of Wine）"的逝世，我们除了感到悲伤之外，还致以最崇高的敬意。

地　址 | Place des Marronniers, BP2, 21190 Puligny-Montrachet, France
电　话 |（33）03 80 21 30 13
传　真 |（33）03 80 21 39 57
网　址 | www.leflaive.fr
备　注 | 参观前必须预约，并且只对酒庄客户开放

乐飞骑士蒙哈谢白酒
Domain Leflaive Montrachet 1998

基本介绍

分数：RP98、WS94
适饮期：现在~2030
台湾市场价：约150,000元台币
品种：100%夏多内
桶陈：16~18个月
年产量：300瓶

品酒笔记

乐飞酒庄一直致力于让这款酒兼具迷人花香、质地柔滑、风味
紧致、陈年的优良特质，这款蒙哈谢特级园酒确实如此。颜色
是美丽动人的鹅黄色，有淡淡的草木香、矿物、蜂蜜、水蜜
桃、青梨和青苹果、异国香料和橘皮。有如一位情窦初开的
少女，洋溢着青春气息，毫不掩饰，大方迷人，令人心旷神
怡。1998年毫无疑问是白酒一个经典伟大的年份，对于勃艮
第的酒来说，只是需要时间来证明。虽然很多评酒家并不这样
认为。

建议搭配

生鱼片、清蒸沙虾、澎湖石蚵、清蒸大闸蟹。

★推荐菜单　古法肉丝富贵鱼

这道菜遵循传统古法精心调制，口感绵密、鲜味十足！用肉丝炒韭
菜黄，铺在清蒸好的富贵鱼上，确实非常的精巧，尝起来有多重复
杂的口感，鲜嫩香甜。配上这一支世界上最好的白酒，这道菜更香
脆滑爽，清爽宜人。白酒中的矿物清凉，夏日水果在口中荡漾，鲜
鱼和肉丝的鲜嫩紧追其后，每喝一口都是幸福。

餐厅｜福容大饭店田园餐厅
地址｜台北市建国南路一段266号

7

Maison Louis Jadot

路易·佳铎酒庄

　　路易·佳铎酒庄地处法国勃艮第心脏地带，是最能代表勃艮第葡萄酒精神的著名酒庄之一。路易·佳铎是勃艮第超重量级酒商，从勃艮第的门外汉到发烧友，几乎都会遇到路易·佳铎的酒。这代表着他们的品项既广且深，无论什么阶段的消费者"经过"勃艮第，都一定会遇上路易·佳铎：从高登的白酒到马贡的粉红酒，甚至高贵的蒙哈谢特级园白酒或慕西尼特级园红酒，路易·佳铎呈现了勃艮第极为罕见的质与量，也因此配享它超过150年的辉煌历史。

　　路易·佳铎酒庄所希望表达的，其实并不是华丽耀眼的贵族美酒，而是简单纯朴的勃艮第特色。创立于1859年，酒庄始终坚持一个信念，便是保留勃艮第独特的风土特色，并产出最高品质的美酒。显然，路易·佳铎的努力如今在全球得到见证。酒庄154公顷的葡萄园遍布整个勃艮第产区，从金丘（Cote d'Or）到

A
B | C | D

A. 挂有1859年就成立的酒庄葡萄园。
B. 庄主Pierre-Herny Gagey。C. 葡萄园。
D. 每年都热卖的薄酒莱。

马贡，并继续延伸到薄酒莱（Beaujolais），其品牌薄酒莱新酒已成为最优质的象征，受到各界肯定。路易·佳铎优秀的酒质使酒庄与侍酒师、酒商、进口商、爱酒人士及餐厅缔结了非常密切的关系，通路有如蜘蛛网般细密，是一家威名远播的跨国葡萄酒企业。而在酒评家皮尔·安东尼（Pierre Antoine Rovani's）的报告中，在对勃艮第的酒庄进行评鉴后，路易·佳铎出厂的酒均获得极高的评价，在评比中甚至优于乐花酒庄，仅以极少的差距次于罗曼尼·康帝，可见其酿酒的水准与品质。

在路易·佳铎琳琅满目的品项中，如果拜访它的网站，你会发现入口画面的象征酒标，不是天价的蒙哈谢或慕西尼，而是Chevalier Montrachet, Grand Cru "Les Domoiselles"，也就是《稀世珍酿》第89篇所特别提到的"骑士·蒙哈谢－小姐园"！路易·佳铎154公顷的葡萄园几乎什么品项都有，自然也生产蒙哈谢。但冠上"小姐园"的酒款，才能真正喝出路易·佳铎的精髓。此园富含大量白垩土与石砾，易吸热而排水佳，因故酒质集中而熟美，层次饱满而多变，可谓白酒极品之一。"小姐园"在1845年就已由路易·尚·佳铎（Louis Jean Baptiste Jadot）的祖父购入，后来流传于外，路易·尚·佳铎于1913年再将它买回，虽只有小小的0.5公顷（年产量仅3,600瓶），却是路易·佳铎的代表作。

自始至终，路易·佳铎酒庄抱着希望展现每一个产区的独特风味的信念酿造葡萄酒。对酒庄来说，酿制葡萄酒并非是仅仅将特定的葡萄品种进行了细心栽培并酿制出风味宜人的美酒，酒庄认为，酿制的真谛是能够把地方的风土条件诠释在酒中，其重要性就好比品饮能够分辨出葡萄品种一般。酒标描绘罗马酒神巴克斯（Baccus）的头像，象征着酒庄对于旗下各酒款品质的坚持，不管是产区级还是特级园的佳酿，酒庄的品质是备受肯定的。

在此建议酒友，因勃艮第白酒越来越少，2012年份不好，2013年份产量减少，2014年6月又下了冰雹，产量和品质也大受影响，连续3个年份都不好，价格势必会越来越高，尤其是2010年和2011年这种好年份白酒收一瓶少一瓶。

左：2015年和少庄主在台北君悦酒店合影。右：整系列的佳铎葡萄酒。

地　址 | 21 rue Eugene Spuller, B.p.117,21200 Beaune, France
电　话 | (33) 03 80 22 10 57
传　真 | (33) 03 80 22 56 03
备　注 | 参观前必须预约

路易·佳铎骑士·蒙哈谢－小姐园特级白酒

CHEVALIER MONTRACHET, "Les Domoiselles" 2011

基本介绍

分数：AM95 WA93 WS95
适饮期：2015~2035
台湾市场价：约12,000元台币
品种：100%夏多内
桶陈：18个月
年产量：3,600瓶

🍷 品酒笔记

骑士·蒙哈谢－小姐园不愧是路易·佳铎代表作，这款白酒有如仙女下凡，一出场就吸引众人的目光，典雅高贵，灵气逼人。该酒款带有白色水果的香气，伴随着白色花朵与蜂蜜的清甜芬芳。这是一款酒体强壮丰沛又精致优雅的白酒，柠檬的清新气息和杏仁及矿物的香味，一直绵延于悠长的尾韵中。虽然年轻，但在丰富的果香和花香当中，我们可以推测它将来必是老饕们追逐的对象。

🍴 建议搭配

生鱼片、奶油龙虾、干煎白鲳、焗烤生蚝。

★推荐菜单 明虾球

这道明虾球非常有创意，将新鲜的小明虾烫过再去壳，铺在干净的木片上，然后再挤上自制的芥末美乃滋，点缀上核仁、半颗草莓，很像西式作风，但用的却是道地的台湾食材。虾球的鲜甜、美乃滋的奶香、芥末的刺激、核仁的香脆，都和这款小姐园白酒的味道相似，这样的结合可谓天生一对，绝配！

餐厅｜江南汇
地址｜台北市大安区安和路一段
145号

8

Domaine Ponsot

彭寿酒庄

　　对于勃艮第迷来说，彭寿酒庄可谓是练功必经之路。这间位于莫瑞-圣丹尼（Morey Saint Denis）的一线庄，自20世纪90年代后由第四代劳伦·彭寿（Laurent Ponsot）接手后，可说是大步向前。劳伦·彭寿从酿制到瓶塞使用，都有一套独特的想法，既自然又科学。他在葡萄去梗破皮后，使用传统的木制直式压榨机榨汁，不用新桶，几乎不加二氧化硫，以野生酵母发酵，相当接近自然酒派的做法。但他也拥抱科技，最近几年更是用合成塞、测温酒标、防伪气泡标签，层层控管酒出酒庄之后的品质。2002新建的酒窖，更是让此庄在设备上如虎添翼。

　　创立于1872年，彭寿酒庄优美的庄园位于勃艮第莫瑞-圣丹尼酒村北面的平缓斜坡上，拥有包括荷西园（Clos de la Roche）、圣丹尼园（Clos St-Denis）、香贝丹园（Chambertin）、小香贝丹园（Chapelle-Chambertin）、Griotte-Chambertin、伏旧园（Clos de Vougeot）、香姆·香贝丹园（Charmes-Chambertin）、高登园（Corton）、高登-布瑞山德园（Corton-Bressandes）、高登查理曼园（Corton-Charlemagne）、蒙哈谢（Montrachet）、香贝丹·贝日园（Chambertin-Clos de Bèze）等12个Grand Cru特级园，平均70年树龄的老藤，不论在白酒或红酒上都有杰出的作品。

　　出生于伯恩丘圣罗曼酒村（Saint Romain）的威廉·彭寿（William

A. 酒庄。B. 庄主Laurent Ponsot。C. Ponsot家的12个特级园。D. 难得一见整箱的Corton-Charlemagne 2011白酒。E. 家徽。

Ponsot）于1872年在莫瑞-圣丹尼建立本庄，并于同年就开始将部分酒酿装瓶，不过当时只提供自用与供应给家族在北义皮蒙区（Piemonte）的彭寿兄弟连锁餐厅（Ponsot Frères）使用。当时拥有的重要葡萄园为光亮山园（Clos des Monts Luisants）与荷西园（Clos de la Roche）。威廉过世后，酒庄传给曾任外交官的侄子希波列特·彭寿（Hippolyte Ponsot），他又继续扩充了特级园荷西园的土地。1934年彭寿酒庄已开始将自家生产的葡萄酒装瓶并贴标上市，当时勃艮第仅有十来家酒庄有如此做法。1957年希波列特正式退休，传给其子尚-马瑞·彭寿（Jean-Marie Ponsot）。1990年劳伦·彭寿（Laurent Ponsot）接替其父尚-马瑞，正式接掌庄主职责至今。

　　这里必须一提的是彭寿酒庄掌门人劳伦锲而不舍地揭开假酒事件。我们知道老酒除了变现渠道单一以外，高仿的陈年佳酿混迹在老酒拍卖市场的案例也搅乱过投资者的信心。2008年，大名鼎鼎的老酒收藏家鲁迪（Rudy）仿造老年份酒案的诉讼在2013年举行，酒圈知名的Acker Merrall & Condit红酒拍卖行在未充分追溯酒的来历与真伪的情况下便将此批老酒推向了拍卖市场，像案件中出现的彭寿家族圣丹尼园（Clos Saint-Denis）1945、1949、1959、1962与1971这5款酒是极为明显的假酒，因为圣丹尼园是1982年才出的第一款酒。又如，拍品中的彭寿家的荷西园（Clos de la Roche 1929）也同样是不可能存在的，因为彭寿酒庄自1934年起才开始在自家装瓶。其他的破绽还包括1962年份的荷西园以蜡封瓶：劳伦指出彭寿从不使用红色。追查后，这些假酒的源头就在洛杉矶的印尼籍年轻藏酒家鲁迪（Rudy Kurniawan）。随后，鲁迪也在2012年3月遭美国联邦调查局逮捕，还在其住所搜查到制造假酒用的印章等器具。原本这些漏洞很容易被业内人士发现，然而却逃过了有着200年历史的专业红酒拍卖行Acker Merrall & Condit的法眼。

自此以后，为防范假酒，彭寿酒庄采取了一系列措施。同时，彭寿酒庄也研发和采用了数项技术以维护品质，例如其独创的防伪"泡泡标"标签，自2009年10月起全面用于一级和特级园酒款。防伪标签上有着经过乱数排列的透明泡泡标示，泡泡的排列每张都不相同，就像是每只酒的"指纹"一般，无法复制。消费者上网站键入封条上的号码后，便可比对泡泡标是否相同。另一项特别的发明是"测温标签"。倘若酒瓶内的温度达到28℃以上，标签上的小圆圈将会变为灰色，且不会复原。这项世界性的专利，展现了劳伦对酒质的完美要求与执着。2008年份酒款开始全面使用Guala复合式瓶塞。经过长期陈年，新酒塞不会发生像软木塞那些香气流失、腐坏或断裂的问题，更加提升了陈年潜力。

彭寿酒庄的荷西园老藤（Clos de la Roche VV）或者圣丹尼园都是拍卖级逸品，蒙哈谢白酒更是神级酒款；一般酒迷口袋较浅的，至少也想弄支光亮山园白酒（Clos des Monts Luisants）来尝尝。荷西园老藤分数一向很高，2005年份获得艾伦·米道斯（Allen Meadows）99的高分，几乎是完美的作品，和Romanée-Conti 2005、Armand Rousseau Chambertin并列勃艮第最好的三杰。价格直奔60,000元台币，真是不可同日而语。其他普通年份，如2001、2004或2007等年份，最便宜也要万把元起跳。

本人曾于2014年岁末在台北与酒友大卫·周一起和上海友人品尝一支彭寿园的高登-查理曼白酒（Corton-Charlemagne 2011），那种特殊的芦笋、柠檬、橘皮和奶油核仁味道，含有微微的酸度，尾韵沁凉甘美，令人回味无穷，在场的朋友都是第一次喝到。

DaTa

电　话 | 00 33 3 80 34 32 46
传　真 | 00 33 3 80 58 51 70
地　址 | DOMAINE PONSOT 21, rue de la Montagne 21220 Morey Saint Denis
网　站 | www.domaine-ponsot.com
备　注 | 不接受团体参观，必须预约参观。

Wine

荷西园老藤
Clos de la Roche VV 2004

基本介绍

分数：AM93~95
适饮期：2010~2030
台湾市场价：约10,000元台币
品种：100%黑皮诺
瓶陈：24个月
年产量：7,000瓶

🍷 **品酒笔记**

2004年虽然不是好年份，但是劳伦·彭寿却可以酿出精彩的酒，这完全是功力的展现。酒色呈现出迷人的红宝石色，红色浆果、百合、麝香、水仙、玫瑰香气不断地涌出，仿佛可以闻到春天的味道。口感带有樱桃、草莓、黑醋栗、黑莓味道，末端有些许香料和摩卡味，夹杂一点点烟熏和干木料味道。复杂朴实，洁净平衡，单宁如斯，慢慢咀嚼后会有更深层的变化，红黑色浆果在口腔内轻轻游移，每一次都能触动心灵，温暖人心。这款酒已经有十余年的淬炼，还在稳定成长中，不愧是最好的荷西园。

🍴 **建议搭配**

北京烤鸭、烧鸡、白灼五花肉、烫软丝。

★ **推荐菜单 文兴烧鸭**

文兴烧鸭以皮脆肉嫩闻名，不论是在伦敦还是在上海都是大排长龙，只为了尝一盘油嫩光亮的烧鸭。这是一种港式的烧鸭，主要是鸭肥、皮脆、肉嫩、油亮。股东之一的曹董非常体贴地为我们在刚开幕的文兴酒家订了包厢，让我们一饱口福。今天我们用勃艮第最好的彭寿荷西园老藤来配这道港式名菜，既能让酒达到最适当的味蕾平衡，又能互相烘托而不抵制，并令在场的饕家拍案叫绝。

餐厅｜文兴酒家（上海店）
地址｜上海市静安区愚园路68号
　　　晶品6楼605

9

*Domaine Comte
Georges de Vogüé*

卧驹公爵园

　　在葡萄酒的世界中，勃艮第的香波·慕西尼（Chambolle Musigny）可说是酒迷应许之地。它的细致优雅，永远超越脑海对于葡萄酒的想象，尤其居领头羊的特级园慕西尼（Musigny）与一级园爱侣园（Amoureuses），质精量少、物美价高，仅爱侣园就足以荣登《神之雫》第一使徒，遑论慕西尼（Musigny）。酒友想要踏入这块神的领域，就算口袋有深度，其实选项也很有限。

　　喝香波·慕西尼，卧驹公爵园是必修之路，这间相传18代的家族酒庄，被公认是香波·慕西尼的指标，无论你参考哪一本葡萄酒书，结果都一样，帕克写的"世界最伟大的156支酒"，陈新民教授所著《稀世珍酿》。此酒庄向来细致中有厚实，以矿物感著称，它的每个品项只要出场，均可让全场酒友眼睛为之一亮。众所皆知，香波·慕西尼以慕西尼特级园为众星之冠，而Vogüé在10.85

A. 卧驹公爵园葡萄园。B. 卧驹公爵园慕西尼和爱侣园不同年份。C. Domaine Comte Georges de Vogüé Bourgogne Blanc 2003。

公顷的慕西尼特级园中即占有最大的7.12公顷，远胜于其他拥有者的总和。同时，Vogüé更是独占所谓的小慕西尼地块，这一部分即达4.2公顷。更有甚者，Vogüé还有一款极其稀有的白慕西尼，此指一片0.65公顷植于20世纪80年代后期的夏多内，依法规可冠以特级园，但酒庄以Bourgogne Blanc出售，主要待其树龄增长以求其复杂度，不过该酒名气甚大、实力超群，爱酒者一向趋之若鹜，四处搜罗，也是有行无市的名酒。

卧驹家族从1450年起一直居住在当地，1766年因婚姻关系取得了慕西尼。这块地在法国大革命中逃过一劫，是极少数没有被没收且现在以其名为园名的酒园。乔治公爵（1898~1987）在很长一段时间内严格要求品质；他逝世后，女儿伊丽莎白（Elisabeth de Ladoucette）为继承人。

Vogüé在1972年以前有过一段辉煌的历史，但在1972年之后便盛极而衰。直至1985年一个新的酿酒队伍重新投入，此后15年间只有一个年份（1978年）的慕西尼获得掌声。提到树龄，Vogüé的慕西尼一向标榜老藤，酒标上会加注Cuvee Vieilles Vignes（VV）字样，Vogüé的慕西尼 VV 1985年以后在酿酒师佛朗索瓦·米勒（Francois Millet）调整下，可说是慕西尼迷的经典品项，尤其老年份的老藤款，二手市场只涨不跌。毕竟适饮年份的老藤慕西尼，许多不缺钱的酒迷，根本不问酒价就全收，这通常在拍卖会都可登上目录了。值得注意的是，Vogüé根本也没有"非老藤款"的慕西尼，酒庄如果认为树龄不足，就以香波·慕西尼一级园出售，所以Vogüé的香波·慕西尼一级园也是好货之一。

最后，Vogüé的品项中，当然不要忘了香波·慕西尼的"顶"一级园——爱侣园，Vogüé在爱侣园中虽然持有比例不如慕西尼，但也有超过半公顷，已达爱侣园一成。在秀气的慕西尼中略显棱角的Vogüé，其酿酒风格在更为阴柔的爱侣园，反而可以获得更臻完美的均衡。

喝名家的慕西尼或爱侣园，已经不是性价比的问题，而是个人与葡萄酒的深层对话，这些酒一向量少，老年份更难找，酒友们请把握每一瓶老年份又是好年份的卧驹公爵园慕西尼和爱侣园，如1988、1990、1991、1995、1996、1999、2001、2002、2003、2005、2006、2008、2009和2010。

DaTa

地　　址｜Rue Ste.-Barbe, 21220 Chambolle-Musigny, France

电　　话｜(33) 03 80 62 86 25

传　　真｜(33) 03 80 62 82 38

备　　注｜参观前必须预约，周一至周五上午9：00-12：00，下午2：00-6：00

卧驹公爵慕西尼
Domaine Comte Georges de Vogüé Musigny 1999

基本介绍
分数：HB96 WS93
适饮期：2015~2030
台湾市场价：约35,000元台币
品种：100%黑皮诺
橡木桶：60%新法国桶
桶陈：12个月
年产量：800箱

🍷 **品酒笔记**

1999年的Vogüé Musigny拥有现代与古典风格，花香和草药香构成奇妙而复杂的香气；深沉的黑色水果，如黑莓、黑樱桃、蓝莓、黑加仑及土壤、香料、黑巧克力的香味，使酒款巨大而精深，细致而丰富。令人惊叹的果香，使这款酒成为绝对不能错过的一款酒。我个人喝过两次，只要醒酒4~5小时，一定让你满意。

🍴 **建议搭配**

北京烤鸭、阿雪珍瓮鸡、盐水鸡、港式烤乳鸽。

★ **推荐菜单　冯记招牌腐乳肉**

腐乳肉是典型上海功夫菜，火候、选肉全靠老师傅功力，连汤头也是不可少的关键。主要的食材是上乘的五花肉和豆腐乳。五花肉又称"三层肉"，位于猪的腹部，猪腹部脂肪组织很多，其中又夹带着肌肉组织，肥瘦间隔，故称"五花肉"，这部分的瘦肉也最嫩且最多汁。上乘的五花肉，以靠近前腿的腹前部分层比例最为完美，脂肪与瘦肉交织，色泽粉红。俗云"杭州东坡肉，上海腐乳肉"，两者异曲同工，食材皆为五花肉，但是腐乳肉用的是上海式口味的红糟腐乳。1999年的Vogüé Musigny非常强壮，碰到冯记招牌腐乳肉的丰腴堪称绝配，酒的果香和腐乳肉肥瘦交织的甜咸相宜，真是妙不可言！

餐厅｜永和冯记上海小馆
地址｜新北市永和区文化路90巷14号

10
Domaine
Jacques Prieur

贾奎斯·皮耶酒庄

　　贾奎斯·皮耶（Jacques Prieur）先生："你永远不能完全占有一个酒窖，你只能是作为一个管理者或看守者将某些东西交予后人。"

　　贾奎斯.皮耶酒庄（Domaine Jacques Prieur，简称DJP）1805年时就已在沃内（Volnay）村酿酒，但建立起家族名望的是贾奎斯·皮耶（Jacques Prieur）先生。他在20世纪30年代时主张反抗当时勃艮第酒商通过不实标示产地而获利的行径，因而遭到酒商的联合抵制。因此，他的酒庄被迫开始自行装瓶及销售，成为当时勃艮第算是最早自行装瓶的酒庄之一。

　　贾奎斯·皮耶酒庄拥有令人羡慕的当地精华葡萄园，红白皆有，横跨伯恩丘与夜丘。老庄主尚·皮耶（Jean Prieur）一度走向量产，可惜了手上所拥有的一堆珍宝。1988年，拉布瑞雅（Labruyère）家族入股酒庄，并于2007年全面

A
B	C	D

A. 酒庄的珍珠慕西尼特级园。B. 以马来耕种葡萄园。C. 酿酒师娜汀·顾琳。
D. 庄主Edouard Labruyere。

掌控酒庄，由尚·皮耶之子马坦·皮耶（Martin Prieur）担任酒庄总管，才华
洋溢的女酿酒顾问娜汀·顾琳（Nadine Gublin）决定不惜代价，让DJP重回明
星庄园的行列！英国酒评家克利夫·柯特（Clive Coates）也称本庄自2003年
份起酒质愈加突飞猛进。本庄已经毫无疑问地晋级为勃艮第最佳酒庄之一。

　　法国人所讲究的"Terroir"风土条件，简单来说，包括了天（气候）、地（土
壤）与人（酿酒师）。即使坐拥良好的葡萄园，还是需要一位优秀的酿酒师来衬
托，方能相得益彰。DJP的首席酿酒师娜汀·顾琳是位女酿酒师，更是首位荣
获《法国葡萄酒评论》杂志（La Revue du Vin de France）年度酿酒师的女
性代表！在众多酿酒师中，女性酿酒师要脱颖而出，得到此殊荣实属不易。

　　DJP酿酒师娜汀·顾琳习于将采收时间尽量延迟，也即是当夏多内葡萄转

成金黄色泽，黑皮诺已经达到完全的酚成熟（Phenolic maturity）才进行采收。采收均以手工进行，于葡萄园中先筛选一次，进厂时再以葡萄筛选输送带严筛一次。本庄的最佳红酒当然是来自夜丘区的特级葡萄园，其中的香贝丹特级葡萄园因存有许多较为年轻的树株，所以部分的酒被降级为哲维-香贝丹（Gevrey-Chambertin Premier Cru）等级出售，以保持香贝丹的优异酒质；至于最尊贵的红酒则是慕西尼（Musigny Grand Cru）。特级葡萄园白酒蒙哈谢架构坚实并具有清冽优雅的矿物风味，乃本庄最极致的代表作。

　　这间独立酒庄的无价珍宝到底是什么？广达22公顷的金丘以及莫索等区的葡萄园，几乎全部都是特级园与一级园。特级园中的明星，像是香贝丹、贝日园、依瑟索、伏旧园、慕西尼、高登-查理曼、蒙哈谢都赫然在列！可以说是只差沃恩·罗曼尼村就集成了勃艮第红白大满贯。除此之外，DJP在它的大本营莫索也是坐拥名园，最精华的一级园Les Perrieres自然是囊中之物，细致优雅的白兰花香气，让它十分超值（超过一般莫索一级园的价值）。DJP最贵的红白双星是慕西尼和蒙哈谢这两款酒；慕西尼红酒在BH的网站上分数都不错，从2005年到2012年分数都在92~96分，WS分数以1996年份的96分为最高分，其次是2002和2008两个年份的95分。台湾上市价大约17,000元台币一瓶。蒙哈谢白酒在BH的分数是：2007年份97分，2008和2010两个年份是96分。WS的评分更高，1995年份的99分，1996年份的98分。台湾上市价大约15,000元台币一瓶。这家酒庄的介绍无需太多，毕竟它的酒在市场流通非常广泛，能够把它的酒款通通喝过一遍算是相当不易了！

DaTa

地　　址 | 6 Rue des Santenots 21190 Meursault
电　　话 | + 33 3 80 21 23 85
传　　真 | + 33 3 80 21 29 19
网　　站 | www.prieur.com
备　　注 | 必须预约参观

贾奎斯·皮耶蒙哈谢
Domaine Jacques Prieur Montrachet 1996

基本介绍

分数：WS98 WA96
适饮期：2006~2030
台湾市场价：约20,000元台币
品种：100%夏多内
桶陈：12个月
年产量：约3,000瓶

🍷 **品 酒 笔 记**

这是一款勃艮第最好的蒙哈谢白酒，有着令人难以置信的香气和口感，极具深度与宽度，富含热带水果（如菠萝、甘蔗、葡萄柚、青苹果、柠檬等）的香气，加上复杂的香料气息，有如天上之泉。蒙哈谢白葡萄酒能这般丰富圆润、厚实坚挺，而且还有小白花（如茉莉花）香，加上浓郁的奶油脂肪，其细腻的酸度真是让人出乎意料。在最后停留于喉咙和舌尖之处，完美的均衡度、细细的单宁和协调的酸甜度，令人回味无穷。这款酒已达巅峰，相信在2025年之前都是最美好的年份。

🍴 **建 议 搭 配**

清蒸青衣、虾蛄、大沙公，烤澎湖石蚵。

★ **推 荐 菜 单 新派卤水拼盘** ——

这盘新派卤水拼盘让大家各取所需，鸭珍、豆腐、花生、鸭翅、大肠，每一款都是下酒菜。新式的做法不会太油太咸，所以正好可以搭配这款美酒，不需要太多的想法，因为对于一支高贵的酒来说，其本身就足以展现魅力，美食佳肴只是一种衬托而已。

餐厅｜文兴酒家（上海店）
地址｜上海市静安区愚园路68号
　　　晶品6楼605

11
Domaine
Laroche

拉罗史酒庄

　　在夏布利没有一家酒庄可以像拉罗史酒庄（Domaine Laroche）那样得到众多的殊荣，它的Laroche Chablis Grand Cru Les Clos 1996获得《葡萄酒观察家》（Wine Spectator）1998百大第一名（99分）、Laroche Chablis Grand Cru Les Blanchots获选为《稀世珍酿》唯一的一款进入世界百大夏布利白酒、《品醇客》将其评为此生必喝的夏布利白酒。

　　《葡萄酒观察家》杂志自1988年起，每年都会选出年终百大好酒，名列榜首的酒庄，即使今天算来也没几家。法国知名产区夏布利，历年来更是仅有一次获此殊荣，获选的酒款是Domaine Laroche，拉罗史克罗特级园白酒（Grand Cru Les Clos 1996），此酒来自拉罗史（Laroche）酒庄，在高分不易的当年（1998），竟有WS 99分的实力。

A. 作者和拉罗史庄主在酒窖合影。B. 酒窖的古老酿酒器具。C. 庄主Gwenael Laroche女士在品饮室解说。D. 作者在酒庄喝到的Laroche Réserve de l'Obédience 2013蜂蜡白头。E. Obédiencerie修道院酒窖。F. Domaine Laroche Réserve de l'Obédience 2008珍藏。

拉罗史酒庄在夏布利拥有超过百公顷的葡萄园，目前属于南法Jean Jean集团，实力雄厚。它在酒史上除了是夏布利（第一／唯一）百大榜首外，同时它也是第一家使用螺旋瓶盖的法国大型酒庄，甚至连特级园也不例外。这对品质维护有极大的助益，也是酒庄致力改革的实际证明。

拉罗史的特级园除了百大榜首的克罗特级园（Les Clos）之外，它还有布兰硕特级园（Blanchots）等品项。一级园之下也有许多酒款，克罗特级园一向是酒友最爱，因为它的口感与分量，均是夏布利典型，加上名称易记，几乎成为本地玩家喝夏布利特级园的首选。再加上拉罗史的克罗特级园有"百大"第一的加持，始终是市场畅销品项。相对来说，布兰硕特级园就是留给追求广度的爱好者，它是夏布利各特级园地块中唯一东南向的一块，午前的日照让它多了一分细致，这也是资深酒友津津乐道之处。

拉罗史酒庄布兰硕特级葡萄园的葡萄都是手工摘选，装在板条箱后再运至酿酒厂进行挑选。之后，人们会将每一类葡萄分开放，以便分开进行酿酒程序。布兰硕特级葡萄园最好的葡萄酒都是在每年夏初进行混酿。酿酒师会从每个木桶取样品，再进行品尝、挑选。他们希望酿制出来的葡萄酒能忠实反映其风格和产地特征，他们也尽力酿造出完美的葡萄酒：高雅、浓郁、带有矿物味，且成熟期至少达20年。

修道院珍藏（Laroche Réserve de l'Obédience）是布兰硕特级葡萄园的最终版本。自1991年以来，拉罗史酒庄最棒的葡萄酒都是在历史悠久的Obédiencerie酒窖中进行混酿。

至于一级园与其他品项，比的就是集团整体实力，拉罗史家族于1850年就开始在夏布利酿酒。第五代庄主Michel Laroche先生和太太Gwenael Laroche于1967年继承家族事业，他们在尊重自然的原则下，对品质精益求精，酒款中的Saint Martin，主要是在公元877至887年间，夏布利守护神"圣马丁"的子嗣，就住在目前的酒庄，因此命名。基本上，拉罗史的酒算是中规中矩，金绿的色泽，亮眼清透，细致的香气带着一点点青苹果气息，矿石风格夹杂着榛果与打火石调性，尾韵甜美柔和。从一般酒款至特级园，拉罗史都有着标准的教科书风格，也有超过半个世纪的响亮名声。

地　址 | L'Obédiencerie, 22 rue Louis Bro,
　　　　89800 Chablis-France
电　话 | +33（0）3 86 42 89 00
传　真 | +33（0）3 86 42 89 29
网　址 | www.larochewines.com

拉罗史酒庄修道院珍藏
Domaine Laroche Réserve de l'Obédience 2013

基本介绍

分数: WA94
适饮期: 2016~2030
台湾市场价: 约5500元台币
品种: 100%夏多内
桶陈: 12个月
年产量: 约6,000瓶

🍷 **品酒笔记**

这一款Laroche Réserve de l'Obédience 2013是我在2016年到酒庄拜访时,庄主Gwenael Laroche女士特别拿出来给我们试的酒。鲜明而使人印象深刻的水梨、莱姆果酱、熟成的白色蜜桃和木梨的迷人香气飘散,夹带着细微的矿石味和肉桂味衬托着。丰富的层次变化,带出茉莉花和白梨花的优雅花香,融合着烤芝麻和腰果的诱人香气。一入喉,整体的细致度展现十足的平衡性。纯净与透彻的果香,飘散出洋梨、葡萄柚和清新莱姆的芬芳。中段可感受到些微乳状般的质地和丰醇的果香。整体宽广的完美表现直达尾韵,纤细的轮廓与怡人的酸度,使得尾韵无限延伸,缭绕不绝。

🍴 **建议搭配**

生鱼片、树子蒸鳕鱼、干煎白鲳、家常豆腐、炒海瓜子。

★ **推荐菜单 豆豉青蚵**

这道豆豉青蚵是台湾很地道的家常菜,能在上海品尝到真的很幸运。青蚵是台湾一种很重要的海鲜,盛产于嘉义布袋东石一带,几乎遍布台湾的大小传统市场,最常被用来做台湾著名的小吃"蚵仔煎"和"蚵仔面线"。如今台湾来到上海开分店的点水楼餐厅因为看重上海的广大台商,所以也特别加了几道台湾料理,豆豉青蚵就是为台湾客人量身定做的。不必多说,这道菜就是在尝它的鲜嫩,还有豆豉要入味,不管是一碗白饭或是一杯酒一定是绝配。我们用这款勃艮第夏布利最好的夏多内白酒来与这道鲜美多汁的青蚵相配,真是妙趣横生,香气十足。来自厦门的鲜蚵肥美程度不输给台湾的,软嫩弹口,鲜香清甜,和这款白酒的新鲜水果、莱姆、矿石融为一体,有如一首协调的交响乐,美妙悠扬!

餐厅 | 上海点水楼
地址 | 上海市宜山路889号齐来
科技服务园区第6栋1~3层

12
Domaine Meo-
Camuzet

卡木塞酒庄

　　勃艮第之神亨利·佳叶（Henri Jayer）打造的酒款可说是全世界最珍贵的葡萄酒！他的传人之一Jean-Nicolas Meo，大约在卡木塞酒庄主掌30年。这酒庄后来虽然有出Meo-Camuzet Frère et Soeurs版本（酒商酒），包含了许多价格相对平易近人但实力精彩的品项，不过酒庄本身的主力，在李奇堡（Richebourg）和帕朗图（Cros Parantoux）两款无敌名酒领军下，声势足以配享"佳叶传人"之名。

　　尚·尼可拉斯·米尔（Jean-Nicolas Meo）的酿酒功夫不容置疑，在他麾下的卡木塞品项，市场追逐者众多，在拍卖会更是有其身价。

　　沃恩·罗曼尼（Vosne-Romanée）的超级名园自不在话下，但是如果退而求其次，此庄（酒庄酒）在沃恩·罗曼尼（Vosne-Romanée）、伏旧园

A	
B	C	D

A. 勃艮第骑士盛大聚会。B. Jayer和庄主Jean-Nicholas。
C. Richebourg。D. Clos Vougeot。

（Clos de Vougeot）、香波慕西尼（Chambolle-Musigny）等其他区域，也有实力强劲的好酒。尤其伏旧园，园区面积大，生产者众多，因此生产者之间的实力一比即知。不像许多独占园，或是帕朗图那种寡占园，很多时候根本无从判别是酿酒功夫好，还是地块本身佳，只能就结果来想象它是否真正已臻完美。但是卡木塞的伏旧园就是另一回事，它能经得起同一地块其他生产者的挑战，屡屡皆是赢家，也是我个人认为最好的3家伏旧园之一，其他两家是乐花和葛罗兄妹园（Domaine Gros Frere et Soeur，简称金杯），他的伏旧园与慕西尼接壤，是最好的地块。

　　对于卡木塞，不见得只喝Richebourg和Cros Parantoux，也不见得一定要去追求珍稀白酒Clos Saint-Philibert（若有，当然还是不要放过），事实上它的实惠型酒款出现在沃恩·罗曼尼的其他园区，像Vosne Romanée Les Chaumes，当然还有伏旧园，此酒庄的酒本来就不便宜，但它以上的酒款却才是掌握尚·尼可拉斯·米尔的真正重点，尤其是面对其他名庄的挑战时。老年份的酒——那个勃艮第还未被现代酒风掩盖的时代，酒的精彩并非在于展现惊人的开场格局，而是蕴于随时间发展出的深度。

卡木塞酒庄位于沃恩·罗曼尼村内，20世纪初创始人Etienne Camuzet开始在村内购入葡萄园，因膝下无子，1959年由表弟Jean Meo继承酒园，正式成立卡木塞酒庄。勃艮第传奇酿酒师享利·佳叶则在第二次大战后采用无偿佃农Métayage合约方式开始替卡木塞家族酿酒（需将每年酿的酒一半缴给地主），无奈Jean Meo因事业繁忙而分身乏术，多是将酒整桶卖给酒商。直到1980年中期，Jean的儿子Jean-Nicholas Meo决定继承酒庄经营，并取得葡萄种植与酿酒相关文凭。他聘请享利·佳叶担任酿酒顾问，直到对Jean-Nicholas的酿酒技术满意后享利·佳叶才功成身退。

米尔·卡木塞园（Méo-Camuzet）的葡萄园以沃恩·罗曼尼为中心，当中除了最著名的李奇堡顶级园和超重量级一级园Vosne Romanée Cros Parantoux外，酒厂也以最高水准的伏旧园闻名，占据村庄周围最好的地块，是Meo Camuzet的另一招牌酒款。

米尔·卡木塞园在勃艮第地区拥有15公顷园区，列入顶级者有3个，只有不到4公顷的面积，其中伏旧园即有3公顷。卡木塞家族在21世纪初曾拥有伏旧园城堡，1944年才售予"品酒骑士团"，这是一个在1934年才成立，为推广当时滞销的勃艮第酒所成立的品酒团体。卡木塞在伏旧园的园地正在城堡南边，也是全园最好的部分。树龄四成已75岁，其他在15岁至30岁，年产量约12,000瓶。在全新木桶醇化一年半后才出厂的卡木塞伏旧园，深沉的劲头，有力地回应了外界对伏旧园顶级酒普遍缺点——酒体单薄、酒味松散——的批评。所以，卡木塞代表正宗的伏旧园酒，口味十分醇厚，有玫瑰、紫罗兰、松露等香味，且回味力强，仿佛可以闻到春天的滋味。（本段摘自陈新民之《稀世珍酿》）

DaTa

地　址｜11, rue des Grands Crus 21700 Vosne-Romanée - France
电　话｜+33 3 80 61 55 55
传　真｜+33 3 80 61 11 05
网　站｜www. Meo Camuzet.com
备　注｜可预约参观

卡木塞里奇堡园
Domaine Meo-Camuzet Richebourg 1996

基本介绍
分数：BH94
适饮期：现在~2025
台湾市场价：约60,000元台币
品种：100%黑皮诺
橡木桶：100%新法国桶
桶陈：18个月
年产量：80箱

🍷 品酒笔记

该酒酒色是漂亮的宝石红色；闻起来有樱桃、小红莓和些许莓果香，以及花香、森林、黑巧克力的香气；口感有水果浆味、李子、红莓、蓝莓，肉桂与咖啡渗透其中，中上的酒体，均衡饱满，单宁非常细致，轻轻地抿一口，余味绵密悠长，令人回味无穷。

🍴 建议搭配

北京烤鸭、烧鸭、煎松阪猪肉、南京板鸭。

★ 推荐菜单 盐水鹅肉 ────────

这道盐水鹅肉看起来晶莹剔透，选用台湾最好的新屋鹅只，肉质肥美，口感鲜甜，皮弹肉软，嫩而不柴，又充满咬劲。这样的咸水鹅肉是台湾民众的记忆，台湾各地从小吃摊到大饭店都有这道菜，只是烹调的方式不一而已。勃艮第黑皮诺闻名世界，这款来自李奇堡的黑皮诺堪称当地的代表，带着微微酸度的黑李、轻轻的红莓和咖啡、淡淡的肉桂，口感均衡，饱满细致的单宁和鹅肉的鲜甜相映成趣，水果的甜味可以冲淡鹅皮的油腻感，整体搭配和谐，精确地展现出红酒的圆润与平衡。

餐厅｜中坜上好吃鹅肉亭
地址｜桃园县中坜市丰北路42号

13

Château
Angelus

金钟酒庄

　　对于爱酒的朋友来说，随时随地出现的酒瓶酒标都有着奇异的魔力。2006年上映的《007：大战皇家赌场（Casino Royale）》中，007男主角饰演者丹尼尔·克雷格（Daniel Wroughton Craig）和庞德女郎饰演者伊娃·葛琳（Eva Green）在蒙地卡罗前往皇家赌场的列车上一起用餐，点的酒就是1982年份金钟堡（Château Angelus 1982），当时金钟酒标以特写的方式出现在银幕上。金钟酒庄靠近著名的圣爱美浓钟楼，位于闻名的斜坡（Pied de cote）之上，它是宝德·拉佛斯特（Boüard de Laforest）家族7代人一起努力的成果。该酒庄的名字源自于一小块种有葡萄树的土地，在那里可以同时听到3所当地教堂发出的金钟声——马泽拉特小礼堂（the Chapel of Mazerat）、马泽拉特圣马丁教堂（the Church of St.-Martin of Mazerat）和圣爱美浓教堂（the Church of St.-Emilion）。金钟酒庄即以沐浴在教堂祝福钟声下的葡萄精酿而成，这份浪漫使它成为求婚时常用的顶级酒。

　　金钟酒庄的酒标十分漂亮，底色为金黄色，中间有一个大钟。"Angelus"在法语中就有"钟声"的意思。在1990年之前，名字在"Angelus"之前还多了一个"L"，就是"L'Angelus"。现任的庄主于伯特（Hubert de Bouard de Laforest）觉得在当今电脑时代，这个名字会使得酒庄在价目表中的排列靠后，因此决定将酒庄更名为"Château Angelus"，这样对于酒庄的宣传和推广都很有助益。

　　金钟酒庄位于圣爱美浓的一处向南坡，葡萄园优良。但1985年之前的管理并不佳，随后在家族第三代管理者于伯特主导下，引进了新的酿酒技术与设备，

A

B | C | D

A. 葡萄园全景。**B.** 酒庄。**C.** 发酵槽。**D.** 作者与庄主于伯特在香港酒展合影。

主要是土壤与葡萄藤的科学分析，还有微氧化与发酵前冷浸泡；当然温控发酵与不锈钢发酵槽也不可少。这家酒庄引领了圣爱美浓区的酿酒技术革命，自1996年起酒质丰厚，风味奢华，充满着成熟与浓郁的果香。有趣的是，自2003年后，酒款风格又有些许内敛，深度更较以往丰富。在1996年的列级酒庄评级中，金钟酒庄也从特等酒庄（Grand Cru）升至一级特等酒庄B级（Premier Grand Cru Classes B），并成为圣爱美浓产区当之无愧的明星酒庄，可谓表现出色。2012年9月6日，圣爱美浓列级酒庄的最新分级名单揭晓，新的分级版本中有18家一级特等酒庄、64家特等酒庄，总数82家。金钟酒庄由原来的圣爱美浓一级特等酒庄B级（Premiers Grands Crus Classes B）升级为圣爱美浓一级特等酒庄A级（Premiers Grands Crus Classes A），和欧颂（Ausone）、白马（Cheval Blanc）、帕维（Pavie）平起平坐，并列为圣爱美浓最高等级的酒庄。在圣爱美浓产区的诸多酒庄中，虽不及"一级特等酒庄A级"欧颂与白马，但也傲视群雄了。帕克曾经说过，金钟堡是圣爱美浓产区的最佳三四款酒之一。

于伯特对中国市场很看好，从1987年第一次到中国旅行时他就决定选择适合的合作伙伴来中国发展。直到2003年，第三次来华旅行之后，他才找到合作机会。2004金钟酒庄在中国年销售量仅有5箱，5年后就发展到几乎和日本同等的销量。他说，中国还有很大的发展潜力。金钟庄主于伯特的亚洲营销战略，也给金钟酒庄带来更广的市场和更大的价格空间。他很早就在日本、中国台湾为金钟打下基础，2007年他亲自到中国台湾主持品酒会。同时，他也是很早把目光转向中国内地市场的法国酒庄，如今开枝散叶，终于尝到美丽的果实。

美国权威的酒评家沙克林（James Suckling）曾赞颂此酒庄的酒为圣爱美浓产区排名第一的葡萄酒。还有人评价说，该酒庄的酒具有挑战波尔多九大庄的实力。我们再来看看帕克给的分数：20世纪90年代之前只有1989年份获得较好的96分，以后有1990年份98的高分和1995年份的95分；2000以后表现亮眼，有2000年份的97分，2003年份99的高分，2004年份的95分，2005年份98的高分，2006年份的95分，2009年份99的高分和2010年份98的高分，可以说越来越精彩，难怪会晋升为A级酒庄。目前金钟堡的酒价也是随着升级而提高，价格都在10,000元台币起跳，2009和2010两个好年份的价格为12,000~13,000元台币。

我曾在2012年5月份的香港酒展上遇到金钟庄主于伯特，同年9月金钟酒庄就晋升为A级酒庄。于伯特先生的个人魅力很大，很有亲和力，为人也很客气，有如一位法国绅士，而且能言善道，是我见过最会阐扬自己酒庄的庄主，除了歌雅（Gaja）酒庄的安杰罗·歌雅（Angelo Gaja）先生之外。而他自己形容说：他自己不仅是一位庄主，同时也是一位酿酒师。言外之意，他比较喜欢的工作是酿酒。事实上，他也真的是如此，30年前他就是因为和父亲在酿酒上有争议，才会接管今天的金钟酒庄，酒庄能晋升为A级酒庄，于伯特先生实在功不可没。

葡萄园。

在酒庄喝的3款酒。

DaTa

地　　址 | Château Angelus,33330 St.-Emilion, France
电　　话 | (33) 05 57 24 71 39
传　　真 | (33) 05 57 24 68 56
网　　站 | www.château-angelus.com
备　　注 | 参观前必须预约

Wine

金钟酒庄
Château Angelus 2004

基本介绍

分数：RP95 WS91

适饮期：2009~2022

台湾市场价：约9,000元台币

品种：62%美洛（Merlot）、38%卡本内·弗朗（Cabernet Franc）

木桶：100%法国新橡木桶

桶陈：24个月

瓶陈：6个月

年产量：75,000瓶

🍷 **品酒笔记**

该酒酒色呈现深紫红色，浓郁纯正，具有迷人的天鹅绒般单宁，平衡、美味而时尚。香味集中，圆润华丽，倒入杯中醒30分钟后，随即散发出鲜花香气，交替呈现蓝色和黑色水果味，并伴有黑莓、蓝莓、香草和矿物气味的活力，混合着深咖啡豆、甘草、烟熏木桶香，这绝对是金钟酒庄的一个杰出年份。它应该会是一个非常长寿的好酒，2004年的金钟酒庄是该年份的最强的一个波尔多酒庄，是将来可以和拉图酒庄相抗衡的一款酒，太精彩了。虽然它不是我喝过的最好的金钟堡，但是酿得太精彩了，对此我非常佩服庄主伯特先生。

🍴 **建议搭配**

排骨酥、手抓羊肉、生牛肉、伊比利火腿。

★ **推荐菜单 麻油沙公面线** ————————

这道菜选用冷压黑麻油烹调，吃完之后都不会觉得燥热，再加上厨师加了一些蛤蜊入汤，更显得汤头鲜美。面线非常有弹性，沙公蟹肉质弹软鲜嫩，阵阵的麻油香扑鼻而来，令人无法拒绝。汤汁咸度恰到好处，没有添加人工香料，这道菜是喆园最具特色的招牌菜。为了搭配这道台湾特有的麻油海鲜类面线，本应该找一支白酒来搭配，但是又怕酒体不够厚重，反而被麻油香给盖过，所以特地挑选了这款右岸最浑厚浓郁的金钟堡。这支酒含有大量的果香和橡木味的单宁，可以平衡浓稠的麻油香，细致的沙公蟹肉和红酒中的香料味如此天造地设，这样大胆的搭配，有如胭脂马遇到关老爷，让人意想不到，实在是太美妙了！

餐厅｜喆园餐厅

地址｜台北市建国北路一段80号

14
Château
Ausone

欧颂酒庄

　　欧颂酒庄在1954年的圣爱美浓产区分级时就已经被评为最高级的A等（Premiers Grands Crus Classes A）和白马酒庄（Cheval Blanc）并列为本区最高等级。以下再区分为最高等级B级（Premiers Grands Crus Classes B）、顶级（Grands Crus Classes）、优级（Grands Crus），最后是一般级的圣爱美浓。在2012年此区重新分级时，欧颂酒庄还是4个最高级的A等酒庄之一。或许不少人对这个位于波尔多右岸圣爱美浓产区的酒庄还有些陌生，但它其实与白马堡齐名，位列波尔多九大名庄之一。在九大名庄中欧颂酒庄的产量是最小的，占地面积仅为7公顷，一军酒的产量只有20,000瓶左右，二军酒更少到7,000瓶而已。在较好的年份，它的价格甚至会超越波尔多左岸的五大酒庄。欧颂酒庄微小的产量使得它的葡萄酒几乎没有在市场流通，

A
B C D

A. 丰收的葡萄园里正在进行葡萄采收。B. 酒窖门口。C. 酒庄葡萄园。
D. 石灰岩洞的酒窖。

甚至比著名的波美侯产区的柏图斯（Pétrus）酒庄的葡萄酒更加罕见，不过价格的差异也很大。

　　欧颂酒庄的酒被称为"诗人之酒"，因为酒庄以诗人之名来命名，让它多了一层神秘的色彩。相传在罗马时期，有一位著名的罗马诗人奥索尼斯（Ausonius），他将葡萄酒融入其诗篇中。后来他受封于波尔多，开始将种植葡萄付诸实践，在波尔多圣爱美浓拥有100公顷的葡萄园。据称，欧颂酒庄现在的土地就是这位罗马诗人的故居，传说究竟是否属实，恐怕我们也无从考证了。

　　18世纪初，欧颂酒庄为从事木桶生意的卡特纳（Catenat）家族所有。19世纪前半叶，酒庄转给了其亲戚拉法格（Lafargue）家族。到1891年，酒

庄主阿兰·维迪尔。

庄又由前任庄主的亲戚夏隆（Challon）家族继承，之后作为嫁妆转入杜宝·夏隆（Dubois-Challon）家族，成为杜宝·夏隆家族的产业。之后，杜宝·夏隆多了一位女婿——维迪尔（Vauthier），酒庄由此为两个家族所共有，股权各占一半。1974年，欧颂酒庄庄主杜宝·夏隆去世，酒庄股权分别由杜宝·夏隆夫人海雅（Helyett）和维迪尔兄妹各占50%。海雅接手酒庄后，开始着手全面整顿酒庄。1976年海雅夫人大胆聘用刚刚酿酒学毕业，年仅20岁并无工作经验的帕斯卡·德贝克（Pascal Decbeck）为酒庄的酿酒师。因此事维迪尔兄妹与海雅夫人争吵不休，双方之间产生重大隔阂，甚至再也不相往来。年轻的酿酒师帕斯卡到任后不负夫人所托，励精图治，改革创新，终于保住了欧颂酒庄与白马酒庄并列圣爱美浓区第一的地位。几年来，为争取酒庄的经营权，两家对簿公堂。直到1996年1月，法院才确定经营权由维迪尔兄妹拥有。

输了官司后，78岁的海雅不愿与维迪尔兄妹共事，便放出让售一半股份的风声。1993年买下拉图酒庄的弗朗索瓦·皮纳特（Francois Pinault）早对欧颂酒庄垂涎已久，他立刻开出1,030万美元高价购买海雅的股份，远高于法院定价。同时，皮纳特也以同样的价钱希望维迪尔兄妹让售酒庄的另一半股份。然而维迪尔兄妹始终舍不得离开酒庄，而且依法国法律，共有人在1个月内拥有承购共同股份的优先权。于是维迪尔兄妹四处借贷，于1997年收购了海雅手上的50%股份，成为欧颂酒庄的全权拥有人。兄长阿兰·维迪尔（Alain Vauthier）亲自负责所有日常管理及酿酒事务，并自1995年起聘请著名的酿酒大师侯兰（M.Rolland）担任顾问。

欧颂酒庄仅有7公顷葡萄园，种植葡萄的比例为50%美洛、50%卡本·内弗朗，葡萄树龄超过50年。葡萄园坡度极陡，表层土壤的平均厚度仅30~40厘米，因此树根可轻易穿过土壤，透穿至下层的石灰岩、砾层土与冲积沙中。这些渗透性和排水性都非常良好的石灰岩土壤能够很好地强化葡萄藤，为葡萄提供多种矿物质，这也是造就欧颂成为顶级酒的重要因素之一。

欧颂酒庄的设备堪称袖珍，酒庄的初榨汁会在全新的橡木桶内陈酿16~20个月之久。之后，酿好的酒会被封存在欧颂酒庄的天然地窖里继续陈年，这一过程最长可达24个月。这些地窖就建在葡萄园下方的石灰岩里，四季恒温，这个陈年过程能让酒的口感层次更加丰富，所以被公认为是最关键的酿酒步骤。

在20世纪50~70年代，欧颂酒庄一度表现平平，葡萄拣选随便，陈酿用的橡木桶新桶比例太低，使得所酿葡萄酒酒体薄弱，香味不足，尽失一级名庄风范。60~70年代，欧颂酒庄还不能和波尔多左岸五个一级酒庄及同级的白马堡相提并论，价格大致差了30%～50%。但到了80年代，两者价格已经持平。90年代开始，欧颂酒庄的价格已经超过五大酒庄，在九大酒庄中仅次于柏图斯。但欧颂酒庄有个最大的问题——喝的人较少。我常常问我的收藏家朋友和一起喝酒的酒友：最近3年，你有没有喝过欧颂？答案非常令人惊讶，他们喝过欧颂的数量及频率远远低于九大酒庄的其他8个酒庄。这样的结果和我想象的一样，原因是它的产量太少，因此价格并不便宜，在九大酒庄中排名第二，仅次于柏图斯。

英国《品醇客》杂志曾提出过这样一个有趣的问题：在你临死之前，最想品尝哪一款葡萄酒？最后他们评选出了100款佳酿，其中不乏大名鼎鼎的名庄酒，而作为波尔多九大酒庄之一的欧颂酒庄自然也榜上有名，1952年的欧颂被称为20世纪最完美的100支酒之一。著名酒评人罗伯特·帕克称欧颂葡萄酒适饮期可以达到50~100年，他曾这样说："如果耐心不是你的美德，那么买一瓶欧颂葡萄酒就没有什么意义了。"欧颂最大的特点就是耐藏，在时光的流逝中，它不但没有年华老去，反而像获得新生般展现出浑厚的酒体，带着咖啡和橡木桶的香气，酒体颇有层次感，散发着浓郁的花香、矿石、蔓越莓、黑莓、蓝莓及其他一些复杂的香气。

我们再来看看欧颂堡这几年的分数；帕克给出的分数最高是2003和2005两个年份的100分。2000、2009和2010的98+的高分，2001、2006和2008的98的高分，2011的95+分，1999的95的高分。可以看出来95分以上的年份都集中在1996年以后，也就是明星酿酒师侯兰先生到酒庄当顾问以后所酿的年份。《葡萄酒观察家》杂志给出的最高分数是2005年份的100分。2000年份的97高分，2003和1995两个年份的96分，1924、1998、2001和2004这4个年份的95分。目前欧颂酒庄最新年份（2011）一瓶上市价大约是28,000元台币起跳，分数较高的年份如2009和2010两个年份大约一瓶52,000元台币。

酿酒师Pauline Vauthier。

以下是2014年作者和欧颂庄主女儿兼酿酒师宝琳（Pauline Vauthier）的访谈。

作者与酿酒师宝琳。

H：请问您对2012的分级制度有何看法？因为您曾经对其提出强烈质疑。
P：分级一团乱，10年一次，请比较好的律师就可以进好的级数，我对此很不屑。欧颂酒标上以后就不会有Premier Cru。就如同之前他所发表过的：
"我们将不会以'一级特级庄园A级'的排名作为营销特色。"（I don't even use the "Premier Grand Cru Classé A" title on our marketing material anymore.）

H：有可能生产白酒吗？
P：有什么不可以？白马也在2012年种了白葡萄，分级是波尔多AOC，不会是圣爱美浓的级数。

H：一军和二军酒有何不同？
P：一、二军最后会靠试酒来决定，欧颂二军CF比较重，树龄比较年轻。

H：欧颂酒庄和另一个以前同属A级的白马酒庄有何不一样？
P：和白马酒庄一样的品种比例，土壤不一样，风格就不同。

H：2005年到现在有何改变？
P：母亲接手就进行革命性的改变，酒窖改变，桶子一直没有大的改变。

H：2000年以后到现在，以RP的分数来说都很好，为何？
P：品种的改变，所以高分，葡萄园产量降低，实行有机种植。

H：欧颂现在是圣爱美浓最好最贵的酒，将来有可能再增加产量吗？
P：产量少是葡萄园无法改变的事实，毕竟只有小块葡萄园。

H：希望明年能带上我的新书去拜访。
P：欢迎您到酒庄，一定请您喝酒。

DaTa

地　　址 | Château Ausone, 33330 St.-Emilion, France
电　　话 |（33）05 57 24 68 88
传　　真 |（33）05 57 74 47 39
网　　站 | www.château-ausone.com
备　　注 | 只欢迎葡萄酒专业人士

Wine

欧颂酒庄
Château Ausone 2003

基本介绍

分数：RP100　WS96
适饮期：2014~2075
台湾市场价：约58,000元台币
品种：50%美洛、50%卡本·内弗朗
木桶：100%法国新橡木桶
桶陈：24个月
瓶陈：6个月
年产量：20,000瓶

🍷 品酒笔记

2003年的欧颂帕克给了满分100，我认为这并不是一个很合理的分数，但是这款酒可以说是我喝过的最好的欧颂之一，令人印象深刻。酒色呈现非常浓的墨紫色，有紫罗兰鲜花香、黑松露、黑铅笔芯、黑莓、蓝莓、黑李、草莓等丰富的水果味，纯净迷人的香水味，香气集中，如天鹅绒般细滑的单宁，如此地平衡而完美。再经过三五年，绝对可以称霸全世界。

🍴 建 议 搭 配

东坡肉、烤羊排、北京烤鸭、烟熏鹅肉。

★推 荐 菜 单　海参烩鹅掌

海参又名海鼠，在地球上生存了几亿年了。自古便是一种珍贵的药材，中国有关吃海参的纪录最早应该是三国时代。中国人称之为四大珍贵食材（鲍、参、翅、肚）之一。这种食材味道单吃无味，必须加浓汁佐之，刚好与软嫩的鹅掌一起勾芡，成为中国菜最美味的料理。这支圣爱美浓最好的酒，口感具有强烈的桧木香味道，果香味丰富，适合搭配浓稠酱汁的菜系，细致的单宁与海参相吻合，葡萄酒中的花香也和鹅掌的胶质相当和谐。两者互不干扰，又可以互相促进，好酒本就应该配好菜！

餐厅｜新醉红楼
地址｜台北市天水路14号2楼

15

*Château
Cheval Blanc*

白马酒庄

　　白马酒庄正好位于波美侯产区（Pomerol）和圣爱美浓葛拉芙产区（Graves）的交界处。波美侯区内两个酒庄——乐王吉（l'Evangile）酒庄和康赛扬（La Conseillante）酒庄与白马酒庄之间只有一条小路隔开。所以长久以来，白马酒庄的葡萄酒一直有着双重性格，既像波美侯酒又像圣爱美浓酒。白马酒庄从1954年开始在圣爱美浓分级中被评为高级的A等，和欧颂酒庄并列为本区最高等级。

　　说起白马酒庄的命名有诸多说法，其中的一种说法是，以前酒庄的园地有一间别致的客栈，国王亨利四世常骑白色的爱驹路过此地休息，因此客栈就取名"白马客栈"，后来改为酒庄也顺称白马酒庄。另外一个说法是，白马酒庄如今的土地以前曾是飞杰克酒庄（Château Figeac）的一部分，当时此地并未大面积种植葡萄，而是被用作飞杰克酒庄养马的地方，后来这块地被出售，才开始大面积种植葡萄，逐渐形成酒庄，并正式取名白马酒庄。虽然这两种说法现已无从考证，但白马与酒庄从此有着密不可分的关系。

　　18世纪时，白马酒庄所处的大块土地就已经建有葡萄园。1832年，菲丽特·卡莱-塔杰特伯爵夫人（Felicite de Carle-Trajet）将飞杰克酒庄的15公顷葡萄园卖给了葡萄园大地主杜卡斯（Ducasse）先生，这是白马酒庄最初的组成部分。1837年，杜卡斯先生又购得16公顷葡萄园。1852年，海丽特·杜卡斯小姐（Henriette Ducasse）与福卡·陆沙克（Fourcaud Laussac）结为连理，其中5公顷的葡萄园被作为嫁妆转到了福卡（Fourcaud）家族，从此，白马酒庄在福卡家族中世代相传，直至今天。1853年，酒庄被正式命名为白马酒

CHATEAU CHEVAL BLANC

A
B | C | D

A. 难得一见不同容量的白马堡。B. 酒庄早期留下的图腾。C. 新的酒窖设备。
D. 白马酒庄总经理皮尔·路登。

庄，此时酒庄并不是很出名。在1862年伦敦葡萄酒大赛和1878巴黎葡萄酒大赛
中，白马酒庄获得了金奖，酒庄随之名声大噪，现今酒标上左右两个圆图就是当
年所获的奖牌。福卡还对白马酒庄进行了扩张，到1871年，酒庄面积已达41公
顷，形成了今天的规模。

　　1893年福卡去世后，其子亚伯（Albert）接手酒庄。白马酒庄最辉煌的
19世纪末年份酒以及20世纪初年份酒，尤其是1899、1900年的优质酒以及
1921、1947年的超级酒，就是在亚伯掌权时期诞生的。1970~1989年，酒庄
的董事长转为福卡德家族的女婿贾奎斯·侯布拉（Jacques Hebrard）。1998
年，伯纳·阿诺（Bernard Arnault，LVMH集团的股东）和亚伯·弗瑞尔男爵
（Baron Albert Frere）一起收购了白马酒庄的股份，成为酒庄的老板，并保留
了酒庄原来的工作团队。1991年，34岁的皮尔·路登（Pierre Lurton）成为白
马酒庄的总经理，这对于自1832年以来从未雇用过外人管理庄园的白马酒庄来
说实属罕见。此外，皮尔·路登也是波尔多历史上第一位同时管理两大顶级名
庄——白马酒庄和滴金堡酒庄（Château d'Yquem）的人。

　　白马酒庄占地38公顷，其葡萄园的土壤比较多样，有碎石、砂石和黏土，
下层土为坚硬的沉积岩。其主要品种为57%的卡本内·弗朗、39%美洛、1%的
马尔贝克及3%的卡本内·苏维翁（Cabernet Sauvignon）。酒庄平均树龄45
年以上，种植密度为每公顷6,000株。白马酒庄一军酒每年约生产100,000瓶，

100%全新橡木桶中陈酿18~24个月。副牌酒小白马（Le Petit Cheval）每年约生产40,000瓶。1991年，路登加入了白马酒庄，那年对他而言是个严峻的考验，由于遭受霜冻，葡萄损失严重，因此，他们决定在1991年不出产一军酒，仅仅出产了小白马。

在《葡萄酒观察家》杂志评选出的20世纪12款最佳葡萄酒的榜单包括：1900年份玛歌酒庄（Château Margaux）、1945年份木桐酒庄（Château Mouton Rothschild）、1961年份的柏图斯（Pétrus）、1947年份的白马酒庄等。英国《品醇客》杂志也选出1947年份的白马酒庄为此生必喝的100款酒之一。在巴黎佳士得拍卖会上，一箱12瓶装的1947年Château Cheval Blanc以131,600欧元的高价成交，相当于一瓶439,000元台币，这应该只有亿万富豪才能喝得起吧？帕克给白马酒庄的分数也都不错，1947和2010都给了100分，2000和2009两个年份一起获得99的高分，1990年98的高分。WS则对白马1998、2009和2010给予了98高分的肯定，对1948、1949和2005年份给予了97的高分。白马新年份在台湾上市价大约是20,000元台币一瓶，遇到特别好的年份，如2009或2010年份，价格在40,000元台币一瓶。

白马酒庄也曾在几部电影中现身：2007年上映的迪士尼动画片《美食总动员》（Ratatouille），那位刻薄的美食家安东·伊戈（Anton Ego）在餐厅点菜时，要求提供一道新鲜又道地的菜，并让领班推荐一款葡萄酒。老实的领班不知如何是好，安东·伊戈便说："好吧，既然你们一点儿创意都没有，那我妥协一下，你们准备食物，我来提供创意，配上一瓶1947年的白马堡刚刚好。"是什么样的创意料理需要配上一款要价一二十万台币的酒？这未免也太豪迈了！另一部获得奥斯卡"最佳改编剧本奖"、2004年上映的美国畅销片《杯酒人生》（Sideways）中迈尔斯（Miles）最得意的收藏，就是一瓶1961年白马堡。在影片中，玛雅（Maya）曾提醒迈尔斯，再不喝可能就过适饮期了，还在等什么？迈尔斯回答说："哦，我不知道。也许在等一个好的时机和一个对的人吧？原本应该是在我结婚10周年的纪念日时喝。"但是，当试图复婚的迈尔斯后来见到前妻维多利亚，得知她已经再婚并且怀孕时，无比沮丧的他便立即驱车回家找出那瓶白马堡，带到一家速食店，倒进纸杯搭配汉堡就这样喝掉了，看起来真的极为讽刺。2004年香港上映的喜剧片《龙凤斗》中有一段精彩的对话，刘德华和郑秀文饰演的角色到酒窖里偷到了一瓶世纪佳酿，那就是1961年份的白马堡。就连神偷也知道要偷最好的白马酒，而且是最好的年份。

地　　址 | Château Cheval Blanc, 33330 St.-Emilion, France
电　　话 | (33) 05 57 55 55 55
传　　真 | (33) 05 57 55 55 50
网　　站 | www.château-chevalblanc.com
备　　注 | 参观前必须预约

白马酒庄
Château Cheval Blanc 1990

基本介绍

分数：RP98　WS93
适饮期：2016~2045
台湾市场价：约45,000元台币
品种：53%美洛、47%卡本·内弗朗
木桶：100%法国新橡木桶
桶陈：24个月
瓶陈：6个月
年产量：120,000瓶

🍷 **品酒笔记**

1990年的白马酒色呈深紫色，紫罗兰花香带领着黑莓、蓝莓、松露、甘草、薄荷、黑醋栗、樱桃、特殊香料、新鲜皮革、摩卡咖啡和烟草等复杂多变的香气。单宁细致柔滑，醇厚甜美，华丽而浓郁，余韵长达1分钟以上。这支酒几乎涵盖所有好酒的特质，世界上的许多好酒都难以与之抗衡，是我至今喝过最好的白马堡，可能以后还会胜过传奇的1947年份白马堡，难怪帕克打了3次的98分和一次的100分，的确是一款令人难以想象的经典作品。

🍴 **建议搭配**

排骨酥、手抓羊肉、生牛肉、伊比利火腿。

★ **推荐菜单　江南过桥排骨**

江南过桥排骨属于经典川菜菜系，也是江南汇的招牌菜之一，将整块猪肋排卤制8个小时以上，让整块肋排都入味，再慢火将排骨两面炸至金黄后出锅，淋上爆香的酱料，就可以上桌。吃的时候服务人员会在桌边帮您切开，分成一块一块送到每个客人的盘子上。好吃的过桥排骨其骨肉弧度一定要能放入一只鸡蛋，并且排骨不倒，过桥排骨只选用农家土猪的第五至第八节肋骨，只因这4段肋骨长度相近，肉质也最为肥厚细嫩，骨头弧度也最适中。这支波尔多21世纪最好的酒之一，具有红黑色浆果香，甜美多汁，适合搭配浓稠酱汁的排骨，两者很快就可以擦出火花，完全水乳交融，美味到极致。其实这支美酒已经好到令人难以置信，能喝到也算是一种缘分与福气，借问酒家何处有？牧童遥指"白马堡"。

餐厅｜江南汇
地址｜台北市安和路一段145号

16
Château Cos
d'Estournel

高斯酒庄

　　波尔多有着许多大小酒庄，但是高斯酒庄的建筑无疑最富东方色彩。放眼看去，由3座类似佛教宝塔（pagoda）构成的地标，挺立在错落的欧式古堡之间，尤其是酒庄商标上的那头象，让人感觉仿佛来到印度某个神秘角落，忘了这是一家正宗的波尔多超二级酒庄。如此一家超二级酒庄，虽然位于圣·爱斯夫（Saint Estèphe），事实上离波雅克（Pauillac）很近，跟知名的拉菲酒庄（Ch. Lafite）可说是紧邻相接。商标上的那个"R"，代表着2000年接手经营的瑞士银行家米歇尔·瑞比尔（Michel Reybier）。但也有另一种有趣的说法，这个"R"同时也象征"返回"（Return），希望酒庄"回到"过去酒价曾是拉菲酒庄两倍的光荣时期。

A. 酒庄门口三宝塔。B. 不同容量的高斯酒。C. 团员们在品酒室试酒。D. 葡萄园。E. 作者在台北和前酒庄总经理 Jean-Guillaume Prats合影。

高斯酒庄位于波尔多圣爱斯夫村（St. Estephe）的边缘，酒庄最早由一名叫路易斯-加斯帕德·爱士图奈（Louis-Gaspard d'Estournel）的葡萄酒爱好者建立于19世纪初。爱士图奈生于1762年，他非常仰慕拉菲古堡的成功，经过长时间的研究考察，他选购了拉菲古堡旁属于圣爱斯夫村的一块14公顷的园地，开始建立酒庄。这块葡萄园位于一个小石头山坡上，而"Cos"在法文里有小石丘之意，因此他将"Cos"加在自己的姓氏"d'Estournel"之前，这就是今日酒庄名称的由来。在19世纪初期，高斯酒庄的酒价高于其他波尔多名庄，而且曾出口到遥远的印度。

高斯酒庄庄主爱士图奈与当时的众多梅多克酒庄庄主不同，他建造城堡只是为了酿酒，所以爱士图奈先生又并购了旁边的一些小酒庄和土地，将酒庄扩大到65公顷。同时，他深信酒庄一定要有一座特别的城堡才能增加酒的魅力，更有利于产品的长期推广。当时西方艺术界普遍崇尚东方艺术，爱士图奈本人因与中东和亚洲有不少生意往来，对东方文化有深刻的了解和涉入，因此他决定以《一千零一夜》所构想的建筑风格为方向，建造以中国古钟楼、印度大象、苏丹木雕门、钟乳石笋以及西方建筑精华集合在一起的城堡。如今，高斯酒庄已成为波尔多旅游的必游景点之一。

爱士图奈先生并不是资金雄厚的大资本家，因为酒庄投入太大，财务管理失调，以至债台高筑。1852年，他被迫以112.5万法郎的价格将酒庄出售给英国投资商马丁（Martyn），这个价格比隔年以112万法郎出售的木桐酒庄（Mouton Rothschild）还高出5,000法郎。建造如此气势恢宏的建筑几乎耗费了爱士图奈先生的所有积蓄。这位高斯酒庄的"创造者"死于1853年，在1855年对波尔多进行分级的两年前。虽然爱士图奈先生没能亲身参与此次伟大的分级，但他的远见卓识和对酒庄的贡献还是得到了1855年分级的认可，高斯酒庄在此次分级中被列为二级庄。

马丁购下酒庄后，把酒庄委托给教会堡（La Mission Haut-Brion）的老板杰洛米·奇亚佩拉（Jerome Chiapella）全权管理及酿酒，在此期间酒庄所产葡萄酒的品质有增无减。之后，酒庄又几经易主，直到1917年，高斯酒庄被波尔多著名的大酒商弗南德·金尼斯特（Fernand Ginestet）买下。之后这个酒庄由他的外孙俊—玛丽·普拉斯（Jean-Marie Prats）、伊弗斯·普拉斯（Yves Prats）及布鲁诺·普拉斯（Bruno Prats）继承。该酒庄数次易手，从马丁家族到伊拉苏家族，再到豪斯汀家族、金尼斯家族，最后是普拉斯家族。长期以来，布鲁诺·普拉斯都是高斯酒庄的掌门人和代言人，他全心致力于酒庄的复兴和扬名。2000年，米歇尔·瑞比尔（Michel Reybier）及其家族购得酒庄。酒庄为瑞比尔葡萄园公司所有，由布鲁诺的儿子俊-吉拉姆·普拉斯（Jean-Guillaume Prats）管理。在高斯耕耘了14年之后的小普拉斯，于2013年离开酒庄，受邀成为酩悦·轩尼斯的CEO。酒庄庄主米歇尔·瑞比尔重新任命了一位新总经理亚美瑞克·吉隆德（Aymeric de Gironde）。

米歇尔·瑞比尔收购酒庄后，又新增了15公顷葡萄园，再加上酒庄附近的老藤葡萄园，酒庄现在的葡萄园总面积达到了90公顷，种植了55%的卡本内·苏维翁、41%的美洛、2%的卡本内·弗朗和2%的小维多。美洛的种植比例相对较高，从21世纪初开始，高斯酒庄的种植方式有所转变，以此来压制葡萄藤的长势。为此，他们在园地里适当地种草，根据地块的不同，或者全种草，或者不种草，或者隔行种草。

高斯酒庄是圣爱斯夫村的酒王，是最接近一级名庄的超二级酒庄，在葡萄酒评论家帕克的评级中它已经是一级庄。目前酒庄生产三款酒，高斯酒庄正牌酒（Château Cos d'Estournel），二军酒是高斯宝塔（Les Pagodes de Cos），来自相同葡萄园，有着同样的血统，在波尔多属于顶尖的二军酒。但一军树龄20~70岁，二军树龄则是5~20岁。至于位于一军葡萄园上方的马布札堡（Ch. Marbuzet）表现不差，目前已领了自己的身份证，成为单独品牌。此外，古列酒庄（Goulée）则是集团在Haut Médoc的另一个产业，有着现代化的瓶身，《神之雫》漫画曾经大篇幅介绍过，主要是为了与新世界酒做出区别。高斯酒庄从来不缺媒体话题，近年来，它克服大量涌出的地下水，采用重力引流设计的最新酒厂已经落成，2008是它试车的第一个年份。2005年才开始生产的高斯白酒，无论品质或价位都是业界争相讨论的话题，才一上市就出现在拍卖市场。至于此前几乎已成定局的交易，也就是跨国买下1976巴黎盲品会的加州主角蒙特丽娜（Ch. Montelena），去年年底却是宣布告吹。

高斯酒庄的酒一向不便宜，它谨慎地观察五大酒庄的售价，然后出手确保它超二级酒庄的地位。正因如此，高斯的价格和分数一直都很稳定，当然这一切还得有坚强的品质作为后盾，才能成为二级酒庄中的指标型酒庄。此酒庄荣登帕克世界最伟大156家酒庄之一，2009年份预购价甚至超越二级酒庄领头羊的拉卡斯酒庄（Léoville Las-Cases），获得帕克RP100的满分。较高的分数还有2003年份的97分，2005年份的98分，2010年份的97+分。《葡萄酒观察家》的分数也都不错，2005年份获98分，2003和2009年份一起获得97分，2000年份的96分和2010年的95分。目前，以2009年份的酒为最高价格，台湾市场价大约为13,000元台币一瓶，比较便宜的2004和2007年份也要5,000元台币一瓶。

特别
推荐

高斯白酒
Cos d'Estournel Blanc 2010

基本介绍

分数：RP90 WS90

适饮期：2013~2023

台湾市场价：约3,600元台币

品种：70% 白苏维翁（Sauvignon Blanc）

　　　和 30%谢米雍（Semillon）

年产量：7,000瓶

DaTa

地　址 | 33180 Saint-Estèphe

电　话 | +33（0）5 56 73 15 50

传　真 | +33（0）5 56 59 72 59

网　站 | www.estournel.com

备　注 | 私人参观必须预约，周一至周五对外

　　　开放

高斯酒庄
Château Cos d'Estournel 2005

基本介绍

分数：RP98 WS98
适饮期：2015~2040
台湾市场价：约10,500元台币
品种：78%卡本内·苏维翁、19%美洛、3%卡本内·弗朗
木桶：80%法国新橡木桶
桶陈：18月
瓶陈：6个月
年产量：200,000瓶

品酒笔记

这是高斯酒庄继2003年之后另一个极好的经典之作。酒色呈墨黑紫色，有甘草、亚洲香料、西洋杉木、奶酪、黑醋栗、黑莓和鲜花香气。单宁细致如锦衣丝绸，结构雄厚，味道集中而优雅，有丰富的层次感，余味绵长！相信在未来的10~30年绝对是它最精彩的时刻。

建议搭配

湖南腊肉、台式香肠、煎牛排、台式焢肉。

★ 推 荐 菜 单 玉玺腐乳封肉

刘备号令天下不可少的即是重要的国家玉玺了，主厨特别选择江浙菜中的传统名菜"腐乳封肉"，作为刘备的代表菜。将带皮的五花肉切成如玉玺般的大块，以腐乳为调味先煮后蒸，口感软烂鲜嫩，味道咸鲜香甜，成品色泽红亮，呈现南乳红曲天然的鲜红色。将近10年的高斯红酒，呈现出强大的单宁，配起软嫩多汁的南乳肉，有如霸王遇上虞姬般火花四射，既刚强又轻柔，整道菜变得不油腻，反而甜美细致又可口。红酒中的黑果浆汁与腐乳汁液相辅相成，完美而丰富的果香与浓汁香让人胃口大开。

餐厅｜中坜古华花园饭店明皇楼
地址｜桃园县中坜市民权路398号

17

*Château Haut
Brion*

欧布里昂酒庄

　　五大酒庄内最深奥难懂的大概就是欧布里昂酒庄！它的酒香气十分复杂，年轻时极其淡雅，均衡中层层节制，委婉而内敛，有一丝松露与烟熏味，但微妙整合在咖啡色系的调味盘中，适合造诣极高的葡萄酒老饕。这款酒最近的好年份首推1989年份，这个年份也一直被称为传奇的年份，100分中的100分，无论是《葡萄酒观察家》杂志还是帕克创立的网站都给的100分，葡萄酒教父帕克曾说过，在他离开人间之前，如果能让他选一支酒来喝，那一定非欧布里昂1989 莫属。欧布里昂酒庄历史悠久——奠基于1550年，酒庄发表的年份纪录可上溯至1798年；它未受根瘤蚜虫病之害，完整地将葛拉芙（Graves）的土地与历史，写进造型奇特的酒瓶之中。它还有一款白酒，价昂量少，也是收藏者的最爱之一。

　　波尔多的五大酒庄地位不可动摇。但是除了本尊之外，那些二军，甚至白酒，到底哪一款才有超过本尊的行情？答案是欧布里昂酒庄的白酒（Haut Brion Blanc）！此酒连烂年份都要20,000元台币以上，好年份根本就一瓶难求（年产量不到8,000瓶），可说是波尔多最贵的不甜白酒。以2005年份来论，本酒庄红酒在美国上市时市价为800美元（WS评为100分），而白酒的售价为820美元（WS也评为100分），目前市价高达台币60,000元。但有市价并不代表能买到，遇到一瓶欧布里昂白酒的机运，往往是遇到其红酒的百分之一都不到。除了正牌的白酒外，欧布里昂堡也出了二军的白酒，称为"欧布里昂堡之耕植（Les Plantiers du Haut-Brion）"，2008年以后改为（La Clarté Haut Brion Blanc），年产量仅5,000瓶，价钱也经常徘徊在100美元左右。甚至可说，除了勃艮第之外，全

A. 酒庄。B. 酒窖。C. 师傅正在烘烤橡木桶。D. 作者与Haut Brion Blanc 1992。E. 有庄主签名的3升Haut Brion 1978。

法国的不甜白酒，绝少能有这种超级行情。它的塞米雍（Semillon）与白苏维翁（Sauvignon Blanc）各半，葡萄园仅2.5公顷，顶着五大酒庄之一的威名，葡萄园又在波尔多优质酒的发祥地——佩萨克-雷奥良（Pessac-Leognan），当地红、白好酒齐名，不像波雅克或玛歌村，几乎没有人讨论它们的白酒。

欧布里昂酒庄是1855年波尔多分级时列级的61个酒庄中唯一一个不在梅多克（Medoc）的列级酒庄。侯伯王酒庄位于波尔多左岸的佩萨克-雷奥良（Pessac-Leognan，1987年从格拉夫划分出的独立AOC[①]），是格拉夫产区的一级酒庄，同时它也是唯一一个以红、白葡萄酒双栖波尔多顶级酒的酒庄，是波尔多酒业巨头克兰斯·狄龙酒业（Domaine Clarence Dillon）集团旗下的酒庄之一。

欧布里昂酒庄是波尔多五大酒庄中最小的，但却是成名最早的。早在14世纪时，欧布里昂酒庄就已是一个葡萄种植园，并在之后的经营中一直保持着不错的发展。1525年，利布尔纳（Libourne）市长的女儿珍妮·德·贝龙（Jeanne de Bellon）嫁给波尔多市议会法庭书记强·德·彭塔克（Jean de Pontac），嫁妆就是佩萨克-雷奥良产区一块被称为"Huat-Brion"的地。1533年，强·德·彭塔克买下了欧布里昂酒庄的豪宅，一个历经4个家族经营、传承数个世纪的顶级葡萄园由此诞生。据说彭塔克先生也因为长年饮用酒庄的酒而延年益寿，有101岁高寿。当获得欧布里昂酒庄的一部分土地之后，他不断扩大与完善

注：①AOC，即Appellalion d'Origine Controlee，指原产地法定区域管制餐酒，是法国葡萄酒的最高级别。

其产业。1549年，他着手修建城堡，因他对产区的风土了如指掌，所以将城堡修建在沙丘脚下的沙砾区，而沙丘则专门用来种植葡萄。历史学家保罗·芦笛椰毫不犹豫地将这座城堡称为"第一座当之无愧的酒堡"，因此可以认定欧布里昂酒庄的沙丘是1855年列级酒庄中有迹可循的最早产区，比现在的梅多克顶级酒庄要早一个世纪。而且，欧布里昂城堡可称得上是波尔多庄园中最浪漫、优美和典雅的一座，所以酒庄一直沿用此建筑物作为商标图案。

有关欧布里昂酒庄的传说非常多，这里有一则故事非常有趣。1935年，非常富有的美国金融家克兰斯·狄龙（Clarence Dillon）因很喜欢葡萄酒，决定去葡萄酒圣地波尔多买一个顶级庄园。他原来是决定购买圣-艾美隆区（St. Emilion）的白马酒庄（Cheval Blanc）。但由于当天雨大雾浓，天气湿冷，身体不适的他想找个地方休息整顿一下，结果走进了离城不远的欧布里昂酒庄。饥寒交迫的他，喝着欧布里昂的美酒，吃着酒庄准备的晚餐，备感温暖。打听之下得知庄主有意出售酒庄，双方遂一拍即合，当场成交。阴错阳差，克兰斯·狄龙没有买下白马酒庄，却在葛拉芙落脚，从此，欧布里昂酒庄就一直由克兰斯·狄龙及其后人拥有。

1958年，狄龙家族成立了侯伯王酒庄的控股公司克兰斯·狄龙公司（Domaine Clarence Dillon SA），之后不断对酒庄进行投资，建现代化发酵窖，实行葡萄品系选择，修建大型地下酒窖，重新装修酒庄。经过两代人的努力，欧布里昂转变为传统和现代结合完美的顶级酒庄。传到第三代，克拉伦斯的孙女琼安·狄龙（Joan Dillon）是家族中最用心经营酒庄的一位。从20世纪70年代她接手酒庄开始，欧布里昂酒庄才在经营中获利，使狄龙家族得以逐步扩展家族的葡萄酒事业，陆续并购佩萨克的其他3个顶级酒庄。琼安与第一任丈夫卢森堡王子结婚后育有一儿一女，目前由儿子罗伯王子（Prince Robert）接掌酒庄，罗伯王子一改酒庄低调的作风，从2013年开始到世界各地推广狄龙家族的酒，包括欧布里昂系列酒款。

另值得一提的是，欧布里昂酒庄的酿酒家族德马斯（Delmas）。乔治·德马斯（George Delmas）从1921年就加入欧布里昂酒庄，成为酿酒师。他的儿子尚-伯纳德（Jean-Bernard）就出生于酒庄，尚-伯纳德之后继承父业，成为酒庄酿酒师。德马斯家的第三代尚-菲利普（Jean-Philippe）目前也已成为酒庄管理队伍中

作者和庄主罗伯王子在台湾合影。

庄主在台湾酒会上。

的一员。一家三代将近100年来都在为酒庄默默地付出，这也是在波尔多酒庄内最久的酿酒家族。德马斯家族是波尔多公认的最顶尖酿酒师家族之一。他们在1961年第一次提出打破传统，采用新科技设备酿酒，引进不锈钢发酵桶等，创造了具有独特口感的葡萄酒。在所有列级名庄均保留传统酿造方法的当时，这一举动是不可思议的，但现今这已是大部分顶级酒庄效仿的做法。酒庄也与橡木桶公司合作，在酒庄内制作橡木桶，以便做出更符合酒庄要求的橡木桶。

作者致赠台湾高山茶给庄主。

欧布里昂酒庄目前拥有葡萄园共计65公顷，其中红葡萄占63公顷。园内表层土壤为砂砾石土，次层土壤为砂质黏土型土壤。种植的红葡萄品种包括45.4%的卡本内·苏维翁、43.9%的美洛、9.7%的卡本内弗·朗、1%的马百克，平均树龄为35年，用来酿造酒庄红葡萄酒，包括欧布里昂酒庄正牌酒132,000瓶和副牌酒克兰斯欧布里昂副牌酒（Le Clarence de Haut-Brion）88,000瓶。另外，不到3公顷的白葡萄品种为塞米雍与白苏维翁各占50%，生产正牌白酒7,800瓶，副牌酒5,000瓶。

世界上没有一个酒庄可以像欧布里昂酒庄这样，红、白酒都酿得非常精彩，而且白酒的价格可以超过红酒的价格。英国《品醇客》杂志选出本酒庄1959的红酒和1996的白酒列入此生不能错过的100款酒中。帕克的打分也都不错，红酒首推1989年份，被称为100分中的100分，可以说是百分之王，帕克本人打了7次分数都是100分。这款酒是帕克最喜欢的酒。《葡萄酒观察家》杂志也同样给出100分。另外，获得帕克100分的有1945、1961、2009和2010这4个年份。2000年千禧年份也获得了99的高分，还有1990和2005两个波尔多好年份都获得了98的高分。白酒部分，1989年份仍然是100分，而1998、2003、2007、2009、2012等几个好年份都曾被打过100分，后来才被重新评分到95~99分。在WS方面，除了1989年份的100分，还有2005年份的红、白酒同样获得满分。到目前，21世纪最好的两个年份：2009年份获98分，2010年份获99分。1989年份的白酒也获得了98的高分。此外，欧布里昂1945年份也被收录在世界最大的收藏家米歇尔·杰克·夏苏耶（Michel-Jack Chasseuil）所著的《世界最珍贵的100种绝世美酒》中，书中提到他是用2瓶1947年份的拉图换来2瓶欧布里昂1945年份的红酒，非常有意思！欧布里昂酒庄的红酒是五大酒庄中最被低估的，个人认为性价比最高。如果是普通年份，刚上市一瓶大约在15,000元台币以内，好的年份，如2009和2010年份，大约是一瓶35,000元台币。1989这个最好的年份也才56,000元台币而已，真是最好的收藏！白酒基本上都要30,000元台币一瓶，好的年份，如2009和2010年份，都要45,000元台币一瓶。

2012年，欧布里昂酒庄庄主罗伯王子来台湾访问，我亲自带了一瓶欧布里昂1992年份白酒赴约。老实说，我也不知道这瓶酒经过20年的沧桑，到底能不能喝。在我心中一直是个问号，尤其是1992年份在波尔多是非常艰辛的年份，几乎所有的红酒都撑不过了。罗伯王子听到有人带来1992年份的白酒，立刻换好衣服下楼来品尝。这款酒果然没有让大家失望，得到罗伯王子和众人的赞赏，他同时也很开心可以见证自己酒庄的白酒经过20年依然能如此精彩。他当面感

（左）英国品醇客杂志选出来此生必喝的100支酒之一～Haut Brion Blanc 1996。
（中）和庄主一起品尝的Haut Brion Blanc 1992。
（右）2004白酒二军，适合配大闸蟹。

谢了我，并和我合照及签名。在场的《稀世珍酿》作者陈新民教授和《葡萄酒全书》作者林裕森先生都啧啧称奇！我一生中总共尝过5款欧布里昂白酒（1992、1994、1995、1996和2000年份），可说是支支精彩绝伦，最令人惊讶的是它的续航力，通常在一个酒会当中可以从头喝到结束，经历4~5个钟头都还不坠，而且变化无穷，越喝越好，甚至比其他顶级红酒还耐喝，这是最令我难忘的一款白酒。红酒部分我也喝过20多个年份，记忆最深刻的当属1961、1975、1982、1986、1988、1989和1990这几个年份，它们共同的特点是黑色果香、松露、烟熏、黑巧克力、黑樱桃、甘草、烟草和焦糖味。尤其是1989年份我喝了两次，真不愧为伟大之酒，它光彩夺目，变化无穷，高潮迭起，堪称欧布里昂红酒中的经典之作，集所有好酒的优点于一身，真是无懈可击。有机会您一定要收藏一瓶在您的酒窖中，因为它最少可以陪您再度过未来的30年以上。如果您钱包不够深，没关系，可以买一瓶二军白酒（Plantiers Haut Brion Blanc），它在中国大陆被选为最配大闸蟹的白葡萄酒，2005年份一瓶只要3,000元台币以内。

特别推荐

欧布里昂酒庄

Château Haut Brion Blanc 1996

基本介绍
分数：RP93 JH98
适饮期：2010~2025
台湾市场价：约36,000元台币
品种：50% 白苏维翁和50%谢米雍
年产量：7,000瓶

DaTa

地　址｜Château Haut Brion ,135,avenue Jean Jaures,33600 Pessac, France
电　话｜00 33 5 56 00 29 30
传　真｜00 33 5 56 98 75 14
网　址｜www.haut-brion.com
备　注｜参观前须预约，周一到周四上午8：30~11：30，下午2：00~4：30；周五上午8：30~11：30

欧布里昂酒庄
Château Haut Brion 1989

基本介绍

分数：RP100 WS100
适饮期：2015~2050
台湾市场价：约57,000元台币
品种：78%卡本内·苏维翁、19%美洛、3%卡本内·弗朗
木桶：100%法国新橡木桶
桶陈：24个月
瓶陈：6个月
年产量：144,000瓶

🍷 **品酒笔记**

1989年的欧布里昂是波尔多经典杰作，颜色是紫红宝石色，雪茄、烟草、矿物质、烟熏橡木、花香，还有甜甜的香气。入口时的黑色水果有如浓缩果汁般，烤坚果、奶油香草、胡椒、甘草味口中弹跳出来，最后是浓浓的黑巧克力和焦糖摩卡咖啡味。单宁有如一块最高贵的丝绒般细滑，华丽典雅。层出不穷的香气前呼后拥，五彩缤纷，丰富而诱人。酒款整体表现完美无瑕，无可挑剔，我必须承认这是一款世界上最伟大的酒，再喝10次以上都不会腻。尤其是余韵可达90秒以上，如黄莺出谷，余韵绕梁三日不绝。

🍴 **建议搭配**

广东烧腊、卤牛肠、煎牛排、红烧五花肉。

★ 推荐菜单 香煎小羊排

有些客人怕吃羊排，因为膻味，但是喆园的羊排客人都非常喜欢。因为除了入味以外，它一点羊膻味都没有！这是由于喆园选用新西兰谷饲的小羊，再加上厨师们用特别的香料腌制导致的。作者为上海回来的老饕朋友，特别点了这道香煎小羊排。热腾腾的小羊排上桌后，在场的曹董说烤羊排他是专家，但是尝了以后，他自叹弗如！因为这道小羊排颜色鲜艳欲滴，咬起来软嫩多汁，熟而不柴。将近25年的欧布里昂满分酒，单宁细致，甜美可口，充满果香味，配上小羊排的弹嫩肉质，香气四溢，让人垂涎欲滴，酒香与肉香搭配平衡，一切都如此美好！什么话都不必多说，只有"完美"两个字！

餐厅｜喆园
地址｜台北市建国北路一段80号
　　　1楼

18
Château Lafite
Rothschild

拉菲酒庄

　　在1985年伦敦佳士得拍卖会上，一瓶1787年的拉菲红酒被以10.5万英镑^①的高价拍卖，创下并保持了迄今为止最昂贵葡萄酒的世界纪录。这瓶1787年的拉菲，瓶身上刻有美国《独立宣言》起草人、美国第三任总统托马斯·杰斐逊（Thomas Jefferson）的名字缩写"Th. J"。在历经漫长岁月洗礼后酒瓶里还盛着满满的酒，酒瓶的造型也非常独特。关于这瓶酒是如何被发现的传言，更是为其增添了传奇色彩。据知情人透露，一群工人在装修时，在一位65岁老人的住所砖墙后面无意发现了几瓶托马斯·杰斐逊担任驻法国公使期间遗忘在巴黎的葡萄酒。2010年10月，苏富比拍卖行在香港文华东方酒店举办的名酒拍卖会上，将3瓶1869年份拉菲酒以各232,692美元的"天价"成交，极有可能是

注：①1英镑≈8.96元人民币。

A. 酒庄。B. 酒庄景色。C. 酒庄发酵室。D. 酒窖橡木桶。E. 酒庄还点着蜡烛。

"史上最贵的葡萄酒"，而该葡萄酒的每瓶预估价仅8,000美元。1869年份拉菲是根瘤芽病爆发前的稀有年份酒，储藏品质间接受到酒庄影响。在1717年的伦敦，一些拉菲酒曾作为一艘英籍海盗船战利品的一部分被进行高价拍卖。之后，由于路易十五国王的无限赞赏而使拉菲酒被当时的人们称为"国王用酒"。一瓶1878年份的拉菲酒在因储存不当，酒塞不慎落入酒液中以前，曾被以16万美元的高价拍卖，这个价格堪称世界范围内酒类拍卖场中的顶尖价格。如同这些世界纪录一样，自16世纪开始，拉菲古堡就不断书写着关于葡萄酒行业的神话。

拉菲酒庄位于法国波尔多上梅多克波雅克葡萄酒产区，是法国波尔多五大名庄之一。在1855年，拉菲酒被列在一级酒庄名单的首位，排在拉图酒庄、玛歌酒庄和欧布里昂酒庄之前。在将近一个世纪的时间里，1868年份的拉菲曾是当时售

左：拉菲特制的白兰地渣酿。

中：拉菲1961是很难得一见的年份，这瓶是作者在拍卖会上拍得的。

右：小拉菲Carruades de Lafite 2010。

作者在上海浦东四季酒店品饮五大酒庄1945年世纪年份。

价最高的预购酒。如今，拉菲酒庄的酒由于中国大陆的追捧，仍然是五大酒庄中价钱最高的酒。

"拉菲"这个名字源自于加斯科尼语"la hite"，意思是"小丘"。拉菲第一次被提及的时间可以追溯到13世纪，但是这家庄园直到17世纪才开始作为一个酿酒庄园赢得声誉。17世纪70年代和80年代初期，拉菲葡萄园的种植应该归功于雅克·西谷（Jacques de Ségur），当时西谷在酒界叱咤风云，他同时拥有顶级的历史名庄拉图酒庄（Château Latour）和卡龙西谷酒庄（Château Calon-Segur）。

尼古拉斯·亚历山大·西谷侯爵（Marquis Nicolas Alexandre de Ségur）提高了酿酒技术，而最重要的是，他提高了葡萄酒在国外市场和凡尔赛王宫的声望。在一位富有才干的大使，即马瑞奇尔·黎塞留（the Maréchal de Richelieu）的支持下，他成为知名的"葡萄酒王子（The Wine Prince）"，而拉菲酒庄的葡萄酒则成为了"国王之酒（The King's Wine）"。

后来，西谷伯爵（The Count de Ségur）因债台高筑，被迫于1784年卖掉了拉菲酒庄。尼可拉斯·皮尔·皮查德（Nicolas Pierre de Pichard）是波尔多议会的首任主席，也是西谷伯爵的亲戚，由他买下了该酒庄。1868年，詹姆士·罗柴尔德爵士（Baron James Rothschild）在公开拍卖会上以440万法郎的天价中标购得拉菲酒庄。自此，该家族一直拥有并经营着拉菲酒庄至今，且一直维持着拉菲酒庄卓越的品质和世界顶级葡萄酒声誉。

詹姆士爵士去世后，拉菲酒庄由其3个儿子阿尔方索（Alphonse）、古斯塔夫（Gustave）与艾德蒙（Edmond）共同继承，当时酒庄面积为74公顷。1868年之后的10年期间，好酒屡出：1869、1870、1874、1875年份皆为世纪佳作。1940年6月，法国沦陷，梅多克地区被德军占领，罗柴尔德家族的酒庄被扣押，成为公共财产。1942年，酒庄城堡被征用为农业学校，藏酒全部被掠夺。

1945年底，罗柴尔德家族终于重新成为拉菲酒庄的主人，爱里·罗柴尔德（Baron Elie de Rothschild）男爵、盖伊（Guy）、阿兰（Alain）与艾德蒙（Edmond）男爵成为拉菲酒庄新一代主人，由爱里男爵挑起复兴酒庄的重任。1945、1947、1949、1959和1961年份的酒是这段复兴时期的佳作。

历经波尔多危机过后，1974年，拉菲古堡由爱里男爵的侄子埃力克·罗柴尔德（Eric de Rothschild）男爵主掌。为追求卓越品质，埃力克男爵积极推动酒庄技术力量的建设：葡萄树的重新栽种与整建工作，配以科学的施肥方案；选取合宜的添加物对酒进行处理；酒窖中安装起不锈钢发酵槽作为对橡木发酵桶的补充；建立起一个新的储放陈年酒的环形酒库。新酒库由加泰罗尼亚建筑师里卡多·波菲（Ricardo Bofill）主持设计建造，是革命性的创新之作，有极高的审美价值，可存放2,200个大橡木桶。另外，男爵还通过购买法国其他地区酒庄以及国外葡萄园，成功地扩大了拉菲古堡的空间。在此期间，1982、1986、1988、1989、1990、1995和1996皆是绝佳年份，价格更是创下新纪录。

拉菲古堡位于波尔多梅多克产区，气候、土壤条件得天独厚。现今酒庄178公顷的土地中，葡萄园占100公顷，在列级酒庄中是最大的。葡萄园内主要种植70%的卡本内·苏维翁、25%的美洛、3%的卡本内·弗朗以及2%的小维多，平均树龄为35年。在拉菲酒庄，每2~3棵葡萄树才能产一瓶葡萄酒，拉菲酒庄正牌酒（Château Lafite Rothschild）年产量18,000~25,000箱，副牌小拉菲红酒（Carruades de Lafite）年产量20,000~25,000箱。今天的拉菲酒庄将传统工艺与现代技术结合，所有的酒必须在橡木桶中发酵18~25天，所用酒桶全部来自葡萄园自己的造桶厂。之后进入酒窖陈年，需时18~24个月。

究竟拉菲在中国有多红？这里有几则故事供大家参考。有一位全国政协委员在全国政协会议上去讨论发言指出，1982年拉菲价格为68,000元人民币（2011年时），拉菲酒庄的庄主是又喜又忧，喜的是中国人太认这个牌子了，忧的是这个酒庄肯定得砸在中国人的手里。10年产量赶不上中国一年的销量，所以百分之八九十都是假的。在2000年香港电影《江湖告急》中，出现了1982年的拉菲！黑帮老大踩着趴在地上的小弟脑袋教训道："'大口连'，1997年6月26日，在'福临门'你借了我30万，你有没有还过我一分钱？你竟敢用这种语气跟我讲话？那天晚上你点了两只极品鲍，开了一瓶1982年的拉菲，买单连小费总共12500元（港币[②]）。"由此可得知当时拉菲1982的行情。在2006年香港电影《放逐》中，吉祥

注：②1港币≈0.85元人民币。

叔将黑帮老大"蛋卷强"请到一家餐厅，等待上菜时，吉祥叔想先开一瓶粉红酒，"蛋卷强"立即说："我漱口都用拉菲——82年的!"可见拉菲在香港的名气之大。在2011年的喜剧片《单身男女》中，饰演男主角的古天乐开着一辆白色玛莎拉蒂，带着饰演女主角的高圆圆来到餐厅，非常潇洒地说："来一瓶82年的拉菲，要两份套餐——9个菜的那种。"1982年拉菲还是谈情说爱和炫富的最佳利器。前面几段故事只是想指出拉菲酒庄在中国人心目中的地位，已经不是其他酒庄可以取代的。

为何拉菲酒庄会成为五大酒庄之首呢？我们再来看看葡萄酒教父帕克打的分数。帕克总共评了3个100分：1986、1996和2003年份；超级年份——2009年份给了99+，成为准100分候选者；世纪年份的1953和1959一起获得99分；被评为98分的有1998、2008和2010年份；2000千禧年份则是98+。被帕克打过两次100分的世纪之酒——1982则降为97+。《葡萄酒观察家》的分数又是如何？获得100分的只有2000年份，1959、2005和2009则获得98的高分，2010好年份只获得97分。英国《品醇客》杂志也将1959年份的拉菲酒选为此生必喝的100支酒款之一。拉菲1959年份也被收录在世界最大的收藏家米歇尔·杰克·夏苏耶（Michel-Jack Chasseuil）所著的《世界最珍贵的100种绝世美酒》中。拉菲的价格究竟有多高呢？举个例来说，2007年份的拉菲在2011年的高峰价格为12,000~14,000元人民币（相当于台币60,000~70,000元）一瓶，小拉菲价格为4,000~5,000元人民币（相当于台币20,000~25,000元）一瓶。而目前这两款的市价大约为35,000元和10,000元台币，几乎打回原形，回到正常的市场价位。以2013年份的预购酒为例，拉菲的正牌酒不超过10,000元台币，小拉菲也只是2,000元台币。虽然不是很好的年份，但是这种价格是继2008年金融危机以来最便宜的年份，个人认为是开始出手的好时机。

成也萧何败也萧何！拉菲酒在中国大陆红极一时，历史新高时价格曾为其他四大酒庄的两倍，就连小拉菲也比这四家酒庄的贵。可以说2008~2011年是拉菲在中国大陆最疯狂的时代，作者亲历这样的盛况，只能以"失控"两个字来形容。这是拉菲百年难得的好时机，但也是最坏的时机。价格不断高涨，拉菲酒庄当然欢迎，可是假酒也不断地涌出，差点漂洋过海到达欧美，还好酒庄及时出手证实了产量，抑制假酒的数量，拉菲的酒价终于回归正常。2014年的拉菲酒价已回稳，这是消费者之福啊！

DaTa

地　址 | Château Lafite Rothschild, 33250 Pauillac, France
电　话 | (33) 05 56 73 18 18
传　真 | (33) 05 56 59 26 83
网　站 | www.lafite.com
备　注 | 参观前必须预约，只限周一至周五对外开放

Wine

拉菲酒庄
Château Lafite Rothschild 1998

基本介绍
分数：WA98　WS95
适饮期：2007~2035
台湾市场价：约45,000元台币
品种：81%卡本内·苏维翁、19%的美洛
木桶：100%法国新橡木桶
桶陈：18~24月
瓶陈：6个月
年产量：240,000瓶

🍷 **品酒笔记**

这个年份在波尔多并非完美的年份，1998年的拉菲只用了卡本内·苏维翁和美洛两种葡萄酿制。这款酒我已经喝过两次了，比起1995和1996年份更为早熟。2013年我喝到时颜色是深紫色而不透光，犹如夏天的夜色般湛蓝。倒入杯中马上散发出紫罗兰、铅笔芯、烟熏肉味、矿物质、黑醋栗和些许薄荷味。酒一入口优雅而细致，令人印象深刻。在口中每个角落分布的是：黑莓、烤橡木、黑醋栗、甘草、雪茄盒、烟熏、新鲜皮革和各式香料味，层出不穷的香味一直扩散在整个口腔中，香气可达60秒以上。拉菲果然是五大酒庄之首，1998的拉菲绝对可以和波尔多之王柏图斯一较高下，算是这个年份最好的两款波尔多酒。虽然年轻，但仍能喝出其惊人的实力，相信在未来的30年中，必定是它的高峰期。

🍴 **建议搭配**

生牛肉、烤羊排、香酥肥鸭、红烧狮子头。

★推荐菜单　综合卤味

翠满园的卤味号称台湾最贵的卤味，一盘要价动辄1,000元台币起跳，虽然如此昂贵，老饕级的食客仍是趋之若鹜，因为它是最好的下酒菜。我个人认为，红酒搭配中国菜必须要有创意，这点我的好友香港《酒经》杂志发行人刘致新先生也颇为认同。所以今日我们就以这道台湾人最常吃的也是最地道的卤味来搭配五大酒庄之首拉菲酒。翠满园的卤味一定使用台湾生产的牛肉与猪肉，食材下锅前先做处理，氽烫、去油、刮净，每一样工序都很严谨，以绍兴酒代替米酒来入味，以老板独门配方香料卤煮，所有卤汁都是每天现做，必须经过2~6小时的卤煮，猪肉需卤2~3小时，牛肉需卤煮5~6小时，等卤汁完全入味后，方可上桌。每天都是新鲜卤味，卤多少就卖多少，从不隔夜，这就是老板的作风。综合卤味里面有牛肚、大肠、猪舌、猪肝和猪耳朵，每一样都很入味，回甘又不死咸。拉菲1998也算是经典酒款，配上鲜香绵嫩的卤味，可说是一绝。拉菲酒的独特果味和香料气息，卤味的鲜甜回甘，不论是卤牛肚还是大肠都能立即转为人间美味，口感生香，垂涎三尺。细致高贵的单宁，更能柔化其他卤味的油质，这样的搭配，有如天外飞来一笔，创意极佳，勇气十足。法国顶级酒款遇到台湾平民小吃，这在葡萄酒的搭配上又添一笔佳作！

餐厅｜翠满园餐厅
地址｜台北市延吉街272号

19
Château Latour

拉图酒庄

　　无论什么时候，一瓶五大酒庄的葡萄酒放在桌上总是光芒四射；无论什么时候，一瓶拉图总是让其他酒款黯然失色……

　　拉图酒庄可以说是梅多克红酒的极致，它雄壮威武，单宁厚重强健，尽管多次易主，风格却是永不妥协。在专业酿酒团队与新式酿酒设备共同谱成的协奏曲中，它每一个年份只有"好"跟"很好"的差别。至于市场价格，拉图酒庄更早已执世界酒坛牛耳，鲜有任何以卡本内·苏维翁为基础的红酒能与之平起平坐。

　　这是一座所有葡萄酒爱好者都尊重的酒庄，虽然它身后是一段英法争霸的酒坛发展史，不过经手之人都退居二线，让专业人士完全领导。2008年，曾传出法国葡萄酒业巨子马格海兹（Bernard Magrez）以及知名演员"大鼻子情圣"Gérard Depardieu与超气质美女Carole Bouquet（作品《美得过火》）

A. 堡垒与葡萄园。B. 葡萄园老藤。C. 拉图围墙。D. 酒窖每个橡木桶都有酒庄标志。E. 1988拉图酒木箱上的标志。

希望买下这一座历史名园。但到目前为止，拉图酒庄还是在百货业巨子弗朗索瓦·皮纳特（Francois Pinault）手上，其集团拥有春天百货、法雅客、Gucci等品牌）。最值得一提的是，拉图酒庄无与伦比的酒质，在台湾想喝到也不是太难，只可惜要等到拉图进入适饮期，却是不太容易！各位如果现在买一支2010年份的拉图，建议的开瓶时间居然是遥远的2028年！喝拉图只有一个秘诀：等。

　　当人们提到拉图酒庄这个名字时，就会立即想到坚固的防御塔。传说中的"Saint-Maubert"塔大约建于14世纪后半期。1378年，Château Latour "en Saint-Maubert"名字载入了史册之后酒庄改名为"Château La Tour"，然后又改为"Château Latour"。那时正处于英法百年战争中期，英国人夺去

马匹耕作葡萄园。

拉图1961。

了Saint-Maubert塔控制权。拉图酒庄从此由英国人统治，直至1453年7月17日卡斯蒂隆战役（the Battle of Castillon）后才回归到法国人的怀抱。Saint-Maubert塔的历史已经成了一个谜，因为它已不复存在，且无迹可寻。现存的塔与原来的旧塔是没有任何关系的，这个塔实际上是一间石砌的鸽子房，大约建于1620~1630年。

位于法国波尔多美多克（Medoc）地区的拉图酒庄是一个早在14世纪的文献中就已被提到的古老庄园。美国前总统托马斯·杰斐逊将拉图酒庄与玛歌酒庄、欧布里昂酒庄、拉菲酒庄并列为波尔多最好的四个酒庄。它在1855年也被评为法国第一级名庄之一。英国著名的品酒家休强生曾形容拉菲堡与拉图堡的差别："若说拉菲堡是男高音，那拉图堡便是男低音；若拉菲堡是一首抒情诗，那拉图堡则为一篇史诗；若拉菲堡是一首婉约的回旋舞，那拉图堡必是人声鼎沸的游行。拉图堡就犹如低沉雄厚的男低音，醇厚而不刺激，优美而富于内涵，是月光穿过层层夜幕洒落的一片银色……"

早在14世纪的文献中，拉图酒庄就曾经被提及过，只是当时的它还不是一个酒庄，到了16世纪它才被开垦成为葡萄园。在1670年，它被法国路易十四的私人秘书德·夏凡尼（de Chavannes）买下。1677年，由于婚姻关系，酒庄成为德·克洛泽尔（de Clausel）家族的产业。到了1695年，德·克洛泽尔家族的女儿玛丽特·礼斯（Marie-Therese）嫁给了塞古尔家族（Segur）的亚历山大侯爵（Alexandre de Segur），从此，拉图酒庄便在已拥有拉菲酒庄（Château Latour）、木桐酒庄（Château Mouton）、凯龙酒庄（Château Calon-Segur）等几所著名酒庄的塞古尔家族手中被掌管了将近300年。1755年，有"葡萄酒王子"称号的亚历山大侯爵的儿子尼古拉去世，拉图酒庄的命运也就此被彻底改变。由于继承原因，拉图酒庄转为侯爵儿子的3个妻妹所有。

1963年，当时掌握拉图酒庄的三大家族中的博蒙（Beaumont）和科迪弗隆

（Cortivron），将酒庄79%的股份卖给了英国的波森（Pearson）与哈维（Harveys of Bristol）两个集团，而原因只是不愿将红利分给68位股东。当这个消息传出时，法国举国震惊，不少法国人视其与卖国行为无异。但值得庆幸的是，英国人掌握拉图股权的时候，对于酒庄事务并没有进行太多的干预，完全委派给当时著名的酿酒师尚-保罗·加德尔（Jean-Paul Gardere）负责。加德尔先生也没有让法国人失望，对酒庄进行了大刀阔斧的改革。由于英国股东对酒庄资金大量的注入，让拉图酒庄的品质越做越好，重回昔日风采，并再一次攀上巅峰。

拉图酒庄葡萄园占地面积66公顷，75%卡本内·苏维翁、20%美洛、4%卡本·内弗朗和1%小维多。树龄50年做正牌酒（Grand Vin de Chatour Latour），年产量180,000瓶；树龄35年做副牌酒小拉图（Les Forts de Latour），年产量150,000瓶；树龄10年做三军酒波亚克（Pauillac），年产量40,000瓶。拉图酒庄的酿酒工序有严格的要求，葡萄经过去梗破碎之后，才在控温不锈钢发酵罐里进行酒精发酵，这里不得不提尚-保罗·加德尔先生。加德尔先生在任期间对酒庄进行了多项改革，其中一项就是率先在梅多克顶级酒庄中采用控温不锈钢发酵罐代替老的木桶发酵槽。拉图正牌酒在12月份的时候会被注入全新的橡木桶里，进行最短18个月的桶陈。第二年的冬天还将进行澄清，装瓶前还要进行倒桶、混合工序，调酒师还要进行一系列严格的品尝，确保每桶酒的质量，然后才能确定装瓶的日期。从采摘到到达消费者手中，大概需要30个月的时间。当然，拉图酒庄是不会让翘首以盼的人们失望的，它总是能够以其高品质征服世界。拉图酒的特点是：澎湃有力，雄伟深厚，单宁丰富，耐久藏。很少有葡萄酒能与之匹敌，它曾被英国著名评酒家克里夫·克提斯（Clive Coates）称为"酒中之皇"。拉图酒庄的正牌酒一贯酒体强劲、厚实，并有丰满的黑莓香味和细腻的黑樱桃等香味，有如老牌硬汉演员克林·伊斯威特（Clint Eastwood）般刚强厚实的酒。拉图不仅正牌酒品质出众，就连副牌小拉图也十分优异，品质足以和四级庄的酒抗衡，好年份甚至可以与二级庄的酒媲美。

2012年4月12日，拉图酒庄的总经理弗莱德里克·安吉瑞尔（Frederic Engerer）在致酒商的一封信中，代表庄主弗朗索瓦·皮纳特发出了一份声明，大致内容如下：2011年是拉图正牌和副牌小拉图最后一个预购酒的年份。未来拉图酒庄的葡萄酒只

左：二军酒Les Forts de Latour1988。
右：总经理弗莱德里克·安吉瑞尔。

有在酒庄团队认为准备好了以后才会发布：即之后每一年份拉图正牌酒的发布可能为10~12年后，小拉图的发布大概为7年后。30年前拉图酒庄1982年份的预购酒发布价为每瓶1,000元台币，现在市场的价格大约120,000元台币，上涨为原来的120倍。2011年是拉图酒庄最后一个推出预购酒的年份，当年报出的2011年份预购酒价格为440欧元一瓶，定价比2010年份期酒的780欧元一瓶来说降了约44%，最后一个预购酒年份的合理价格让不少买家趋之若鹜。

在20世纪90年代，拉图酒庄是台湾人最喜欢的一款酒，因为台湾人喝酒重视的是强而有力，越强越好。我们来看看拉图有多强：帕克打100分的有1961、1982、1996、2003、2009和2010等6个年份，2000年份被评了99的高分。1949和2005年份都被评了98分，就连最近刚上市的2011年份也被评了93~95分。在《葡萄酒观察家》的分数也很好，也是6个100分，分别有1863、1899、1945、1961、1990和2000年份。1900、2005、2009和2010年份都获评99的高分。1959、1982和2003年份也都被评了98分。两者评分大致相同，可谓是英雄所见略同。英国《品醇客》则将1949、1959、1990年份的拉图酒选入此生必喝的100支酒款。此外，拉图1899年份也被收录在世界最大的收藏家米歇尔-杰克·夏苏耶（Michel-Jack Chasseuil）所著的《世界最珍贵的100款绝世美酒》中，书中提到他是用几瓶老年份滴金堡（d'Yquem）和英国收藏家换1瓶拉图1899年份的红酒，可见拉图老酒的魅力！

1993年，当弗朗索瓦·皮纳特以七亿零两千法郎收购拉图的时候，那简直是个天价！但是没有人在乎，在世人的眼光中这只能算是一笔大生意。当时市场正处在最低潮，拉图酒庄也经历着一个风雨飘摇的阶段，1970~1990年这最艰难的20年，不少年份的酒出现了风格上的毛病。在总经理弗莱德里克·安吉瑞尔不屈不挠地带领下，经过了22年，拉图酒庄重新找回信心，2000年以后酿制了稳定的酒质，再度傲视群雄，鼎立于世界酒坛。2013年8月20日，弗莱德里克·安吉瑞尔再度出手收购了位于纳帕河谷的超级膜拜酒阿罗侯庄园（Araujo），立刻在国际媒体引起骚动，也为疲弱不振的法国酒市提升不少士气。在此，我们要恭喜美法继续合作，提供给爱好美酒的人士更多佳酿。

地　　址 | Saint-Lam bert 33250 Pauillac, France

电　　话 | 00 33 5 56 73 19 80

传　　真 | 00 33 5 56 73 19 81

网　　址 | www.château-latour.com

备　　注 | 周一到周五对外开放（法国法定节假日除外），上午8：30~12：30和下午2：00~5：00；个人和自由旅游团必须提前预约，团队人数仅限15人以下。

拉图酒庄
Château Latour 2000

基本介绍
分数：RP99 WS100
适饮期：2010~2060
台湾市场价：约45,000元台币
品种：77%卡本内·苏维翁、16%美洛、4%卡本内·弗朗、3%
　　　小维多
木桶：100%法国新橡木桶
桶陈：24个月
瓶陈：6个月
年产量：168,000瓶

🍷 **品酒笔记**
波尔多的2000年份是非常杰出的一年，每一个酒庄都应该感
谢上天赐予这么好的年份。同样地，拉图酒庄的2000年份表
现得完美无缺，个人深深感动，精彩惊艳！酒的颜色呈现黑紫
红色，浓郁而闪亮。酒中散发出紫罗兰花香、烤面包、原始森
林、松露、黑醋栗和雪茄盒等各种宜人的香气。入口充满味蕾
的是黑醋栗、葡萄干、成熟黑色水果、奶酪、摩卡咖啡和巨
大杉木等香气，层出不穷，丰富且集中，深度、纯度与广度
皆具，真正伟大的酒，有如奥运体操平衡木冠军选手，平衡完
美，优雅流畅。这款酒是上帝遗留在人间的美酒佳酿，只有喝
过的人才知道它的伟大！陈年20年之后，一定会更精彩！

🍴 **建议搭配**
湖南腊肉、台式香肠、煎牛排、台式焢肉。

★ **推荐菜单 阿雪真瓮鸡**

阿雪真瓮鸡始创于1981年，一路走来坚持以纯正放山土鸡为食材，
绝不含防腐剂、人工色素、香料，遵循古法研制，更保有土鸡原汁
原味的香甜。阿雪真瓮鸡30年老字号，严选CAS认证健康放山土
鸡，特殊火候焖煮、烟熏并淋上独门配方，绝无化学物质，不添加
防腐剂，是台北政商名流的最爱，人气美食保证好吃！我以前在教
授葡萄酒时，经常买一只鸡带到课堂上与学生们分享。土鸡肉不但
肉质结实有弹性，而且清香鲜甜。选用这道土鸡肉来搭配，是因为
它的原味不带任何酱汁，不会影响这款伟大的酒。拉图2000年份
充满了奇异旅程，您绝对不知道下一秒会尝到什么味道。真瓮鸡自
己能散发魅力，慢慢地，轻轻地，越咀嚼越有味。两者互不干扰，
又可以互相融入，有如完美的二重唱，高音与低音，忽高忽低，忽
快忽慢，刚柔相济。这时候，来一杯拉图红酒，再吃一口土鸡肉，
人生本该如此快哉！

餐厅｜阿雪真瓮鸡
地址｜台北市松江路518号

20

Château

Leoville Las Cases

里维·拉卡斯酒庄

　　里维·拉卡斯酒庄名源自"Leo（雄狮）"这个单字，其酿造的葡萄酒，也像一头狂野的狮子，颜色较深，粗犷豪迈，同时也可陈年较久的时间。由于酒堡位置在圣朱-莉安（St.Julian）村和波雅克（Pauillac）村的边缘，与五大一级名庄之一的拉图酒庄相连，因此酒质风格上与拉图酒庄也相当接近。虽然没有入选为一级酒庄，但其出色的酒质被公认为是最接近一级酒庄的二级酒庄。1638年的里维·拉卡斯酒庄，在梅多克区的早期历史中被认为是仅次于公认的四大一级庄（拉菲酒庄、拉图酒庄、玛歌酒庄和欧布里昂酒庄）的酒庄。在所有波尔多名庄中，它是最有实力接近或是说挑战五大一级庄的酒庄，所以拉卡斯酒庄常被行家称为超二级酒庄。而葡萄酒教父帕克早就将里维·拉卡斯酒庄放在他所评定的波尔多一级酒庄之列，与传统五大酒庄齐名。

　　在级数酒庄密度最高的圣-朱莉安村，有"超二"美名的里维·拉卡斯酒庄可说是肩负着荣誉与责任。它北邻波雅克（Pauillac）的超级巨星拉图酒庄，同时又引领着系出同源的巴顿酒庄（Château Leoville Barton）与波菲酒庄（Château Leoville Poyferre）。换句话说，每一个年份它都得交出一张令人满意的成绩单，否则它的价位与品质就枉费"超二"之名，更不用说要如何成为其他级数酒庄的指标。

　　要了解里维·拉卡斯酒庄的历史，首先必须了解创建于1638年的Léoville酒庄。在梅多克区的早期历史中，里维·拉卡斯酒庄就被认为是"仅次于公认的4个一级酒庄之后的酒庄"，1769年由于庄主葛斯克（Gascq）去世时没有继承人，酒庄便由4个家族成员继承，他们分别是拉卡斯公爵（Marquis de Las-Cases-Beauvoir）以及他的弟弟和两个姐妹。随着历史推进，法国大革命期间，当时的庄

A. 酒庄门口的雄狮拱门。B. 团员们在酒庄试酒。C. 饱满硕大的葡萄。D. 酒窖石雕。E. 印有标志的Las Cases 1999原箱木板。

主逃离法国，虽然革命军没收了整个酒庄，但却使酒庄出现了第一次的分裂，最初是酒庄的1/4被卖掉，后来发展成为了今天的巴顿酒庄；余下的3/4还保留在家族手中，庄主的儿子皮耶-尚（Pierre-Jean）继承了余下大部分酒庄，只有一小部分给了他的姐姐珍娜（Jeanne）。后来，珍娜的女儿嫁给了伯菲男爵（Baron Jean-Marie de Poyferré），因此她的葡萄园就成为了今天的波菲酒庄；而皮耶-尚拥有的是最初半个的Léoville酒庄，后来便发展成为了里维·拉卡斯酒庄。

从里维·拉卡斯酒庄分裂出来的3个酒庄在1855年都被列为二级酒庄。从那以后，里维·拉卡斯酒庄一直都保留在拉卡斯家族手中。自1900年起，拉卡斯家族就将里维·拉卡斯酒庄产权改为法人持有，并聘请了酿酒世家——德隆（Delon）家族管理酒庄和负责酿酒事务。现在掌管里维·拉卡斯酒庄的是德隆家族第三代米歇尔·德隆（Michel Delon）和他的儿子尚·欧伯特·德隆（Jean Hubert Delon）。同时，德隆家族已从原来只持有1/20的里维·拉卡斯酒庄股份增至目前的13/20，因此对该酒庄拥有绝对的控制权和管理权。如今，德隆家族仍然是里维·拉卡斯酒庄的领导层，由米歇尔·德隆继承酒庄，而现在接棒的是尚·欧伯特·德隆。

在德隆家族守护下，里维·拉卡斯酒庄的酒几乎都是稳定而值得信任。里维·拉卡斯酒庄所用的葡萄筛选严格，因此很多都被打下用来酿造侯爵园（Clos du Marquis）二军，也让后者在市面上的能见度极高，几乎成为玩家掂量荷包的首选代替品。德隆对于品质管理的要求甚高，在波尔多地区恐无人能比。以采收葡萄为例，本园每公顷平均收成4000升，然而在极佳的年份，德隆将收成的一半淘汰；又如在1990年这样优秀的年份，其淘汰率高达六成七。里维·拉卡斯酒庄高淘汰率策略使得本园不仅拥有最好的二军酒"侯爵园"，这也是里维·拉卡斯酒庄，特别是德隆的傲人之处。除拉图二军酒小拉图之外，几乎无人能比，难怪《神之雫》漫画叙述：虽然是二军酒，它的潜力远远凌驾于普通级数的葡萄酒，第24集形容侯爵园（Clos du Marquis 2004）：" '温柔而调和的木琴'，只是喝一口便觉得很愉快了，郁闷的心情也会变得很晴朗！"

里维·拉卡斯酒庄长久稳定的品质除得益于优秀的地理环境外，人的因素也是其成功的关键。德隆是一位酿酒艺术上的唯美主义者。他酿酒时秉持一丝不苟的态度，每一粒葡萄几乎都要经过他的严格挑选。里维·拉卡斯酒庄面积达97公顷，土壤以深厚的黏土、底土、砂砾土为表土的典型圣-朱莉安土质。葡萄树平均树龄为30年，种植65%卡本内·苏维翁、19%美洛、13%卡本内·弗朗，3%小维多。种植密度为8,000株/公顷，平均单产在4,000升/公顷。目前酒庄生产两款酒：里维·拉卡斯酒庄正牌酒和名为小狮王Le Petit Lion的副牌酒，而原先的侯爵园从2007年份开始独立成园，成为另一个酒庄。

难得一见的Leoville Las Cases 1947 Magnum 大瓶装。

在德隆家族将近百年的全力耕耘期间，里维·拉卡斯酒庄的酒几乎都是稳定而值得信任的。2004年份算是波尔多不太好的年份，里维·拉卡斯勇夺2007年WS年度百大第6名，评分高达95分。2002年的WS年度百大，1999年份的里维·拉卡斯又拿下第10名，前9名一支波尔多葡萄酒都没有，其实力可见一斑。虽然这家酒庄早已不需要"百大"加持，但在许多级数酒庄纷纷折腰的1999年份，里维·拉卡斯酒庄仍以准一级酒庄之姿，为波尔多在酒坛留下了它的足迹。里维·拉卡斯酒庄既然已是帕克心目中的一级酒庄，分数当然也有相当不错的表现，如1982年份被帕克评了6次的100分，所向披靡；1986年份一样被评为100的满分；2000年份和2009年份被同时评为98+的高分；1996年份和2005年份同被评为98的高分，就连不是很好的波尔多年份的2002年份也被评了95的高分。在《葡萄酒观察家》方面也有两个100分，分别是2000年份和2005年份。2010年份也得到了99的高分，1985年份和2009年份同时获得了98的高分。这一连串的高分赞誉，正证明了酒庄的实力。一瓶2009年份的酒在台湾市场售价为12,000元台币，2010年份售价是10,000元台币，2011年份台湾市场价为5,500元台币。2012年，里维·拉卡斯酒庄在英国伦敦国际葡萄酒交易所一年一度的TOP100排行榜上，排名至47名。里维·拉卡斯酒庄在2007以后的连续几年排名始终在20名内。这次排名下跌，有点令人惊讶！但不论排名为何，从不影响其品质与收藏家的喜爱。

DaTa

地　　址 | Château Léoville-Las-Cases, 33250 St.-Julien-Beychevelle, France
电　　话 |（33）05 56 73 25 26
传　　真 |（33）05 56 59 18 33
网　　站 | www.domaines-delon.com
备　　注 | 参观前必须预约

Wine

里维·拉卡斯酒庄

Château Leoville Las Cases 1982

基本介绍

分数：RP100　WS95
适饮期：现在~2050
台湾市场价：约25,000元台币
品种：卡本内·苏维翁、美洛、卡本内·弗朗、小维多
木桶：50%~100%法国新橡木桶
桶陈：18~24个月
瓶陈：6个月
年产量：216,000瓶

🍷 **品酒笔记**

1982年份的里维·拉卡斯是我喝过的最好的两个老年份之一，这个年份是在酒庄喝到的，另一个是在品酒会上喝到的1996年份。里维·拉卡斯一向色深豪迈，发展缓慢而有张力，它并不适合即饮，但耐心会让饮者知其为何"超二赶一"。整支酒有着浓郁的深紫红色，闻来丰富，入口强壮有力，有微微的花香，集中饱满的黑醋栗香气后，转而出现烟熏与烟草味，最后是美妙的木桶香、草香和松露气息这是一支经典的波尔多酒，单宁柔和、有力而节制，余韵悠长且迷人，不愧是被称为"百兽之王"的一头猛狮。

🍴 **建议搭配**

牛肉煲、卤味豆干、红烧五花肉、红烧豆腐、烤羊腿。

★ **推荐菜单　烤羊腿**

据传，烤羊腿曾是成吉思汗喜食的一道名菜。由于烤羊腿肉质酥香、焦脆、不膻不腻，他非常爱吃，每天必食，逢人还对烤羊腿赞美一番。随着时间的流逝，居住在城市里的厨师，吸取民间烤羊腿的精华，逐渐使其成为北方经典名菜。作者在北京胡同尝到的是正宗道地的烤羊腿，来自呼伦贝尔大草原的羊，以炭火慢烤，皮脆肉酥，软嫩生香。这款足以媲美五大酒庄的里维·拉卡斯酒，配上美味的烤羊腿，不腥不膻，肉质鲜嫩，皮香酥脆，果香与肉香在空气中飘散，近悦远来。红酒中的细致单宁使得羊肉更为顺口软嫩，羊腿瞬间变得小鸟依人，温柔婉约，入口即化。此时，一手撕着羊腿肉，一手端着美酒，遥想当年蒙古大帝成吉思汗征战远方，不禁燃起思乡之情！

餐厅｜北京胡同内
地址｜北京市

21
Château
Lynch-Bages

林奇·贝斯酒庄

　　林奇·贝斯酒庄的葡萄园位于木桐酒庄和北边的拉菲酒庄之间，南靠拉图酒庄、碧尚女爵（Pichon-Longueville Comtesse）酒庄和碧尚男爵（Pichon Longueville Baron）酒庄。周围全部是波雅克（Pauillac）产区顶级的酒庄。林奇·贝斯酒庄于1691年由信奉天主教的爱尔兰人约翰·林奇（John Lynch）创办于法国波尔多波雅克，酒庄由林奇（Lynch）家族拥有。林奇·贝斯酒庄名字中的"Bages"取自古老的贝斯（Bages）小村，酒庄在改为现在的名字之前称为贝斯酒庄（Domaine de Bages），自16世纪开始就一直存在于此。1691年，约翰·林奇（John Lynch）从爱尔兰来到法国波尔多，并于此地成家立业。1740年，约翰的大儿子汤马斯·林奇（Thomas Lynch）和当时贝斯酒庄庄主皮尔·德洛伊拉（Pierre Drouillard）的女儿伊丽莎白（Elisabeth）结

A. 葡萄园。B. 酒庄咖啡厅。C. 酒窖。D. 酒庄经理侍酒与解说。E. Lynch Bages Blanc 白酒。

婚。1749年,皮尔·德洛伊拉去世,贝斯酒庄便顺理成章地成为了林奇家族的产业,之后酒庄便被改名为林奇·贝斯酒庄。

　　林奇·贝斯酒庄几经辗转,被著名的葡萄酒世家卡兹(Cazes)家族所购得,该家族还买下了圣爱斯夫的奥德彼斯酒庄(Château Les Ormes de Pez),1937年继续添购了波雅克村的林奇·贝斯酒庄。当时掌管卡兹家族的是著名的酿酒师尚·查理斯(Jean-Charles),他凭借积累多年的丰富经验把林奇·贝斯酒庄的酒质提升到了历史新高,林奇·贝斯酒庄的声誉日隆,并跻身成为波雅克的顶级名庄。尚·查理斯逝世后,酒庄由安德鲁·卡兹(Andre Cazes)接管。安德鲁·卡兹兢兢业业,酒庄得以继续发展。老安德鲁·卡兹曾担任多届波雅克的最高执行官,酒庄现在由他的儿子尚·米歇尔·卡兹(Jean-Michel Cazes)和他女儿西尔薇·卡兹(Sylvie Cazes)管理。1976年,卡斯决定聘请睿智的丹尼尔·罗斯(Danniel Llose)经营林奇·贝斯酒庄和奥德比斯酒庄。在经历了20世纪70年代的颓靡不振之后,1981年,林奇·贝斯酒庄迎来了第一个春天,并且自此以后几乎每年都能酿出上等的葡萄酒。林奇·贝斯酒庄被交到尚·米歇尔·卡兹手中后,他与姐姐西尔薇·卡兹(集团主席)共同管理林奇·贝斯酒庄。西尔薇·卡兹何许人也?她在2011年接手碧尚女爵酒庄总经理一职,同时又当上波尔多名庄联合会(UGCB)理事长。光这两项头衔,就可知卡兹家族的实力,要寻找波尔多的“传统”,林奇·贝斯酒庄是值得信赖的选择。酒评家查理斯·奇萨克(Chris Kissack)曾表示,在他初学喝酒的阶段,他的前辈,特别是那些波尔多迷,都对林奇·贝斯酒庄赞誉有加,可见林奇·贝斯酒庄在老波尔多酒迷心中的地位。多年来,此酒庄风格传统,风评佳,每年预售时都有忠实支持者;尤其他在不好年份的表现,经常超越其他酒庄,这也让它年年成为酒友的例行采买清单,林奇·贝斯2008年份,帕克还喊出了“Bravo(好极了)!”1961年份的林奇·贝斯也被《品醇客》选为人生必喝的100支酒款之一。1985年份的林奇·贝斯还入选《葡萄酒观察家》杂志1988年度TOP100的好成绩,获评97的高分。

　　林奇·贝斯酒庄是《罗伯特·帕克世界顶级葡萄酒及酒庄全书》中唯一的五

DaTa

地　　址 | Craste des Jardins, 33250 Pauillac, France
电　　话 | +33 05 56 73 24 00
传　　真 | +33 05 56 59 26 42
网　　站 | www.lynchbages.com
备　　注 | 参观前必须先预约,可以电话或邮件联系,圣诞节和元旦当天不开

级酒庄，如果要举出1855分级制度的荒谬，相信林奇·贝斯酒庄绝对是一个好例子。这家位于波雅克的知名酒庄，位列五级，却从来没有人当它是五级。香港人称它是"穷人的五大"，这不只是礼遇，而是写实，因为有时候它的分数甚至超越五大。老酒友们随意带一支酒聚会，最喜欢的酒款之一就是林奇·贝斯酒庄，毕竟论分数，林奇·贝斯酒庄在1989年、1990年，连续拿下（RP 99+和99）接近满分，那个时候可不是100分酒满天飞的时代。论酒的风格，林奇·贝斯酒庄代表了波尔多的悠久传统，桶味+高萃取的新派作法，并不属于这个酒庄；甚至论酒的价格，林奇·贝斯酒庄比起超二，实在客气得多，但酒的实力，却不输前者。林奇·贝斯酒庄从20世纪80年代至今，每个年份都能酿出波尔多最好的酒，它的酒当然足以媲美顶二级酒庄，虽然1855年的分级中它只排在第五级，但是所有尝过林奇·贝斯酒的人都知道这个分级对它来说实在是委屈了。林奇·贝斯酒庄这30多年来不仅是中国香港人喜欢，中国台湾人也爱它，中国大陆人更是追捧它。中国香港人还把Lynch Bages用粤语说成"靓次伯"，"靓次伯"在香港真有其人，是香港粤剧名伶，这样的昵称让人感觉很亲切，而且容易记。它在美国、英国也特别受欢迎，英国著名酒商Berry Bro's & Rudd称它为"穷人的木桐（Mouton）"，如果你有机会比较就会发现，好年份的林奇·贝斯确实有木桐的风格。漫画《神之雫》第五集介绍林奇·贝斯酒庄1983时说它是一支"封存的记忆的酒"，多么富有诗情画意啊！2001年法国政府为了对林奇·贝斯酒庄庄主表示敬意，特别颁发法国荣誉军团勋章给尚·米歇尔·卡斯（Jean-Michel Cazes），以示对庄主本人的尊敬及推崇。2003年卡斯先生也被英国《品醇客》杂志选为"年度风云人物"。

　　林奇·贝斯酒庄100公顷的葡萄园（6公顷为白葡萄园）分布在吉伦特（Gironde）河边，温度、湿度均非常适宜葡萄生长。红葡萄品种有73%卡本内·苏维翁、15%美洛、卡本内·弗朗10%，2%小维多，平均树龄35年。白葡萄品种有40%白苏维翁、40%榭米雍、20%的慕斯卡朵，平均树龄15年。每年生产42万瓶正牌酒和9万瓶的副牌酒，另外还有1.8万瓶的白酒。

　　林奇·贝斯这几年的表现都非常优异，值得一提的是1989和1990连续的高分，1989年份获得帕克接近满分的RP99+，而且2015年才进入适饮期，一直可以窖藏到2065年，几乎可以横跨半个世纪。1990年份获得RP99。其他好年份的有1961年份的95分，1982年份的93分，1986年份的94分，2000年份的97分，2005年份的94+分，2009年份的98分，2010年份的96分。《葡萄酒观察家》分数为：1989、2000、2009和2010年份被一起评为96的高分。英国《品醇客》杂志也将1961的林奇·贝斯酒选为此生必喝的100支酒款之一。目前，新年份在台湾上市价格大约是4,000元台币一瓶，好年份如2009年份的一瓶价格为7,000元台币。

　　林奇·贝斯酒庄内有一个博物馆，展出庄主所收藏的艺术品，游客可以入内参观。在本酒堡所附设的高迪佩斯（Le Relais & Château Cordeillan-Bages）高级度假旅馆内，精品旅馆仅设28个房间。旅馆内还有一家被《法国米其林美食指南》评为二星的同名餐厅，之前让本餐厅声名大噪的名厨蒂埃里·马克思（Thierry Marx）离职后，改由尚·路克·罗夏（Jean-Luc Rocha）担任大厨；罗夏也绝非泛泛之辈，他曾在2007年获得地位崇高的法国厨艺工艺奖（Meilleur Ouvrier de France）。这是一家在波尔多非常棒的餐厅，建议先订位，以免向隅。2009年我曾经拜访这个酒庄，在酒庄内品饮了4款酒，酒庄内的酿酒师和经理很亲切地为我们介绍酒庄的历史、酿酒风格、酒窖，最后我们来到酒庄内附设的咖啡厅，坐下来好好地品尝一杯卡布奇诺咖啡，也可以轻松地享用超值的午餐。我认为，这是一个在波尔多必游的酒庄之一。

林奇·贝斯酒庄
Château Lynch-Bages 2000

基本介绍

分数：RP97　WS96
适饮期：2010~2040
台湾市场价：约10,000元台币
品种：71%卡本内·苏维翁、16%美洛、11%卡本内·弗朗、2%
　　　小维多
木桶：70%法国新橡木桶
桶陈：18月
瓶陈：6个月
年产量：420,000瓶

品 酒 笔 记

2000年的林奇·贝斯确实是一款值得眷恋的世纪美酒，让人喝了会留下回忆！此酒酒体浑厚，酒色呈深紫红色，香气带有丰富的橡木、新皮革、梅子、黑加仑香味，口感有着奶酪、黑醋栗、雪松木、松露和浓浓的摩卡咖啡味道。入口甜蜜而浓郁，性感中带着细腻，典型的波尔多风格，单宁如丝，充满魅力，华丽绚烂而迷人。这款酒应该可以继续窖藏30年以上。

建 议 搭 配

牛肉煲、卤味豆干、红烧五花肉、红烧豆腐。

★推 荐 菜 单　九层塔烘蛋

九层塔烘蛋是一道很普遍的家常菜，这道菜是我妈妈和阿嬷最拿手的老式台湾传统菜，小时候常常吃到。将九层塔切细和蛋汁搅拌，油热后倒入，煎至一面熟后，再翻面煎熟，一定要煎到呈金黄色，也就是要到台湾人说的"赤赤"的感觉。热腾腾的吃可以品尝到九层塔的特殊香气和焦黄的蛋香。这款超级年份的波尔多好酒本来就很迷人，就算不配任何菜直接喝也会让人心动。今天我们以这款简单的家常菜来搭配，尽量不影响到酒的口感与香气，而且九层塔的香气还可以融入葡萄酒的咖啡和新鲜皮革香气内，酥香软嫩的蛋也可以增加红酒的可口度。这也再次证明了好酒并不需要配上顶级的菜肴才好喝，重点是以不影响酒的口感为最高指导原则。

餐厅｜成家小馆（木栅店）
地址｜台北市木新路三段154号

22

Château Margaux

玛歌酒庄

　　玛歌酒庄历史悠久，至今已有六七百年的历史。早在13世纪，历史中开始有关于拉莫·玛歌（La Mothe Margaux）的记载，只是那时园中还没种植葡萄。玛歌酒庄的历届庄主都是当时的贵族或者重要人物，但即便如此，酒庄也并没有达到如今的辉煌，直到16世纪雷斯透纳（Lestonnac）家族接管之后，酒庄才开始蓬勃发展起来。雷斯透纳家族也是玛歌酒庄在接下来超过两世纪的拥有者。

　　玛歌酒庄是法国波尔多左岸梅多克产区玛歌村的知名酒庄，在1855年就已进入四大一级酒庄的行列，与拉菲酒庄、拉图酒庄和欧布里昂酒庄齐名。《伦敦公报》在1705年报道了波尔多美酒的历史性时刻，波尔多酒的第一笔买卖，成交的是230桶玛歌酒庄红酒。1771年，该酒庄第一次出现在佳士得拍卖行的拍

A
B C D E

A. 酒庄外观。B. 酒窖。C. 葡萄采收。D. 成熟的葡萄。E. 庄主Corinne和女儿Alexandra。

卖名单上。美国前总统托马斯·杰斐逊在喝了一瓶1784年份的玛歌之后，将它评为波尔多四大名庄之首。1810年建筑师路易斯·康贝斯（Louis Combes），设计建造了玛歌酒庄，被世人称为是"梅多克的凡尔赛宫"。在法国，这是其中一座为数不多的新帕拉底奥风格的建筑，于1946年被列入世界历史文化遗产。当来自世界各地的游客穿越了酒庄入口——百年梧桐树排成的长道后，展现在他们眼前的，是华丽宏伟且独一无二的酒庄。

　　1801年雷斯透纳贵族将玛歌酒庄卖给柯罗尼拉公爵（Betrán Douät，Marquis de la Colonilla）。他是第一个将红葡萄与白葡萄分开酿造的酿酒师（在当时，红葡萄与白葡萄是混在一起的）。他同时也是第一个坚持主张不在早晨采摘葡萄的人，他认为早晨的葡萄上挂满了露水，如果那时采摘，葡萄的颜色和味道都会被露水冲淡。柯罗尼拉同样非常了解土壤的重要性，而且当时现代化的葡萄酒酿造法已经初现端倪。这些使得玛歌葡萄酒不断飞跃，品质越来越好。1934年吉尼斯特（Ginestet）家族买入玛歌酒庄一部分的股份，一般认为他们在1949年取得了酒庄全部的掌控权。

1977年吉尼斯特家族将玛歌酒庄卖给希腊商人安德鲁·蒙泰洛普罗斯（Andre Mentzelopoulos），他对玛歌酒庄投注了大量资金，进行大范围的改革。酒庄在排水系统、开拓新的种植园等方面得到很大改善，酒庄和其附属建筑也得到了重建。酿酒上，酒庄请来了一代宗师艾米·佩纳德（Emile Peynaud）当首席顾问，在1978年玛歌迎来了一个好年份，然而安德鲁·蒙泰洛普罗斯还没来得及享用玛歌第一个年份酒，就于1980年仙逝。1980年之后，他的女儿柯琳娜·蒙泰洛普罗斯（Corinne Mentzelopoulos）接过了重担。在整个团队和酿酒师佩纳德的支持下，柯琳娜开始投身于玛歌酒庄的事务中。1983年，顶着农艺博士学位的保罗·彭塔利尔（Paul Pontallier）自告奋勇加入玛歌酒庄的大家庭，成为酒庄总经理。1990年，菲利普·巴斯卡雷斯（Philippe Bascaules）加入玛歌酒庄，增强了酒庄管理团队的实力。他与保罗·彭塔利尔和庄主柯琳娜成为波尔多一级酒庄最佳铁三角。他们的合作关系是一级酒庄中最长久的，这样的持续性也使酒庄各个方面都能够稳步成长。

玛歌酒庄目前拥有土地面积262公顷，其中红葡萄园80公顷，白葡萄园12公顷。葡萄品种种植比例上，红葡萄为75%卡本内·苏维翁、20%美洛、2%卡本内·弗朗和3%小维多，白葡萄为100%白苏维翁。葡萄植株的平均树龄为45年。玛歌酒庄是众多波尔多名庄中比较恪守传统的酒庄，酒庄不仅坚持手工操作，而且仍然百分百采用橡木桶，即使像拉图酒庄、欧布里昂酒庄等五大名庄也早就用不锈钢酒槽发酵。玛歌红葡萄酒在橡木桶中发酵，并在新橡木桶中陈年18~24个月。究竟玛歌有着怎样的魅力呢？玛歌的现任总经理保罗·彭塔利尔这样评价："玛歌酒把优雅和力量的感受，微妙而和谐地糅合在一起。而其中的谐妙，绝非花香、果香或辛香能带给你的。"二军酒玛歌红亭（Pavillon Rouge du Margaux）第一次出现在1908年，20

作者与酒庄亚洲品牌大使天宝（Thibault Pontallier）在台湾合影，他也是酒庄总经理保罗·彭塔利尔的儿子。

世纪30年代销声匿迹，1978年拜佩纳德之赐重出江湖，最近几个年份中，酒庄约有五成酒被列入二军，在百年前就已经创立二军酒的玛歌酒庄，可说是二军酒的祖师爷。其年产量20万瓶。为了进一步精密地筛，酒庄从2009年开始，创立了三牌酒，但在台湾却未见其踪迹。玛歌酒庄也出产白葡萄酒，酒庄在12公顷的葡萄园里种的全是白苏维翁，专门用来生产玛歌白亭（Pavillon Blanc du Château Margaux）。它在橡木桶里发酵，再在木桶中经过10个月的陈年之后装瓶。玛歌白亭在19世纪时被称为"白苏维翁白酒"，到了1920年才被命名为"玛歌白亭"。这块土地在1955年划定玛歌法定产区时并没有被归入其中，其年产量仅3万瓶。

玛歌酒庄几百年来成就了很多历史轶事，其中最出名的当然是美国前总统托马斯·杰斐逊的情有独钟。另外一则是在拿破仑的征战中，玛歌红酒是他沙场中的良伴。在拿破仑的《圣赫勒拿岛回忆录》里提到玛歌酒对他作战的重要性。他在书中写道："因大雪封山，100桶玛歌酒未能运到滑铁卢前线。"可见拿破仑对玛歌红酒有多喜爱，而玛歌酒也似乎确实影响了拿破仑的滑铁卢之役。连文学家海明威都希望能将孙女抚养得"如同玛歌葡萄酒般充满女性魅力"，并依酒庄名为她命名。后来他的孙女也真的成了一位有名的电影明星。玛歌酒庄在电影中也经常出现，在好莱坞喜剧片《真情假爱》中，男主角乔治·库隆尼（Georgr Clooney）与女主角凯瑟琳·丽塔琼斯（Catherine Zeta Jones）为了要喝什么酒有一段精彩的对话：库隆尼本来要喝玛歌中等年份的1957，而丽塔琼斯要喝波尔多20世纪50年代最好的1959，最后库隆尼却选择了最差的1954，由此可见两个人对于葡萄酒的品位。另一部电影《苏菲的抉择》（Sophie's Choice）中，当男主角凯文·克莱（Kevin Kline）特地拿出一瓶玛歌酒给卧病在床的女主角梅莉·史翠普（Meryl Streep）喝时，史翠普惊喜地说："玛歌！哦，上帝，你知道，如果你像圣徒一样活着，死去后会在天堂里喝到这样的美酒。"比年份更重要的是：什么时候喝？和什么人喝？特别的日子，特别的酒要和特别的人喝。而在日本片《失乐园》中更是绝了，男主角役所广司和女主角黑木瞳在殉情时最后喝的酒就是玛歌1987，虽然不是很好的年份，但这也证明了日本人还是对玛歌酒庄的酒比较厚爱。

玛歌酒庄的酒究竟有多好呢？其酒婉约细腻，但不失坚强……绝无仅有的女王。一般公认玛歌酒庄是波尔多酒中的代表作：细致、温柔、优雅以及中庸的单宁。玛歌酒庄的佳酿无论如何一定要平心静气地细细品味才能体会其"弦外之音"。Ch.Margaux 1900，漫画主角远峰一青为之臣服的世纪名酒，WS将它选为20世纪12支梦幻神酒之首。Ch.Margaux 2000被帕克选为心目中最好的12支酒之一，100分。另外，帕克打100分的还有1900年份和1990年份。3个波尔多伟大的年份——1996、2009和2010，都获得了接近满分的99分。有"世纪年份"之称的1982年份则获得了98分。英国《品醇客》杂志也将1990和1985的玛歌酒选为此生必喝的100支酒款之一。目前，玛歌酒在台湾市场价一瓶大约是15,000元台币起跳，最贵的是1900年份的，580,000元台币一瓶。好年份的2009和2010大约是35,000元台币一瓶。

2003年，柯琳娜买进了阿涅利（Agnelli）家族的少数股份，成为玛歌酒庄唯一的拥有者。同时她做出第一个决定，即不要走出玛歌区，决定不扩大，不论是在美国纳帕、智利、阿根廷、希腊或其他任何地方（其他一级酒庄都已向外发展）。这是一个关键的决定，让她选择专心留在波尔多。另外，她决定请英国建筑师诺曼·福斯特（Norman Foster）设计兴建新的酒庄，它将会是一个伟大的工程。2012年，柯琳娜女儿阿莉仙杜拉（Alexandra）成为蒙泰洛普罗斯（Mentzelopoulos）家族在酒庄工作的第三代。柯琳娜谦虚地说："我信任葡萄酒顾问佩纳德，他教会我很多，还有前庄园经理菲利普·巴瑞和保罗·彭塔利尔，让我坚信不需要改变玛歌酒庄的灵魂。"事实上，玛歌酒庄的酒本来就是在天堂里才能喝到的美酒！

特别推荐

玛歌白亭

Pavillon Blanc du Château Margaux 2007

基本介绍

分数：RP95　JS91~94
适饮期：2010~2030
台湾市场价：约8,000元台币
品种：100%白苏维翁
年产量：30,000瓶

DaTa

地　址｜Château Margaux ,33460 Margaux
电　话｜+33（0）5 57 88 83 83
传　真｜+33（0）5 57 88 31 32
网　站｜www.château-margaux.com
备　注｜参观前必须预约，周一到周五上午
　　　　10：00-12：00，下午2：00-4：00

推荐
酒款

玛歌酒庄

Château Margaux 1990

基本介绍

分数：RP100　WS98

适饮期：2015~2040

台湾市场价：约35,000元台币

品种：75%卡本内·苏维翁、20%美洛、2%卡本内·弗朗和3%
小维多

木桶：100%法国新橡木桶

桶陈：18月

瓶陈：6个月

年产量：300,000瓶

🍷 品 酒 笔 记

1990年的玛歌是无可挑剔的一款酒。这个年份的玛歌我已经喝过4次之多，从20世纪90年代中期喝到现在，能说什么呢？"无与伦比"4个字。在我喝过的玛歌酒中排前5名，另外4个年份分别是1978、1983、1996和2000。帕克总共尝了8次之多，其中7次都给了100的满分，最后一次是在2009年6月打的。1990年份绝对是玛歌酒庄的经典之作，它将成为一个伟大传奇年份，也会为玛歌酒庄留下精彩的一页。酒款色泽呈深红宝石色，鲜花、松露、紫罗兰、石墨、烟草和东方香料等层层叠叠的香气，令人目不暇接。这也是一款身材窈窕、妩媚动人的酒，单宁柔滑透细，有如贵妃出浴般湿嫩闪亮，其迷人的风采，绝对吸引你的目光。成熟的黑浆果、黑李、黑樱桃、雪松、甘草、巧克力和摩卡，口感丰富而辽阔。经典的玛歌酒融合了力量与优雅，浓郁而细腻，有如神话般的美酒，让人回味无穷！

🍴 建 议 搭 配

香煎小羊排、卤牛肉、白切羊肉、卤味。

★ 推 荐 菜 单　全珍一品锅

全珍一品锅是翠满园的招牌菜，翠满园的老板是许松文先生，比较熟的人都称呼他"老许"。翠满园做的是潮州菜，店名写的是江浙菜，这家老店已经开了40多个年头。这道全珍一品锅全台湾只有这家有，没有一家可以仿得来。一瓮18斤要价13,000元台币的招牌锅，许老板告诉我，里头全部采用高级食材，排翅、干贝、鲍鱼、乌参、日本花菇、土鸡腿、猪蹄花、新鲜笋、金华火腿，层层相叠、重味道的放底层，慢慢地煨后再蒸，汤清而不油。虽然做法有点类似佛跳墙，但用的都是高级食材，所以没那么油腻，反而比较爽口。被帕克评100满分的玛歌1990呈现出细致柔和的单宁，用它来搭配这道天下第一锅非常搭配。玛歌的酒充满各式各样的浓稠果味，和一品锅的高级食材，如排翅、乌参、花菇、鲍鱼等比较清淡的佳肴搭配，其完美而丰富的果香可以增添美味，又不影响食材的口感，两者互相呼应，优雅又迷人。一品锅汤美味鲜，玛歌酒质浓郁、单宁细腻，呼朋引友，共享人间美食美酒，真是人生一大快事！

餐厅｜翠满园餐厅

地址｜台北市延吉街272号

23

Château Palmer

帕玛酒庄

　　波尔多的分级制度，前身本来就是为了标定酒的价格。稍微有一点常识的朋友都知道，波尔多梅多克产区的酒庄中，除了一级的五大酒庄之外，通常行情最好的，就是位列三级的帕玛酒庄。所谓"超二"还得在很好的年份才可以对外报出与帕玛差不多的价格。行家都说，梅多克如果有第六大，帕玛酒庄出线的机会非常高。帕玛酒庄与玛歌酒庄和鲁臣世家酒庄（Château Rauzan-Segla）相邻，华丽的巴伐利亚色彩建筑，4个奇形怪状的尖顶塔楼悬挂着三面不同的国旗，十分有特色。帕玛酒庄虽然在1855年波尔多列级名庄的分级中仅位列第三级，但却是唯一一个在品质和价格上可以挑战五大酒庄的三级酒庄。

　　1814年，效力于英军威灵顿（Wellington）旗下的查理斯·帕玛（Charles Palmer）将军从戈斯克（Gascq）家族的手中买下了酒庄，而且承诺每年无条件送500升帕玛的酒供戈斯克遗孀玛莉（Marie）享用，并用自己家族的姓氏"Palmer"为它命名。1816~1831年，他陆续在玛歌区购买庄园，当时酒庄的总面积扩大到163公顷，其中葡萄园的面积为82公顷。因帕玛将军大多数时间是在英国，因此便将酒庄的管理委托给波尔多的葡萄酒批发商保罗·艾斯特纳弗（Paul Estenave）先生和主管尚·拉根格朗（Jean Lagunegrand）先生，他自己则负责酒庄的推销工作。帕玛将军是英国人，凭他在英国上流社会的关系，和后来成为英王乔治四世的Regent王子之间的友谊，帕玛酒庄在英国贵族间一

A. 美丽的Palmer城堡。B. 酒庄VIP餐厅。C. 酒庄专用橡木桶。D. 在酒庄品尝刚亮相的Palmer 2008白酒和两款红酒。

时名声大噪，酒款风行英国。可惜正是由于帕玛先生早年得志，酒庄管理不当，加之他开销过度，因此1843年不得不因债务问题将酒庄转手卖出。基于帕玛将军为酒庄做出的巨大贡献，酒庄保留了"Palmer"的名号。

1938年，众多顶级酒庄均处于低谷时期，4个波尔多顶级葡萄酒批发商：马勒-贝斯（Mahler-Besse）家族、西塞尔（Sichel）家族、米艾勒（Miailhe）家族和吉娜斯特（Ginestet）家族共同购买了帕玛酒庄，并逐渐恢复了酒庄应有的地位。后来米艾勒和吉娜斯特两个家族退出，西塞尔家族和马勒-贝斯家族则继续持股帕玛酒庄。2004年，持股家族将帕玛酒庄的管理重任交付给了汤马斯·杜豪（Thomas Duroux）先生。杜豪曾在众多世界顶级酒庄从事酿酒工作，接手以后将帕玛酒庄推升到另一个高峰。

20世纪60~70年代末，这20年当中，由于玛歌酒庄的酒款水准不稳定，多次评分都不如帕玛酒庄，直到1978年，玛歌酒庄才抢回了第一的位置。直到现在，这两个酒庄仍然继续争锋。两个酒庄"本是同根生"，虽然是毗邻而坐，但本来就是同一块地，两家酒庄都拥有极好的土壤条件，并因紧靠吉隆德河而具有良好的排水系统。论及酒体的醇厚程度，帕玛酒庄与其他一级酒庄相比毫不逊色。它的表现甚至比许多一级酒庄还要出色。虽然帕玛酒庄名义上只是一座三级酒庄，但它的葡萄酒价格却定位在一二级酒庄之间，充分显示出波尔多经纪商、国外进口商和世界各地消费者对该酒庄葡萄酒的推崇与尊重。

帕玛酒庄现拥有葡萄园55公顷，分布于玛歌区的丘陵之上。葡萄园的主体部分集中于一片冰川期形成的由贫瘠的砾石构成的高地上，这也正是玛歌产区丘陵地带的最高处。由于位于几米厚的沙砾层山坡上，该处土壤由易碎的黑色碧玄岩（lydite）、白色和黄色的石英、夹杂着黑色、绿色和蓝色的硅岩和白色的玉石组成。葡萄园种植有47%的卡本内·苏维翁、47%的美洛和6%的小维多，平均树龄为38年。

帕玛酒庄拥有两个陈年酒窖。在被称为"第一年"的陈年酒窖内，摆放的是刚刚装入当年新酒的橡木桶。它们将安静地躺在这里度过第一年的陈年期，在下一年的新酒到来之前，它们便会被搬移到另一个名为"第二年"的陈年酒窖。帕玛酒庄正牌酒使用新橡木桶50%~60%，而副牌酒"另一个我"（Alter Ego）使用新橡木桶比例则为25%~40%。酒庄还有一座建筑是专门用于储存已经装瓶的葡萄酒的，出厂前会在这里贴上商标，然后被送往世界各地销售。

论历史，帕玛的故事可以说上几天，像是陈新民教授的《稀世珍酿》中就有详细介绍；《品醇客》也有专门介绍。事实上，几乎所有讨论玛歌区酒庄的文章，除了玛歌酒庄之外，接下来介绍的一定就是帕玛酒庄，这家酒庄的地位不言而喻。在调配中，帕玛酒庄所用的美洛葡萄比例，一向较其他梅多克区的列级酒庄高，这也是《神之雫》里头一段非常有趣的情节，所以作者会将它比喻为"蒙娜丽莎的微笑"。1999年份的帕玛被选为"第二使徒"。无论如何，帕玛酒庄的酒质非常细致（偏柔软）、华丽，香气直接而持久，微甜，整支酒高贵而尊荣。尤其是辉煌的1961年份（RP99分），澳门葡京酒店是全球最大收藏者，2005年5月，帕玛酒庄总经理汤马斯·杜豪、行销经理伯纳德（Bernard de Laage de Meux）和首席酿酒师菲利浦（Philippe Delfaut）还曾专程来到澳门，为葡京酒店已有44年酒龄的528瓶帕玛更换了软木塞（换塞后剩下508瓶），以确保酒质继续以稳定的速率渐入佳境，酒塞上还有"2005"字样。它比同一年份的拉菲还贵，有兴趣的酒友可以坐飞机去喝，只能在酒店里喝，不能带出场，可能需要3万港币才能一亲芳泽了！目前帕玛的价格大概都要8,000元台币以上，好的年份，如2009和2010，大概要12,000元台币以上。

这里要顺带一提的是，帕玛酒庄从2008年起也开始产白酒，据酒庄总经理杜豪介绍，梅多克酒庄从20世纪初都有酿制少量白酒的传统，数量只有几千瓶，专供酒庄招呼贵宾之用，因而不对外公开出售。帕玛酒庄20世纪初开始已产白酒，到了30年代才停产，所以一些收藏家酒窖中可能还窖藏着1925年帕玛的老白酒。

杜豪接管帕玛后，开始酿制第一批帕玛白酒（Vin Blanc de Plamer），以Muscadelle（55%）、Loset（40%）、Sauvignon Gris（5%）酿制，产量不到3,000瓶，只供给来访贵宾享用，不在市场上销售，我有幸品尝过一瓶2008年份的帕玛白酒。2012年，帕玛酒庄把第二批产的白酒，以慈善名义捐给一家法国心脏病研究中心作筹款之用，酒庄大股东西塞尔家族将其全数拍下，还是没有让其流入到市场，所以至今能尝到的人非常有限。

DaTa

地　　址 | Château Palmer, Cantenac, 33460 Margaux, France
电　　话 | (33) 05 57 88 72 72
传　　真 | (33) 05 57 88 37 16
网　　站 | www.château-palmer.com
备　　注 | 参观前必须预约；从4月份到10月份每天均可；10月至次年3月，周一至周五

帕玛酒庄
Château Palmer 1961

基本介绍

分数：RP99　WS93
适饮期：2015~2025
台湾市场价：约100,000元台币
品种：47%的卡本内·苏维翁、47%的美洛和6%的小维多
木桶：50%法国新橡木桶
桶陈：26个月
瓶陈：4个月
年产量：35,000瓶

品酒笔记

2009年，中文版《品醇客》创办人、也是我最好的酒友之一的林耕然先生相约要喝这瓶世纪传奇之酒——Palmer 1961，我带着忐忑的心情前往膜拜。这一瓶老酒经过50年的洗礼，到底还能不能喝？这考验着酒本身的实力，还有收藏者的保存能力。酒打开后，扑鼻而来的是老酒的乌梅与咖啡味道，色泽已经是老酒的颜色了，呈现出老波特酒的深棕色，虽然没有酒精的刺鼻味，但是喝起来却仍然厚实强烈，口感甜美而带有成熟的乌梅、桂圆和波特老酒味。30分钟后开始产生变化，巴罗洛特有的玫瑰花香、波尔多的黑醋栗和黑莓果味、勃艮第白酒的烤面包和纯净的矿物质香气迫不及待争先恐后地跳出，层层堆叠，变化无穷。一支超过半个世纪的老酒，能有这样强烈而集中、浓郁而成熟的香气，实属难得；柔和的单宁和华丽性感的气味，余韵悠长甘美，令人为之倾倒！这是一款兼具优雅与霸气的帕玛，能成为现代传奇，它当之无愧。

建议搭配

阿雪真瓮鸡、北京烤鸭、盐水鹅肉。

★ **推 荐 菜 单　脆皮炸仔鸡**

炸仔鸡是传统粤菜餐厅最经常看到的菜式之一。炸仔鸡最讲究的是皮要脆，肉要嫩而带汁，而且要入味！喆园的脆皮炸仔鸡选用3斤重的土鸡，因为这样的鸡油脂含量刚好，不会太肥或太瘦，这也会影响皮的脆度，摆上1小时以上，皮还是脆的！这款世纪传奇老酒，酒精味不重，单宁也不是很强烈，并不适合浓重口味的牛羊猪肉来搭配，用这道嫩脆适中的鸡肉来配，不会抢走帕玛的花香和果味，更可以增添老酒的迷人丰采。酥脆软嫩的鸡肉和不愠不火的经典老酒，半个世纪的等待，就为你而来，美丽的相遇！

餐厅｜喆园餐厅
地址｜台北市建国北路一段
　　　80号

24
Château Mouton
Rothschild

木桐酒庄

　　木桐酒庄位于法国波尔多梅多克产区的波雅克村，出产享誉世界的波尔多葡萄酒。在目前的分级制度中，它位列第一等的五大酒庄之一，与拉菲酒庄、拉图酒庄、玛歌酒庄和欧布里昂酒庄同列一级酒庄。

　　木桐酒庄的土地最早被称"Motte"，意为"土坡"，即"木桐（Mouton）"的词源。"Mouton"在法文中的语意是"羊"。这个字被酒庄广为宣传，因为酒庄老庄主菲利浦·罗柴尔德男爵（Baron Philippe de Rothschild）生于1902年4月13日，属白羊星座的男爵，把自己的名字与酒庄保护神"羊"紧密结合在一起。

　　酒庄的历史简单来说如下：1853年，家族成员纳撒尼尔·罗柴尔德男爵（Baron Nathaniel de Rothschild）购买了Château Brane-Mouton庄园，后改名为木桐酒庄。1855年，官方波尔多评级中将其评为第二级酒庄。1922年，纳撒尼尔的曾孙菲利浦·罗柴尔德男爵决定自己来掌管该庄园。他在木桐酒庄的65年中，表现出刚强的个性，将酒庄发扬光大。1924年，他首次推出酒庄装瓶的概念。1926年，他建造了著名的大酒窖，一座宏伟的百米木桶大厅，现在已成为参观木桐酒庄的主要景点之一。1933年，他通过购买旁边的1855列级酒庄的五级酒庄达美雅克单人舞酒庄（Château Mouton d'Armailhac）而扩大了家族酒庄的面积。1945年开始，酒庄以一系列令人陶醉的艺术作品为酒标，每

A | B | C | D | E

A. 酒庄外观。**B.** 酒神巴库斯雕像。**C.** 作者与木桐2003合影。**D.** 酒窖准备换桶。**E.** 100米长25米宽的酒窖，可以存放1000个橡木桶。

年由著名画家为木桐酒庄创作商标。1962年，坐落在酒窖旁边的葡萄酒艺术博物馆举行开业庆典，博物馆展示一系列3000年以来的葡萄酒和葡萄藤精品，每年吸引着成千上万名参观者。1970年，酒庄收购了五级酒庄克拉米隆双人舞酒庄（Château Clerc Milon），继续扩大规模。1973年，经过20年的努力不懈，菲利浦男爵终于促成了1855列级酒庄的修订，木桐酒庄正式成为第一级酒庄，和其他4个一级酒庄平起平坐，形成波尔多五大酒庄。1988年，菲丽嫔·罗柴尔德女男爵继承父业。1991年，她决定创造银翼（Aile d'Argent）——在占地10英亩的木桐酒庄葡萄园生产的一种优质白葡萄酒，种植品种包括：白苏维翁（51%）、塞米雍（47%）和慕斯卡多（2%）。1993年，木桐酒庄首次发表副牌酒——木桐酒庄的小木桐（Le Petit Mouton）。菲丽嫔·罗柴尔德女男爵和她的孩子们拥有木桐酒庄以及它的副牌酒小木桐、达美雅克庄园、克拉米隆庄园和木桐银翼等葡萄酒款。这些葡萄酒的年产量总共大约70万瓶。此外，她还是一级酒庄古特庄园的索甸巴萨克贵腐酒（Château Coutet a Premier Cru Classe Sauternes Barsac）的全球经销商。

木桐酒庄葡萄园的面积原为37公顷，园内的品种以卡本内·苏维翁为主。时至今日，木桐酒庄已拥有82公顷的葡萄园，其中77%为卡本内·苏维翁，10%为卡本内·弗朗，11%为美洛，2%是小维多。种植密度为每公顷8,500株，平均树龄45年。酒庄采用人工采摘的方式收获葡萄，只采摘完全成熟的葡萄，先放在篮子中，再送到酿酒室，使用橡木发酵桶发酵。木桐酒庄是当今一直使用发酵桶发酵的少数波尔多酒庄之一。一般发酵时间为21~31天，然后转入新橡木桶熟化18~22个月，每年产量在30万瓶左右。

1924年，广告画师尚·卡路（Jean Carlu）用粗犷的手法绘出菲利浦男爵家族5支箭头的族徽、木桐酒庄，还用木桐酒庄的象征"绵羊"创作了第一幅艺术酒标。酒庄从这一年开始实行"在酒庄内装瓶"。1945年，菲利浦委托青年画家菲利浦·朱利安（Philippe Jullian）创作当年的新酒标，此时适逢二战结束，朱利安就以英国首相丘吉尔两个手指所比划出的"V"字为主，胜利（Victory）

的大"V"字母立在中央，象征着和平的到来。而这一年的酒也成了木桐酒庄最好的世纪年份，得到各界酒评家的满分赞誉，几乎在各大拍卖会场都能见到它的身影。从这一年开始，木桐酒庄每年都会邀请一位艺术家来为木桐设计酒标，受邀请的艺术家会得到10箱木桐酒，其中包括5箱自己当年设计酒标的木桐酒和5箱其他不同年份的木桐酒。自那以后，众多历史上著名的艺术家都曾为木桐设计酒标，如1955年的乔治·布拉克（Georges Barque）、1958年的萨尔瓦多·达利（Salvador Dali）、1964年的亨利·摩尔（Henry Moore）、1969年的胡安·米罗（Joan Miró）、1970年的马克·夏卡尔（Marc Chagall）、1971年的瓦西里·康丁斯基（Wassily Kandinsky）、1973年的巴勃罗·毕加索（Pablo Picasso）、1975年的安迪·沃荷（Andy Warhol）、1980年的汉斯·哈同（Hans Hartung）、1990年的法兰西斯·培根（Francis Bacon）、1993年的巴尔蒂斯（Balthus）。这个原则只有极少年份例外，如：1953年，购买酒庄百年纪念；1977年，英国王太后的私人访问纪念；2000年，庆祝千禧年烙印的金羊；2003年，购买酒庄150周年纪念。其中，最著名的酒标是1973年毕加索设计的"酒神狂欢图"，展示了美酒为生活带来的欢乐。而这一年也是酒庄值得庆祝的一年，因为这一年木桐酒庄由二级酒庄升等为一级酒庄。2004年的酒标为英国查尔斯王子的水彩画，上面还写有"庆祝英法友好协约签署100周年，查尔斯2004"。将近70年来只有两个年份选用了中国画家的作品：1996年份酒标选用了古干的一幅水墨画《心连心》，2008年份酒标选用了徐累的工笔画《三羊开泰》。

木桐酒庄本来的座右铭为："不能第一，不屑第二，我就是木桐"。（Premier ne puis,second ne daigne Mouton Suis）1973年，在菲利浦男爵不懈的争取下，终于改变了法国波尔多一百多年来僵硬的传统：波尔多左岸分级历史上唯一的一次，木桐酒庄从二级酒庄晋升为一级酒庄。男爵的座右铭从此改为："我是第一，曾是第二，木桐不变"（Premier je suis, second je fus, Mouton ne change）。1988年，菲利浦男爵这位伟大人物仙逝，其女儿菲莉嫔女男爵

由左至右分别是：Mouton Rothschild 1945，第一个年份艺术标签。毕加索所画1973木桐酒标。中国画家徐累所画2008木桐酒标。Miquel Barceló 2012最新年份木桐酒标。印有酒庄标志的原箱木板。

上左：酒庄种植卡本内·苏维翁。上右：各种不同年份的酒标。下至至右：小木桐。受争议的裸女酒标。极具收藏价值的2000年金羊。21世纪最好年份的2009木桐。

（Baronne Philippine）接掌酒庄。菲莉嫔女男爵全身心地投入到这一梦幻事业中来，这位充满活力的才女再次向世人证明，她没有辜负父亲的重托。菲莉嫔女男爵成为葡萄酒世界一位举足轻重的人物，凭借自身的行动力、感召力和光芒四射的个性与品格，她带领家族酒业在国内和国际取得重大成就，家族酒庄也攀上峰顶。菲丽嫔女男爵曾荣获"法国艺术与文学骑士勋章"和"法国荣誉军团军官勋章"，2013年6月她被英国葡萄酒大师学会（IMW）与《饮料商务》（Drinks Business）杂志联合授予"葡萄酒行业人物终身成就奖"。非常遗憾的是，木桐酒庄庄主菲莉嫔女男爵已于2014年8月22日晚在巴黎逝世，享年80岁。目前，酒庄由菲莉嫔儿子菲利浦-赛雷斯·罗柴尔德先生掌管。

　　木桐酒庄虽然是五大酒庄之一，但是在有些年份品质并不稳定，例如，在1989和1990两个波尔多好年份，木桐并没有发挥好年份的实力，帕克只给了90和84的分数。1945、1959、1982和1986年份都获得了帕克的100满分，其中1945年份被《葡萄酒观察家》杂志选为20世纪最好的12款酒之一。1959年份被英国《品醇客》杂志选为此生必喝的100款酒之一。1986年份被帕克选为心目中12款梦幻酒之一，这一个年份也是木桐酒庄在WS最高分的年份——99分。最出乎意料的年份是2006年份，这一年并非波尔多顶尖年份，但是帕克却给木桐酒庄打出了98+的高分，可以和2000年以后的世纪好年份2010年份一较高下，同样是98+高分。另一个世纪年份是2009年份99+的高分，将来很有机会挑战100满分。目前木桐的酒在台湾最便宜的价格大约是15,000元台币一瓶，最高的价格当然是1945年的世纪佳酿，一瓶要价500,000元台币。另外，镶着金羊的2000年千禧年份，因为比较特别，又是好年份，台湾市场价一直没有低于50,000元台币，是非常值得收藏的一款酒，RP96+的高分，可以窖藏到2050年，甚至更久。还有最近在台湾才拍卖出去的1945~2009木桐，一套总共65个年份，拍卖价格是3,500,000元台币。

2009年，我曾经参访木桐酒庄，在那里看到新栽种的红白葡萄品种，这是一种实验性质的种植。我们也进到了梦幻的酒窖，里面都是全新橡木桶，还有60年来不同的艺术酒标，最特别的是酒庄经理还请我们到桶边试酒，酒庄工作人员直接从木桶中抽出小量的酒给大家喝，这是何等的礼遇啊！我们也参观了世界级的酒庄博物馆，专门收藏与葡萄酒相关的各类艺术品，既有由大门进入看到的壁毯，又有绘画、瓷器、陶器、玻璃器皿、铜器、象牙雕刻、雕塑和编织艺术品收藏等，美轮美奂，令人目不暇接，有如一座小型的卢浮宫，真是让人大开眼界。最后经理带我们来到品酒室，给我们试了还没贴上酒标的2008年份酒，这个年份的酒标后来采用的是中国画家徐累的"三羊开泰"。2008年份的酒也是最物超所值的一款好酒，年份不错。因为2009年遇上金融危机，所以这一年五大酒庄所有预购期酒都没超过10,000元台币，真是买到赚到。2014年，由于中国大陆的过度炒作，波尔多酒也进入艰难的时期，2013年份的波尔多是一个不稳定的年份，五大预购酒也都在10,000元台币以内。

特别推荐

木桐银翼
Aile d'Argent 2010

基本介绍

分数：RP93　WS90
适饮期：2012~2022
台湾市场价：约4,000元台币
品种：70%白苏维翁，30%塞米雍
年产量：13,000瓶

DaTa

地　址｜Château Mouton Rothschild, 33250 Pauillac, France
电　话｜(33) 05 56 59 22 22
传　真｜(33) 05 56 73 20 44
网　址｜www.bpdr.com
备　注｜参观前必须预约（电话：33 05 56 73 21 29 或传真：33 05 56 73 21 28），周一到周四：上午9：30-11：00，下午2：00-4：00；周五：上午9：30-11：00，下午2：00-3：00。从4月份到10月份：周末和节假日均开放（上午9：30-11：00，下午2：00-3：30）。

木桐酒庄

Château Mouton Rothschild 1986

基本介绍

分数：RP100　WS99

适饮期：2012~2050

台湾市场价：约45,000元台币

品种：80%卡本内·苏维翁、10%美洛、8%卡本内·弗朗、2%
　　　小维多

木桶：100%法国新橡木桶

桶陈：18~22个月

瓶陈：12个月

年产量：300,000瓶

🍷 **品酒笔记**

1986的木桐酒被帕克认为与伟大的1945、1959、1982年份
同样杰出，可见这款酒有多精彩！当我在2013年第二次品尝
它时，它是多么的强壮有韧性，单宁细致而扎实；闻起来花束
香、香料、黑咖啡豆、铅笔芯和黑醋栗味丰盈；喝到嘴里时，
上腭和舌头每个角落充满层层水果味，细滑如丝，甜美可口；
密集的马鞍皮革、烟草、雪茄盒、雪松、黑樱桃和巧克力让人
应接不暇，最后还出现蜂蜜果干味，这种特殊又精致的口感，
已经得到波尔多顶级酒的精髓，香气集中，结构完整，酒体优
美，真是一款了不起的葡萄酒！

🍴 **建议搭配**

花生猪脚、伊比利火腿、红烧牛肉、烤鸡。

★ 推 荐 菜 单　新式无锡排骨

提起无锡，人们一定会想起酥香软烂、咸甜可口的无锡排骨，其色
泽酱红，肉质酥烂，骨香浓郁，汁浓味鲜，咸中带甜，充分体现了
江苏菜肴的基本风味特征。相传，无锡排骨创于宋朝，还与活佛济
公有着一段不解之缘。无锡排骨兴起于清朝光绪年间。当时无锡城
南门附近的莫兴盛肉店出售的酱排骨颇受欢迎，后来即改为无锡排
骨。这款100分的木桐红酒是当今五大酒庄中最成熟最好的酒之一，
酒中充满各式各样的水果香气，可以和排骨中的汁液调和，非常融
洽协调。而酒中的细致单宁也能柔化排骨的油脂，使之更加甜美而
不腻。红酒的层层香料更能提升整道菜的丰富感，浅尝一口，马上
就觉全身舒畅，被这款酒所深深吸引。佳肴美酒，游戏人间！

餐厅｜华国饭店帝国会馆

地址｜台北市林森北路600号

25

Pétrus

柏图斯酒庄

　　提起波尔多的酒，柏图斯酒庄的酒绝对是大家公认最好的酒，这一点从来没有人可以否认。柏图斯酒庄是怎样的一个酒庄?大家都非常好奇，很多人或许听过它的大名，但却从未尝过它的酒，或许是因为产量太少了，或许是因为价格太高了。"Pétrus"甚至没有一座雄伟耸立的城堡，酒庄也没有冠以"Château"之名，可见当时它只是个无名小卒，如今却一跃成为波尔多九大酒庄之首，其中的传奇故事值得我们来说说。

　　"Pétrus"在拉丁文中的意思是"彼得"，圣彼得手中的钥匙仿佛为葡萄酒爱好者们打开了通往美酒天堂的大门。酒庄当初为何取名"Pétrus"，至今仍然没有确切答案，这些谜题只好留待后人去揭开。酒庄最先出现于1837年，当时属于阿纳（Arnaud）家族，该家族自18世纪中叶起便拥有了酒庄。所以在最初的一些年份中，酒标上还标注着柏图斯-阿纳（Pétrus-Arnaud）的名字。

　　1925年柏图斯传到艾德蒙·鲁芭夫人（Madame Edmond Loubat）手中，她花了将近20年的时间成为了柏图斯真正的女主人。她想尽办法让柏图斯在上流社会高度曝光。在女皇伊丽莎白二世的婚礼上，鲁芭夫人将柏图斯放到这场世纪婚宴上，让上流贵族们认识到了柏图斯的魅力，柏图斯也成功打开了英国皇室的大门。随后，鲁芭夫人又在伊丽莎白二世于白金汉宫的加冕典礼上献上了一箱柏图斯作为贺礼。之后，在伦敦所有高级餐厅的酒单上都能见到柏图斯，让不少

A. 酒庄门口。B. 酒庄外保护神和写有"Pétrus"字样的墙面，这是游客常驻足的地点。C. 作者在酒庄留影。D. 葡萄园。

名流贵妇疯狂地追逐。

　　1961年鲁芭夫人仙逝，她把酒庄继承权分为3份，留给外甥女拉寇斯特（Lacoste）、外甥力格纳克（Lignac）和负责酒庄销售的酒商尚-皮尔·木艾（Jean-Pierre Moueix）。木艾家族在1964年购买了力格纳克的股份，成为酒庄的大股东。随后，木艾将柏图斯推向了美国白宫，酒款深得当时美国总统杰奎琳·肯尼迪的喜爱，在美国倡导法国时尚的肯尼迪将柏图斯引荐进入美国名流圈，柏图斯酒立即成为美国名流社交界追逐的奢侈品。

　　柏图斯酒庄的葡萄园面积原来仅有16英亩，1969年酒庄购买了12英亩邻居嘉兴酒庄（Gazin）的一部分，使葡萄园的面积进一步扩大。20世纪40年代之前，柏图斯酒庄一直默默无闻，1953年以后买了波美侯（Pomerol）著名的当

世纪之酒——1961年的柏图斯

卓龙堡（Trotanoy）、拉·弗勒·柏图斯堡（La Fleur Pétrus）和柏图斯，直到2002年才买下全部股权。

柏图斯酒庄拥有11.5公顷的葡萄园，园内土壤表层是纯黏土，下面一层为陶土，更深一层则是含铁量很高的石灰土，并有良好的排水系统。园中所种植的葡萄品种以美洛为主，约占95%；剩余的5%为卡本内·弗朗。由于卡本内·弗朗成熟较早，所以除非年份特别好，柏图斯酒庄一般不用它来酿酒。酒庄在葡萄园的更新上采取较传统的方式，即通过品选，以品质最优的葡萄藤作为"母株"，这和1946年罗曼尼·康帝酒庄（Romanée-Conti）铲除老根时的方法是一样的。葡萄园也采取严格的"控果"，每株保留几个芽眼，每个芽眼仅留下一串葡萄，目标是全熟，但要避免超熟，否则即会影响葡萄酒细腻的风味。

在波尔多九大酒庄中，只有柏图斯一家酒庄不生产副牌酒。柏图斯酒庄非常重视品质，只选用最好的葡萄，在不好的年份绝对不出品，如1991年就没有葡萄酒上市。在采摘的时候，柏图斯酒庄的上空会有一架直升机在葡萄园上方盘旋，来回巡视着整个葡萄园。因为在缺乏风和阳光的时候，利用直升机螺旋桨产生的风力把葡萄吹干后才进行采摘。随后，酒庄主人、酿酒师、采摘葡萄的工人及酒庄员工会一同享用一顿丰盛的午餐，在葡萄上的露水和雾气消散后，采摘的工程就开始了。采收时的景象也颇为壮观，酒庄会出动200名工人对葡萄进行精挑细选，并在日落之前将所有的葡萄都采摘完毕。柏图斯迅速完成采收的目的是让葡萄有新鲜度可以维持酒体的清新，而不希望较晚采收的葡萄酿成酒后酸度过高，产生梅子和太多的蜜饯味道。

美国《葡萄酒观察家》杂志在1999年选出20世纪最好的12款梦幻酒，1961年份的柏图斯就是其中之一。欧洲《高端葡萄酒》杂志（Fine Wine）曾在2007年出版了一部书《有史以来最好的1000支葡萄酒》，该书便以1961年份的柏图斯作为封面。1998年份帕图斯也是英国《品醇客》杂志"此生必喝的100支葡萄酒"之一。《品醇客》曾这样形容它："也许是世界上最有个性的一支葡萄酒，我们可以选择许许多多年份的柏图斯（如1982、1989、1990等），但我们所迷恋的奇迹，仍然是1998年的。沉重的，味道是那种永远不会消失的异国情调的深度。"酒评家帕克对2000年份的柏图斯的形容更绝："颜色是近乎墨黑的深紫色，紫色的边缘。香气徐徐飘来，几分钟之后开始轰鸣，呈现烟熏香和黑莓、樱桃、甘草的香气，还有明显的松露和树木的气息。味觉上使人联想到年份波特酒，成熟得非常好，架构宏大，酒体丰厚，余韵持续长达65秒。这是另一款可以列入柏图斯历史的绝代佳酿。"对1945年份，他曾这样写道："此酒入口，就好像在品尝美洛的精华。"值得一提的是，柏图斯酒庄庄主木艾先生2008年曾获得《品醇客》年度贡献奖，可说是实至名归。

柏图斯号称是波尔多酒王，其价钱有多高？2013年11月21日，在Bonhams葡萄酒拍卖公司在香港拍卖会上，两瓶1961年1.5升装柏图斯以306,250元港币的天价成交。在2008年的伦敦拍卖会上，一瓶1945年份的1.5升装柏图斯拍出了20,000欧元[①]。我们再看看分数如何，帕克总共打了9次100满分，分别是1921、1929、1947、1961、1989、1990、2000、2009和2010年份。打99分的年份有1950、1964、1967、1970年份。WS的最高分是1989年份和2005年份的100分，1950、1998和2009的99分。真是成绩斐然，傲视群雄。柏图斯每一瓶上市价都要60,000元台币起跳，依分数而定，1989、1990和2000这3个100分年份每瓶大概要150,000元台币以上，不是一般人能买得起的。

注：① 1欧元≈7.7元人民币。

柏图斯餐厅

另外，我们要介绍一家和柏图斯有关的餐厅，餐厅名字就是"Pétrus"。2000年8月，柏图斯餐厅被美国"HOTELS"杂志评为过去10年全球5家最佳酒店餐厅之一，是亚太区唯一入选的酒店餐厅。香港人带朋友去柏图斯餐厅喝柏图斯那可是最高级别的待客之道。柏图斯餐厅是亚洲柏图斯葡萄酒藏量最多的餐厅，将近有40个不同年份的柏图斯都可以在这里找到，最老的年份是1928年份的1.5升大瓶装。酒店地址是：香港金钟道88号太古广场二座港岛香格里拉酒店56楼。

来自英国《每日电讯》的报道，2008年2月，两个英国人在伦敦一家高级餐厅点了一瓶1961年份的柏图斯，却发现酒塞上没有年份和酒庄标志，他们很快怀疑这瓶酒是个山寨版。

教你几招判断柏图斯是不是山寨版。

1. 酒标
柏图斯酒庄使用UV光防伪技术，通过紫外线能够辨认出每瓶酒的独立号码。1999年之后的柏图斯酒标上也出现了细微的不同，圣彼得头像拿着通往天堂之门的钥匙，把酒瓶稍稍移动，在灯光的照射下，圣彼得心口上会出现闪闪发光的梅花图案。

2. 酒瓶
从1997年开始，柏图斯酒庄的酒瓶上印有凸出的"PÉTRUS"字样。假如你1997年之后买的酒款上没有凸出的"PÉTRUS"字样，那么这酒就是山寨版了。

3. 酒塞
柏图斯酒塞的一面印有酒款的当年年份，另一面则是印有"PÉTRUS"字样的缎带盖在两把钥匙上。

4. 封签
封签为红色，铝片上压制有"PÉTRUS"和"POMEROL"的字样，同样刻有柏图斯的标志。印有"PÉTRUS"字样的缎带盖在两把钥匙上。

DaTa

地　　址 | Pétrus, 33500 Pomerol, France
电　　话 | (33) 05 57 51 78 96
传　　真 | (33) 05 57 51 79 79
网　　站 | www.moueix.com
备　　注 | 参观前必须预约，并且只对与本公司有贸易往来的专业人士开放

柏图斯酒庄
Pétrus 1989

基本介绍
分数：RP100　WS100
适饮期：2015~2045
台湾市场价：约180,000元台币
品种：100%美洛
木桶：100%法国新橡木桶
桶陈：20个月
瓶陈：6个月
年产量：30,000瓶

🍷 **品酒笔记**

哇！这支1989年的柏图斯竟然是少数双100分的酒款，难上加难，好上加好。这是值得讨论的，1989年和1990年到底哪一个年份好？目前还没有定论，但是1989年份的柏图斯得到两个酒评的100分就是证明。同时，他们也是国际买家现在的宠儿，虽然是亿万富翁收藏的美酒，但是以它现在的价格来说，只有爱好者才会去喝它。这支酒仍然是年轻的红宝石带紫色的颜色，味道非常浓郁，香气集中，均衡和谐，单宁细致。甜美的黑树莓、熟透的黑樱桃和黑醋栗交织出动人的音符，散发出浓厚的甘草、松露和椰子烤面包、橡木、烟丝、浓缩咖啡的香味。有如魔术师一般，你想要什么就能变出什么，太神奇了！这样复杂多变、华丽闪亮、丰富醇厚、肥硕浓稠，有如一场拉斯维加斯的大秀，令人目不暇接。

🍴 **建议搭配**
东坡肉、烤羊排、北京烤鸭、烟熏鹅肉。

★推荐菜单　上海生煎包

上海人管生煎叫"生煎馒头"，在上海已有上百年的历史。100多年前，上海的茶馆在提供茶水的同时也兼营生煎馒头。上海生煎包底部外皮煎得金黄色，上面再放点芝麻、细香葱。刚出锅热腾腾，轻咬一口满嘴汤汁，肉馅鲜嫩，芝麻与细葱香气四溢。今天这款完美的红酒本该单喝，不需要任何食物来搭配，因为不论用哪道菜来搭都无法达到圆满，反而会破坏这支双100分酒的芬芳。会用这道上海点心来衬托，最主要是先填饱肚子，让肚子不至于胃酸过多影响心情，或者是饿得发昏没有精神，有点像是西方的面包，先垫垫底，然后再细细品味这款绝世美酒。吃完生煎包，漱口水，就可以开始静静地享用这款永不复返的顶级珍酿了。

餐厅｜皇朝尊会
地址｜上海市长宁区延安西路
　　　1116号

26
Château
Pontet-Canet

庞特卡内酒庄

庞特卡内酒庄2009和2010帕克的分数是100满分，所以这支酒连续两年在开盘预购时30分钟内即被抢购一空，大部分的人只买到第二盘或第三盘价格，价格可以说是失去控制，投资者和酒商陷入疯狂，没买到的人只有扼腕叹息。庞特卡内2009和2010年份的酒，必须以接近于8,000～10,000美元以上的现金来买，这是有史以来五级酒庄最高的预购价。

创立于18世纪的庞特卡内酒庄位于法国波尔多波雅克的中北部，与五大酒庄中的木桐酒庄相邻，由尚·法兰西斯·庞特（Jean Francois Pontet）皇族创建，1855分级成为五级酒庄，但到克鲁斯（Cruse）家族掌管的晚期，酒庄逐渐走向衰落，直到1975年，酒庄被著名干邑商人盖伊·泰瑟隆（Guy Tesseron）买下。盖伊·泰瑟隆将酒庄的管理权交到了他的儿子阿佛雷德·泰瑟隆（Alfred Tesseron）的手中。阿佛雷德接管了这个挑战，对葡萄园以及酒窖进行了大笔投资，聘请知名酿酒师，建立了新的酿造酒窖，并且提高了新橡木桶的比例，在1982年推出一款副牌酒，法文名称为Les Hauts de Pontet，使用稍次级木桶酿造，停止了机械采摘，实施了非常严格的筛选程序，终于在1994年力转乾坤，生产出具有魅力的庞特卡内葡萄酒。

庞特卡内酒庄总占地面积120公顷，其中包括80公顷葡萄园。酒庄在波雅克南面有着大片集中的葡萄园，这些葡萄园位于波亚克台地的最好位置。葡萄园内

A. 酒庄葡萄园。B. 作者致赠台湾高山茶给庄主，中间为陈新民教授。C. 酒窖入口。D. 不同容量的庞特卡内。E. 印有酒庄标志的1999原箱木板。

第四纪砂砾土覆盖于黏土和石灰石土之上。种植葡萄比例为60%卡本内·苏维翁、33%美洛、5%卡本内·弗朗和2%小维多，葡萄树平均树龄为35年。采摘后的葡萄经过筛选、破皮后，会进行控温发酵，随后进行20个月以上的橡木桶熟成，新橡木桶的使用比例为60%。葡萄酒在装瓶前用蛋清进行澄清。庄主阿佛雷德足以为他所完成的工作感到骄傲，他与他的主管尚·米歇尔·康米（Jean-Michel Comme）一起经过五年多的辛勤劳动，从2010年份开始，他们的葡萄酒获得生物动力与有机认证，在梅多克产区的列级酒庄中是第一家。从2008年起，酒庄引进马匹在地里工作。阿佛雷德总是喜欢说："我想酿造出令人动情的葡萄酒。"

帕克给庞特卡内酒庄的1994年份评了93分，在整个波尔多算是很高的分数。在21世纪后，帕克给的分数更高，2000年份是94+，2003年份是95分，

2005年份是96+，2006年份是95+，2007年份是91~94分，2008年份是96分。2009年份，他打出历史新高——100满分，2010又评了100满分，连续两个年份被评为100分，在波尔多酒庄算是罕见，就连五大酒庄也未必有此盛况。英国伦敦葡萄酒交易所指数（Liv-ex）在2011年6月份的市场报告中显示，当月交易价值总额最大的是2010年份。对该交易额进行排名，第一名是拉菲酒庄，第二名就是庞特卡内酒庄。同时，交易数量最多的，第一名是胡赛克酒庄（Château Rieussec），第二名又是庞特卡内酒庄。这显示出庞特卡内酒庄在市场的活跃程度。

许多人都在讨论2008年份波尔多现酒，以末端消费者目前拿到的价格来看，已经达到临界点。难道疯了不成？敢开价也要卖得出去啊！2008年份的波尔多酒以平均分数而言，帕克评得都非常高，甚至超越2000年份，与2005年份相比可说是在伯仲之间，可相互媲美，但其酒价就比前两个年份便宜多了。尤其这几年，庞特卡内酒庄已经是超级巨星的超五级，以前追着林奇·贝斯跑，后来平起平坐，随后一飞冲天！甚至比几个顶二级酒庄，如COS、Montrose、Pichon Lalande、Ducru Beaucaillou、Las Cases等的分数还高，庞特卡内2008年份的分数仅次于拉菲、柏图斯及欧颂这三大天王。2004年份为2007年WS百大第34名，2005年份为2008年WS百大第7名，这种酒有好年份、高分数时就得快下手，买个一两箱来放，接下来几年，一定是一山还比一山高，追也追不到了。2013年份的波尔多预购酒虽然卖得不好，但是庞特卡内预购价也要3,000元台币，纵然在不好的2013年份WS只拿了89~92分、RP评了90~92分，其身价可想而知！

庞特卡内酒庄在阿佛雷德手中重振声威，现在他已经将接力棒交给他的侄女玛莲（Melanie Tesseron），由她继续管理庞特卡内酒庄，完成阿佛雷德的梦想，往后的日子里，我们见到年事已高的阿佛雷德的机会会越来越少。如果您接触过阿佛雷德，就会发现他是一位和蔼可亲又细心的庄主。当我们2009年来到酒庄时，他不但亲自迎接，而且在我们的要求下他还和我们全体成员留下历史镜头。我回台湾的几年当中，阿佛雷德每一年都不忘寄一张酒庄特制的圣诞贺年卡给我，一个多么可爱又贴心的庄主啊！在此献上这篇文章，为了好友阿佛雷德。

地　　址 | 33250 Pauillac，France
电　　话 | +33 5 56 59 04 04
网　　址 | www.pontet-canet.com
备　　注 | 上午9：00 - 13：00，下午2：00 - 5：00

DaTa

庞特卡内酒庄
Château Pontet-Canet 2009

基本介绍

分数：WA100　WS96
适饮期：2013~2050
台湾市场价：约10,000元台币
品种：65%卡本内·苏维翁、30%美洛，4%卡本内·弗朗和1%
　　　小维多
木桶：60%法国新橡木桶
桶陈：18~24个月
瓶陈：6个月
年产量：320,000瓶

🍷 **品 酒 笔 记**

2009年的庞特卡内我总共品尝过3次，颜色是深沉的紫墨色，完全不透光，如蓝丝绒般的美丽。香气中能闻到紫罗兰、黑浆果、甘草、黑醋栗、香料和森林芬多精在空中飘散。我开始神往，仿佛来到了一个森林，经过一个池塘，来到了神秘花园，园中有各式各样的果树、五彩缤纷的花朵和青翠的小草，置身其中，身心灵完全放松，令人沉醉！此酒口感千变万化，酒体饱满而集中，激烈而不过分，厚重而细致，圆润而柔和。新鲜矿物质、可可、咖啡、松露、黑莓酱、黑醋栗、雪茄充满嘴里每一个角落。成熟的黑色和蓝色的水果，加州李子和浆果味翻来覆去，单宁如丝，柔软细滑。这是一款丰富又伟大的酒，鲜艳照人，华丽登场，它每次出场都会吸引你的目光，品尝过的3次都是如此，虽然还是太年轻，但是那甜美的果味，总是让你难忘！2014年以后可能进入睡眠期，要耐心地等待，可能需要10年以上，甚至更久，如果价格合理，建议收藏。

🍴 **建 议 搭 配**

烤羊排、椒盐松阪猪、东坡肉。

★ **推 荐 菜 单　美国极黑和牛纽约客**

餐厅主厨老齐"选用来自蛇河农场（Snake River Farm）的极黑和牛，纽约客部位（前腰脊肉）。油花细腻的极黑和牛碰上老齐煎烤牛排特别的技术，使得牛排在油花、软嫩、熟度及味道上取得平衡，在三分熟的状态下软嫩多汁、美味非常！"这款波尔多超级年份，天王级满分的庞特卡内红酒，强壮有力，非常重的甜美单宁，既可以降低牛肉本身的油腻感，又可以提升极黑牛肉本身的鲜甜度。高级的食材，简单的煎烤，不需要太多的酱汁，只要蘸上玫瑰盐或海盐，就能让你回味无穷！软嫩鲜甜的牛肉遇上百年难得的好酒，有如天雷勾动地火，不但令人感动而且让人激动。大口喝酒大口吃肉，痛快！

餐厅｜齐膳天下私厨料理
地址｜台北市大安区四维路
375之3号1楼

27
Château
d'Yquem

滴金酒庄

　　在世界葡萄酒历史上，1847年的滴金酒庄是一个具有里程碑意义的传奇。相传这一年的秋天，滴金庄主贝特朗（Bertrand）侯爵外出打猎，等他返回酒庄时已经延误了采收期，致使葡萄滋生了一种霉菌（即贵腐菌，Botrytis Cinerea），但出人意料的是，用这种葡萄酿造的白葡萄酒却异常甜美。这就是传说中的索甸（Sauternes）贵腐酒的由来。

　　苏富比（Sotheby's）拍卖行曾于1995年2月4日在曼哈顿以18,400美元拍出一瓶1847年的滴金酒庄。在2011年拍卖会上，一瓶1811年份滴金佳酿以117,000美元的高价成功拍卖，创下了全球白葡萄酒拍卖最高纪录。滴金一直是收藏家及投资者追逐的目标。2006年，一瓶1787年份滴金以100,000美元的价格拍出；2010年滴金1825~2005年的一组葡萄酒拍卖标的，共有

A
B | C | D

A. 酒庄美景。B. 作者在酒庄与18升的2011年滴金合影。C. 酒庄品酒室内的不同年份滴金封笺。D. 酒庄总经理皮尔·路登。

128瓶标准装和40瓶大瓶装葡萄酒，在香港佳士得的名酒拍卖会上拍出了1,040,563美元的高价。

　　早在200多年前，法国哲学家米歇尔·塞尔对滴金酒庄的评价似乎就得到了共鸣，不少国家政要王宫贵族为滴金酒庄佳酿所倾倒。当时的驻法代表是后来成为美国总统的托马斯·杰斐逊，他在1784年从该酒庄订购了250瓶葡萄酒，之后，他代表时任总统乔治·华盛顿（George Washington）又订购了360瓶1787年年份酒，同时也为他自己订了120瓶。1802年，拿破仑·波拿巴（Napoléon Bonaparte）也订购了滴金的甜白；1859年，俄国沙皇亚历山大和普鲁士国王品尝了1847年份的滴金后，出天价购买，使得滴金酒庄一夜之间成为了政商名流抢购的对象。

酒窖。

　　1785年，苏瓦吉家族中法兰西斯（Françoise Joséphine de Sauvage）小姐与法国国王路易十五的教子路易士·路尔·萨路斯（Louis Amé dé e de Lur Saluces）伯爵结婚，滴金酒庄正式归属路尔·萨路斯家族。法兰西斯小姐将她全部的精力投入到改善和管理酒庄上，她的努力为滴金今日的成就奠定了坚实的基础。不同于诸多波尔多名庄那样物换星移，在接下来的200多年间滴金酒庄都属于路尔·萨路斯家族。这位"滴金女王"承先启后，展开了滴金酒庄最不平凡的一段历史。1855年波尔多分级，滴金酒庄在分级中是唯一一个被定为超一级酒庄（Premier Cru Superieur）的酒庄，这一至高荣誉使得当时的滴金酒庄凌驾于包括拉图、拉菲、欧布里昂、玛歌在内的四大一级酒庄之上。

　　路尔·萨路斯家族掌管了滴金酒庄200年，一直到1996年滴金堡大约有53%的股份属于家族成员，事实上不少股份持有者都有心将其套现。在大股东亚历山大伯爵（Marquis Eugéne de Lur-Saluces）抛售了手中48%的股份后，不少家族成员纷纷效仿。于是在1999年，LVMH集团成功收购了滴金酒庄63%的股份，成为了滴金酒庄的新主人。

　　2004年5月17日，亚历山大伯爵退休。之后，掌管着波尔多右岸白马酒庄（Château Cheval Blanc）的皮尔·路登（Pierre Lurton）入主滴金酒庄，酒庄的酿酒团队依旧是原班人马，皮尔·路登聘请了甜酒教父丹尼斯·杜波狄（Denis Dubourdieu）作为酒庄的酿酒顾问。不同于其他波尔多顶级名庄，在路尔·萨路斯家族掌权期间，滴金酒庄从不出售预购酒，在酒款装瓶前想要一睹其芳容当然也不可能。如今，这一惯例在LVMH集团手中仍然维持不变。

　　滴金酒庄在索甸产区内的葡萄园面积为126公顷，但其中有100公顷一直用于生产。葡萄树龄只要达到45年就会被砍掉，并让这块园地休耕3年，待地力恢复后再种植，新种植的葡萄树在15年后产的葡萄果实才能被用于酿造贵腐甜酒。虽然滴金酒庄酿制所用的葡萄塞米雍和白苏维翁各占50%，但却有80%的葡萄园土地用来种植塞米雍，仅有20%的土地用来种植白苏维翁。酒庄到了收获的季节，需要150名采收工人一粒一粒地将完全成熟的葡萄手工摘下，他们采摘葡萄的过程通常要持续6~8周，期间最少要4次穿梭于整个葡萄园中。在滴金酒庄，每株葡萄树只能酿出一杯葡萄酒，这还得是在天公作美的情况下。在不好的年份滴金酒庄也不会退而求其次，1910、1915、1930、1951、1952、1964、1972、1974、1992这几个年份，由于葡萄品质不符合要求，酒庄没有酿造一瓶正牌酒，因此我们不难知道为何滴金酒庄那金黄色的液体如同黄金一般昂贵。这或许就是为什么挑剔的滴金酒庄会被称之为"甜酒之王"的原因。滴金酒庄在1959年生产了一款叫作"Y"的二军酒。除了费力采摘，滴金酒庄还坚持使用新橡木桶，另外长时间地陈酿也是滴金酒庄如此娇贵的原因之一，过去滴金酒要经历长达42个月的陈酿，而随着酿酒技术的发展，近些年陈酿时间逐渐缩短为36个月。

　　在美国电影《瞒天过海：十三王牌》（Ocean's Thirteen）中，麦特·戴蒙（Matt Damon）所饰演的莱纳斯（Linus Caldwell）引诱拉斯维加斯赌场大亨艾伦·芭金（Ellen Barkin）所饰演的女秘书艾比（Abigail Sponder），当艾比带他进入钻石套房后，莱纳斯问有什么好酒，艾比暧昧地说："我有你想要的一切。滴金如何？"莱纳斯以勾引的口吻说："只要不是73年的。"因为1973年的滴金算是很糟糕的年份，到现在应该已经是一瓶醋了。

　　美国著名酒评家帕克曾于1995年10月品尝过1847年的滴金，地点在德国收藏家哈迪·罗登斯德克（Hardy Rodenstock）主持的慕尼克"Series V-Flight D"品酒会上，帕克给予这瓶百年老酒100分的满分！他说："如果允许的话，1847年的滴金应该得到超过100分的分数。"帕克也说过："滴金并不仅仅属于路尔·萨路斯家族，它还属于法国，属于欧洲和整个世界。就像沙特尔大教堂、拉威尔的《波莱罗》舞曲、莫奈的《睡莲》一样，它属于你，也属于我。"而且1921年份的滴金也是英国《品醇客》杂志选出来此生必喝的100支酒之一，同时也是美国《葡萄酒观察家》杂志所选出20世纪最好的12支酒之一，可以说是双冠王。此外，1976年份的滴金也被选为《神之雫》最后一个使徒，来作为这本漫画的终结。我们继续来看看帕克打的分数，获得100分的年份有1811、1945、1947、2001和2009这5个年份，获得99分的是1975和1990这两个年份。在《葡萄酒观察家》的打分中，获得100分的年份有1811、1834、1859、1967和2001这5个年份。获得99分的是1840、1847和2011这3个年份。目前新年份上市大概都要12,000元台币以上，较好的年份则都要20,000元台币起跳，如2009和2010这两个年份。

2004年10月8日，曾有一瓶1847年的滴金现身洛杉矶，通过扎奇士（Zachys）拍卖行拍出71,675美元，被《富比士》杂志（Forbes）评选为2004年度"世界上最昂贵的11件物品"之一，另外10件物品中还包括俄罗斯首富阿布拉莫维奇订制的罗盘号（Pelorus）游艇，价值1.5亿美元；印度钢铁大王拉克希米·米塔尔购买的伦敦肯辛顿宫花园住宅，价值1.28亿美元；苏富比拍出的毕加索油画《拿烟斗的男孩》，价值1.04亿美元。1847年的滴金目前全世界大概只有三四瓶，除了澳门葡京酒店藏有一瓶外，有记录的还有巴黎银塔餐厅（La Tour d'Argent）也拥有一瓶。

难得一见的老酒滴金1864，已有超过150年的历史。

滴金1921。

滴金1934。

DaTa

地　址 | Château d'Yquem, 33210 Sauternes, France
电　话 | (33) 05 57 98 07 07
传　真 | (33) 05 57 98 07 08
网　址 | www.yquem.fr
备　注 | 只接受专业人士及葡萄酒爱好者的书面预约，周一到周五下午2：00或3：30

滴金酒庄

Château d'Yquem 1990

基本介绍

分数：RP99 WS95
适饮期：1999~2050
台湾市场价：约20,000元台币
品种：80%榭米雍和20%白苏维翁
木桶：100%法国新橡木桶
桶陈：42个月
瓶陈：6个月
年产量：210,000瓶

🍷 品酒笔记

1990的滴金被帕克评了两次99分，都未达到完美极致的100满分。我个人喝了两次这个年份，一次是在最近的2014年底，我觉得它已经是我喝过最好的年份之一，应该可以挑战100分的实力。其颜色开始呈黄金色泽，接近咖啡和琥珀色，但是还没那么深。滴金的1990是一个丰富而精湛得惊人的年份，属甜型葡萄酒，相当浓稠，优雅高贵，成熟动人，香气集中，酸度平衡而饱满。鲜花香伴随着蜂蜜、桃子、椰子、杏桃、水梨、芒果、果干、烤面包、橡木及烟熏咖啡、红茶香味，一阵一阵随着喉咙进入，直冲脑门，非常震撼人心，尤其迷人的酸度，余音绕梁而不绝，实在令人流连忘返。1990年份的滴金是1988和1989以来最好的20世纪90年代的3个年份，精湛的技巧和天赐的年份，造就了这样有深度和广度，同时精彩绝伦的稀世珍酿，让人喝了还想再喝，不但值得喝彩，而且会在生命中留下回忆。这一定是寿命最长的滴金之一，也是世纪经典代表作。读者应该可以收藏50年以上，甚至是100年。

🍴 建议搭配

宜兰熏鸭肝、微热山丘土菠萝酥、咸水鹅肝、台湾水果。

★推荐菜单 煎猪肝

说起翠满园的台式煎猪肝，大家都知道，这是老板许大哥特别招待的，不要以为"沙米斯"是免费的就以为是随随便便的小碟泡菜，猪肝可是一片片的厚片，不会太老也不会太生，没有腥味，吃起来爽脆有弹性，Q软弹牙，口感刚好。微微的甜咸交错，绝对是台北最好吃的煎猪肝，而这还是翠满园的招牌菜呢！法国人用鹅肝来配索甸贵腐酒，今日我们抛下包袱，用咱们中国人的方式来搭菜，而且是用最地道的台式煎猪肝，看看擦出什么样的火花。这款索甸甜白酒之王，有着酸甜适中的果味，可以马上激发出猪肝的甜嫩爽脆的口感，咬起来有弹性，虽然油脂浓厚，但遇到这款酸度成熟果味十足的贵腐酒，也只有俯首称臣。两者结合，有如鹊桥上的牛郎织女七夕相会，惊天地而泣鬼神。这样的创意结合，比起传统法国人用其配鹅肝，更有趣更有意思了！

餐厅｜翠满园
地址｜台北市延吉街272号

28
Château
Pavie

帕维酒庄

在圣爱美浓，帕维酒庄可以说是"当红炸仔鸡"！事实上，帕维从1998年起到2009年为止，RP分数几乎都超过95分以上（除了2007的94分），尤其2000年的100分，更是达到无法超越的巅峰。圣爱美浓除了A级的欧颂外，没有一个酒庄能保持如此成绩，就连另一支A级酒庄白马也难望其项背。它是帕克所钦点10个最好的波尔多酒庄之一，2012年晋升为圣爱美浓4支A级酒庄之一，与欧颂酒庄、白马酒庄、金钟酒庄并称。

作为一支圣爱美浓A级酒庄，帕维的知名度大概不输金钟酒庄，很多人都知道帕维，特别是2003年份的帕维让酒界两大宗师罗宾逊与帕克几乎是正面冲突。同一支酒两个人的评价简直南辕北辙，有人把它看成英国派酒评VS美国派酒评之战，甚至是葡萄酒的大西洋战争。不过事实上，关于帕维的争议不是

A. 葡萄园。B. 酒窖。C. 帕维连续年份。D. 帕维2012纪念酒标。

2003年才出现，早在1967年，葡萄酒大师Clive Coates就认为帕维的酒非常好，但其他评论家却毫无兴趣。

以近代而论，帕维的重大转向出现在1998年。超市大亨Gérard Perse自Jean-Paul Valette买下帕维后，对酒庄进行了大规模改造，酒窖与酿酒设施几乎是重建。用少见的木槽温控发酵取代了水泥槽发酵，多用于勃艮第白酒的搅桶也出现在制程中，产量低到30百升/公顷（仅为过去的1/2），最后是24个月新桶发酵，不过滤也不澄清。结果是自1998年起，帕维在帕克分数的表现就是无比响亮，市场价格扶摇直上。

帕维是一支以美洛为主（约60%），辅以卡本内·弗朗（约20%）和卡本内苏维翁（10%）的右岸酒，波尔多世纪年份的1982年，是老天爷恩赐的绝佳年份。完全成熟的1982年显示了土壤、水果蛋糕、樱桃果酱和香料盒交织为一个完美的年代。有杉木、草本植物，是传统优雅帕维的典型代表，它赋予酒款适度而成熟的单宁，非常细腻可口。如果不知道什么是圣爱美浓古典派的好酒，趁大好机会可以一尝为快，此为最佳例子，也可让自己体会一下酒评家们的论战。

特别推荐帕维2012，升为A级黑色纪念酒标值得珍藏！

DaTa

地　址 | Château Pavie,3330 St.-Emilion, France
电　话 | (33) 05 57 55 43 43
传　真 | (33) 05 57 24 63 99
网　址 | www.vignoblesperse.com
备　注 | 参观前必须预约

帕维酒庄
Château Pavie 2009

基本介绍

分数：RP100 WS98
适饮期：2016~2050
台湾市场价：约16,000元台币
品种：美洛（约60%）为主、卡本内·弗朗（约20%）和卡本内·苏维翁的（10%）
桶陈：24个月
年产量：约100,000瓶

🍷 **品酒笔记**

帕维2009是难得的一款波尔多作品，其色泽如蓝玫瑰般艳丽，高贵出众，很想捧在手里，又怕碎掉。刚倒入杯中的香气有如玫瑰花香弥漫在空中，久久不散。这种有如名牌香水般的香气，绝对让世界上所有的俊男美女为之倾倒。随之而来的是大桧木头的木香、甘草和刚泡好的espresso咖啡，又有非常多的水果聚集而来，野生蓝莓、黑莓、黑醋栗、黑樱桃、树莓、石榴等——浮现，有如一杯综合果汁。这款卡本内单宁细致如丝，酒体丰厚中带着柔顺的脂液与和谐的酸度，结合成一款完美无瑕的琼浆玉液。这一定是波尔多的一流佳酿，难怪帕克会说："这是一款波尔多的完美作品。"能有这样的赞美，在法国名酒中也是非常难得的。

🍴 **建议搭配**

有浓厚酱汁的海鲜或肉类，如蚝油牛肉、葱烧黄鱼，还有牛羊肉串烧烤。

★ **推荐菜单 葱烤大乌参**

带有几许特殊的蚝油香，微咸但鲜美，软嫩弹牙，咀嚼立化，舌底生津，美味可口，真可谓尤物。这道菜不光滋味鲜美，且富含蛋白质和胶质，帕维这款酒入口有细致的丹宁、丰富的果香、酒体浓郁，适合搭配有浓重酱汁的鲁菜。柔顺的酒质与海参胶质合为一体，特有的果香也与海参的鲜美很协调，突出了海参中蚝油的香味。更妙的是，海参不仅完全没有腥味，反而软糯弹牙、口齿生香，余味袅绕不已。

餐厅｜冯记上海小馆
地址｜新北市永和区文化路90
　　　巷14号

29

Château de Beaucastel

柏卡斯特酒庄

　　成立于1687年佩林（Perrin）家族的柏卡斯特酒庄，可以说是南隆河教皇新堡（Châteauneuf-du-Pape，简称CNDP）的传统和非传统表征。他们的红酒用上了此区法定的13个品种，采收与培养时完全分开，最后再一起混调，这是向先人酿酒智慧致敬的一种方式（目前只剩3家酒庄如此），也赢得许多欧洲传统派酒评家的赞赏。从许多评论之间，可以看出他们对此酒庄礼敬三分，光是《品醇客》的人物专访，就不知登过几回。另一方面，美国酒评界对此酒庄也是赞誉有加，如美国《葡萄酒观察家》杂志经常给予95以上高分，帕克钦点的世界155座伟大酒庄，柏卡斯特当然名列其中，无论红白酒都能轻易得到95~100的高分。

　　从16世纪开始，柏卡斯特家族已经生活在库尔斯隆（Courthezon）地区。根据记录，1549年，柏卡斯特家族在这里买了一间仓库以及附近的土地。1909年，皮尔·泰米尔（Pierre Tramier）买下了这处地产，随后传给了他的女婿皮尔·佩兰（Pierre Perrin），之后皮尔·佩兰再传给雅克·佩兰（Jacques Perrin）。1978年杰克·佩兰过世，将酒庄传给两个儿子，酒庄在雅克的儿子尚-皮尔（Jean-Pierre）和弗朗索瓦（Francois）两兄弟手中焕发出新的光彩。如今，酒庄事务已由尚-皮尔的儿子接管。已故的雅克·佩兰一直坚持三大原则：一是酿酒过程必须是自然的；二是混合品种中的慕维德尔的含量必须是明显

A|C
B|D|E|F

A. 酒庄外葡萄园。**B.** 葡萄园。**C.** 作者与庄主弗朗索瓦在酒庄门口合影。**D.** 酒窖。**E.** 酒窖藏酒。**F.** 作者与少庄主皮尔·佩兰在台北合影。

的；三是酒的特性和固有品质不能被现代技术所影响。目前酒庄依然遵守这些酿酒规则。

柏卡斯特酒庄面积达130公顷，其中100公顷种植葡萄树，剩余的30公顷用于轮流种植葡萄树。酒庄每年将1~2公顷的老葡萄树连根挖起，然后在已经休养10年以上的空地上重新种植同样面积的新葡萄树。葡萄园内典型的土壤条件是众多的砾石，通风良好，排水性强，这使得葡萄树根可以往下扎深。此外，葡萄园内完全使用有机肥料。葡萄园内目前仍种植教皇新堡法定产地批准的13类葡萄品种，其中红葡萄品种主要有慕维德尔（Mourvedre）、格纳希（Grenache Noir）、希哈（Syrah）、仙索（Cinsault）和古诺希（Counoise）。白葡萄品种主要有瑚珊（Roussanne）和白格纳希（Grenache Blanc）。

柏卡斯特酒庄，除了代表作教皇新堡外，还有一款酒少见，以极高比例慕维德尔酿出的Hommage à Jacques Perrin，为纪念父亲雅克·佩兰而酿，

Chapter 1　法国　France　159

意思是"向雅克·佩兰致敬"，此珍藏级酒款只在好年份生产，年产量仅5,000瓶，可谓一瓶难求，大概每10年只酿3个年份，葡萄皆来自老藤。在2006年举行的教皇新堡世界盲品会上，Hommage à Jacques Perrin大放异彩，从此奠定了它作为南隆河顶尖葡萄酒的地位。并且1989第一个年份就拿下帕克100满分！第一个年份就拿满分的酒，必定是藏家所追逐的珍藏级好酒……到2013年，该酒款只生产过17个年份，共获得4个100满分，这4个年份分别为1989、1990、1998和2007，得到99分的有2001和2009两个年份，最新的2013年份则获得97~100分，可称之为教皇新堡的百分王。柏卡斯特酒庄也做白酒，它有一款以瑚珊（Roussanne）老藤为主所酿出的教皇新堡，请注意是瑚珊老藤Roussanne Vieilles Vignes（2009荣获RP100满分），此酒实力非凡，一样不多见，超级玩家根本是从源头收起，毕竟这也是值得珍藏的好酒；若是追不到或是追不上，退而求其次，还可以找它一般款的教皇新堡白酒顶替一下，用想象力"推定"瑚珊老藤白酒的深厚实力。

传统或非传统，因观点而异，但不变的是柏卡斯特酒庄的地位。2006年，佩兰家族加入了世界最顶尖的Primum Familiae Vini（PFV，顶尖葡萄酒家族），成为PFV的最新成员，与世界知名且仍由家族控制的10家酒庄平起平坐。PFV的成员有个特点：既能酿造世界一等一的酒款，又能同时生产大众化但高品质的好酒。柏卡斯特酒庄的教皇新堡，就是一款值得收藏的名作。无论什么场合，它都可以说服一起品饮的酒友，否则为什么法国任何米其林星级餐厅教皇新堡的酒款中，酒单上经常看到的就是柏卡斯特？这是认识教皇新堡的必经之路，在该区你可以有很多选择，可以有更贵的选择，但没有经过柏卡斯特的洗礼，不算喝过教皇新堡。帕克打的分数是：1989和1990两个南隆河好年份是分别97分和96分；2001、2007和2012这3个年份都获得了96分；2005、2007、2009和2010这4个隆河的好年份也都获得了WS96的高分，目前在台湾上市价约为3800元台币一瓶。这支酒在国际上有一定的价格行情，通常是120美元。

DaTa

地　　址｜Chemin de Beaucastel, 84350 Courthézon, France
电　　话｜(33) 04 90 70 41 00
传　　真｜(33) 04 90 70 41 19
网　　址｜www.beaucastel.com
备　　注｜只接受预约访客

向雅克·佩兰致敬

Château de Beaucastel Hommage à Jacques
Perrin 2010

基本介绍

分数：RP100
适饮期：2021~2060
台湾市场价：约13,000元台币
品种：60%慕维德尔，20%希哈，10%格纳希，10%古诺希
木桶：旧橡木桶
桶陈：24个月
年产量：5,000瓶

🍷 **品酒笔记**

2010年教皇新堡的"向雅克·佩兰致敬"是一款伟大的酒，世界上几乎没有与之抗衡的酒。漆黑毫不透光的湛蓝色，有如乌沉香的乌黑。酒体结构饱满，香气集中，单宁强烈，余味悠长。开瓶后首先闻到的是烟熏烤肉、香草、黑莓、蓝莓、樱桃，接着出现的是森林树木、高山雪松、甘草和松露，最后是醉人的金沙巧克力、烤咖啡豆和东方香料味。超乎想象的丰富香气和让人刻骨铭心的口感，让这款酒注定将成为杰出的作品，其世界级的水准，无可匹敌。只是需要一些耐心，等待10年以后就开始接近青春期，那时候可以一瓶一瓶慢慢享用，如果您还有几瓶收藏的话，那将会是最幸运的酒窖。不过，这款酒窖藏个30~50年绝对不成问题，非常有可能直到永恒，因为这是寿命很长的一支酒，你完全不知道它将在哪一年画下句号。

🍴 **建议搭配**

北京烤鸭、铁板烧、菲力牛排、炭烤松阪猪、小羊腿等。

★ **推荐菜单** 椒盐牛小排

这是吉品海鲜餐厅的招牌菜之一，先将美国牛小排去骨取肉，加以按摩，再以自制酱料腌制30分钟，干煎至两面微熟，上桌前撒上特制蒜酥。软嫩、香酥、肉质有弹性，酱汁浓郁而入味，这样香气四溢美味可口的极品牛排，实在令人垂涎三尺，就算要减肥也是明天的事了。这款南隆河的大酒充满着各式香料，有如一道印度料理，需要这道香味浓厚的牛肉来解腻。尤其红酒中的雄厚单宁和黑色果香可以柔化肉质中的油脂，这样的组合让我们见识到了强者的力量，大酒配大肉，喝得淋漓畅快，吃得舒服快活。

餐厅｜吉品海鲜餐厅敦南店
地址｜台北市敦化南路一段25号2楼

30

E.Guigal

积架酒庄

　　有"隆河酒王"之美誉的积架酒庄，是帕克所著《世界顶级酒庄》之一，也是《稀世珍酿》中评出的世界百大葡萄酒之一。历年来该酒庄有24款酒获得帕克100分的打分，帕克曾说："如果只剩下最后一瓶酒可喝，那我最想喝到的就是积架酒庄的慕林园（Cote Rotie La Mouline）。"他又说："无论是在任何状况的年份，地球上都没有任何一个酒庄可以像积架酒庄一样酿造出如此多款令人叹服的葡萄酒。"整个北隆河，最精华的红酒产区不外乎罗第丘（Cote Rotie）与隐居地（Hermintage），当然Cornas也可算在内，但仍尚难撼动前两者的天王地位与价格。由家族主导的积架酒庄，自1946年艾地安（Etienne Guigal）在安普斯（Ampuis）村创设以来，不但让隆河红酒站上世界舞台，更让积架酒庄成为北隆河明星中的明星，马歇尔在1961年接手管理酒庄后，他与儿子菲利

A
———
B | C

A. 美丽的酒庄坐落在隆河旁。B. 积架酒庄两代庄主马歇尔和菲利浦。
C. 陡峭的葡萄园。

浦（Philippe）共同施展神奇的酿酒魔法，让积架酒庄在质与量方面皆成为北隆河无可动摇的堡垒。

积架酒庄创始人艾地安出身贫苦，苦学19年后自行创业建立Domaine E. Guigal。艾地安的儿子马歇尔自幼跟随父亲，每日清晨五点半就上工，在他手中造就今日积架酒庄的成功，连国际巨星席琳·迪翁（Celine Dion）也是积架酒庄的酒迷。法国政府也颁予"荣誉勋位勋章"褒奖马歇尔对法国酿酒业的贡献，这也是法国平民所能获得的最高荣誉。吉佳乐世家酒庄在罗第丘的酿酒中心阿布斯村（Ampuis）创建了该酒庄。阿布斯村历史悠久，其葡萄园已有超过2,400年的历史，至今仍保留着古罗马时代的建筑物。1923年，14岁的艾蒂安·吉佳乐来到这里。他决定投身于酿酒事业，一干就是67年。在1961年，年轻的马塞尔·吉佳乐（Marcel Guigal）接替了父亲，继续管理酒庄。在马塞尔的努力下，吉佳乐世家酒庄开始收购一些知名的酒庄，实力不断提升。现在，该家族的第3代成员菲利浦·吉佳乐（Philippe Guigal）担任着该酒庄的酿酒师，与伯尔纳德（Bernadette）、马塞尔（Marcel）一起构成酒庄的核心力量。

积架酒庄的酒窖至今仍位于阿布斯村，生产罗第、孔德里约（Condrieu）、埃米塔日（Hermitage）、圣约瑟夫（St.-Joseph）以及克罗兹-埃米塔日（Crozes- Hermitage）等多个AOC酒款，而该酒庄在罗纳河谷南部生产的教皇新堡（Châteauneuf-du-Pape）、吉恭达斯（Gigondas）、塔维勒（Tavel）和隆河丘（Cotes du Rhone）的酒款也会在这里陈年。积架酒庄的总部位于阿布斯酒庄（Château d'Ampuis）。这座城堡始建于12世纪，周围围绕着大片的葡萄树，曾接待过多位法国君主，现在已经成为当地的名胜。

积架酒庄共拥有超过45公顷的葡萄园地，其中不少相当优秀。积架酒庄在罗第丘拥有的葡萄园包括：黄金丘（Cote Blonde）主要种植希哈（Syrah），棕丘（Cote Brune）主要种植维欧尼耶（Viognier）和少量希哈。积架酒庄在罗第丘的3块最优质的园地分别是慕林园（La Mouline）、杜克园（La Turque）和兰多娜（La Landonne）。其中，慕林园位于黄金丘；杜克园位于棕丘，其土壤富含叶岩和铁的氧化物；兰多娜的主要品种是希哈，坡度约为45°。酒庄在隆河还拥有安普斯酒庄（Château d'Ampuis）、道林（La Doriane）、济贫院之维纳斯（Vignes de l'Hospice）等优秀葡萄园。

积架酒庄最令人敬重之处，在于其各个价格带皆能推出品质优秀的酒款，最初阶的隆河丘红酒（Cotes du Rhone），年产300万瓶。其3款单一葡萄园顶级酒：杜克、慕林以及兰多娜，简称"LaLaLa"，在极陡的罗第丘斜坡上，42个月100%全新橡木桶陈年，数量稀少，每年只生产4,000~10,000瓶，成为全球爱酒人士不计代价想要收藏的隆河珍酿。

慕林园一直都是第一个被采收的葡萄园。葡萄生长于阶梯状的内凹山坡上，光照非常充分，而完美的光照使得这些葡萄比杜克园和兰多娜园的葡萄要早成熟几天。积架酒庄的目标是把慕林园酿制成最柔软、优雅和复杂的罗第丘葡萄酒。第一款慕林园酿制于1966年，但是到了1969年，这款单葡萄园葡萄酒才开始逐渐酿制成功。慕林园这款特酿中维欧尼耶品种的比例是最高的，根据年份的不同，一般都在8%~12%。它是世界上最香的葡萄酒之一，优质的年份酒都散发着小白花香、黑莓、黑醋栗、黑樱桃、烟熏烤肉、烤吐司和黑橄榄的味道。帕克曾说，慕林园就像是积架酒庄中的莫扎特。1999年份的慕林园也获选为《品醇客》杂志此生必喝的100支酒之一。慕林园获得帕克100分的年份有1976、1978、1983、1985、1988、1991、1999、2003、2005、2009、2010这

11个年份。获得WS99分的年份有1999、2003、2005和2010这4个年份。台湾上市价格大约为15,000元台币一瓶。

积架酒庄的第二款单葡萄园葡萄酒是兰多娜园。兰多娜园位于一个非常陡峭的阶梯状山坡上，在该产区北部地区的布龙山上。积架酒庄从1972年开始购买兰多娜的小片葡萄园，然后从1974年开始种植葡萄树。兰多娜园是一个偏东南方向的葡萄园，通常在慕林园之后采收。土壤中丰富的铁质成分使得兰多娜园葡萄酒被称为世界上最浓缩、精粹和有力的葡萄酒之一。因为混合品种中没有维欧尼耶品种，全部是希哈，兰多娜园通常会散发出黑醋栗和覆盆子、雪茄、甘油、香料、烟熏烤肉和甘草的味道。帕克说："兰多娜园就像是积架酒庄中的布拉姆斯。"1983年份的兰多娜也获选为《品醇客》杂志此生必喝的100支酒之一。兰多娜园获得帕克100分的年份有1985、1988、1990、1998、1999、2003、2005、2009、2010这9个年份。1985年份的兰多娜获得WS100满分。获得WS99高分的年份有2005、2009和2010这3个年份。台湾上市价格大约为15,000元台币一瓶。

最晚采收的葡萄园是杜克园，也是积架酒庄最年轻的葡萄园。它坐落于一个向南的外凸斜坡上，因此杜克园一整天都有阳光的照射。这个斜坡园没有兰多娜园所处的斜坡陡峭，平均产量稍微高一点。杜克园稍高的酸度也可以分辨出来，因此积架为了得到糖分含量很高的葡萄而最晚采收杜克园的葡萄，以均衡酒中的酸度。杜克园可以说是慕林园和兰多娜园的综合体。帕克说："喝起来很像是隆河产区与李奇堡（Richebourg）葡萄酒和慕西尼葡萄酒的对应款。"杜克园获得帕克100分的年份有1985、1988、1999、2003、2005、2009、2010这7个年份。获得WS99高分的有1999、2005和2010这3个年份。台湾上市价格大约为15,000元台币一瓶。

在罗第丘，积架酒庄除了名作"LaLaLa"之外，酒庄更以Château d'Ampuis（安普斯堡顶级红酒）此款酒宣扬制酒理念，它集合了罗第丘7个杰出地块，以90%以上希哈为底，混以维欧尼耶；平均50年的葡萄藤，让酒质浑圆中有层次，以2010年的安普斯为例，它满载着黑醋栗、烟熏、甘草、胡椒和肉桂等各种气息，口感华丽，醇厚丰富中亦有深度；单宁成熟而多汁，橡木桶风味绝佳，轻易可陈放20年以上；WA96分，适饮期可到2037年。在隐居地（Hermitage）产区，积架的代表作则是Ermitage "Ex-Voto"（维多顶级红酒），走的是100%希哈风格，葡萄藤平均40~90年，新橡木桶中熟成42个月。由于此酒系特别品项，并非每年都生产，像2002、2004、2008皆舍而未出，但是在隆河大好年份的2007年，此酒分数与价格一飞冲天（RP98，WS95，国际均价超过350美元。）。维多顶级红酒呈深红宝石色，闻来有咖啡香，皮革与香草味交织，还有一些异国香料味；入口后，口感丰富而集中，极富肌肉与骨架；单宁坚实，陈年潜力极佳，是可与LaLaLa媲美的收藏级酒款，好年份、分数高，看到就赶快收吧！台湾价格约10,000元台币一瓶。

积架酒庄不只是红酒，它的白酒也是行家收藏珍品。顶尖中的顶尖酒款，就属Ermitage "Ex-Voto Blanc"（维多顶级白酒）。在伟大的2010年份，此酒WA100，RP98~100。积架酒庄的旗舰白酒主要分成两个系统：一是以维欧尼耶为主，像"La Doriane"就是尽情发挥Condrieu产区的实力。二是维多顶级白酒Ex-Voto，它来自隐居地，公认的北隆河身价最高的产区，并非每年都生产，2004和2008年都没有作品，这在隆河白酒中并不多见。Ermitage "Ex-Voto"此酒以玛珊为主，调配10%~20%的瑚珊，酒体丰富而饱满，力道足而有架构，充分展现隐居地产区的伟大气势。由于此酒极为强劲，积架酒庄以新桶对其培养30个月，再催以100%乳酸发酵，其结果并不是只见肌理的奶油酒，相反地，它来自平均40~90年的老藤，让此酒层次十足，以劲道展现魅力。

红酒拿百分很常见，在积架酒庄更不是新闻，但满分的干白酒就很稀奇，尤其适饮期长达半个世纪的更是极为罕见。也难怪这是可媲美1978年份的2010，红白皆美。你也许看到人家动不动就积架LaLaLa，但Ex-Voto白酒却少之又少。照葡萄酒大师罗宾逊的讲法，积架白酒登上顶峰也才不过十几年，对维多顶级白酒来说，离大展神威还早得很呢！这酒绝对是认真的隆河酒迷收藏必备，更何况还不约而同得到WA及RP的双100分！台湾价格约9,000元台币一瓶。

地　址 | Château d'Ampuis ,69420 Ampuis, France

电　话 | (33) 04 74 56 10 22

传　真 | (33) 04 74 56 18 76

网　站 | ww.guigal.com

备　注 | 庄园对外开放时间：周一至周五上午8：00~12：00和下午2：00~6：00，想要参观庄园和参加品酒会必须提前预约

积架酒庄兰多娜园
E.Guigal La Landonne 1998

基本介绍
分数：RP100　WS95
适饮期：2010~2040
台湾市场价：约25,000元台币
品种：100%希哈（Syrah）
木桶：新橡木桶
桶陈：42个月
年产量：10,000瓶

🍷 品酒笔记

这是非常传奇的一支酒，酒的颜色漆黑而不透光，浓厚华丽，单宁如丝，力道深不可测，味道强烈而性感。浓浓的烟草味、新鲜皮革、黑橄榄、黑醋栗、黑加仑、黑莓、矿物味，喝起来感觉波涛汹涌，所有的香气接踵而来，还有松露、黑巧克力、白巧克力、各式香料和松木的味道。兰多娜是一支完美的葡萄酒，只要喝过就终生难忘，可惜的是酒的数量越来越少，市面上几乎不见踪迹。这样一款完美平衡、复杂多变、永无止境、无可挑剔的美酒，给出两个100分都不嫌多。

🍴 建议搭配
回锅肉、红烧牛肉、烤羊肉、酱鸭。

★推荐菜单　糖醋排骨

糖醋排骨属于酱烧菜，用的是炸完再酱烧的烹饪方法，属于糖醋味型。菜品油亮美味，鲜香滋润，甜酸醇厚，是一款极好的下酒菜和开胃菜。虽然这道菜本身有浓厚的甜酸口感，一般酒并不适合与之搭配。但是今天所选的满分酒是隆河中最强劲的酒款，具有浓浓的香料和烟熏肉味，而且还有独特的蜜汁果干味，所以毫不畏惧这道中国名菜。这支酒不断出现烟熏培根、烟熏香料、多汁的蜜饯味和浓浓的烟草味，配上这道有点酸有点甜的排骨嫩肉，确实相得益彰，如鱼得水，再也找不到任何的红酒可以搭配这道菜了。

餐厅｜香港星记海鲜饭店
地址｜香港湾仔卢押道
　　　21-25号

31

Domaine Paul
Jaboulet Aine

保罗佳布列酒庄

　　保罗佳布列酒庄发源于贺米塔吉（Hermitage）山，1834年安东尼（Antoni）先生开始致力于在这个地区种植葡萄，从此将自己的生命献给这片土地。凭着对酿酒的热情及坚持不懈的努力，酒庄所产的酒越来越卓越，并且一直延续至他的儿子保罗（Paul）和亨利（Henri）。而保罗更是在酒庄名中加入了自己的名字"Paul"，至此保罗佳布列酒庄这个名字便一直沿用至今。贺米塔吉产区的小教堂（Hermitage La Chapelle）葡萄酒包含着两段历史。第一段较为久远，可以追溯到13世纪。当时，史特林堡（Stérimberg）骑士随十字军东征归来，厌倦了战争生活，于是在坦-贺米塔吉（Tain-l'Hermitage）镇的小山丘上隐居，并让人在此修建了一座小教堂，取名为圣-克利斯多佛（Stint-Christophe）。产区的名称"贺米塔吉（Hermitage，或写作Ermitage，在法语中，Ermitage意指僻静、隐居之处）"就来源于这段历史。第二段历史则较近，与小教堂（La Chapelle）葡萄酒有关。1919年，保罗佳布列酒庄把这座名为圣-克利斯多佛的小教堂买了下来。当时，成立于1834年的保罗佳布列酒庄在贺米塔吉产区已经拥有众多葡萄园。从此，小教堂便成为该酒庄最负盛名的葡萄酒的标志。

　　酒标上的小教堂并非是山顶上小教堂附近葡萄园的名字。事实上，小教堂葡萄酒是用贺米塔吉山丘上四大出色地块的希哈葡萄混酿而成的。这些希哈葡萄的树龄约在50年。用于酿造小教堂葡萄酒的地块有Les Bessards、Les Greffieux、Le Méal和Les Rocoules。这些地块的土质各有特色，每公顷的葡

A B C D

A. 著名的小教堂夜景。**B.** 小教堂葡萄园。**C.** 酒窖中传奇的1961年小教堂。
D. 小教堂美丽的女庄主卡洛琳。

萄酿成的葡萄汁为1000~1800升，小教堂红葡萄酒的总产量不过数万瓶。2008年，由于这个年份的葡萄品质欠佳，酒庄决定不生产小教堂，而是将收获的葡萄全部用于生产小小教堂（La Petite Chapelle）。

保罗佳布列酒庄位于贺米塔吉的葡萄园坐落于海拔130~250米的梯田上，较低处的土壤为沙土、碎石和砾石块，较高处为棕色土和岩石土。园地面积仅26公顷，其中，5公顷种植白葡萄品种，红葡萄种植园地仅21公顷，散布在贺米塔吉丘陵顶部的小教堂附近。每公顷种植6,000株葡萄树，平均树龄50年，每公顷产酒3,000升。佳布列酒庄将一座20米高的小山挖出一个10米高的空洞，作为天然的酒窖，这里不仅有储酒的自然温度，而且洞中的钟乳石交错盘叠，非常壮观。

小教堂的舵手吉拉德（Gérard Jaboulet）在1997年逝世后，北隆河仍是好酒不断，像是响彻云霄的积架酒庄，还有夏芙（Chave）酒庄等，继续将希哈推向巅峰。不过，在贺米塔吉的佳布列酒庄历经一番整顿，终于在2006年由佛瑞（Frey）家族接手。深谙酿酒工艺的卡洛琳（Caroline Frey）在拉拉贡酒庄（Château La Lagune）已经展现了她精湛的手艺，让拉拉贡的实力大幅提高。她主导佳布列酒庄之后，小教堂的单位产量也重趋稳定，橡木桶的使用亦同。佛瑞家族收购佳布列酒庄后，改善了酿酒设施，一项重要的葡萄园重植计划被提上日程。卡洛琳接过了酒庄的领导权，在她的领导下，酿酒方式有所改变。至于酿酒师，她认准了波尔多的酿酒师丹尼斯·杜博迪（Denis Dubourdieu），因为她曾是丹尼斯的学生。丹尼斯把他的经验带到这里，采用更加严格的酿酒方式。波尔多式的灵感将赋予佳布列酒庄的葡萄酒一个新面貌。

保罗佳布列酒庄曾推出红白两款小教堂葡萄酒，一直持续到1962年。2006年由佛瑞家族接手后，酒庄才开始重新销售小教堂的白葡萄酒。另外，酿酒所用的老藤玛珊来自Maison Blanche的一个单一地块，产量也不高，每公顷收获葡萄汁1500~2500升。小教堂白酒（La Chapelle Blanc）每年仅出产2,500瓶，据说到亚洲市场的配额仅400瓶。在美国一上市就创出345美元一瓶的天价。

小教堂的红酒，颜色深邃，成熟缓慢，传统皮革香气主导，并没那种迷人的甜味或果香。新入手的酒往往还带有铁锈味，至少需要15年以上才会出现层次感。虽然近代的酿酒技术与以往有所不同，较为强调果味，尤其红黑浆果的表现，单宁也较以往柔顺，但就小教堂而言，这种改变仍不足以让它成为即饮酒款，耐心才足以让此酒尽展神奇之处。小教堂作为曾有辉煌纪录的世界名酒，1990年份即已拿下帕克100分，即使现在，它是收藏级品项。一般而言，小教堂的酒是以酒劲丰满著名，是一种阳刚味极重的酒。品酒名家休强生（Hugh Johnson）便称之为"男人之酒"。小教堂在年轻时充满了橡木味，掩盖了其他气息，因此饮用者大多不喜此时颜色深红呈紫、也不晶莹可爱的小教堂。至少要过了10年之后，酒性变得柔和一些，颜色转淡，它才开始散发出一种柔中带刚的个性。

波尔多酒业开展之初，隆河经常扮演梅多克酒庄后勤部队的角色。许多波尔多混有隆河酒众所周知，尤其北隆的希哈更是其中要角。如果要细数这张成绩单，带头的是1961年份的小教堂。此酒由保罗佳布列生产，早在陈新民教授第一版《稀世珍酿》中即已列入。葡萄酒作家杰西斯·罗宾逊（J. Robinson）亦曾写过1961小教堂，其续航力甚至超越了知名的1961波尔多，用以相比的竟是传奇的1961年的拉图。除了1961年份之外，小教堂这半世纪的几个美好年份，像是1945、1978、1982、1990，皆可称为世界级名酒。1961年份已经被列入全球12大好酒之一，这使得它的价格被推高到峰顶：一箱6瓶装的小教堂已经被卖到10万美元之高。根据酒评家帕克所述，这是20世纪最伟大的葡萄酒之一，并且给予它20多次的100满分。WS选出1900~1999这一百年来，12瓶20世纪梦幻之酒，其中包括Château Pétrus 1961、Château Margaux 1900、Château Mouton-Rothschild 1945、Château Cheval-Blanc 1947、Romanée-Conti 1937……，当然还有小教堂（Paul Jaboulet Aîné Hermitage La Chapelle 1961）。英国《品醇客》杂志也将1983年的小教堂选为此生必喝的100支酒之一。另外，帕克打了3个年份的100分：分别是1961、1978和1990。而隆河4个极佳年份2009、2010、2011和2012年份也都表现不错，分数都在95~98。上市价大约是8,000元台币。WS则对1961年份的小教堂也打出了100满分，使之成为双100分的酒款。1949和1978各获得99的高分。

DaTa

地　　址｜"Les Jalets," Route Nationale 7,26600 La Roche sur Glun, France
电　　话｜（33）04 75 84 68 93
传　　真｜（33）04 75 84 56 14
网　　站｜www.jaboulet.com
备　　注｜参观前请先与专人联系

Recommendation
Wine

小教堂
Paul Jaboulet Aîné Hermitage La Chapelle 2003

基本介绍
分数：RP95+　WS96
适饮期：2011~2040
台湾市场价：约7,000元台币
品种：100%希哈
木桶：1年新橡木桶
桶陈：24~36个月
年产量：45,000瓶

🍷 **品酒笔记**

2003年份的La Chapelle，这是一个辉煌灿烂的好年份，颜色是深红宝石带紫色，鲜明而浓郁。开瓶时伴着鲜花绽放的香气，接踵而来是黑醋栗、黑莓、野莓和桑葚等果香，中段出现了松露、薄荷、冷冽的矿物、甘草、甘油和烟熏木桶味，最后是焦糖摩卡、新鲜皮革和一点点的迷迭香，神祕、持久有劲道，喝过就会留住记忆，这是多数小教堂的魔力。整款酒香气密集，结构扎实，层次复杂，丰富香醇，清晰纯正，绝对能喝出小教堂的特殊迷人丰采，多喝几次便不会忘记。2003年的小教堂算是产量较少的年份，只生产了50,000瓶，这个年份几乎可以和传奇的1990年份相媲美，建议喜欢喝的人赶快收藏，应该能窖藏50年或更久。

🍴 **建议搭配**

排骨酥、手抓羊肉、生牛肉、伊比利火腿。

★ 推荐菜单　东江千叶豆腐

东江千叶豆腐是江南汇的一道手工招牌菜，和扬州菜一样，讲究刀工。先将蟹脚肉、鲜笋、虾仁、婆参、干贝、冬菇等多样材料切丁热炒，再以刀工细腻的嫩豆腐切片围成圆形、淋上高汤蒸热，就成了一道楚楚动人的名菜。这道菜集合了各种高级食材，有如小型台式佛跳墙，软嫩、香脆、滑细，酱汁浓郁而大气。这道菜必须配一支雄壮威武的大酒，这支古老传奇的北隆河小教堂就是以浓郁厚实、霸气十足著称，刚好可以较量一番。小教堂千变万化的果香、薄荷和迷迭香等多种香料味，可以提升浓稠多汁的高贵食材，烟熏木头和咖啡香也使得平淡无奇的嫩豆腐更加可口美味。这样一款高级浓厚的酒，无论何时何地都可以雄霸一方，君临天下。

餐厅｜江南汇
地址｜台北市安和路一段145号

32

M. Chapoutier

夏伯帝酒庄

　　1789年第一代的夏伯帝祖先自本产区南边的Ardèche地区北上，来到坦-艾米达吉（Tain-l'Hermitage），担任酒窖工人，长年累月，愈来愈熟悉酿酒的工作，最终在1808年买下老东家的酒厂。1879年，波利多·夏伯帝（Polydor Chapoutier）开始购入葡萄园，使得夏伯帝从单纯酿酒的酒商，转变成为具有自家葡萄园的酒庄，后来成为法国最著名的酒庄之一。自从1989年麦克斯·夏伯帝（Max Chapoutier）退休，庄园就由他的儿子米歇尔·夏伯帝（Michel Chapoutier）掌管。米歇尔酿制的葡萄酒可以和北隆河产区最出色的积架酒庄所酿制的葡萄酒相抗衡。如果说积架酒庄是北隆河红酒之王，那么夏伯帝酒庄就是北隆河白酒之王。

　　夏伯帝酒庄只用单一品种酿制葡萄酒，夏伯帝酒庄的罗第丘葡萄酒用的全是希哈，隐居地白葡萄酒全部用的玛珊，而教皇新堡葡萄酒全部用的格纳希。他是一个认为混合品种只会掩盖风土条件和葡萄特性的单一品种拥护者。

　　1995年，米歇尔·夏伯帝将酒庄引导上自然动力种植法之路。因而，或可推断是自然动力种植法的一臂之力，将夏伯帝的酒质逐年推升。1996年，酒庄又推出另一项创举，即为方便盲人饮者，酒庄自此年份起于酒标上印制盲人点字凸印，不仅方便盲友，也使其酒标因独树一帜而达到话题营销的附加效益。

　　夏伯帝酒庄目前拥有26公顷的隐居地葡萄园，另有跟亲戚租用耕作的5.5公顷，共计31.5公顷，在整个隐居地面积不超过130公顷；其中的19.5公顷种植的

<table>
<tr><td>A</td><td>B
C
D</td></tr>
</table>

A. 葡萄农在斜坡上采收葡萄。**B.** 葡萄园。**C.** 小亭园葡萄园入口。
D. 老葡萄树。

是酿造红酒的希哈品种，另外的12公顷种的则是玛珊白葡萄的老藤葡萄树，酒庄并未种有瑚珊白葡萄品种。

由于夏伯帝酒款众多，我们选择酒庄最好的3款红酒和3款白酒来介绍：夏伯帝酒庄单一葡萄园装瓶的隐居地风潮始自20世纪80年代末期，最重要的酒庄就是夏伯帝酒庄。3款高阶的酒款分别是：岩粉园（Le Méal）、小亭园（Le Pavillon）、隐士园（L'Ermite），或许是受积架酒厂的3款"LaLaLa"罗第丘红酒之启发而发展出来的隐居地版本，或可称之为"LeLeLe"。

岩粉园（Ermitage Le Méal）

此单一园酒款的首个年份为1996年，平均年产量仅为5,000瓶。岩粉园是三者中酒质最早熟者，此酒以浓厚丰腴见长，成熟后果酱味极为明显。2009~2012这4

个连续年份的分数都获得了帕克的98~99高分。台湾价格大约是8,000元台币一瓶。

小亭园（Ermitage Le Pavillon）

这是夏伯帝最早的单一葡萄园，首酿年份为1989年，年产只有7,000瓶。具有较明显的黑色浆果或黑李气息，成熟酒款常带有皮革、土壤以及矿物质风韵。这是夏伯帝酒庄最佳最著名的红酒，曾8次拿下帕克的100满分：1989、1990、1991、2003、2009、2010、2011和2012。台湾价格大约是10,000元台币一瓶。

隐士园（Ermitage L'Ermite）

首酿年份为1996年，每年产量约为5,000瓶，树龄为80年老藤，隐士园是三者中最晚成熟者，单宁精细香甜，通常带有松露、特殊香料以及木料气息。2003、2010和2012年份都被帕克评为100分。台湾价格大约是10,000元台币一瓶。

夏伯帝在隐居地做的白酒非常出色，在北隆河产区里无人出其右。全部用100%的玛珊酿制，和一般皆以瑚珊品种为主酿制的酒款不同。该区有出色的三大顶级园：林边园（De l'Orée）、岩粉园（Le Méal）和隐士园（Ermitage L'Ermite）。

林边园（M. Chapoutier Ermitage De l'Orée）

酒庄第一个酿的单一园白酒，首酿年份为1991年，年产量约7,000瓶；树龄平均65年，有时候像勃艮第的蒙哈谢，有成熟的果实和矿物质味，口感丰富劲道。2000、2009、2010和2013，这4个年份获得帕克100满分。1994、1996、1998、1999、2003、2004、2006、2011和2012年份也获得将近满分的99分。台湾价格大约是7,000元台币一瓶。

岩粉园（Ermitage Le Méal）白酒

首酿年份为1997年，年产量约5,500瓶，带有蜂蜜、杏桃、橘皮风韵，具有多种香料味的酒款。2004和2013年份获得100满分。台湾价格大约是6,000元台币一瓶。

隐士园（Ermitage L'Ermite）白酒

首酿年份为1999年，年产量约2,000瓶；树龄平均为80年，带有蜂蜜、热带水果、烟烤、干草和矿物质风味，是非常奇特迷人的一款白酒，尤其经过10~20年的陈年，更能显示出它的魅力，算是夏伯帝顶级的白酒，也是最难收到的世界珍酿。1999、2000、2003、2004、2006、2009、2010、2011、2012、2013总共破天荒的10个100分年份。台湾价格大约是12,000元台币一瓶，是最贵的一款北隆河白酒。

地　址 | 18, avenue Docteur Paul Durand, 26600 Tain l'Hermitage, France
电　话 | 办公室（33）04 75 08 28 65
传　真 | 办公室（33）04 75 08 81 70
网　址 | www.chapoutier.com
备　注 | 参观和品酒前必须预约或者联系酒庄

夏伯帝酒庄林边园白酒
Ermitage De l'Orée 1994

基本介绍

分数：RP99 WS90
适饮期：2004~2046
台湾市场价：约12,000元台币
品种：100%玛珊
木桶：橡木桶
桶陈：12个月
年产量：5,000瓶

🍷 **品酒笔记**

1994年份的夏伯帝酒庄林边园白酒绝对是一款伟大而传奇的白酒，可以列入世界最好的白酒之一。新鲜迷人的花草香味，丰富成熟的水果：蜜桃干、柑橘、芒果干，众多香料：胡椒、茴香、迷迭香，最后是冬瓜蜜和蜂蜜香。整款酒性感华丽，花枝招展，妖娆挑逗，有如好莱坞巨星玛丽莲·梦露再世，简直令人无法抗拒。

🍴 **建议搭配**

清蒸石斑、干煎圆鳕、水煮虾、鲨鱼烟熏。

★ **推荐菜单** 葱姜蒸龙虾

使用日本进口的小龙虾，以自制高汤清蒸四五分钟，达到龙虾肉弹味鲜的程度。这道菜完全是原味，没有加任何的佐料去蒸，尝起来鲜美，龙虾肉质软嫩、细致而且弹牙。这支隆河最好的白酒有着香浓的果香和蜂蜜味，酒一入口就可以马上提升龙虾的鲜味，而且冷冽甘美清甜，两者的香气都很令人着迷，芬芳美味，细细品尝，将是人生一大享受！

餐厅｜吉品海鲜餐厅（敦南店）
地址｜台北市敦化南路一段25号
2楼

33

Bollinger

伯兰爵香槟酒庄

　　伯兰爵可以说是完美香槟的代名词，一个可追溯到15世纪的传统高贵的香槟品牌，在历经5个世纪的洗礼后，依然以香槟界三颗星的最高荣耀，屹立不摇。1884年，当英国女王维多利亚选择饮用伯兰爵法兰西香槟（Bollinger Francaises）时，她赐予伯兰爵家族王室的家族徽章，此后任何一个英国君主都从未更改过此决定。

　　早在15世纪时，亨内·德·维勒蒙（Hennequin de Villermont）家族开垦了第一个葡萄园，并在往后的500多年间持续提供伯兰爵所需的高品质葡萄。伯兰爵香槟正式创立于1829年，由德国人雅克·伯兰爵（Jacques Bollinger）及法国人保罗·雷诺丹（Paul Renaudin）共同成立。之后雅克·伯兰爵与维勒蒙家族结为姻亲，持续扩大其商业版图，并于1865年成为早期少数在英国市场贩售的香槟之一，还让当时的威尔士王子（就是后来的英王爱德华七世）也成为伯兰爵香槟的忠实拥护者。伯兰爵香槟于1870年进入美国市场，在第二次世界大战中，伯兰爵由一位传奇人物莉莉（Lily Bollinger）夫人所接掌。由于当时物资缺乏，莉莉夫人骑着脚踏车，巡遍所有的葡萄园，在酒窖中躲避空袭。由于战火摧毁了近1/3的香槟区，于是莉莉夫人帮助重建葡萄园，并将伯兰爵香槟扩大至现在的规模，也在这40多年中，将伯兰爵香槟的销售量提高到一年100多万瓶。现任掌门人是吉斯兰·德·蒙特戈费埃（Ghislain de Montgolfier），并将伯兰爵香槟推向全球市场。

　　伯兰爵香槟的葡萄园有60%为特级园。伯兰爵香槟只使用第一道榨出的葡萄

A. 葡萄园。B. 酒庄外观。C. 采收葡萄。D. 人工转瓶。

A
B | C | D

汁来酿造，这些高品质的葡萄汁在木桶中酿造高品质的年份伯兰爵香槟。伯兰爵是极少数把所有年份香槟和部分无年份香槟在小橡木桶中发酵的香槟酒庄之一。他们也是唯一一家雇用全职桶匠的香槟酒庄。使用这些小桶，就能把每块葡萄园、每个年份和每个品种严格地分开酿造。伯兰爵香槟相信好的香槟需要较长的窖藏时间，来发展其特性及复杂度。所以，无年份的伯兰爵香槟，最少要窖藏3年以上，比法定的1年还要久，伯兰爵香槟年份香槟则窖藏5年，特级年份香槟则要窖藏8年之久。

难得一见的1952 R.D.香槟。

伯兰爵"顶级年份"（Grande Annee）香槟只有在好年份时才会出产。它只在最优年份酿制，但带渣陈年的时间比丰年香槟要长，为8~10年。

顶级年份香槟完全是由特级及一级葡萄园的葡萄酿制而成，通常要用16款不同年份的年份酒进行混合勾兑。你所能看到的75%的香槟酒都产自特级葡萄园，其他的则来自于一级葡萄园。然而，这款酒每年的混合比例不一样，大约是

60%~70%的黑皮诺加上30%~40%的夏多内混合酿制的。它通常会在容积为205升、225升和410升的小型橡木桶中进行发酵，一个地块接一个地块，一座葡萄园紧接一座葡萄园，依次进行发酵，这就使得葡萄的挑选过程极为严苛。酒庄只使用5年以上旧橡木桶，目的是确保单宁和橡木的风味都不会对香槟酒产生影响。这一款香槟是伯兰爵卖得最好的香槟酒款，通常粉红香槟比干白香槟做得好。2004年份的Grande Annee Rose获得WA96高分，同款1996年份获得WS95高分，1990和1995的Grande Annee都获得WS95高分。顶级年份干白香槟一瓶上市价大约5,500元台币。顶级年份粉红香槟一瓶上市价大约7,500元台币。伯兰爵第二等级的香槟是R.D.（Recently Disgorged）也就是刚刚才开瓶除渣的意思，此香槟只有在极佳年份时才会生产。大约是七成的黑皮诺加上三成的夏多内混合酿制而成。在小型的橡木桶中发酵，在酿成之后的10~12年后去除沉淀渣，运输出口之前休息3个月。它是一款极为醇厚、酒体丰腴的香槟酒。1990年份的R.D.获得WA98高分，1996年份则获得WA96分。同样酒款1990年份则获得WS97高分。台湾上市价一瓶大约11,000元台币。

伯兰爵最得意之作是"法兰西斯老藤"（Vieilles Vignes Francaises，简称VVF），采用来自3个葡萄园种植的纯正法国老葡萄树酿制。这3个葡萄园的葡萄树都是在1960年法国葡萄根瘤蚜虫侵袭的时候幸存下来的，是葡萄园中的精品。为了照顾这些葡萄老株，葡萄园全部采用人工作业，连整理工具都使用老式的。而这些老株往往可结出香气集中、糖分高而早熟的果实，但产量并不高，每株葡萄树大概只有3~4串葡萄。用这些葡萄酿造的法国老株香槟酒年产量不会超过3,000瓶（每瓶都有编号），采用橡木桶发酵，装瓶后还要熟成3年以上才上市，口味较重，酒体饱满。1996年份的"法兰西斯老藤"也被英国《品醇客》杂志选为此生必喝的100支酒之一。1996和2002两个年份都获得WA98高分。台湾每年配量仅24瓶，很难见到其踪影，每瓶上市价约30,000元台币。

2007年，该酒厂交由之前在雀巢和可口可乐工作的菲利蓬（Jérôme Philippon）管理，他非常注重生产过程中的现代化操作，还在欧格（Oger）建立了包装中心。他非常重视团队的年轻化，2013年，他将酒窖和葡萄园交由年仅48岁的吉里斯（Gilles Descotes）管理，此人之前曾在Vranken香槟集团工作。

DaTa

地　址 | Bollinger 16, rue Jules-Lobet, BP 4,51160 Aÿ
电　话 | 0033 3 26 53 33 66
传　真 | 0033 3 26 54 85 59
网　址 | www.champagne-bollinger.fr
备　注 | 无参观服务

伯兰爵顶级年份粉红香槟
Bollinger La Grande Annee Rose 1990

基本介绍

分数：JH99
适饮期：2000~2035
台湾市场价：约12,000元台币
品种：65%黑皮诺和35%夏多内
木桶：旧橡木桶
瓶陈：8~10年
年产量：10,000瓶

品 酒 笔 记

这款1990年粉红香槟是20世纪最好的香槟年份之一，香气持久，气泡细腻，果味成熟，口感平衡；诱人的花香，萦绕的余韵，令人无法抗拒；果味十分香浓，散发出细致的玫瑰花香，自然奔放，丁香、红莓、草莓、烤坚果、吐司和野姜花、香料味丰富，表现的极致完美，是一款无懈可击的绝佳粉红香槟。

建 议 搭 配

三杯中卷、川烫鲜蚵、红甘生鱼片、台南蚵仔煎。

★ 推 荐 菜 单　韭菜皮蛋松

这是一道极好的下酒菜，厨师很用心的创意，在开始的前菜就已经达到让人惊奇的效果。烹调方式很简单，就是将皮蛋切块，韭菜切小段，再加上肉末去拌炒。很多客人回家就是做不出喆园的味道。喆园的梁总偷偷告诉我，他们的师傅是加入了鲍鱼汁去炒，所以味道特别好。这款带着红色果香和核果香的伯兰爵高级粉红香槟搭着这道特殊的韭菜皮蛋松，真是令人拍案叫绝。这样的美味只有中国人才能享受到，比起鹅肝和鱼子酱，有过之而无不及。所以香槟真是百搭，只要您敢尝试，多一点创意又如何？

餐厅｜喆园餐厅
地址｜台北市建国北路一段80号

34

Cattier Armande
de Brignac

卡蒂尔黑桃A香槟酒庄

　　2009年，全球唯一一本香槟专业杂志《佳香槟》（Fine Champange）举办了一场香槟盲品大赛，世界知名酒评人和品酒师在不知道品牌和价格的情况下，严格按照要求对1000多种香槟进行盲评。评鉴结果发表在《佳香槟》杂志上，该杂志是唯一一家国际性香槟刊物，也是业界最知名的权威杂志。每种香槟按100分制评分，过程十分严格，如果这些酒评人的给分有超过4分的差距，就要对香槟进行重新品尝和重新打分。评审对结果仔细斟酌后，才选出得分最高的10种香槟，其中包括很多经典品牌。黑桃A香槟的一款柏格纳阿曼黄金香槟（Armande de Brignac Brut Gold）神奇地力压众多对手，以96分的平均分数打败群雄，将酩悦、路易王妃等大牌甩在身后，获得最高口感评分，名列全球最佳香槟榜首。这场大赛使黑桃A黄金香槟跻身世界最好的香槟之林。

　　黑桃A香槟酒庄由卡蒂尔（Cattier）家族创立。早在1763年，在法国一个小村庄内，坐落于Reims和Epemey之间的小村庄Chigny-les-Roses，在香槟产区中心Montagne de Reims拥有30公顷上好葡萄园，包括最珍贵的Clos du Moulin。卡蒂尔于2006年打造推出柏格纳阿曼黑桃A香槟，该香槟瞬间成为最受瞩目的时尚高档香槟。如今，酒庄仍为这个家族所拥有，目前的庄主是家族的第十代尚-雅克·卡蒂尔（Jean-Jacques Cattier）和第十一代亚历山大·卡蒂尔（Alexandre Cattier）。"黑桃A"是法兰西君主立宪制的象征，其同名酒由法国古老的酿酒世家卡蒂尔家族酿制，早在法王路易十五在位的时候，他们就出产全法国最好的葡萄酒

A
B C D E

A. 酒庄全景。B. 作者与老庄主在酒庄拥抱相见欢。C. 作者在金光闪闪的黄金香槟酒窖。
D. 酒庄的不同尺寸黑桃A香槟。E. 作者与Cattier庄主父子拿着3款闪亮香槟合影。

供给皇族。而柏格纳一本由法国当地小说改编而成的舞台剧《黑桃皇后》中的角色，深得卡蒂尔老夫人的喜爱，并以此命名香槟，以表达酒庄主人对母亲的怀念。

黑桃A香槟酒庄酿酒所用的葡萄主要有3种：夏多内、黑皮诺和莫尼耶皮诺。夏多内葡萄的品质赋予了黑桃A香槟活泼的特质；黑皮诺则增添了香槟力量和骨架，并使得黑桃A香槟的口感更具层次；莫尼耶皮诺则为黑桃A香槟提供了圆润口感，微妙香气和丰富的果味。这些葡萄均采摘自香槟区一级和特级葡萄园。

在酿制方面，黑桃A香槟从采摘到装瓶，仅由8人的团队倾力完成，是世界上唯一一种纯人工酿制的香槟。人工采摘下来的葡萄，在用传统方法进行压榨后，就会被用来酿制品质卓越、个性鲜明的混酿葡萄酒。每一瓶黑桃A香槟都是混合了香槟区最好的年份，即用卡蒂尔家族最佳的3种葡萄酿造而成的特酿。之后，黑桃A香槟的酒液会在全香槟区最深的地下酒窖进行缓慢地陈年，并用卡蒂尔家传秘方进行补液，使黑桃A香槟蕴含了其私家葡萄园精选年份的美酒精华。

黑桃A香槟目前生产3种不同特酿，每种都遵照相同的精确标准，并完全以手工方式酿造而成。这3种特酿分别是：黄金香槟（Champagne Armand de Brignac Brut），由40%夏多内、40%黑皮诺、20%莫尼耶皮诺酿制，台湾市价约10,000元台币。粉金粉红香槟（Champagne Armand de Brignac Brut Rose）由50%黑皮诺、40%莫尼耶皮诺、10%夏多内酿制，台湾市价约15,000元台币。白金白中白香槟（Champagne Armand de Brignac Blanc de Blancs）由100%夏多内酿制，台湾市价约15,000元台币。黄金香槟闻起来带有淡雅的花香，入口有着浓郁而自然的果香，酒质如奶油般顺滑，呈现出令人惊艳的复杂层次，又有着丝滑且带些柠檬气息的后味；粉金香槟则带有浓郁、纯净的红色水果香味，还散发着桃子和香草的香气，入口有玫瑰花和香蕉的气息；白金香槟带有梨子、苹果和热带水果的风味，果香明快，口感纯净，是众多酒评家眼中的五星级香槟。

最后还值得一提的是黑桃A香槟的酒瓶。它独特的金瓶设计，据说是出自法国时尚界一个酷爱黑桃A的名家的灵感。这种设计显得十分华丽贵气，为黑桃A香槟奢华的气质加分不少。从顶级和一级葡萄园中挑选、采收、酿造葡萄，到灌装和窖藏转瓶，再到精美的酒瓶设计与华丽的锡制标签，每个步骤都完全遵循传统工艺方法，以手工打造。在卡蒂尔庄主尚-雅克·卡蒂尔父子和酿酒师艾蜜莉安（Emilien Boutillant）的领军下，仅选出8名最资深优秀的成员，负责打造此系列极品香槟。

黑桃A黄金香槟不仅外表光鲜，更有着表里如一的好品质。一直以来，它受到世界各地的酒评家、记者和葡萄酒爱好者的广泛赞誉。这款从酿制到外包装全都是手工打造的香槟，粉丝包括汤姆·克鲁斯、贝克汉、乔治·克隆尼、碧昂丝等巨星。摩纳哥赌场中，唯有"黑桃A，黄金瓶的王牌"（Armande de Brigmac）。一

高尔夫球限量版的绿金香槟。

瓶迈达斯（Midas）30升黑桃A香槟，目前被伦敦顶级俱乐部One For One会员以12万欧元购得。这款香槟酒瓶重达45公斤，相当于40个普通瓶子的重量。这种罕见的酒瓶源自希腊神话中的迈达斯国王（King Midas），传说他能将自己触摸的任何东西变成黄金。

小庄主亚历山大告诉我："卡蒂尔的3层地下酒窖深度达30米，分别代表了3种建筑风格：文艺复兴式、罗马式和哥特式，颇为壮观，为香槟区最深的酒窖之一。"如此深的酒窖可以使自然陈年的过程缓慢进行，这对于打造细腻品质的黑桃A香槟非常重要。

DaTa

地　址 | 6-11 rue Dom Pérignon-BP 15,51500 Chigny les Roses-France
电　话 | +33（0）3 26 03 42 11
传　真 | +33（0）3 26 03 43 13
网　址 | www.cattier.com
备　注 | 参观前请先预约

黑桃A黄金香槟
Armand de Brignac Brut

基本介绍

分数：Fine Champange96
适饮期：2013~2025
台湾市场价：约10,000元台币
品种：40%夏多内、40%黑皮诺、20%莫尼耶皮诺
木桶：橡木桶
桶陈：12~36个月
年产量：约50,000瓶

🍷 **品 酒 笔 记**

这款黄金香槟闻起来带有淡雅的丁香花香，入口有着浓郁自然的果味，口感如奶油般顺滑，呈现出惊人的复杂层次，又有着细致且带些柠檬、香草、蜜苹果气息的后韵，不同于一般香槟。当我喝过5次以上的黑桃A黄金香槟后，我才明白它为何能在众多香槟中脱颖而出，获得96高分，拿下冠军。没有喝过的酒友一定会质疑，但是当您喝过几次后，您就会被它的魔力所吸引，它不仅有光鲜亮丽的外表，更是一款蕴藏着深度且有气质的绝佳香槟。

🍴 **建 议 搭 配**

烤红喉、烤蟹脚、炸水晶鱼、蚵仔酥。

★ **推 荐 菜 单　咸酥鲈鱼蛋**

木栅基隆港海鲜餐厅是我个人最喜欢的海鲜餐厅之一，因为每天用的都是从基隆和大溪港来的新鲜鱼货。而且大厨师在这里掌厨超过20年，每道菜都是精心酿制，不论是从海外来的老外，还是从大陆来的朋友，都对这家海鲜餐厅赞不绝口。这道咸酥鲈鱼蛋可不是天天有的吃，必须等到各式海鱼盛产期才能一饱口福。咸酥的做法是最下酒的，先将季节性鱼卵炸酥，再和葱、蒜、辣椒一起拌炒，起锅时撒点细盐，集香、酥、脆于一身，美味至极。尤其配上这款铿锵有力的黄金香槟，金光闪闪，柠檬、苹果、香草和冰淇淋的香气在舌尖跳动，美不胜收！尝一口，全身舒畅，人间美味莫过于此！

餐厅｜基隆港海鲜餐厅
地址｜台北市文山区木新路三段
　　　112号

35

Moët Chandon
Dom Pérignon

唐·培里侬香槟酒庄

　　提到香槟酒，大家必然会想起唐·培里侬神父（Dom Pérignon）。这位圣本笃教会的神父几乎终生都在本地区南部一个小修道院欧维勒（Hautvillers）管理酒窖。唐·培里侬神父与太阳王路易十四所处的时代，是法国的极盛时期。香槟的金黄色泽既可与金色的太阳相呼应，文人笔下的"火花、星光、与好听的气泡嘶嘶声"又更增国王的尊荣。何况发明香槟的培里侬神父，与路易十四同年出生，同年过世，甚至离开人世的时间都很接近（路易十四于1715年9月1日去世，培里侬修士在9月24日过世）。这种巧合本身就带有戏剧性，值得被当作传奇或神话来传述，于是香槟被视为"法国国酒"而行销世界。后来，唐·培里侬神父变成传奇性人物，甚至传言他晚年失明，仍靠舌尖与鼻子为香槟酒鞠躬尽瘁。这位传奇性人物究竟是真有其人，抑或杜撰，都因着法国大革命时期的一把火，将修道院的文献全部烧毁，后人已无法得知更多有关他的资料。培里侬神父采用多种葡萄混酿来弥补当地葡萄酒品质的不足，并且从西班牙引入了软木塞，用油浸过的麻绳紧固瓶塞来保持酒的新鲜度和丰富气泡，并且使用更厚的玻璃来加强酒瓶强度。培里侬神父首次采用了香槟分次榨汁工艺，经过多次耐心提炼，最终奠定了我们今天"香槟酿造法"的基础。

　　自1797年，酿造唐·培里侬的修道院和葡萄园就被酩悦·轩尼诗所拥有。酩悦香槟酒庄（Moët Chandon）目前是法国最大的香槟酒厂商，酒庄的葡萄园

A. 香槟王酒庄门口立着香槟发名人唐·培里侬雕像。**B.** 作者在酩悦香槟酒庄。

A | B | C | D | E **C.** 四季恒温的白垩岩石酒窖。**D.** 1810年法皇拿破仑曾赠送酒庄一座大型橡木桶以兹纪念，其内容量为1,200升。**E.** 四季恒温的白垩岩石。

将近有1,200公顷，酒厂地下酒窖的长度达到28公里，唐·培里侬是酩悦香槟酒庄旗下的顶级年份香槟品牌，现隶属于全球第一大奢侈品集团LVMH。酩悦香槟（Champagne Moet & Chandon）历史颇为久远，始创于1743年，如今已经历了两个多世纪。据说，有"香槟之父"之称的唐·培里侬发明了香槟酒之后，酒庄创始人克劳德（Claude Moet）先生即着手试酿，然而酒庄却一直名不见经传，到他儿子接管时也未见有大突破。直到他的孙子尚·雷米（Jean-Remy Moet）掌管酒庄时，因尚·雷米认识了当时还是青年军官的拿破仑一世，且拿破仑一世相当喜爱酩悦香槟，至此这个酒庄才开始扬名天下。尚·雷米死后，他的儿子维克多（Victor）与女婿皮尔（Pierre-Gabriel Chandon）共同继承了酒庄，酒庄因此更名为"酩悦香槟"（Champagne Moet & Chandon），从此更加声名远扬。法国大革命时，唐·培里侬神父当年所住的欧维勒修道院与葡萄园被充公，酩悦香槟把握机会，于拍卖会中斥巨资将其购入，将其辟为博物馆，并加建了唐·培里侬铜像，令香槟爱好者以"朝圣"的心态前往参观。

许多顶级香槟依旧使用从外购来的葡萄，而酿制香槟王的葡萄，则全数来自于自己的葡萄园。除了一级葡萄园欧维勒（即修道院所在地），其他葡萄都来自特级葡萄园。香槟王主要使用来自9个葡萄园的葡萄，即夏多内来自白丘区（Côte des Blancs）的Chouilly、Cramant、Avize及Le Mesnil-sur-Orger 4个特级园；黑皮诺则来自Hautvillers一级园，以及Bouzy、Aÿ、Verzenay、Mailly-Champagne 4个特级园，香槟王仅使用此一黑一白两种品种，并未使用莫尼耶皮诺。香槟王共生产4个品项的香槟：香槟王年份香槟（Vintage）、香槟王年份粉红香槟（Rosé Vintage）、香槟王珍藏系列（Oenothéque）、香槟王粉红珍藏系列（Oenothéque Rosé）。香槟王年份香槟，比例一般来说是60%的夏多内，40%的黑皮诺。（也有颠倒过来的时候，譬如2003年）。香槟王香槟，只有在长时间的陈年后，才能展现全部潜力。所以，买下后还是让它在窖中多待些时日吧。目前这款酒在台湾上市价约5,500元台币一瓶。香槟王年份粉红香槟首次酿造于1959年，用2/3的黑皮诺和1/3的夏多内调配酿成，并不是每年都生产，年份粉红香槟王的产量仅为一般香槟王产量的4%，优秀的年份有2002、2000、1996、1995、1990和1982。1959

年的香槟王年份粉红香槟被伊朗国王选为庆祝古波斯王朝成立2000年的专用香槟。目前这款酒在台湾上市价约14,000元台币一瓶，以2004年份刚上市价来说。有"香槟王"美誉的唐·培里侬，只在最佳年份生产，因此每个年份香槟均完整保存该年份的特色。通常，香槟会于酒窖内陈年七载，完成第一个窖藏阶段后才推出市场。当中小部分的香槟会被保留，继续于酒窖进行第二阶段的陈年，使葡萄酒达到巅峰状态，成为顶级佳酿，如香槟王珍藏系列（Oenothéque）、香槟王粉红珍藏系列（Oenothéque Rosé）。该酒需经过12~16年的窖藏，陈年至酒质的第二巅峰时才能发售，可以说是唐·培里侬年份香槟中的顶级之作。1975年份的香槟王珍藏系列获得WA和WS97分，1996年份也获得WA97分，1969和1995一起获WA96分。目前，这款酒在台湾上市价约15,000元台币一瓶。香槟王粉红珍藏系列是香槟王酒庄最难见到的一款酒，1990年份被WA评为97的高分。目前，这款酒在台湾上市价约28,000元台币一瓶。

2004年，Doris Duke的藏品在佳士得纽约拍卖会上，3瓶唐·培里侬首酿年份的1921拍得24,675美元。在2008年的两场 Acker Merrall & Condit的拍卖会上，3瓶1.5升装的珍藏粉红香槟（Oenothéque Rosé 1966、1973和1976年份）在香港拍出93,260美元。在2010年5月的苏富比香港拍卖会上，一组垂直唐培里侬珍藏粉红香槟再一次刷新了拍卖纪录，这30瓶拍品（包括0.75升和1.5升装）1966、1978、1982、1985、1988和1990年份，拍卖价达133.1万港元，刷新了世界上单个香槟拍卖品的价格纪录。

香槟王年份香槟的1988和1990两个年份同时入选英国《品醇客》杂志此生必喝的100款酒之一，在香槟酒款中得此殊荣的只有香槟王酒厂一家。这款酒在200多年的历史中，从小说家海明威、波普艺术家安迪·霍尔、大导演希区考克到好莱坞巨星葛蕾丝·凯莉、奥黛莉·赫本、玛丽莲·梦露……都是其粉丝。甚至皇室贵族中也不乏其追随者，戴安娜王妃与查尔斯王储的世纪婚典也是使用的香槟王香槟。

目前，本酒厂属于法国最大的LVMH时尚集团所有。这个集团旗下除全球女士最爱的、以皮包著称的"路易威登"（Louis Vuitton）及香水的"迪奥"（Christian Dior）等时尚名牌外，尚有白兰地酒庄轩尼诗（Hennessy）、库克香槟（Krug），甜酒之王滴金酒庄（d'Yquem），波尔多九大酒庄之一的白马酒庄（Cheval-Blanc）和酩悦香槟王酒庄。

DaTa

地　址 | Moëtet Chandon, 20, avenue de Champagne, 51200 Epernay
电　话 | 0033 3 26 51 20 00
传　真 | 0033 3 26 54 84 23
网　址 | www.domperignon.com
备　注 | 周一至周五，上午9：30-11：30，下午2：30-4：30

唐·培里侬
Dom Pérignon 1990

基本介绍
分数：WA98　WS92
适饮期：2009~2030
台湾市场价：约15,000元台币
品种：60%夏多内、40%黑皮诺
木桶：橡木桶
桶陈：84个月
年产量：约5,000,000瓶

🍷 **品酒笔记**
这款经典年份的香槟王酒色呈金黄色，气泡仍然非常活泼有劲，酒体饱满柔顺，优雅精致而平衡，余味悠长，超过60秒。有很明显的烤面包、茉莉花、柠檬、肉桂、奶油、核果、苹果派和烤蜂蜜、松饼香味，是我个人认为香槟迷必尝的一款香槟王年份香槟，不同于一般香槟，尤其是经过20多年后，正是它的高峰期，相信它还可以陈年15年以上，甚至更久。这是此生必尝的香槟酒款之一，没喝过的酒友一定要喝喝看。

🍴 **建议搭配**
澎湖烤生蚝、万里清蒸三点蟹、布袋鲜蚵、沙西米牡丹虾。

★推荐菜单　南非鲍鱼佐白酒青胡椒酱汁 ─────

"齐膳天下"的老齐用带有特殊矿石味及一定酸度的Chablis白酒和炖煮4小时以上的鸡肉蔬菜高汤去炖煮新鲜鲍鱼，让鲍鱼的鲜甜发挥出来。再搭上利用炖鲍鱼的汤汁和带有清爽芳香的新鲜绿胡椒及法式黄芥末制成的酱汁，使整道料理达到一个完美的平衡境界。这道菜是他精心调制出来，别的地方尝不到，就算国外米其林餐厅也无法烹出这样的水准。今天能以1990年顶级年份的香槟王来搭配，真是琴瑟和鸣，酒菜双绝。鲍鱼鲜香滑嫩，香槟优雅细致，两者各自散发魅力，挑逗味蕾，达到前所未有的巅峰，创造一种美食新境界。

餐厅｜齐膳天下
地址｜台北市大安区四维路375之
　　　3号1楼

36
*Moët Chandon
Krug*

库克香槟酒庄

　　库克香槟（Champagne Krug）是顶级的香槟品牌，被称为香槟中的"劳斯莱斯"。库克不是香槟，它就是库克！

　　库克由德国人约瑟夫·库克（Joseph Krug）于1843年创立，现今已传承了6代人。约瑟夫是一位有理想的酿酒者，一生致力于酿造出与众不同的顶级香槟。他原来在雅克森（Jacquesson）香槟酒庄酿酒，为追求自己酿制香槟的理想而放弃了那里的优厚待遇，创立了库克酒庄。酒庄拥有20公顷的土地，主要种植夏多内、黑皮诺及莫尼耶皮诺3种葡萄。库克酒庄对原料的挑选极为苛刻，它不使用大型葡萄园出产的葡萄，而一直取料于产量有限的50余个精致葡萄园，并不局限于顶级葡萄园，这在顶级香槟品牌中也是极为罕见的。这些葡萄园很多都是小型的，如梅尼尔（Clos du Mesnil）葡萄园的大小就跟一个花园差不

A

B | C | D

A. 酒庄。**B.** 葡萄园。**C.** 酒窖。**D.** 小橡桶。

多，在如此精致的葡萄园中，每一粒葡萄都能受到细心呵护。

　　作为世界顶级的香槟酒庄，为确保一贯的韵味及优雅细致的口感，库克酒庄还保留了一项足以号令天下的秘籍——酒窖原酒。库克最为珍贵的宝藏就是其超过150个种类、超过百万瓶窖藏原酒图书馆级的酒窖，分批单独珍藏了每年每块葡萄园的佳酿。酒窖原酒多选用来自7~10个不同年份的原酒，年代最久的年份是13~15年，并且每一瓶库克香槟都需要再额外封瓶储藏至少6年时间，再加上1年除酵母净置的时间，总共需要至少20年时间才能最终酿制出绝世珍品——库克香槟。

库克香槟酿酒用的葡萄，1/3来自自家的葡萄园，其余的来自LVMH集团的葡萄园，都是精心筛选的。这样的成就来自于4个灵魂人物：原籍委内瑞拉的董事长玛嘉贺·亨利奎兹（Margareth Henriquez）和奥利维尔·库克（Olivier Krug），忠实的酿酒主管艾力克·雷伯（Éric Lebel）和女酿酒师茉莉·卡维（Julie Cavil）。这里所有的葡萄酒都是在小橡木桶中发酵，酒窖中有将近3000个木桶，使用的平均年龄为20年，发酵期为两个月。在不锈钢大桶内进行发酵，部分进行乳酸发酵。从2012年起，酒庄在每瓶酒上贴上一个身份卡，上面标注着一个号码，依此可以在库克的网站上查询这瓶酒的出窖日期和葡萄配比。因此，该酒厂虽然产量大，但每款酒仍有迹可循。

库克香槟每年的总产量非常稀少，估计不超过10万瓶，仅占全球所有香槟产量的0.2%，酒庄家族传人奥利维尔·库克就曾开玩笑说："在600瓶不同香槟中，才有可能发现1瓶是库克。"事实上，库克香槟的优雅、尊贵、珍稀让它成为少数人独享的高级香槟。但是它对酿造高品质的香槟的追求毫不妥协，以无比精确、注重细节的制作过程酿造顶级香槟。库克香气优雅，气泡细腻，层次丰富。当然，欧美葡萄酒权威媒体对其也有很高的赞誉：《葡萄酒倡导家》（WA）就给了梅尼尔白中白香槟（Krug Clos du Mesnil）1988和1996两个年份100分，《葡萄酒观察家》也给了库克年份香槟（Krug Vintage）1996年份99分，英国《品醇客》杂志将库克年份香槟（Krug Vintage）1990年份选为此生必喝的100支酒之一。这足以说明库克的高品质，它也因此被誉为香槟中的"劳斯莱斯"。

这家传奇酒庄于1999年被LVMH集团收购，现在库克酒庄旗下有6款超凡的香槟：库克陈年香槟（Krug Grande Cuvee）、库克粉红香槟（Krug Rose）、库克年份香槟（Krug Vintage）、库克收藏家香槟（Krug Collection）、库克梅尼尔白中白香槟（Krug Clos du Mesnil）以及库克安邦内紫标香槟（Krug Clos d'Ambonnay）。

珍藏陈年香槟

占到库克香槟酒庄总产量的3/4。这款酒由8款不同年份的香槟酒混合而成，由黑皮诺、莫尼耶皮诺和夏多内混合酿制而成。由于珍藏陈年香槟完全是靠混合调配以及品尝来酿制的，因此并没有固定的配方。在绝大多数的混合酒液中，黑皮诺的比例占到了45%~50%。为了使香槟酒足够复杂、口感丰富，混合的年份酒可达8款之多。这款香槟酒在1978年才首次上市，获得WS97的高分。在台湾市价约为5,800元台币一瓶。这是我尝过年份最好的香槟之一。

库克年份香槟

这款香槟每年的比例都不尽相同，但是总体来说，黑皮诺的比例为

30%~50%，莫尼耶皮诺的比例为18%~28%，夏多内的比例为30%~40%。库克年份香槟酒通常需要在瓶中进行10年以上的陈年。1996年份获评WA98高分，同年份获评WS99高分，1947、1988、1995和1998这4个年份也一起获得98的高分。这可说是世界上最好的香槟之一了。台湾新年份上市价一瓶约10,000元台币。

库克粉红香槟

通常是一款由几个年份酒混合而成的非年份香槟酒，同样也是由黑皮诺、莫尼耶皮诺和夏多内混合酿制而成。这款粉红香槟于1983年第一次亮相，它是目前世界上口感最丰富、扎实、浓郁且余韵悠长的粉红香槟酒。酒评家帕克认为，库克粉红香槟与路易王妃水晶粉红香槟（Louis Roederer Cristal Rose）和唐·培里侬粉红香槟（Dom Pérignon Rosé）一起并称为当今世界上最出色的3款粉红香槟酒。此款香槟获得WS96的高分。台湾上市价一瓶约14,000元台币。

库克梅尼尔白中白香槟

它是由100%的夏多内精酿而成。自1689年起，库克香槟酒庄就一直坚持使用梅尼尔地区一座面积仅为1.87公顷的葡萄园中的葡萄。直到1750年，这座葡萄园还属于本笃会修道院的产业；1971年，库克香槟酒庄将它收于囊中。它优雅、浓烈、风味极佳，并且散发出与众不同的矿物质或白垩气味。就如同沙龙（Salon）香槟一样，采用单一葡萄园里的单一品种，以夏多内白葡萄来酿造的白中白香槟酒（Blanc de Blancs），堪称"香槟中的罗曼尼·康帝"。《4000支香槟》（4000 Chanpagnes）一书的作者理查·朱林（Richard Juhlin）曾说："这是世界上最好的一支酒。"它的第一个年份始于1979年，每年仅有15,000瓶的产量，是一款丝滑又娇艳动人的香槟，优雅、浓烈、风味极佳，并且散发出与众不同的矿物质和青苹果味。库克仅在非常好的年份才会酿制，从1979年到现在只生产15个年份，最新年份是2000年。最好的年份是1988和1996两个年份，都被WA评为100满分。这款酒是我喝过最好的两款白中白香槟之一，另一款是沙龙白中白香槟。台湾上市价一瓶约40,000元台币，可说是全世界最贵的白中白香槟了。

库克安邦内紫标香槟（Krug Clos d'Ambonnay）

继梅尼尔园后，库克酒厂在1992年购入顶级酒园安邦内园（Clos d'Amdonay），面积只有梅尼尔园的1/3（0.68公顷），是库克的另一支限量珍品，年产量仅有3,000瓶。这款全由黑皮诺所酿成的"黑中白"（Blanc de Noirs），由深紫的色调，看出其"贵气逼人"，价钱当然也如此。第一个年份是1995年，直到2008年才正式在市场上发行。每支要价3000欧元香槟的上市庆祝酒会，在卡瑞伊（Hôtel des Crayères）度假饭店里发表，现场除了品尝库克香槟的顶级年份，还在午宴席间品饮了1995的玛歌红酒和1995的滴金堡甜酒，当然还有新发表的1995库克安邦内紫标香槟（Krug Clos d'Ambonnay）。这次还推出了一款桃花心木盒6支装的安邦内紫标香槟，这款顶级香槟目前为全世界最贵的香槟。从2008年上市到现在只出过4个年份：1995、1996、1998和2000年份；1995年份获得WA98分，1996年份获97+的高分。以一瓶新年份2000年来说，台湾上市价约100,000元台币。

DaTa

地　址 | 5, rue Coquebert 51100 Reims
电　话 | 00 33 3 26 84 44 20
传　真 | 00 33 3 26 84 44 49
网　站 | www.krug.com
备　注 | 不接受参观，仅接受私人预约访问

库克年份香槟
Krug Vintage 1990

基本介绍
分数：WA95 WS97
适饮期：20002~2040
台湾市场价：约18,000元台币
品种：黑皮诺的比例为30%~50%，莫尼耶皮诺的比例为
      18%~28%，夏多内的比例为30%~40%
木桶：小木桶发酵
瓶陈：120个月以上
年产量：20,000瓶

🍷 **品酒笔记**

这款1990年份库克香槟简直就像个魔术师，由新鲜的小白花和迪奥香水的香味先挑逗你，随后是清爽带有浓郁饱满的酒香，再散发出椰子、干果、杏仁、梅子、柑橘、烤面包、烤坚果、浓浓的焦糖咖啡香，结尾是成熟诱人的蜂蜜柠檬味。这样一款伟大而经典的香槟，虽然我只喝过3次，但每一次都令人印象深刻。尤其在2013年元旦所喝的那一次，实在让人无法忘怀，那深情款款的蜜糖、杏仁果、椰子，还有儿时记忆中的白脱糖和车轮饼中的奶油香，每一口都能打动人心，丝丝入扣，尤其是能勾起小时候因物资缺乏，想吃又吃不到的回忆，嘴馋的回忆。这是一支非常年轻气盛的香槟，气泡细致有活力，结构饱满厚实，酸度平衡，香气复杂多变，后劲余味萦绕缠绵，令人久久难忘。这样一款世间少有的香槟，您绝对不能错过，难怪被《品醇客》杂志选为此生必喝的100支酒之一。相信在未来的30年当中，都是它的最佳赏味期。

🍴 **建议搭配**

三杯鸡、生鱼片、鲜虾沙拉、干煎鲈鱼。

★推荐菜单 欣叶蚵仔煎

"蚵仔煎"是福建闽南常见的小吃，广东潮州称之为"蚝烙"。其做法是先用平底锅把油烧热，搅拌后的蛋汁中加上生蚵，一起两面煎熟即可。这是一道非常简单的小吃，虽然没有任何高级食材，但是男女老少都喜欢。欣叶的蚵仔煎不使用地瓜粉勾芡，不同于一般夜市的做法。鸡蛋的焦香、鲜蚵的清甜和细葱的嫩脆，组合成一道最爽口美味的佳肴。1990年的库克香槟，散发出凡人无法阻挡的魅力，花香、果香和椰子糖气息，浓纤合宜，富贵逼人。这款香槟配上任何高级菜系，都能表现其迷人丰采，就算用这样朴实的小吃来搭，也能享受到库克的芳香宜人。

餐厅｜欣叶台菜
地址｜台北市大安区忠孝东路四
      段112号2楼

37

Louis Roederer

路易·侯德尔香槟酒庄

　　被称为"香槟中的爱马仕"的路易·侯德尔香槟，产自位于法国兰斯市（Reims）的路易·侯德尔酒庄，该酒庄的历史可以追溯到1776年，酒庄由杜布瓦（Dubois）父子创建。直到1833年，路易·侯德尔（Louis Roederer）先生从他叔叔那里继承了这份产业，酒庄才更名为路易·侯德尔。在他的领导下，路易·侯德尔香槟才逐渐打开知名度，远近驰名。

　　1873年路易·侯德尔香槟成为俄国沙皇的最爱，仅一年的时间，酒庄就向俄国运送了66万瓶香槟。3年之后，也就是1876年，酒庄应沙皇亚历山大二世（Alexander II）的要求，为俄国皇室特别酿造了路易·侯德尔水晶香槟酒（Louis Roederer Cristal）。1917年，俄国十月革命爆发，路易·侯德尔失去了最大的客户。1924年，酒庄又开始重新生产水晶香槟酒，以其极为精细的酿

A. 葡萄园景色。B. 工人正在萃取葡萄汁。C. 1962年的老水晶香槟。D. 橡木桶。

制工艺和完美无瑕的品质，路易·侯德尔水晶香槟目前还是英国皇室的御用香槟。路易·侯德尔水晶香槟瓶外面包有一层金黄色的玻璃纸，该纸只能在饮用前打开。因为水晶香槟酒的酒瓶是透明的，不像其他香槟酒瓶是绿色或黑色的，挡不了光线的照射，所以需要另加一层保护膜。

　　路易·侯德尔酒庄是个家族企业，拥有214公顷葡萄园，其中70%为特级葡萄园。他们非常重视葡萄园的管理，近15%的葡萄园实施生物动力法种植。酒庄重视葡萄园的管理，尊重香槟的风土，这就是其香槟质量稳定的原因。葡萄基酒的乳酸发酵，或者偶尔进行，或者实施部分发酵，著名的水晶香槟所使用的基酒，只有25%是经过乳酸发酵的。酒精发酵在不锈钢桶或者在大型橡木桶中进行，以增加酒质的厚度。路易·侯德尔酒庄最为特殊的地方，是用240个小型不锈钢桶，将不同葡萄园和地块的葡萄分别发酵。酒庄内全部的优质陈酿就是水晶香槟的精华所在，被保存在木质酒桶内，让香槟的酒体更加丰腴，口感更加浓烈。该酒庄香槟酒的混合比例每年都会有所不同，但一般来说，由50%~60%的黑皮诺调配夏多内精酿而成。调配时选择10~30种不同基酒，成熟5~7年，再瓶熟6个月，最后才能上市。

　　路易·侯德尔酒庄目前生产8款香槟，其中最著名的是水晶年份香槟和水晶年份粉红香槟。水晶年份香槟目前年产量大约是50万瓶，产量虽然很大，但也没有每年都生产，品质仍维持得很好，所以仍供不应求，国际价格也年年攀升。2002年份的水晶香槟曾获得《葡萄酒爱好者》（Wine Enthusiast）100满分。1982和1999两个年份也都获得了WA98分的高度赞赏。另外，1979年份的水晶香槟也获选为《品醇客》杂志此生必喝的100支酒之一。新年份在台湾上市价约为7,800元台币。水晶粉红香槟是用100%黑皮诺葡萄酿制，每年产量仅20,000瓶而已。帕克说："这是全世界最好的三款粉红香槟，另外两款是库克无年份粉红香槟和香槟王年份粉红香槟。"他个

人也曾对这款粉红香槟1996年份打出了98分的赞赏。在帕克的《世界顶级酒庄》一书中曾说："就算在香槟区不好的年份，尤其是1974年和1977年，水晶香槟也能酿出极为出色的香槟，这不得不说是一个奇迹。"路易·侯德尔香槟的有包括阿格西、詹妮弗·安妮斯顿、皮尔斯·布洛斯南、玛丽亚·凯莉、李察·基尔、梅尔·吉勃逊、惠妮·休士顿、布拉德·彼特、茱莉亚·罗勃兹、小甜甜布兰妮、莎朗·斯通、约翰·屈伏塔、布鲁斯·威利等人。

人工转瓶。

地　址 | 21 boulevard Lundy, 51100 Reims, France
电　话 | 00 33 03 26 40 42 11
传　真 | 00 33 03 26 61 40 45
网　站 | www.champagne-roederer.com
备　注 | 必须通过推荐，参观前需预约

Recommendation
Wine

路易侯德尔水晶香槟
Louis Roederer Cristal 2002

基本介绍
分数：WE100　AG96+　WS92
适饮期：2010~2032
台湾市场价：约12,000元台币
品种：60%黑皮诺、40%夏多内
木桶：20%放橡木桶、80%不锈钢桶
桶陈：60~72个月
年产量：500,000瓶

🍷 **品酒笔记**
被葡萄酒爱好者打过100满分的2002年水晶香槟，喝起来充
满坚实的力量，气泡活泼有劲，绵密的细泡不断地往上冲刺，
争先恐后，令人目不暇接。这款香槟领衔出场的是花束、矿
物、薄荷、高山梨和香料味，新鲜自然；接着是妖娇窈窕的
女主角，入口时荡开青苹果、新鲜草莓、奶油、烤腰果和柠檬
味；最后登场的是风流倜傥的男主角，熟透的柑橘、日本蜜
桃、淡淡的咖啡香和回味无穷的蜂蜜，让人垂涎欲滴。2002
的水晶香槟已经展现出伟大年份应有的气势和魄力，虽然年
轻，但是内敛典雅，将来的潜力必定无可限量。

🍴 **建议搭配**
虾卷、豆豉虱目鱼、清蒸圆鳕鱼、盐烤软丝。

★推荐菜单　香蒜中卷

这道菜是基隆港海鲜下酒的招牌菜，采取新鲜透抽中卷，先汆烫再
过油，后加以蒜片、蒜苗拌独家酱汁热炒，色香味俱全。这道菜是
出自四周环海的台湾活海鲜，身为一个台湾人觉得非常幸福，可以
吃到现捞的各式各样的海鲜，而且又有一流的台湾菜理师傅，永
远都有用不完的创意，来满足不同口感的老饕。新鲜的透抽，肉质
弹牙细嫩，和蒜葱一起拌炒以后更是香喷喷，尤其独门酱料带有西
螺荫油的香甜，让人味蕾全开，食指大动。用这款华丽典雅的水晶
香槟来搭配这样的海鲜，撞击出来的是鲜、香、甜，让人全身舒
畅，所有压力全部释放出来，这就是喝香槟配台湾海鲜应该有的感
觉。美丽的宝岛海鲜，浪漫的水晶香槟，有如天作之合。

餐厅｜基隆港活海鲜
地址｜台北市文山区木新路三段
112

38
Salon

沙龙香槟酒庄

　　被香槟拥护者称为"香槟中黄金钻石"的沙龙香槟，其酒庄是香槟酒庄中最特殊也是最小的酒庄之一，从创立到现在一直坚持"四个单一"原则：单一地块（白丘）、单一葡萄园（Le Mesnil Sur Oger）、单一葡萄品种（夏多内）、单一年份（只做年份香槟）。1905年，其第一款完全以夏多内葡萄酿制的"白中白"（Blanc de Blancs）香槟诞生。沙龙香槟的独特风味立刻引起了一阵骚动，这款奇特的香槟，也开创了白中白香槟风气之先。

　　沙龙香槟的创始人尤金尼-艾米·沙龙（Eugène-Aimé Salon）在年少时便盼望着将来可以酿制一支自己的香槟。尤金尼对香槟的情缘始于小时候的耳濡目染，他的姐夫是一名香槟酿酒师，小时候他常常会去葡萄园帮忙，当姐夫的小帮手，就这样慢慢开始自己酿制香槟的梦想。后来，尤金尼在香槟区白丘梅斯尼（Le

A
B | C

A. 酒庄外观。B. 品酒室。C. 庄主。

Mesnil）村买了半坡处面积一公顷的葡萄园，开始酿制一款前所未有的白中白香槟。他酿制的第一个年份是1905年份，这纯粹是尤金尼实验性的酿造，他酿制的香槟并不出售，只用来馈赠亲朋好友及客户。但没想到，自家产的香槟在亲朋好友间口耳相传，赢得了一片叫好声。于是，在1911年尤金尼正式成立沙龙香槟酒庄。

　　沙龙是一款打破游戏规则的香槟，大部分香槟都会选取来自不同村庄、不同葡萄园的葡萄进行混酿，而沙龙香槟只选取来自于梅斯尼村的葡萄，它是一款由100%夏多内酿制而成的白中白。酿制沙龙香槟无疑是一种艺术：不采用橡木桶，自20世纪70年代起就开始在不锈钢桶中发酵，不做苹果乳酸发酵，不添加老酒。不进行人工雕琢，让沙龙俨然成了一个浑然天成的美人。它的每个年份都会幻化出不同的特色，有时像奥黛丽·赫本的经典优雅，有时又像玛莉莲·梦露

葡萄园。 酒窖。

的性感美丽。一瓶沙龙香槟的最终问世，除了需要优质的葡萄品种，也少不了人们的悉心照料。沙龙香槟在上市前需要陈酿8~12年，让它在岁月中演变出更复杂的风味。在严格的筛选机制下，沙龙香槟问世的年份少之甚少。即使是年份极佳的1989年，沙龙也没有出产过一瓶，因为当时葡萄的酸度完全不符合沙龙香槟的风格，酒庄为了坚持一贯的品质与风格，也只好在此等好年份里忍痛割爱。

2011年，沙龙香槟推出了20世纪最后一瓶年份香槟，1999年份沙龙香槟首次上市；在2014年的年底推出21世纪第一个年份香槟，即2002年沙龙香槟。这两个新的年份不禁让人好奇是什么滋味。我们来看看几个不同的分数：WA给沙龙1999年份的分数是95，Antonio Galloni也给了95分，WS是94分。2002年份的沙龙香槟，WS给了98分的最高分数，Antonio Galloni则给了96+的高分。1996年份的沙龙，WA给了97+的高分。1990年份则获得了WS97的高分，1995和1998两个年份则获得了96的高分。台湾新年份上市价约13,500元台币一瓶。因每年的产量仅为60,000瓶，而中国市场只分到1000瓶，所以可谓一瓶难求。

沙龙酒庄于1988年归属于罗兰-皮尔（Laurent-Perrier）集团，但一直秉承自己的酿酒理念，即所有的年份产品都需要经过长时间的陈酿后方可上市（约10年的时间），它拥有夏多内的典型个性，香气持久，果香馥郁，因白垩土壤而别具清新感。在沙龙酒庄现代化的白色品酒大厅里，透过一道玻璃门就可以看见白垩土的酒窖，所有的沙龙香槟被按照年份整整齐齐地排列在木架上，还有一些更老的年份藏在深处。

20世纪出产的沙龙香槟年份有：

1905、1909、1911、1914、1921、1925、1928、1934、1937、1942、1943、1946、1947、1948、1949、1951、1953、1955、1956、1959、1961、1964、1966、1969、1971、1973、1976、1979、1982、1983、1985、1988、1990、1995、1996、1997、1999。

DaTa

地　址 | Salon 5, rue de la Brèche-d'Oger, 51190 Le Mesnil-sur-Oger
电　话 | 0033 3 26 57 51 65
传　真 | 0033 3 26 57 79 29
网　站 | www.salondelamontte.com
备　注 | 周一至周五8：00-11：00，下午2：00-5：00需提前预约

沙龙白中白香槟
Salon Blanc de Blancs 1995

基本介绍

分数：WS96 AG94
适饮期：2012~2030
台湾市场价：约35,000元台币
品种：100%夏多内
瓶陈：120个月
年产量：50,000瓶

🍷 **品酒笔记**

这款香槟有着不可思议的小白花香水味和野蜂蜜味。沙龙香槟是我喝过的最多的年份香槟，起码已经尝过30次以上，尤其是1982和1983两个年份尝得最多。世界上最强劲浓郁的夏多内白中白香槟，气泡细致绵密，活力十足，余韵饱满丰富而持久。金黄色的液体中绽放着白色花朵，香气飘散在空气中，柑橘、蜂蜜及热带水果，每一口都能尝到刺激冷冽的矿物感和果香，野生核桃、杏仁，回味常有明显的苹果派、柠檬水果和蜂蜜香味。这款香槟至少可以陈年30年。我希望每年都能喝上一次，美好人生必须有香槟相伴！

🍴 **建议搭配**

台湾臭豆腐、生炒鹅肝鹅肠、鲨鱼炒大蒜、白斩鸡。

★ **推 荐 菜 单 澎湖丝瓜炒木耳**

这真是吉品海鲜的一道手工招牌菜，讲究刀工。澎湖丝瓜削皮后，只取周围0.1厘米的绿色部分，切成细丝，与木耳、松阪肉丝一起炒熟。这道菜虽然简单，但是尝起来清脆爽口，在其他餐厅很难见到这样特别的手工菜，细致可口，小家碧玉，虽然不是什么样的大菜，但是可以看出厨师的用心。这道菜香脆滑细，软嫩爽口，配上这一支世界上最好的白中白香槟，在舌中滚动的气泡，曼妙起舞，每一口都有着唯美的视觉感受与无限的刺激感，平凡的青翠丝瓜和紫黑的木耳只是静静地陪在主角身边，绝不抢戏，更衬托出这款香槟的尊荣与高贵。

餐厅｜吉品海鲜餐厅（敦南店）
地址｜台北市敦化南路一段25号2楼

39

Famille Hugel

贺加尔酒庄

　　早在1639年，贺加尔家族就已迁居到阿尔萨斯的利克维镇(Riquewihr)，贺加尔家族开了一家酒庄酿酒，又被选为葡萄酒业公会会长，从此连续13代皆固守本庄，成功地度过法国大革命、拿破仑战争、普法战争与二战的战火，也躲过了葡萄根瘤蚜虫的侵袭，成为阿尔萨斯历史最为悠久的一个家族。虽经历过德国统治，但长期以来，贺加尔都坚持自己传统的法国风格。也因酒庄居于内陆，气候干燥，所产出的葡萄酒都有着紧实且紧致的香气。

　　贺加尔家族是法国极负盛名的酒庄，拒绝使用化肥，采用低量生产，葡萄藤平均树龄达35年，削剪多余枝叶，始终坚持手工采摘，园内只种植高贵的阿尔萨斯原种葡萄，高贵脱俗的黄色标签已经成为贺加尔酒庄的标志之一。每瓶葡萄酒均蕴含着单一葡萄独有的特质，酒庄亦酿产更胜Gran Cru等级之酒款，

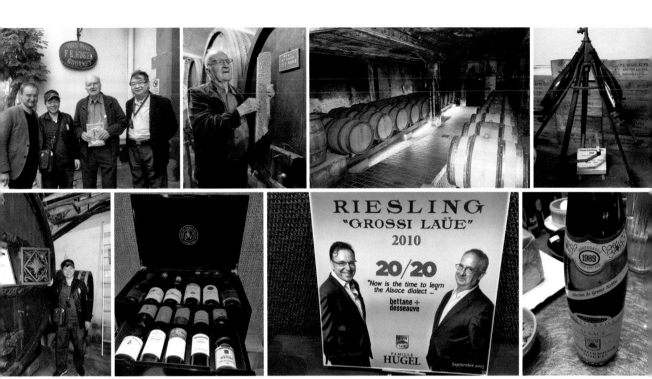

A. 作者和陈新民、贺加尔两代庄主在酒庄门口合影。B. Andre很仔细地介绍酒窖。C. 古老的酒窖。D. 老式装瓶器具。E. 作者在金式记录最老的橡木桶前留影。F. PFV世界上最好的11个家族酒庄套酒。G. Battane+Desseauve。H. 1989 Gewürztraminer SGN。

陈年实力雄厚，风味繁复深邃、Vendange Tardive迟摘甜白酒系列、Selection Grains Noble选粒贵腐甜白酒系列等多种精致酒款，适合搭配各种美味佳肴，遵循酒庄设定为全法国最高熟成等级的要求，严禁加入任何糖分，实行AOC标准，上市前严谨的品评制度也可印证，显示出贺加尔酒庄对品牌及品质的用心经营。

格乌兹塔明那（Gewürztraminer）迟摘甜白酒是贺加尔家族的骄傲，贺加尔酒庄是阿尔萨斯迟摘型葡萄酒的先驱，风味饱满浓郁，展现出非凡的深度。选粒贵腐型甜白酒的珍贵更是不用多加解释，葡萄必须来自品质卓越的园区，葡萄藤的树龄必须够老，果实必须完熟无瑕，最后还必须有适当的自然气候条件促进"贵腐霉菌"的生长。这是只有好的年份才能出产的酒款，其陈年实力雄厚，风味依然不坠。

值得一提是，特级园系列Grossi Laüe 2016开始生产，这一系列更胜Grand Cru，在阿尔萨斯方言里，"Grossi Laüe"指"最佳葡萄园"。该系列用的不仅是全新酒标，还是回归家族历久弥新的文化价值观，植根于历史悠久的葡萄园风土中。贺加尔家族庄园拥有独特而多元的地质风貌，总面积30公顷，源自三叠纪泥灰岩，半数以上为特级园，包括出产最佳Riesling的绍南堡Schoenenbourg和出产最佳Gewürztraminer的Sporen，从石灰石到黏土，造就出酒庄鲜明出色的酒款风格，并坚持以手工采收葡萄果实。

Schoelhammer Riesling绍埃罕梅尔特级园是Schoenenbourg绍南堡产区最出色的不甜Riesling，深刻表现特级园风土的内涵。海拔290~320米。翠绿如水晶般晶莹剔透的色泽；卓越的香气，活泼轻快而有朝气，隐约的矿物味夹着青苹果、白桃、酸橙、柠檬香脂、马鞭草与杏花等香味；微妙精致的口感，和谐匀称；偏干的尾韵齿颊留香，充分表现出产区地块独特的复杂、丰富而有深度的矿物质风土。其适饮温度为8~10℃，适合搭配比目鱼、龙虾等海鲜或白肉以及家禽类料理。

2016夏天，我与陈新民教授带团来到贺加尔酒庄，受到Jean Frederic Hugel和86高龄爷爷Andre Hugel的热情招待。我与Jean Frederic在台北已见过一次，这次在酒庄见面，他特别在门口相迎，给我一个拥抱，让我备感温暖。之后，由Andre老先生带我们参观整个300多年的老酒窖。老先生非常有活力而且幽默，从采收到酿造，再到储存陈年，巨细靡遗。最后我们来到品饮室总共试了12款佳酿，全体团员和大明星Andre合影后，买了5箱不同的酒后才满足地离开酒庄。

1998年，在英国王太后100岁生日庆典上，有一款来自法国的白葡萄酒深得老人的欢心。她在接受达官显贵的生日祝福时，手上举着的酒杯中就是这款法国阿尔萨斯贺加尔酒庄生产的酒。而5年后，英国女王登基50周年纪念庆典中，这款贺加尔酒庄的酒也在酒单中，由此可见贺加尔酒庄的荣耀和显赫了。

DaTa

地　　址｜3, rue de la première armée 68340 Riquewihr / France
电　　话｜+33(0)3 89 47 92 15
网　　址｜www.hugel.com
备　　注｜只接受预约访客

Wine

贺加尔酒庄特级园丽丝玲白酒
Famille Hugel Riesling Grossi Laue 2010

基本介绍
分数：WA96 Battane+Desseauve20/20 James Suckling97
适饮期：2017~2040
台湾市场价：约3500元台币
品种：100%丽丝玲（Riesling）
桶陈：12个月
年产量：约3,000瓶

品酒笔记
该酒具有典型的阿尔萨斯香气，有着柠檬、西柚、菠萝、麝香、葡萄、椴花、荔枝和蜂蜜等芳香。丽丝玲是德国品质最优异的葡萄品种，也是饭后甜点的最佳伴侣。具有青苹果与莱姆、葡萄柚、杏桃、水蜜桃的香气，清新自然，简单易饮。舌间上通常会有一点点的刺激感，有如香冰气泡般跳动，余味会有令人印象深刻的荔枝与野蜂蜜味道，悠长而甜美。

建议搭配
烤布丁、糖醋排骨、宫保鸡丁和红豆糕。

★推荐菜单　葡式蛋挞

蛋挞是一种以蛋浆做成馅料的西式馅饼，其实就是一种西式的派。蛋挞通常出现在港式餐厅的饭后甜点中，2016年5月我到香港参加酒展，好友台商会长张佐民先生特地在香港最有名的镛记酒家设宴请客，这家餐厅最有名的当然是烧鹅，除了烧鹅之外，最让我心动的就是这道甜点。面对这道舶来点心，刚好我从台湾带来的一款阿尔萨斯丽丝玲可以派上用场。这一款阿尔萨斯丽丝玲带着菠萝、甘蔗、芒果冰沙和青苹果的鲜甜，而蛋挞的微热酥软、丝滑Q弹，与之配起来丝毫不费力气，酸酸甜甜，清爽不腻，相当精彩。蛋挞的甜度与酒的酸度刚好能平衡，而且还能尝出丽丝玲的果酸和蛋挞的甜嫩雅致，相得益彰，让人陶醉不已！

餐厅｜香港镛记酒家
地址｜香港威灵顿街32号

40
Araujo Estate
阿罗侯酒庄

　　埃塞尔园（Eisele）早在1880年即开始种植金芬黛（Zinfandel）和丽丝玲，并一直被栽植到现在。第一株卡本内·苏维翁还是在1964年种下的。米尔顿·埃塞尔（Milton Eisele）和芭芭拉·埃塞尔（Barbara Eisele）在1969年购买了埃塞尔这块葡萄园，并把他命名为埃塞尔园。于是他们聘请加州著名酒庄山脊酒庄（Ridge Vineyards）的酿酒师保罗·德雷伯（Paul Draper）酿造葡萄。1971年，德雷伯酿制了第一款埃塞尔园的卡本内·苏维翁，也是加州第一款以葡萄园命名的卡本内酒款。这款酒在40年后喝依旧迷人，当然它也被认为是加州最珍贵的佳酿之一。1975年约瑟夫·费普斯（Joseph Phelps）酒庄加入埃塞尔园的行列，此园名声更为响亮，成为纳帕的"特级园"。直至1991年，巴特·阿罗侯（Bart Araujo）夫妇取得此园，约瑟夫·费普斯的埃赛尔园成为绝响（有行无

A．酒庄景色。B．葡萄园景色。C．葡萄藤。D．酒窖全景。E．酒窖里放着老年份的阿罗侯，和现在的酒标不一样。F．阿罗侯总裁Frederic Engerer。

```
  A
B C D E
        F
```

市的酒），阿罗侯的埃塞尔园却成了第一个年份。1975～1991年，费普斯这位纳帕酒业大佬，遵循传统，持续酿造出传奇性的埃塞尔园的卡本内·苏维翁。1991年，酒庄推出了两款意义重大的埃塞尔园卡本内·苏维翁，这是最后一个费普斯装瓶的年份，也是阿罗侯酒庄第一款卡本内·苏维翁。

酒庄坐落在纳帕谷东北边Calistoga这个葡萄酒法定产区的东边，主要的两个地块分别是38公顷的埃塞尔园和结合酒窖的庄园。埃塞尔园是纳帕谷中最受瞩目的卡本内·苏维翁葡萄园之一，

作者与酒庄总经理在酒庄合影。

等同于波尔多的一级园。白天日照充足，夜晚凉爽，并有着排水良好、富含鹅卵石的土壤来种植葡萄生产卓越酒款。北边有Palisades山脉保护，并有从西边吹来的冷空气降温，葡萄园每年的产量极低，且果味集中。

在历任酿酒师的努力下，阿罗侯一步步建立了自己的品牌。像是弗朗西斯·佩琼（Francoise Peschon）带着法国五大酒庄之一——欧布里昂与美国传奇酒庄鹿跃（Stag's Leap Wine Cellars）的酿酒经验，自1996年起就为阿罗侯掌舵，直至2010年，配合着空中酿酒师米歇尔·侯兰（Michel Rolland）的技巧，此酒庄的声势与价格如日中天。该酒庄被帕克评为"世界最伟大的156个酒庄"之一，法国著名酒评家Bettane与Desseaure合著的《The World's Greatest Wines》也将阿罗侯酒庄列入，欧洲葡萄酒杂志《Fine》所选一级超级膜拜酒（First Growth）之一。以帕克为主的《葡萄酒倡导家》杂志给了埃塞尔园2001、2002、2003连续3个年份98~100的分数，展现出加州一级超级膜拜酒的实力。酒庄的旗舰款埃塞尔园（Araujo Eisele Vineyard），量少价高，属于收藏级的膜拜酒。但另一款二军酒阿塔加西雅（Altagracia），则是玩家省钱的门路，此酒之命名系纪念庄主巴特·阿罗侯的祖母阿塔加西雅，同样采波尔多调配，葡萄除了来自埃塞尔园，另有部分取自长期合作的葡萄农，也是酿得相当精彩，每年分数都在90分以上，2010超级好年份的分数直冲96分，值得推荐。

当购买埃塞尔园之时，阿罗侯夫妇即兴奋地在这片庄园中发现超过400棵在19世纪、20世纪种植的老橄榄树，这些树被忽视了数十年之久。1992年，阿罗侯夫妇到意大利学习橄榄油的制作，学习如何种植、剪枝和粹取初榨橄榄油。因此，阿罗侯酒庄的初榨橄榄油和酒款一样，可充分展现酒庄特色。

据悉，2013年8月20拉图酒庄庄主Francois Pinault收购了位于纳帕河谷的阿罗侯庄园，而收购价格尚未公开，估计每英亩至少价值30万美元，这笔交易包括埃塞尔（Eisele）葡萄园，占地38英亩的葡萄树，酒庄以及现有的葡萄酒库存。（只算葡萄园就要花3.5亿台币！）拉图酒庄执行总裁Frederic Engerer表示："阿罗侯一直以来致力酿造最好的纳帕葡萄酒，专注细心、不断追求卓越，我们对此表示无限敬意。"身为五大酒庄之一的拉图，选择了美国五大膜拜酒中的阿罗侯，可说是门当户对的结合，我们祝福他再创高峰。

地　　址 | Eisele Vineyard, 2155 Pickett Road,
　　　　　Calistoga, CA 94515
电　　话 | 707 942 6061
传　　真 | 707 942 6471
网　　站 | www.araujoestate.com
备　　注 | 不对外参观，必须先预约

Wine

阿罗侯酒庄艾瑟尔园旗舰酒

Araujo Eisele Vineyard Cabernet Sauvignon 1996

基本介绍

分数：RP95　WS94
适饮期：现在~2030
台湾市场价：约11,000元台币
品种：81%卡本内·苏维翁、9%美洛、4%小维多、3%卡本
　　　内·弗朗、3%马尔贝克
橡木桶：100%法国新橡木桶
桶陈：20个月
瓶陈：12个月
年产量：4500~7000瓶

品酒笔记

当我在香港与朋友共同品尝时，每个人都大感惊讶，同时品尝的还有一款99分的澳洲酒，完全不是它的对手。打开2小时后，草本与花香并陈，薰衣草、紫罗兰、白花相衬，白巧克力、黑咖啡豆、甜美的黑色水果味互相争宠，充满西洋杉的芬多精，入口后的微辛香料味带来惊喜，口感上绵长的尾韵展现出深度和广度。这是一款架构完整，有着细致且具嚼劲的单宁，尤其来自水果深层的甜美和浓郁的口感，虽是1996老年份，但绝对可媲美其他加州顶级酒庄的酒，深得我心，值得收藏！

建议搭配

烤羊排、牛排、炸猪排、炸鸡、乳鸽和叉烧肉。

★推荐菜单　金牌香酥五花肉排

这道菜是福州佳丽餐厅最适合配浓重酒体的佳肴，看起来非常简单，做起来却很费功夫。首先要选一块上好的带骨五花肉，肥瘦相间，切1厘米厚片，宽约10厘米，长6厘米，再以胡椒粉、米酒、酱油、蜂蜜、冰糖腌制，放置约8小时，热锅高温油炸之，温度火候须控制好，要熟又不能过老。刚端上桌热腾腾带金黄色的肉排咬一口下去，口齿生香，油嫩酥爽，咸甜合宜，肉汁也随着咀嚼而发出滋滋的悦耳声。阿罗侯这款埃塞尔园的细致单宁正好可以柔化肉排的油腻感，让肉汁更为鲜美，包裹香酥肉排的生菜新鲜清甜，搭配黑樱桃和蓝莓的果香，让肉咬起来更为舒畅甜美。酒中摩卡咖啡与白巧克力的浓香，也丰富和延长了这块精雕细琢的肉排更多的层次，余味悠长且完美。

餐厅 ｜ 佳丽餐厅
地址 ｜ 福州市鼓楼区三坊七巷
　　　澳门路营房里6号

41

Amuse Busche

爱慕布谢酒庄

　　爱慕布谢酒质的细致优雅被酒评家一致推崇并誉为"美国的柏图斯"。海蒂贝瑞（Heidi Barrett）在加州膜拜酒的地位，有如Domaine Leroy的Lalou女士在勃艮第般的崇高，受人敬重。

　　帕克曾给予海蒂贝瑞女士"美国葡萄酒第一夫人"（First Lady of wine）的封号。她有着异于常人的酿酒技巧，能巧妙地将科学与艺术融入葡萄酒，只要有她参与酿造的酒款，无一不创造历史，打破纪录。

　　加州卡本内，膜拜级的卡本内，大家都知道啸鹰（Screaming Eagle），而对达拉（Dalla Valle）、葛雷斯（Grace Family）也不陌生。不过，如果要说加州美洛，膜拜级的美洛，许多酒友可能一时之间就说不上口。但这里有个答案，那就是爱慕布谢。

　　从啸鹰到爱慕布谢，这些顶尖酒款都是加州膜拜酒教母海蒂贝瑞的作品。她出身酿酒世家，长于纳帕，父亲精研酿酒技术，海蒂本人又是加州大学戴维斯分校酿酒系的科班生。一切的一切，成就了她极为厚实的酿酒经验与理论基础。海蒂自离开啸鹰后，渐次发展自己的方向，对她来说，卡本内的路上她已至巅峰，一款接一款成功的膜拜酒，让她转而追求更新的挑战，而她选择了美洛——一个到处都有人种，可是除了波尔多右岸外，很少有人会有鲜明印象的古老酒款，而爱慕布谢可说是海蒂贝瑞挑战美洛的完成品！

A B C
D E F

A. 作者与John Schwartz在纳帕市区合影。B. John Schwartz来台与陈新民、作者、徐培芬餐叙。C. 爱慕布谢2008。D. 首酿年份爱慕布谢2002。E. 爱慕布谢2012。F. 爱慕布谢2012画作。

　　2016年夏天，我和台湾的美女讲师徐培芬、美国友人皮特陈，开着吉普车往爱慕布谢酒庄去，在深山内终于找到，差一点就迷路，真佩服美国人的精神，竟能找到这种人迹罕至的地方。庄主John Schwartz先派公关美女安娜接待我们，也给我们试了几款好酒。John Schwartz与海蒂贝瑞的合作已经30年了，共同打造出爱慕布谢、Au Sommet及Coup de Foudre这3个知名系列。爱慕布谢更是其代表作，从2002年以来，屡获世界名酒评家的赞誉，不论是帕克还是James Suckling等大师都给予高分。John告诉我说，因为世界上的艺术家也是海蒂贝瑞的粉丝，加之海蒂本身也热爱艺术的关系，所以第一个年份开始就用不同的艺术家作品当酒标，每幅作品会复制900张，分送给买爱慕布谢的客人。海蒂说："葡萄酒是唯一可以被摧毁的艺术品，但是喝完爱慕布谢后还可以保留美丽的画作。"

　　John继续和我聊着，爱慕布谢用的是自己的葡萄园所挑选的葡萄，并不是为分数而酿，海蒂希望大家打开酒是很愉悦的。我试着请教他："从2002年到目前为止，您认为哪个年份最好？"他直接回说："2007最好。葡萄生长季长，成熟度好，种在高的地方，日照温和，海蒂也觉得这个年份酿得最好，但分数并没有拿到最高分。John继续说："以前中国人喝法国酒，现在开始喝美国酒，法国人开始有点紧张了，富二代到美国留学喝到纳帕的好酒，回国继续喝美国酒，法国波尔多注重的是酒庄名气，美国是以酿酒师为主导，所以好的酿酒师造就好的酒庄。"

爱慕布谢混了一点点卡本内·弗朗，但终归是完成了海蒂的心愿——在加州打造一款可媲美Pomerol好酒的美洛。爱慕布谢产量稀少（每年约600箱），分数极高，足称膜拜级美洛。除酒质精湛、单宁如丝之外，此酒每年的酒标皆邀请知名的现代艺术家为其设计，2014年甚至是由知名歌手鲍勃·迪伦（Bob Dylan，2016诺贝尔文学奖得主）操刀。每一幅原版作品都被保存在酒庄内，有些作品已经增值至50万美元以上，可见若是能拥有垂直年份的爱慕布谢，就有如有一套完整的梦幻艺术品收藏。

近来，尤其美国酒2012、2013等，都是极佳年份，让此酒身价扶摇直上，老年份酒款更在二手市场暴涨。就实力而言，若要推加州美洛前三大，此酒当之无愧，也再次显示海蒂贝瑞的非凡功力。海蒂贝瑞被帕克封为"美国葡萄酒第一夫人"，她手中所酿的啸鹰1992和1997两个年份，直到现在仍是酒界传奇酒款之一，1992年的6升酒款更是在拍卖会创下世界纪录。她的酒，自Dalla Valle的经典酒款玛雅（Maya）以来，多半以浓郁饱满为特征，兼具厚实与奔放。但是在爱慕布谢这一款美洛，我们看到的是另一种海蒂贝瑞，受到她艺术家母亲影响的那一个海蒂贝瑞，整款美洛高贵华丽，拒绝低调，可是其中细致如丝绒般的单宁，又能让人不得不赞叹她精准表达了此酒的高度，贵气十足却又让你觉得贵得有理的一款加州膜拜级美洛。

如今啸鹰仍然高居美国最昂贵酒款的榜首，价格彷彿在云端，不是一般消费者能负担的价格。也许我们买不起啸鹰，但是千万别错过其他的海蒂佳酿，趁现在投资下一个即将窜起的膜拜酒新星！

DaTa

地　址 | 1040 Main Street, Suite 100 Napa, California 94559
电　话 | 707-251-9300
传　真 | 707-251-9700
网　站 | www.amusebouchewine.com
备　注 | 请先预定参观

爱慕布谢精酿红酒
Amuse Bouche 2007

基本介绍

分数：RP93
适饮期：2012~2035
台湾市场价：约7,000元台币
品种：美洛、少许卡本内·弗朗
橡木桶：70%新法国桶、30%旧法国桶
桶陈：20个月
年产量：500箱

🍷 **品酒笔记**

2007年的爱慕布谢酒色呈墨红紫色，色泽非常深，散发着黑巧克力、杉木、甘草、烘烤木桶香气；口感有浓郁香醇的黑樱桃、黑加仑水果、甜渍水果香气，优雅华丽，结构清楚，层次丰富，不愧是酿酒天后的杰出作品，相信可以好好地在酒窖陈年10年以上。

🍴 **建议搭配**

烤鸭、烧鹅、白斩鸡、脆皮乳猪。

★ **推荐菜单** 黑松露挂炉烤鸭

温和柔美的爱慕布谢美洛有非常好的蓝莓、黑莓和红李果香，刚好与黑松露酱汁谱成了天地间最好的乐章。美洛散发出的淡淡桧木香与烤鸭外酥里嫩的肉质相呼应，让人不知不觉想一口接一口地再喝下去，产生美妙的愉悦感，有如置身天堂。

餐厅｜上海丽兹卡尔顿酒店金轩中餐厅
地址｜中国上海市浦东新区陆家嘴世纪大道8号上海国金中心

42
Colgin Cellars

柯金酒庄

　　柯金酒庄坐落于加州圣海伦娜（Saint Helena）的普理查德山顶（Pritchard Hill）地区，女庄主安·柯金（Ann Colgin）出生于德州，从事艺术买卖工作，谈吐之间颇有明星气质，转战贵气十足的拍卖行更是如鱼得水。她与从事投资并收藏名酒的乔·文德（Joe Wender）结婚后，1992年在加州纳帕亨尼西湖（Lake Hennessey）附近买了些葡萄园搞酒庄，买下的第一个葡萄园为贺布兰园（Herb Lamb），也同时酿出了第一款酒，产量只有5000瓶，帕克为其打了96高分。第二年，也就是1993年，他们找来海伦·杜丽（Helen Turley）当酿酒师。这一切听来简单，但内行人一看就知大有来头。亨尼西湖附近是有名的好地块，捧着钱也不见得买得到，唯一能做的就是将山头推平，而这正是柯金的决定。至于海伦·杜丽是谁？她的战绩包括Pahlmeyer，Bryant Family Vineyard，也是Marcassin Vineyard / Turley Wine Cellars的主人。这些皆是量少质精的顶尖酒款，可见酿酒师的非凡功力。

　　柯金酒庄在20世纪90年代迅速蹿红，虽然海伦·杜丽在1999年离开酒庄，但是并没有造成很大的影响，安妮很快又聘请了曾经在彼德麦克（Peter Michael）酒庄当过酿酒师的马克·奥伯特（Mark Aubert）、戴维·阿布（David Abreu）、波尔多酿酒顾问阿兰·雷纳德（Alain Raynaud）共组成的酿酒团队。酒庄在2000年以后所酿的酒更是精彩，在几个重要的葡萄园连获帕克先

A	
B	C	D
E	F

A. 酒庄全景。B. 清晨的葡萄园。C. 庄主Ann Colgin和夫婿Joe Wender。
D. 不同葡萄园的土壤。E. 酒窖中有Ann Colgin唇印的第一个年份1992。
F. 作者与酒庄公关Sarah和友人Vivian Hsu、Peter Chen在酒庄合影。

生的100满分，如泰奇森山园（2002 Colgin Cabernet Sauvignon Tychson
Hill Vineyard）、卡莱德园（Colgin Cariad Proprietary Red Wine）2005、
2007和2010，第九庄园卡本内（Colgin IX Proprietary Red Estate）2002、

2006、2007、2010，第九庄园希哈（Colgin IX Syrah Estate）2010都得到100分，几乎每个庄园都能拿100分。试问，世界上有几个酒庄能像这样受到帕克先生的青睐和赞赏？唯柯金酒庄是也。

柯金酒庄拥有4个重要的葡萄园，分别是第九号庄园（IX Estate）20英亩[①]、泰奇森山园（Tychson Hill Vineyard）2.5英亩、贺布兰园（Herb Lamb）7.5英亩，还有卡莱德园（Cariad）。种植品种都以卡本内·苏维翁为主，部分种植美洛、卡本内·弗朗、小维多和希哈，其中第九号庄园被帕克评价为"是我见过的最优质葡萄园之一"，无论是卡本内·苏维翁还是希哈，都是得到最高评价的葡萄园。

柯金酒庄海拔950~1400米，可以俯瞰整个亨尼西湖，阳光明媚，气候宜人，秀外慧中，清新脱俗。来到纳帕参观酒庄的人，如果没有专人带路或指点，很难找到柯金酒庄。从29号公路攀爬而上，你看不到酒庄的样子，一直到半山腰才会见到一个毫不起眼的木门，从木门进去，您可以看到一个世外桃源，那就是柯金酒庄，整个亨尼西湖和山坡的美景尽收眼底，真是美极了！

酒庄前一片美丽的原野。

DaTa

地　址｜254, Saint Helena, CA 94574
电　话｜707 963 0999
传　真｜707 963 0996
网　站｜www.colgincellars.com
备　注｜酒庄不对外开放，可以通过关系预约

注：① 1英亩≈4046.86平方米。

第九庄园卡本内
Colgin IX Proprietary Red Estate 2007

基本介绍
分数：RP100　WS97
适饮期：2009~2040
台湾市场价：约15,000元台币
品种：卡本内·苏维翁、美洛、卡本内·弗朗、小维多
橡木桶：100%法国新橡木桶
桶陈：20个月
瓶陈：12个月
年产量：16,800瓶

🍷 **品 酒 笔 记**
2007的柯金酒色呈红墨色，有着迷人的花草香、雪松、矿物质、茴香等香气；大量而集中的果香在口中奔腾，黑莓、野莓、蓝莓、覆盆子激烈地跳跃，和谐匀称，丰富而复杂，浓郁醇厚且有层次，堆栈起伏，此起彼落，有如昭君出塞弹奏的一曲琵琶，充满力量与变化，一次又一次的高昂热情，畅饮到最后余韵甜美，酸度平衡，难以言喻，不愧是百分名酒，应可陈年20年以上。

🍴 **建 议 搭 配**
西式煎牛排、牛羊烧烤、野味炖煮、台式红烧肉、有酱汁的热炒。

★**推 荐 菜 单　秘制焗烤鲜牛肉**

中式焗烤牛排的制作，通常以西式牛排的做法为基础，选用的牛排必须是5A等级，肉质细嫩新鲜；最关键的就是酱汁的材料，使用了中式的酱油为基础，再加上蚝油和独门汤汁等。上桌后的牛排肉片必须趁热食用，因此时肉嫩鲜藏，虽有点牛腥气，但香气四溢，甘甜醇美，一块接一块，咬在口中柔韧而有劲，可享食之乐趣。今日我们以加州最好的卡本内红酒来搭配这道中西合璧的佳肴，让这道牛肉有着西式菜肴的做法、中式美食的吃法，表现得更精彩。红酒中的烟熏皮革味和香嫩微甜的牛肉互相交替，使得味道更为醇厚浓郁。红酒所散发出的浓浓咖啡巧克力味正好和特制的酱汁相互交融，令这款酒层次更加丰富饱满，而牛肉也变得多汁味美，老饕们无不赞美有加，一杯接一杯痛快畅饮。

餐厅｜台北俪宴会馆东光馆
地址｜台北市林森北路413号

43

Continuum
Estate

心传酒庄

当2003年世界最大的葡萄酒生产商星座集团（Constellation Brands）以13.6亿美元全盘收购了罗伯特·蒙大维酒庄之后，蒙大维家族于2005年又建立了新品牌——心传酒庄。这也是提姆·蒙大维（Tim Mondavi）在2003年离开罗伯特·蒙大维酒庄后的第一项投资。提姆还准备在普理查德山建立酒庄，已故加州葡萄酒教父罗伯特·蒙大维先生曾为心传品牌合伙人，他在2008年去世前曾与家人参观过酒庄新址，罗伯特和提姆再一次打造新的品牌。他们曾共同创造出世界各地最耳熟能详的品牌，比如，父亲罗伯亲自指导、儿子提姆担任首席亲酿的第一乐章（OPUS ONE）、意大利的露鹊（LUCE）、智利的神酿（SENA）。最后两人回到了此生最爱的纳帕山谷，在纳帕山谷一级黄金地理查德山最昂贵的奥克维尔（Oakville）山丘上，最后一次父子携手打造了加州超级膜拜酒庄——酒心传酒庄。

心传酒庄是一个代表蒙大维家族精神的酒庄，倾家族所有的力量建成，没有回头路，只许成功，不许失败。蒙大维家族四代，从种植葡萄到酿造出世界顶级的葡萄酒，这段路他们依然熟悉，经过世代相传，罗伯特·蒙大维先生的儿子提姆和女儿玛西亚带领着他们的下一代，以精致、高质量为目标，投入百分之百的心力，酿造出单支酒款——心传，象征着蒙大维家族精神的贯彻与传承，如同当初打造的第一乐章那样，正书写着加州葡萄酒另一段经典传奇故事。

2005年，蒙大维家族在美国加州纳帕谷东面的普理查德山购置了原属Cloud

A. Pritchard Hill葡萄园。B. 酒庄招待作者的酒单与菜单，印有作者的名字与日期。C. 现任庄主提姆与作者儿子禹翰在台北合影。D. 作者与提姆庄主在酒庄合影。E. 作者背后的大石头是当初从葡萄园移开的。F. 庄主提姆正在解说葡萄园的地理位置和气候。

View酒庄的85英亩葡萄园。该产区拥有30多种各不相同的土壤类型，从排水性良好的砾石土壤，到220米深的岩石、矿石，酒庄营销经理旺斯（Burke Owens）介绍说，这些土壤和啸鹰园的完全相同，都具有不同的深度和结构。心传品牌2005、2006年份葡萄酒皆采用租赁的加州橡树村（Oakville）产的葡萄为原料。据旺斯介绍，2007年以后，心传葡萄酒就移到普理查德山装瓶。目前酒庄约占地2000英亩，包含4间酒窖和1间用来接待宾客的豪华客厅。客厅上就挂着一张提姆女儿卡瑞莎（Carissa）的画——一株金黄色的葡萄树，而这张画已被用来当成现在的酒标。葡萄园总面积有350英亩，60英亩属于心传酒庄，其他的还没划分，种植了55%的卡本内·苏维翁、30%的卡本内·弗朗，其余种植美洛、马尔贝克和小维多，完全是波尔多的品种。在酒窖外，我看到两排非常漂亮的橄榄树，便好奇地问旺斯，他告诉我这两排树都已经是百年老树了。本来提姆建立酒庄时想用它们来庆祝罗伯特蒙大维先生的百岁寿诞，但是没有等到，又一段感人的孝心故事。

　　访问酒庄时我曾提及流着相同血液的3款蒙大维的美国酒：蒙大维卡本内珍藏酒（Robert Mondavi Winery Cabernet Sauvignon Reserve，RP：90+）、第一乐章（Opus One，RP：95）和心传酒庄（Continuum Estate，RP：95）

这3款2005年生产的酒。以我在2010年所喝的感受，3款酒当中我最喜欢的是Continuum 2005。酿酒师卡莉女士（Carrie Findleton）对我的评价表示感激，她同时告诉我说，目前心传的产量只有3000箱，将来希望能提高到5000箱，但是2011年整个纳帕气候条件都不好，葡萄减产了30%，酒的产量不超过3000箱，而他们每年卖给会员的是300箱，剩余部分才分给世界各国的经销商。她同时告诉我，现在酒庄并没有生产白酒的计划，仍将全心全意地酿心传这款酒。午餐时，提姆的儿子卡洛·蒙大维（Carlo Mondavi）突然出现，并与我们共进午餐，他看起来像西部的大帅哥。他告诉我，他刚到意大利佛瑞斯可巴第（Frescobaldi）的老城堡尼波札诺（Nipozzano）举行婚礼，我说4月份刚去那里访问过，并且祝贺他新婚愉快。我们一起拍照的时候我又告诉他：我在美国的纳帕和你品酒拍照，而你的父亲提姆先生却在中国台湾的台北和我的儿子禹翰（Hans）一起吃饭合影，这真是不可思议的巧合。

席间，我们一起品尝了2006和2011的心传，两款酒的葡萄品种比例一样，酿酒师也一样，但我还是比较喜欢2006成熟的果酱味道和带着纳帕卡本内的轻轻杉木、蓝莓和巧克力味。从2005年的首酿开始，到上市的2011年，我总共品尝了3个年份的酒，分别是2005、2006和2011。我个人认为，提姆所酿的心传非常成功，因为他有着破釜沉舟的决心来造就这款空前绝后的佳酿，而且我敢大胆地预言，心传绝对会青出于蓝而胜于蓝，将来的质量一定会超越蒙大维卡本内珍藏酒（Robert Mondavi Winery Cabernet Sauvignon Reserve）、第一乐章（OPUS ONE）、意大利的露鹊（LUCE）、智利的神酿（SENA）等世界佳酿，并成为美国第一级的名酒，如同哈兰（Harlan）和柯金（Colgin）这样的名庄一样，因为他是提姆先生用尽所有心力要流传后世的一款稀世珍酿。由于提姆先生的决心与坚持，我决定接受他的邀请，成为他在台湾的品牌大使，继续推广这款酒，给台湾的酒友们品鉴。

以下是心传历年来RP和WS的分数：

2005	RP：95	WS：93	2006	RP：96	WS：95	2007	RP：98	WS：97
2008	RP：96	WS：96	2009	RP：94	WS：94	2010	RP：97	WS：93

DaTa

地　址 | 1677 Sage Canyon Road. St. Helena, CA 94574
电　话 | 707 944 8100
传　真 | 707 963 8959
网　站 | www.continuumestate.com
备　注 | 必须预约参观

心传酒庄
（Continuum Estate）2005

基本介绍
分数：RP95　WS93
适饮期：2011～2041
台湾市场价：约300元台币
品种：65%卡本内·苏维翁、其余为卡本内·弗朗和小维多
橡木桶：100%全新法国橡木桶
桶陈：20个月
瓶陈：9个月
年产量：1,500箱

🍷 品酒笔记
这是提姆先生最喜欢的一款有着卡本内·弗朗比例非常高的
酒，卡本内·弗朗需要经过熟成的阶段，要不然会带有点草
药、青梗味，而且也会比较粗糙。
刚开始我闻到了西洋杉、些许的薄荷和轻微的泥土气息，酒体
非常丰厚饱满，品尝到的是黑莓、蓝莓、樱桃的果味，充满活
力而性感，有丰富的香料盒、巧克力、摩卡咖啡、香料味，单
宁细致如丝，整款酒均衡而协调，尾韵带着迷人的花香和果酱
芳香，让我想起了几天前所喝的哈兰园2009，它将来一定是
一款伟大的酒。

🍴 建议搭配
最适合搭配烧烤野味、酱汁卤味、西式煎牛排以及烧鹅。

★推荐菜单　野生乌鱼子拼烧鹅

烧鹅在香港特别有名，而在台湾最负盛名的莫过于台中的"阿秋大
肥鹅"。烧鹅是阿秋大肥鹅的代表作，用台湾式独特的秘方腌制烘
烤而成，其做工繁复，色泽赤红，肉香皮嫩，汁浓骨脆，不油不
腻，美味可口，非常诱人。乌鱼子是台湾过年饭桌上必有的主角，
家家户户视其为高贵的象征，经过轻烤的乌鱼子金黄软弹，微微黏
牙，酥软适中，略有咬劲，风味绝佳。来自心传2005年的首酿，
果香丰沛，有黑莓、樱桃和黑醋栗的浓郁果香，其间或有微妙的丁
香和白胡椒味道，入口丝滑，醇厚丰满，结构强大，与嫩滑丰美的
烧鹅搭配，有如天作之合。诱人的花香与薄荷恰逢烤得酥软金黄的
乌鱼子，既保持了食材的原味，又不会掩盖乌鱼子本身的香醇，相
得益彰，堪称人间美味。

餐厅｜阿秋大肥鹅
地址｜台湾台中市西屯区朝富
　　　路258号

44
Dominus Estate
多明尼斯酒庄

　　多明尼斯酒庄的座右铭是："纳帕土地，波尔多精神。"在美国要找到一支像波尔多的酒，首推多明尼斯。说到多明尼斯就不得不提柏图斯酒庄的庄主克里斯汀·木艾（Christian Moueix），因为多明尼斯酒庄是他一手建立的。多明尼斯是一座有历史的葡萄园，就是众人所称的纳帕努克（Napanook）。约翰·丹尼尔（John Daniel）在1946年买下这个酒庄，1982年他的两个女儿玛西·史密斯（Marcie Smith）和罗宾·莱尔（Robin Lail）与克里斯汀·木艾合作建立了多明尼斯酒庄。1995年，木艾先生又把她们的股份都买下，成为酒庄唯一的拥有者。20世纪60年代后，当木艾先生还在美国加州大学戴维斯分校上学的时候，他就疯狂地迷恋上了美国纳帕谷以及这里的葡萄酒。回到法国后，木艾对纳帕谷的喜爱一直没有淡忘。他很渴望有一座自己创立的酒庄，1981年，他看中了扬维尔（Yountville）西边面积约为124英亩的纳帕努克葡萄园。扬维尔在20世纪40~50年代已经是纳帕谷地区主要的葡萄酒产区。木艾选择了"Dominus"或者"Lord of the Estate"来作为酒庄的名字，这两个词在拉丁语中的意思是"上帝"和"主的房产"，以此来强调他将会长期致力于管理和守护这块土地，后来决定了用"Dominus"，这就是酒庄名字的由来。

　　多明尼斯酒庄是木艾家族在美国的第一个酒庄，家族对其重视程度可想而知，尤其前面又有一个木桐与蒙大维合作的第一乐章专美于前，他们当然想迎头

A

B | C | D

A. 酒庄葡萄园。**B.** 酒庄门口。**C.** 酒窖实景。**D.** 3个不同时期的酒标。

赶上。于是，他们请来了克里斯·菲利普斯（Chris Phelps）、戴维·雷米（David Ramey）和丹尼尔·巴洪（Daniel H.Baron）等一流酿酒师阵容来指导。后来改由原柏图斯酒庄的酿酒师珍-克劳·德贝鲁特（Jean-Claude Berrouet）担起重责，加上包理斯·夏佩（Boris Champy）和珍-玛丽·莫瑞兹（Jean-Marie Maureze）的帮助，在大师的指导之下，葡萄得到细心的呵护，1983年酒庄迎来了第一批收成，并且一上市就获得各界好评。

　　多明尼斯酒庄本身是由瑞士著名的建筑师赫佐格和梅隆（Herzog & de Meuron）所设计的，其独特的设计引来很多不同的评论，抽象与现代并存，这也是对建筑很有兴趣的木艾所要的风格。此建筑物是由纳帕的岩石所建，再用细铁丝网将其围住，从外看进去是整片葡萄园的宽阔视野，和周边的风景可以融为一体。葡萄园面积为120英亩，园内土壤以砾石土壤和黏土为主，种植的品种为80%卡本内·苏维翁、10%的卡本内·弗朗、5%的美洛和5%的小维多，完全以波尔多品种为主。

热爱艺术、歌剧、建筑、文学和赛马的克里斯汀·木艾先生曾经说过："希望能花20年的时间，在纳帕酿出顶级好酒。"事实上，10年后，也就是1991年，多明尼斯已经可以酿出世界级的好酒，这一年的酒帕克先生打出了98的高分。这个酒庄流着的是和柏图斯同样的血，也是木艾先生胼手胝足一步一个脚印所创立的酒庄，无论在质量还是声誉上都不能有任何差池，如同首酿年份1983开始就将木艾先生的头像放在酒标上一样，是对这支酒的承诺。虽然中间更换了4次，但一直沿用到1992年才换成现在的酒标，而木艾的签名还继续保留着，这也是木艾先生个人对多明尼斯的一种钟爱和保证。当木艾先生2008年获得《品醇客》年度贡献奖时，个性低调的他，几乎要成为第一位不愿意受奖的得奖者，后来当得知自己是第一位波尔多右岸的得奖者时，他才愿接受奖项和访问。在他之前获奖的有意大利安提诺里先生（Marchese Piero Antinori）、美国罗伯特·蒙大维先生（Robert Mondavi）、意大利哥雅先生（Angelo Gaja）、德国路森博士（Emst Loosen）、隆河积架先生（Marcel Guigal）、波尔多二级酒庄的巴顿先生（Anthony Barton）等不同国家的大师，这在葡萄酒界是一个最高的荣誉。

多明尼斯葡萄园这几年有相当大的变动，原摘种方位为"东向西"，从2006年开始移植变更葡萄摘种方位为"南向北"，将一半的葡萄园销毁，重整土地，只留下最精华的葡萄园区，这是个非常艰辛又费时费力的大工程，葡萄收成量因移植及重新摘种，葡萄藤逐年递减，年产量锐减至原来的1/3，从每年9000箱降至3900箱，2010年仅剩3000箱。2010年的产量是自1984年以来产量最少的年份，量少质精，获得帕克先生的第一个100满分。以台湾来说，仅分配到30箱的数量，真可谓是奇货可居啊！这几年来多明尼斯质量炉火纯青，各种佳评不断，除了2001~2010帕克连续10年都给予95分以上的高分，更值得一提的是，1994年份的多明尼斯被评为"世纪典藏年份"，此酒也获得帕克99分肯定。如今，多明尼斯酒庄在美国市场的拍卖价屡创新高，已成为加州天王级酒庄，创办人克里斯汀·木艾先生功不可没，正所谓"强将手下无弱兵"。

多明尼斯历年RP分数：

2001：95	2002：96	2003：95	2004：94	2005：95+
2006：96	2007：98	2008：99	2009：97	2010：100

DaTa

地　址｜2576 Napanook Road Yountville ,CA 94599
电　话｜707 944 8954
传　真｜707 944 0547
网　站｜www.dominusestate.com
备　注｜要有人引荐才能参观

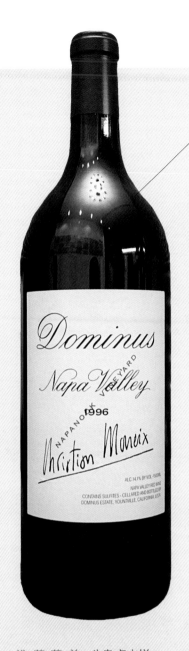

Wine

多明尼斯
Dominus Estate 1996

基本介绍
分数：RP95　WS91
适饮期：1998～2030
台湾市场价：约12,000元台币
品种：82%卡本内·苏维翁、10%卡本内·弗朗、4%美洛、4%
小维多
橡木桶：50%全新法国橡木桶
桶陈：18个月
瓶陈：12个月
年产量：100,000瓶

🍷 品酒笔记

1996年的多明尼斯是个伟大的年份，充满了令人不可思议的惊奇，也是美国酒中的异数，几乎每个酒庄的分数都很高。密不透光的黑紫色泽，激发了品尝者想喝的欲望；浓郁而不肥腻，香气集中，单宁如丝，结构完整，厚实的酒体中仍能感受到细致的内涵，有波尔多松露、雪松和明显的加州李子气息；陆续报到的是一群黑色水果：黑醋栗果酱、黑樱桃、蓝莓和黑莓，中段有微微的紫罗兰花香、东方香料、烘焙咖啡豆和泥土的芬芳，谢幕时的余韵令人陶醉，停留在口中的果味花香久久不散。这款酒展现出优雅的韵味和丰富的复杂度，多层次的变化，已经达到完美臻善的成熟度。以这款酒的强度来说，应该还有20年以上的陈年潜力。

🍴 建议搭配

烤羊腿、上海红烧肉、台式葱爆牛肉、酱肉、干煎牛排。

★推荐菜单　牛杂卤水拼

这是一道既简单又入味的平民下酒菜，在香港的大街小巷几乎都看得到。潮式做法和港式做法有点不同，我们这道是属于港式做法，一般会加在做好的米粉中，有些客人是单独切盘配之。潮式做法中将其用卤汁和各种香料焖制，晾凉后切片食用；香港人则将所有牛杂在卤汁中卤煮，煮到熟透，客人点什么就直接取出切片，热腾腾的牛杂端上桌，味道比起冷的潮式菜来可口多了。港式做法其卤味醇厚，香气扑鼻，软嫩可口。我们选择了这款有波尔多浓郁气息的酒款来搭配卤水牛杂，可达到前所未有的效果。红酒中的东方香料味可以让卤汁更加鲜美，丰富的黑色水果可以带出牛筋的弹滑，红酒中的单宁可以柔化牛腩中的肉质，紫罗兰花香能让牛肚达到鲜而不腥、口感活泼而不腻的效果，酒与菜互相拉扯与平衡，使味蕾产生多层次的变化，妙不可言，让人欲罢不能！

餐厅｜潮兴鱼蛋粉
地址｜香港湾仔轩尼斯道109号

45
Harlan Estate

哈兰酒庄

　　2014年的5月22日来到已经预约的美国第一级酒庄（First Growth）的哈兰酒庄（Harlan Estate），这个酒庄是有名的难去参访，在美国仅次于啸鹰园（Screaming Eagle）难进去，没有透过关系或特别的说明参访目的，常常会吃闭门羹。而且酒庄没有准确的地址，导航也找不到，一定要照着酒庄的说明才能找到。我们从加州的奥克维尔（Oakville）一路开车上来，沿路经过马莎葡萄园（Martha's Vineyard），再到玛亚卡玛斯（Mayacamas），最后到达一个最高的山脊上，这就是难得一窥的哈兰酒庄。

　　接待的营销负责弗兰西斯（Francois Vignaud）告诉我们庄主和酿酒师刚好到外地去办事，由他来负责向导解说。他先带领我们在酒庄的高台上看着整片的葡萄园说："庄主H. William Harlan（威廉·哈兰）1958~1960来到纳帕

A
B C D E

A. 哈兰酒庄酒窖门口。**B.** 远跳葡萄园。**C.** 作者与酒庄接待Francois Vignaud合影。**D.** 酒庄招待室。**E.** 酒窖。

（Napa），1966参观了罗伯蒙大维酒庄（Robert Mondavi）的开幕，当时就下定决心要做一个传世的酒庄给他的家族，而且一定要在山边上（Hillside）"。在1984年成立了哈兰酒庄，总面积超过240英亩，风光明媚，丘陵与河谷上橡树错落，大约有40英亩的土地种植经典的葡萄，像是卡本内·苏维翁、美洛、卡本内·弗朗、小维多。从无到有地细心耕耘，哈兰先生在这里为后代子孙打造了无与伦比的美丽家园，目前是由第二任庄主比尔·哈兰（Bill Harlan）接任。

弗兰西斯接着带我们到酒窖来参观，他说："哈兰的酒在发酵和陈年时会放在3种不同地方的木桶中，发酵会维持两三个月，五六年会更换一次新的大橡木桶，陈年则完全使用新的小木桶，酒庄内的小木桶都是全新的法国橡木桶，并在桶内进行苹果酸乳酸发酵。Harlan Estate Proprietary Red在桶中要陈酿25个月。未被选中的葡萄酒要在10个月后被酿成二军酒－豆蔻少女（The Maiden）。"哈兰旗舰酒（Harlan Estate Proprietary Red）年产2000箱，一向不易买到，产量少、配额更少，因为八成都是给酒庄会员与高级餐厅。不想排队也可以，如果你可以用14万美元，经人推荐，加入纳帕名流组成的好酒俱乐部，那就省事多了。

哈兰旗舰酒从1990年第一个年份开始，到1996年才投放到市场，如今也20多个年份了，没有人怀疑酒庄的企图。帕克说："此酒庄不仅是加州，更是世界的一级酒庄。"杰西斯·罗宾逊说："为何其他酒不能像此酒一样？"，更称其为"20世纪10款最好的酒之一"。此酒之说服力，早已不分国界。当然，从售价（尤其是拍卖会）上也可以反映哈兰酒庄的地位。哈兰酒庄无论名气、价格还是分数，都可以和波尔多八大平起平坐。1990~2011这20年中，哈兰总共获得帕克5个100满分，分别是1994、1997、2001、2002和2007年，也是帕克选出的"世界最伟大的156个酒庄"之一，同时是《稀世珍酿》世界百大葡萄酒之一。美国葡萄酒杂志《Fine》所选出一级超级膜拜酒（First Growth）之一，名单为：Harlan Estate、Screaming Eagle Cabernet Sauvignon、Colgin Cabernet Sauvignon Heba Lamb Vineyard、Bryannt Family Cabernet Sauvignon、Araujo Cabernet Sauvignon Eisele Vineyard和Heitz Napa Valley Martha's Vineyard。这款帕克打98分的酒刚开始喝时有着森林浴的芬多精、树木、叶子、青草和各种绿色植物气息，醒一小时后草本植物、雪松、薄荷、果酱、黑莓、草莓等多种味道渐次出现，并有着意想不到的变化，最后我闻到了玫瑰花瓣的味道。

地　　址｜P.O. Box 352 ,Oakville, CA 94562 USA
电　　话｜707 944 1441
传　　真｜707 944 1444
网　　站｜http://www.harlanestate.com
备　　注｜酒庄不对外开放，可以通过关系预约

DaTa

哈兰旗舰酒
Harlan Estate Proprietary Red 2002

基本介绍
分数：RP100　WS94
适饮期：2012~2035
国际价格：1000美元
品种：90%以上卡本内·苏维翁、美洛、卡本内·弗朗、小维多
橡木桶：100%法国新橡木桶
桶陈：25个月
瓶陈：12个月
年产量：2,000箱

品酒笔记

2002年的哈兰旗舰酒我总共品尝过两次，这款帕克先生打了3次100分的膜拜酒，相当引人好奇，但是其产量少价位高，想一亲芳泽的酒友需要运气和机缘。深紫近黑的色泽，几乎不透光，带着烟熏烧烤、蓝莓、黑莓、黑醋栗、甘草、微微的矿石和杉木味；紫罗兰花香和玫瑰花瓣的芳香完全绽放开来。这是一款华丽出众、质感优雅的葡萄酒，单宁滑顺且细腻，酒体丰富饱满、变化多端，余韵持续将近60秒之久。作为当今美国最好最贵的酒之一，这款酒绝对够资格，帕克能打出这么多次的满分也是应该的，本人可以很负责地说，这个酒庄所生产的酒，将是加州的典范。

建议搭配

东坡肉、扬州狮子头、台式卤味、烤羊腿。

★推荐菜单　台式佛跳墙

2013年底，曾任世界台商协会总会长的曹耀兴先生约我到台北最具历史的一家酒家聚餐，当时因有友人庆生，还有一些影视圈的朋友也会到，故曹兄请我带一支不失面子的红酒到场，我想了一会，咬紧牙关请出美国这支100分的膜拜酒出场。刚开始大家喝的都是普通的红酒，有智利的，有西班牙的，酒过三巡之后，我看到台式的佛跳墙端上桌，马上请服务人员倒上这支好酒来搭配，当然事先已在醒酒瓶醒酒。佛跳墙原为福州"福寿全"谐音取"如意吉祥"之意，是一种福建"敬菜"。佛跳墙是南北顶级食材汇集而成，讲究的是火候真功夫，用料的品项与等级有很大的关系。佛跳墙包含各种珍贵食材，除了鲍参翅肚以外，其他材料还有：鸡、鸭、羊肘、猪蹄、鸽蛋、笋尖、竹蛏、发菜、火腿、干贝、鱼唇、白菜、花菇、萝卜、荸荠等，山珍海味无一不包，几乎囊括人间美食。这次能在台北这家历史悠久、坚持传统的老店尝到这道台式经典老菜，真让人开心不已。当时的这款美国膜拜酒能够抵挡这么深厚浓重的大菜，同时扮演了美化融入的角色，非常不容易。红酒味道层层幻变，每次喝的香气都不一样，和佛跳墙千变万化的食材搭档，各显神通，我不禁在酒酣耳红之际说出："此味只应天上有，不应下凡到人间。"难怪有诗云："坛起浓香飘四座，佛闻弃禅跳墙来。"

餐厅｜黑美人酒家
地址｜台北市延平北路一段
51号3楼

46
Heitz Cellar

海氏酒窖

　　1961年，海氏酒窖在圣海伦那（St.Helena）买下第一个葡萄园，酒窖刚成立时整个纳帕山谷只有零星几家酒厂。在创办人Joe & Alice Heitz 夫妻及其家族经营下，酒窖坚持传统酿造高品质葡萄酒的信念，每款酒都是细心呵护，有如母亲对孩子般的关怀。自1961年Joe & Alice Heitz 夫妻以8英亩大小葡萄园创建起，酒窖的葡萄园到目前为止已经扩充到1000英亩。第三代掌门人哈里森·海氏（Harrison Heitz）告诉我，其中400英亩是混种的葡萄，600英亩则是单一葡萄园，分别用来酿制"路边园"（Trailside Vineyard）和"马莎园"（Martha's Vineyard）两种酒。1964年，酒窖在圣海伦纳东方Taplin收购了160英亩的土地，作为酒厂新的腹地。而一开始的海氏酒窖土地产权是源自于1880年的Anton Rossi家族。其中，有一个1898年用石头建的美丽酒窖，到现

A. 马莎园Martha's Vineyard。B. 世纪之酒—1974玛莎园。C. 作者在酒庄门口与两位庄主合影。D. 作者戴上酒庄赠送的帽子和庄主合影。

在仍继续为海氏酒窖窖藏并陈年好酒。

海氏家族成员皆对葡萄酒有强烈的热爱，尤其长子戴维·海氏（David Heitz）不但拿到州立大学葡萄酒学位，并于1974年独自成功地酿出举世闻名的马莎葡萄园（Martha's Vineyard），这也成为海氏酒窖的招牌酒。戴维是一个非常敦厚木讷的酿酒大师，不太喜欢说话，他的儿子哈里森·海氏（Harrison Heitz）说："父亲跟着祖父在酒庄内工作超过40个年头，从1970年开始学习酿酒，主要还是以传统方式为主。他觉得对酒的认知要很充足，对酒的坚持要很持续，完全以葡萄园来耕作，不迎合流行，不以分数为主，以传统的酿酒方式来酿出最好的酒。"他又说："他们和其他酒庄的不同在于，酿制波特酒的不同，种植的不同，没有科技化。"

哈里森还告诉我两个小故事：因为祖母喜欢喝葡萄牙的波特酒，所以父亲特别从葡萄牙引进酿制波特酒的品种到美国来种植，并且买了很多有关酿制波特酒的书，目前酒窖已经生产了很多年的波特酒，这真是一个令人感动的故事。另外一个是海氏酒窖酒标的故事，当时，父亲看到爷爷在酒窖中工作，就拿起画笔来画爷爷酿酒的身影，后来经过家族讨论，这幅画就成为今天酒瓶上的酒标了，又是一个美丽动人的故事。

海氏酒窖总共酿制311款酒，其中最为人津津乐道的莫过于马莎葡萄园，1974年开始放上自己的葡萄园，在年份较好的时候会用特别的酒标，如1985、1997和2007年份。马莎园必须在大的橡木桶中陈年一年，在小的橡木桶中陈年两年，瓶中再陈年18个月，总共经过4年半的陈年后才会问世，果然是一款不轻易出手的"宝刀"。值得一提的是，美国《葡萄酒观察家》杂志在1999年选出20世纪最好的12款梦幻酒，而海氏酒窖的马莎园（1974）就是其中一款。全部名单如下：Château Margaux 1900、Inglenook Napa Valley 1941、Château Mouton-Rothschild 1945、Château Pétrus 1961、Château Cheval-Blanc 1947、Domaine de la Romanée-Conti Romanée-Conti 1937、Biondi-Santi Brunello di Montalcino Riserva 1955、Penfolds Grange Hermitage 1955、Paul Jaboulet Aine Hermitage La Chapelle 1961、Quinta do Noval Nacional 1931、Château d'Yquem 1921和Heitz Napa Valley Martha's Vineyard 1974。英国最具权威的葡萄酒杂志《品醇客》也选出此生必喝的100支酒，海氏酒窖的马莎园（1974）也入选名单之中。海氏酒窖的马莎园同时也是美国葡萄酒杂志《Fine》所选6款一级超级膜拜酒之一，这6款分别为：哈兰酒庄（Harlan Estate）、啸鹰园（Screaming Eagle Cabernet Sauvignon）、柯金酒庄（Colgin Cabernet Sauvignon Heba Lamb Vineyard）、布莱恩酒庄（Bryannt Family Cabernet Sauvignon）、阿罗侯（Araujo Cabernet Sauvignon Eisele Vineyard）和海氏酒窖（Heitz Napa Valley Martha's Vineyard）。世界上能同时获得这3项殊荣的唯有海氏酒窖。

DaTa

地　址 | 500 Taplin Road St.Helena,CA94574
电　话 | 707 963 3542
传　真 | 707 963 7454
网　站 | www.heitzcellar.com
备　注 | 每天开放购买和试酒，上午11：00~下午4：30

海氏酒窖玛莎园
Heitz Martha's Vineyard 1976

基本介绍

分数：RP92　Cellar Tracker94
适饮期：现在~2026
台湾市场价：约300美元
品种：100%卡本内·苏维翁
橡木桶：100%全新法国橡木桶
桶陈：36个月
瓶陈：18个月
年产量：3,500箱

品酒笔记

醉人的深紫色当中散发着一股动人的黑色果香和尤加利树叶气息，紫罗兰的芬芳伴随着森林中的杉木香，飘散在空气中，令人心旷神怡。入口后酒体丰厚，单宁细致，平衡且饱满，香草、蓝莓、黑醋栗、黑樱桃、水果蛋糕、雪松和微微的烟丝味，结尾的摩卡咖啡与巧克力的混调更是绝妙，悠长的余韵和复杂而多变的味道让人午夜梦回，有如一位风情万种的封面女郎。

建议搭配

烧烤羊排、牛排、烤鸭、烤鸡和烧鹅。

★推荐菜单　金牌烧鹅

香港镛记可以说是去香港旅游的游客必访的一家餐厅，尤其由创办人甘穗辉一手烧制的金牌烧鹅，更是闻名中外，是所有华侨思乡解馋的代表，而甘穗辉先生亦因此被称誉为"烧鹅辉"。1942年就创立的镛记烧鹅，能历经70多年而不坠，靠的就是这道招牌菜，餐厅天天门庭若市，都是因为金牌烧鹅，如不提早订位，往往都会败兴而归。这道金牌烧鹅只要端上桌绝对是众人的焦点，油油亮亮的黄金脆皮，汁多油滑的嫩肉，再淋上独家秘制的酱汁，令人食指大动。今日我们以海氏酒窖的玛莎园顶级红酒来配这道名菜，东西方的撞击立即擦出火花，红酒中的松木香可以去除烧鹅的油腻，使肉质更为柔嫩，而黑樱桃和蓝莓的果香可以与酱汁相辅相成，让肉汁更为鲜美，咖啡与巧克力的焦香正好可以让烧鹅的脆皮更具口感和香气，名酒与名菜相得益彰，完美无缺。

餐厅｜香港镛记酒家
地址｜香港中环惠灵顿街
　　　32-40号

47

Hyde de Villaine

HdV酒庄

来自世界酒王罗曼尼·康帝的掌门人奥伯特（Aubert de Villaine）在加州所酿的4款稀世珍酿——Hyde de Villaine（简称HdV）。

1978年，美国罗伯特·蒙大维酒庄的庄主罗伯特·蒙大维以及法国波尔多五大酒庄之一木桐酒庄的老庄主菲利普·罗柴尔德男爵共同创立了第一乐章，1982年丹尼尔的两个女儿玛西史密斯和罗宾莱尔与柏图斯酒庄的克里斯汀·木艾合作建立了多明尼斯酒庄。2000年，罗曼尼·康帝掌门人奥伯特与Hyde家族的拉瑞（Larry Hyde）一起建立HdV酒庄。

酿酒家族之间的联姻时有发生，但是美法之间的结合却不常发生。如果双方都是极有名望的家族，联姻虽是美事一桩，外界也总期许红毯走完之后，双方能不能在酒界迸出新的创意及火花，而HdV酒庄就是一个让酒界期待的例子。因

A
B | C | D

A. 葡萄园一景。B. 酒窖里的橡木桶。C. 葡萄藤。D. 由左至右：HdV总监 Larry、DRC总监夫妇Pamela& Aubert de Villaine。

为世界酒王DRC掌舵者奥伯特娶了美国纳帕Hyde家族的帕梅拉（Pamela），这两大家族就在2000年打造出了HdV酒庄，葡萄选自纳帕凉爽的卡内罗斯（Carneros）产区Hyde Vineyard，由奥伯特本人担任HdV酒庄总监。此人是世界目光聚焦的DRC舵主之一，经验与技术自是不在话下。

奥伯特曾担任1976年巴黎品评会的裁判，深知加州酒的潜力与实力，以他的名声在加州打造酒庄，酒界可是以超高标准来看待。而HdV酒庄本身也很清楚这一点，它仅在自家的Hyde Vineyard用单一葡萄园的方式生产4款酒（Chardonnay、Syrah、Merlot&Cabernet Sauvignon、Pinot Noir），目的就是希望从种植到酿造，整个过程能够完全掌握。

将目光集中在奥伯特或许对HdV酒庄不尽公允，另一位灵魂人物拉瑞其实也是酒界名家，他曾任职于Ridge、Mondavi、Stag's Leap Wine Cellars等顶级酒庄，对纳帕产区可说是了如指掌。值得一提的是，或许很多人会怀疑，单一葡萄园何以能生产如此多不同的酒款？几年前白宫曾办了一场特别的宴会，会中首次仅用单一葡萄园的各种酒款来搭配全部餐点，而得此殊荣的葡萄园就是出自拉瑞的Hyde Vineyard。（来自此园的酒还有Arietta、Kistler、Kongsgaard、Paul Hobbs、Spottswoode，全是红白酒中的翘楚。）

白酒方面以夏多内为代表，质量绝不亚于加州最好的3家夏多内（Kistler、Kongsgaard和Marcassin），其中2008年帕克评了96分，2009年评了95~97分，2012年更评到96~98高分。HdV夏多内白酒用100%的Chardonnay 30年老藤，此酒有着特殊的矿物风格，间杂着杏桃与其他带核水果的香气，口感多层次且富酸度。由于葡萄园气候凉爽、生长季长、收成季节较晚，因此与加州温暖气候的夏多内有着明显差别。果香节制，柑橘属香气之尾韵绵长。有如勃艮第的蒙哈谢，但却不到其价格的1/5，极具收藏和陈年价值。

HdV的标志是历史上著名的De la Guerra家族的家徽，Pamela de Villaine和Hyde家族都是这个古老家族的后代。De la Guerra家族是加州最早开始酿葡萄酒的家族之一，他们酿酒的历史可以追溯到1876年，他们在当年费城的百年展中得到金牌。HdV酒庄可说是罗曼尼·康帝在加州的神来之笔。一支罗曼尼·康帝有多贵？350,000元台币起跳，一支DRC蒙哈特有多贵？最差的年份也要150,000元台币。个人诚意推荐，名家加好年份，此酒增值空间极大，自喝绝对有赚，千万不要等到像加州膜拜酒的价格再来收藏，那就有点晚了！

DaTa

地　　址 | 588 TRANCAS STREET, NAPA, CA 94558
电　　话 | 707-251-9121
官方网站 | hdvwines.com
备　　注 | 如有参观需求，请至官方网站登记

HdV酒庄
Chardonnay 2009

基本介绍

分数：RP95~97　WS90
适饮期：2014~2024
台湾市场价：约110美元
品种：100%夏多内
橡木桶：100%全新法国橡木桶
桶陈：12个月
瓶陈：2个月
年产量：1,900箱

🍷 品酒笔记

这支酒一开始喝就让你印象深刻，像极了勃艮第的骑士蒙哈谢白酒（Chevalier Montrachet），闻起来有核果、柑橘及奶油、炒过的焦糖甚至高级的白芦笋味；喝起来更有菠萝、芒果和葡萄柚等热带水果的清香，最后你会尝到些许的香料和矿物味道。葡萄酒的余韵在口中留存下深远而美好的印象，最后表现出延绵不绝的蜂蜜味，并与自然的酸度互相协调。这支酒非常完美，超乎想象，现在喝正是时候，也可以在酒窖中存放10年以上。

🍴 建议搭配

烧烤羊排、牛排，烤鸭、烤鸡和烧鹅，生鱼片、清蒸大闸蟹、盐煎圆雪、清烫软丝。

★推荐菜单　桂花万里三点蟹

学名红星梭子蟹，蟹壳上有明显的三点。三点蟹集中在夏末秋初，9月底以后上市，一直到12月。每年这个季节，很多老饕全部出动，就是为了一尝这人间的美味。这次我们要搭配的是海世界的桂花三点蟹。海世界以新鲜海鲜著称，这道菜炒得美味鲜香，让杭州来的朋友和美食家赞不绝口。蛋先煎至金黄，再下洋葱拌炒，然后再将事先炸过的三点蟹加以翻炒，最后加入大葱和香菜，翻一翻马上起锅，热腾腾的香气一端上桌立即吸引大家的目光。这道菜和HdV的夏多内白酒相配真是天作之合，白酒的果香和纤细的蟹肉相结合，马上迸出火花，白酒的蜜香和蟹肉的鲜甜简直无法形容，在场的每位客人都已经说不出话了。白酒中的酸度正好能引导出鲜嫩的蛋味和洋葱的脆甜口感，清爽而不油腻，这样的搭配只有两个字能形容——完美！

餐厅｜台北海世界海鲜餐厅
地址｜台北市农安街122号

48
Joseph phelps
Vineyards

约瑟夫·费普斯酒庄

　　1973年，约瑟夫·费普斯（Joseph phelps）先生以自己的名字创立酒庄，并在圣海伦娜（Santa Helena）东方买了第一块600英亩的葡萄园。他用1974年收获的首批那帕谷葡萄进行酿酒。酒庄建立之初，费普斯先生聘请有多年酿酒经验的苏格（Walter Schug）担任酒庄的首任酿酒师。1974年酒庄便推出了自己的招牌酒"徽章"（Insignia），和蒙大维珍藏（Robert Mondavi Reserve）并列为有史以来美国最杰出的酒，可谓一鸣惊人。1983年威廉斯（Graig Williams）先生接替苏格先生担任酒庄的酿酒师，成绩也相当不错。1997年首席酿酒师Damian Parker曾经表示，酿酒过程中最关键也最具挑战性的，莫过于采收。时间点是最重要的一点，如太早采收，葡萄无法成熟，所酿制的葡萄酒就没有复杂度，倘若太晚采收，又可能会让葡萄过于成熟，糖度太高，酒精味太

A. 酒庄提供户外品酒场地，并可以欣赏美丽的葡萄园。B. 入口特别标明品酒与野餐时间。C. 作者与酿酒师阿丽丝女士在葡萄园合影。

浓，酿成的葡萄酒只剩果味而没有层次感。这再次证明，好的葡萄酒来自好的葡萄园，酿酒师在气候与土壤之下，只是一位化妆师而已。

2014年5月，我来到位于圣海伦娜的约瑟夫·费普斯酒庄。酒庄的首席接待经理妮可（Nicole Boutilier）小姐邀请我们到品酒室品酒，酒庄特地准备了5款酒：夏多内白酒（Chardonnay, Pastorale Vineyard, Sonoma Coast 2011）、黑皮诺红酒（Pinot Noir, Quarter Moon Vineyard, Sonoma Coast 2010）、卡本内红酒（Cabernet Sauvignon, Napa Valley 2011）、徽章（Insignia 2005）和徽章（Insignia 2006）。我再次喝到了旗舰酒款"徽章"（Insignia）2005和2006，都是很好的年份，两者之中我更喜欢的还是2005这个年份，酒体饱满，单宁细致，带有亚洲香料、黑莓、蓝莓、小红莓、清新的松木、巧克力等多层次的堆砌，丝丝入扣。妮可小姐还请来了酒庄的酿酒师阿丝丽（Ashley Hepworth）为我们解说酒庄的特色：第一，约瑟夫·费普斯酒庄很重视家族的延续，Joe传给他的儿子Bill。第二，好的葡萄园可以展现葡萄酒的特色，所以他们更挑选好的地块。第三，酿酒团队的培育与合作，这样的默契更能帮助酿出好的葡萄酒。她又说，从2008年开始，酒庄实现科技计算机化、葡萄分级，节省人工，质量得到更好地控制。最后，她告诉我们"徽章"就如第一乐章一样，因为卡本内·苏维翁比例够多，所以可以挂上自己的名字"Insignia"。

现在费普斯每年出产的酒款包括徽章、Backus葡萄园的卡本内·苏维翁，与纳帕谷的卡本内·苏维翁、希哈、白苏维翁、维欧尼耶、Eisrebe。"徽章"是费普斯酒庄的代表酒款，使用的是波尔多式的混酿手法，由卡本内·苏维翁、美洛、小维多、马贝克、卡本内·弗朗5种葡萄品种酿成，每一年所用的葡萄比例都会有所不同。葡萄来自于酒庄6个表现最优秀的葡萄园，分别是圣海伦娜（St Helena）的Spring Valley Ranch、Rutherford Bench的Banca Dorada葡萄园、鹿跃区（Stags Leap District）的Las Rocas和Barboza葡萄园、橡树区（Oak Knoll District）的Yountville葡萄园，以及纳帕谷（Napa Valley）南端的Suscol葡萄园。该酒被认为是最像法国波尔多调性的美国酒，也是美国酒用卡本内混酿的酒款中最具魅力和复杂性的一款。在《葡萄酒倡导家》网站中从1991到2012连续22年，全部获得帕克90分以上，其中1991、1997、2002和2012年份都被评为100分，在整个美国很难有出其右者。美国《葡萄酒观察家》在2005年的世界百大葡萄酒的评审中也评"徽章"（Insignia 2002）为第一名，能得此殊荣，实属不易。

DaTa

地　址 | 200 Taplin Rd, St .Helena, CA 94574 USA
电　话 | 800-707-5789
网　址 | www.josephphelps.com
备　注 | 可以预约参观

徽章
Insignia 2007

基本介绍
分数：RP99 WS96
适饮期：2013~2038
台湾市场价：约230美元
品种：88%卡本内·苏维翁、8%美洛、4%小维多
橡木桶：100%全新法国橡木桶
桶陈：24个月
年产量：13,500箱

品酒笔记
这款经典的美国大酒喝起来相当年轻有活力，虽然刚开始闻到的是青涩的香草味，但随之扑鼻而来的是春天盛开的白花香、清新的薄荷香、森林中耸立的大杉木香，让人豁然开朗，神清气爽；口感上则非常宏大，黑莓、樱桃、黑李子等黑色水果风味满溢，酒体相当集中；架构上，以细致的果酸平衡黑色水果的浓稠；圆润的单宁与蓝莓和巧克力在悠长的尾韵中轻舞飞扬。预估未来的25年都是其最佳品尝时间。

建议搭配
烧烤牛排、羊排，浓厚酱汁的中菜、红烧肉类料理。

★推荐菜单 干菜千层肉塔

千层肉塔刀工精美，状如埃及金字塔，肥瘦适中的红烧肉搭配酿入的霉干菜，味道绵软细腻，肥腴的肉汁与充沛的果味互相融合，毫无油腻之感，薄荷与杉木香柔化了瘦肉中的干涩口感，口齿留香。这款浓郁的酒完美搭配出这道油嫩透亮的菜系，更能显出酒菜之中的甘美，鲜香诱人，意犹未尽。

餐厅｜远东饭店上海醉月楼
地址｜台北市敦化南路二段201
　　　号39楼

49

Kistler Vineyards

奇斯乐酒庄

　　1978年，奇斯乐酒庄由史蒂夫·奇斯乐（Steve Kistler）和他的家人在玛亚卡玛斯山（Mayacamas Mountains）建立。奇斯乐酒庄是位于俄罗斯河谷（Russian River）的一家小而美、具有家族企业色彩的酒庄，专精于酿造具有勃艮第特色的夏多内和黑皮诺。酒庄在1979年产出第一个年份酒，年产量只有3,500箱。史蒂夫·奇斯乐毕业于斯坦福大学，曾就读于加州戴维斯大学，在尚未建立奇斯乐酒庄之前，曾在山脊（Ridge）酒庄当过2年保罗·德雷柏（Paul Draper）的助手。另一位总管马克·毕斯特（Mark Bixler）为奇斯乐酒庄的主要经理人，负责酒庄的一切事务。在刚开始的10年，他们很幸运地从纳帕和索诺马地区的两家顶级酒庄获得夏多内的葡萄品种，并于1986年在杜勒（Durell）葡萄园、1988年在麦克雷（McCrea）葡萄园陆续开始生产夏多内白酒；1993

A

B | C | D | E

A. 酒庄房子。**B.** 在酒庄喝到只有生产2292瓶的California Pinot Noir 1979。
C. 夏多内葡萄。**D.** 作者与奇斯乐合伙人，同时也是执行长马克在酒庄合影。
E. 酒庄最新产品Occidental Pinot Noir

年租到麦克雷葡萄园，并且开始经营；1994年在卡纳罗斯（Carneros）著名的修森（Hudson）和希德（Hyde）葡萄园生产夏多内白酒。

　　奇斯乐酒庄的夏多内由法国传统手法酿造，搭配酿酒师的手艺，精彩完全呈现在酒体上。奇斯乐酒庄的夏多内有一个明显的特色，即完全使用本身和人工养殖的酵母在桶内发酵，并放置于50%新的法国橡木桶与发酵的沉淀物接触，经历过第二次发酵，不经过滤，并放置橡木桶11~18个月。它的夏多内以勃艮第为师，整串压榨，将其和人工养殖的酵母在桶内发酵，过程中酒液与发酵沉淀物保持接触，乳酸发酵时间长而缓慢，再利用法国小橡木桶陈化，新桶比约占50%，不过滤也不澄清，陈年实力极佳。早期奇斯乐的口感浓郁集中，成熟丰富的果香，让它成为加州夏多内白酒代言人，近年它的身形略为细瘦，带有几分纤细优雅，性感迷人。

奇斯乐的葡萄部分自有、部分收购，产量一直在扩充，质量也持续提升。它的夏多内酒至少有10个园：奇斯乐园（Chardonnay Kistler Vineyard）年产量900~2,700箱；麦克雷园（McCrea）年产量1,800~3,600箱；葡萄山园（Vine Hill）年产量1,800~2,700箱；杜勒园（Durell）年产量900~1,800箱；以史蒂夫女儿命名的凯瑟琳园（Cathleen）不是年年生产，年产量不超过500箱，算是酒庄最具招牌的一款酒，从1992~2012这20个年份帕克的打分都在94~100分，其中2003年打了98~100分，2005年打了96~100分，而且帕克自己说，常常把奇斯乐夏多内当成勃艮第的骑士蒙哈谢或高登查理曼白酒。由此可见，奇斯乐白酒有多难捉摸，有多迷人！

奇斯乐的丰功伟绩，从尼尔·贝克特（Neil Beckett）的"1001款死前必喝的酒"，美国《葡萄酒观察家》，到《纽约时报》的酒评专栏都有记述。它既是帕克钦点的"世界最伟大酒庄"之一，也是被公认为"价格最适当的膜拜酒"，美国人认为最好的美国三大白酒之一。奇斯乐是一家少数兼有膜拜酒水平与"适当产量"的顶级限量酒庄，到现在仍然是很难买到。它以前的售价就不便宜，但远比膜拜酒客气得多。在任何缺少一款白酒的场合，你拿出来与酒友分享，都是面子十足也能增添酒桌风采的一款酒。

DaTa

地　址｜4707 Vine Hill Road, Sebastopol,CA 95472

电　话｜707 823 5603

传　真｜707 823 6709

网　站｜www.kistlervineyards.com

备　注｜酒庄不对外开放

Wine

奇斯乐凯萨琳园夏多内白酒
Kistler Chardonnay Cuvee Cathleen 2003

基本介绍

分数：RP98~100　AG95
适饮期：现在~2027
台湾市场价：约12,000元台币
品种：夏多内
橡木桶：50%法国新橡木桶
桶陈：18个月
瓶陈：6个月
年产量：500箱

品酒笔记

成立于1991年的凯萨琳园属于索罗马海岸，本区是索罗马最凉爽的一个次产区，得海风之助，气候凉爽而酒质细致，荒瘠的砂质土壤让其酸度自然、明亮。整款酒在固有的桃李香气外，另有核果类的层次与榛果暨奶油香。2003年份的凯萨琳夏多内白酒有着近年来最令人满意的表现；金黄色带翠绿的酒液，香气复杂，矿物风绵绵柔细，交织着柑橘、菠萝、芒果的缠绕，释放出核果类的芳香。过程中可感受葡萄干、水蜜桃的甜酸度，结尾的烟熏焦糖味久久不散，余韵悠长，持续不断，细致优雅，真的会让人误认为是勃艮第骑士蒙哈谢（Chevalier Montrachet）夏多内，也是一款不可多得的白酒。

建议搭配

清蒸石斑、水煮虾、生鱼片、握寿司、生蚝。

★推荐菜单　清蒸大闸蟹

大闸蟹产于江苏阳澄湖、太湖、上海崇明岛，以阳澄湖大闸蟹最为知名，所以大部分的蟹都自称为阳澄湖大闸蟹，实际上90%都不产于这个地区。在中国，蟹作为食物已经有4000多年历史了。中国人善于吃蟹、煮蟹，通常以清蒸为主，佐以醋汁去腥，这是吃蟹不失原味的最佳方法。中国人认为，蟹是全天下最美味的食物。

中国一年所产的大闸蟹估计有50亿只。由此可见，每年的中秋时节中国人最大的活动就是啖蟹。食用大闸蟹的最好时期是每年10~11月。"九月母，十月公"，说的是农历九月吃母蟹的蛋黄膏，10月吃公蟹肥美饱满的肉。优质的大闸蟹紫背、白肚、金毛，蟹足丰厚饱满，绒毛坚挺，眼睛闪烁灵活。

美国的夏多内白酒一向以饱满丰腴著称，这款奇斯乐酒庄的酒也不例外，酒中的核果芳香与蟹黄膏恰逢敌手，难分难解，互相衬托，酒与膏愈加香醇。白酒的焦糖奶油香搭配鲜甜的蟹肉，让整个蟹肉尝起来结实有弹性又不腥膻，肉质的肥美与甜嫩更不在话下。整只蟹让这款白酒侍候得服服贴贴，让酒喝得有感觉，蟹吃得有味道。原来除了中国黄酒以外，美国白酒也是大闸蟹的绝配。

餐厅｜南伶酒家
地址｜上海市岳阳路168号

50
Kongsgaard
康仕嘉酒庄

　　约翰·康仕嘉（John Kongsgaard）高中毕业时，也和许多年轻人一样，怀着一个美国梦来到美国的纳帕谷。当发现纳帕有可能成为下一个国际知名的葡萄酒产地后，他清楚地知道文学学位并不会帮助他在酿酒上有多大的帮助，便申请到加州大学戴维斯分校学习酿酒，后来他又在圣海伦娜的著名酒庄纽顿酒庄（Newton Vineyard）担任首席酿酒师，这对于他日后酿制全美最好的康仕嘉大法官夏多内白酒（Kongsgaard Judge Chardonnay）起了很大的作用。

　　位于加州纳帕的康仕嘉酒庄，其家族在当地已有5代之久。早在1970年代，约翰及其妻子玛吉（Maggy）就开始打理名下的大法官园（Judge），为未来的精美质量铺路，直至1996年，早已声名远播的康仕嘉先生四处寻觅，希望选择一块心仪的土地来建立自己的酒庄。在多方奔走之下，他终于买下阿特拉斯

A
B C D

A. 酒庄。B. 葡萄园。C. 酒窖。D. 作者与Alex Kongsgaard在酒庄合影。

峰顶（Atlas Peak）的5英亩葡萄园，并正式以"康仕嘉"为名对外装瓶出售。当然，旗舰品项大法官园的实力非凡，无论质量、分数还是价格，都获得市场一致肯定，自然是爱酒行家收集的对象。

　　基本款的康仕嘉夏多内白酒（Kongsgaard Chardonnay）也酿得相当出色，从1996年开始到2012年为止，帕克的分数都在90~98分，《葡萄酒观察家》的评分也都在91~97分，两份酒评看法颇为一致，基本款就能得到这么高的分数，可见康仕嘉绝非浪得虚名。酒瓶上的酒标也颇有些来历，取材于挪威Hallingdal 一座教堂上的壁画，画着两个人抬着很大串的葡萄，如果是旗舰酒大法官系列，就在酒标上多了蓝色字的"THE JUDGE"。康仕嘉夏多内白酒（Kongsgaard Chardonnay）虽说它是"基本级"酒款，但美国出厂价就高达

100美元以上，二手市场更是一飞冲天。

　　康仕嘉除了自己天王级的大法官园，在纳帕其他地方也有长期合作契农，生产如希哈与卡本内等红酒品项，不过夏多内仍是酒庄招牌所在。它一向控制葡萄园产量以确保质量，采用自然、几乎不干预的传统方式酿酒，不使用人工酵母，不澄清、不过滤，整款酒浓郁但仍不失优雅。

　　四十年后，康仕嘉终于实现了他的梦想，各地佳评如潮，《葡萄酒观察家》（Wine Sprctator）多次以他为封面人物，尊称他为"在纳帕卡本内中的夏多内大师"（NAPA'S JOHN KONGSGAARD A CHARDONNAY MASTER IN CABERNET COUNTRY），并且称赞这两支夏多内白酒是结合了纳帕酒庄的文化遗产和历史悠久的勃艮第技术而酿制的顶级佳酿。另外，康仕嘉夏多内白酒（Kongsgaard Chardonnay 2003）也是《葡萄酒观察家》2006年度百大第八名，康仕嘉夏多内白酒更成为《葡萄酒观察家》2013年度百大第五名。康仕嘉大法官园（Kongsgaard Judge）2002~2012年间，除2006年之外，连续10年都获得帕克评为95~100的绝顶高分。红酒拿100分容易，白酒拿满分却很难，喝高级白酒的酒友们都懂这个道理。帕克先生曾形容"康仕嘉追求如圣杯般的葡萄酒（众人皆想，但无人能及），他的酒富含意趣、浑然天成。"大法官园被列入全美售价最高的夏多内白酒之一，同时也是美国最好的三大白酒之一，与奇斯乐（Kistler）、玛卡辛（Marcassin）齐名。康仕嘉已是加州膜拜级的白酒象征！如此白酒除了酒迷竞相收藏外，也是拍卖会中珍品。大法官园一年产量约为2000瓶，这就是标准的车库酒，如同膜拜酒啸鹰酒庄Screaming Eagle等级的白酒地位，量少质精，找不到，就算有钱也不一定买得到，看到一瓶收一瓶，红酒好找，白酒难得！

DaTa

地　　址 | 4375 Atlas Peak Road, Napa, CA 94558, USA
电　　话 | 707.226.2190
传　　真 | 707.226.2936
网　　站 | www.kongsgaardwine.com
备　　注 | 不接受参观

康仕嘉大法官园
Kongsgaard Judge 2008

基本介绍
分数：WA97　WS92
适饮期：2010~2030
台湾市场价：约8,000元台币
品种：夏多内
橡木桶：100%法国新橡木桶
桶陈：22个月
瓶陈：12个月
年产量：3500~4500瓶

品酒笔记
这款大法官夏多内白酒帕克打了很高的分数，必须有一段时间来醒酒，比基本款的酒来得丰腴，颜色是秋收的稻草金黄色，刚开瓶后闻到的是奶油焦糖香，经过30分钟以后，花香慢慢地绽开，爽脆的矿石味混合着热带水果：木瓜、香瓜、菠萝及芒果等香气一一呈现，杏仁、核果，最后是蜂蜜的香甜，难以忘怀的尾韵，惊人的复杂度和层次感应该在陈年15年以上。

建议搭配
生蚝、盐烤处女蟳、海胆、清蒸鱼。

★推荐菜单　智利活鲍鱼

海世界的海鲜就是以生猛鲜活闻名，今日这只活鲍鱼来自智利的太平洋，新鲜甜美。这么新鲜的海鲜已经不需要太多繁复的烧制，直接以清蒸的方式再淋上酱汁，一口咬下去，又嫩又弹，鲜甜肥美，爱不释口，有海洋的咸味道，但绝不腥膻。今日我们用比较好的美国夏多内白酒来搭档，实在是恰到好处，这支老年份的康仕嘉大法官系列不愧是招牌酒，强而有力，果味丰富，酸度平衡，层次分明，菠萝和香瓜的果香中和了海洋的咸甜，交融得恰到好处。奶油焦糖杏仁更将活鲍鱼的肉质提升到更高深的境界，让吃到这道菜的朋友由衷地赞不绝口，好酒配好菜，相得益彰，真是快活！

餐厅｜台北海世界海鲜餐厅
地址｜台北市农安街122号

51

Lokoya

洛可亚酒庄

　　2016年8月8号我和台湾的葡萄酒讲师徐培芬到纳帕的访问，本来约好要到洛可亚酒庄（Lokoya）拜访，不巧刚好遇到酒庄在整修，我们就转往到肯德杰·克森（Kendall Jackson）的另一个酒庄（Cardinale酒庄）参观。

　　我们到了酒庄后负责接待的是一位资深的经理Pedro Rusk。他非常和蔼地在门口迎接我们，然后引领我们参观整个客厅，再到露台俯瞰整个葡萄园，那是一个非常漂亮的视野。Pedro先生将整个洛可亚酒庄四个葡萄园一一的介绍给我们认识，不愧是肯德·杰克森首席教育家，对整个家族的酒是了若指掌，而且学识渊博，令人敬仰。他说："洛可亚酒庄是加州的交响乐，代表加州的四个风土卡本内它包含豪威尔山（Howell Mountain）的气息、钻石山（Diamond Mountain）的口感、维德山（Mount Veeder）的架构、春山（Spring

A．葡萄园。B．作者和酒庄经理Pedro Rusk合影。C．徐培芬和Pedro Rusk合影。D．洛可亚四个葡萄园的酒，拍卖用。E．洛可亚2012四个葡萄园的酒。

Mountain）的灵魂，太有哲学了，能将酒论述到这么有艺术的人，美国真的不多。洛可亚酿的是单一地块，单一品种。

Lokoya（洛可亚）是一款"本来就不便宜"＋"近年来涨很多"的加州名酒，此酒市场追逐者众，但实际上很多人并不清楚它到底是什么来历。它不太像膜拜酒，因为大多数膜拜酒都是单一酒款，可是洛可亚却有好几个单一园，而且来自不同产区。此外，这酒以往的价格还称不上是膜拜酒（通常这个标准是在300美元左右，也就是知名的300-300俱乐部成员：一年300箱以内／每瓶300美元）。但是这酒分数实在连年暴走，现在的价格早已不只如此。

洛可亚在1995年成立时，就期许自己成为纳帕山坡产区的卡本内精英。它早期的酒标还有着维德山脉雾线上的图片，先期是以维德山脉与豪尔山（Howell

Mountain）两款酒出名，随后开展出春山与钻石山共四款酒。如今，此酒不但是纳帕纯卡本内的代表作，四款酒刚好可以彰显了纳帕为人忽视的两大问题：一是纳帕其实也有海拔位置较高的冷凉葡萄园，二是纳帕的酒不是一个模子刻出来的，四个不同次产区的单一园可说是各有特色。

洛可亚此名来自维德山脉的原住民，所以维德山脉不意外地是此酒庄的核心酒款！此产区位在纳帕谷西侧，酒庄葡萄园有548米高度，南临圣巴勃罗湾（San Pablo Bay），地势相对较高且受海风影响。酒质集中而有结构，矿物感重、葡萄园主属火山岩土壤，酒的表现精彩而有层次，是实力极佳而有口碑的酒款。

至于豪威尔山则在纳帕谷东侧，葡萄园高度亦有580米，土壤自砂石、火山灰等皆有，酒以深色果香为主，偏甜的草本味。春山与钻石山比较属于果香型，有时会出现巧克力香气，单宁较为柔软，尤其春山有着迷人的红色果香掺杂其间，可以较早饮用。

纳帕的洛可亚与索罗马（Sonoma）的Vérité齐名，两者同属杰克森家族（Jackson Family）酒业集团旗下的两大精英！此集团在六个国家拥有葡萄酒产业，最知名的品牌应属肯德·杰克森，也是集团性价比酒款的主力。创办人杰斯·杰克森（Jess Jackson）是赛马界重要玩家，他所拥有的名驹Curlin赢得了Preakness与Jockey Gold Cup大赛，集团目前由其妻Barbara Banke主导，而洛可亚维德山（Lokoya Mount Veeder）在2001、2002、2005、2012、2013全是帕克100满分，酒价可说一路狂飙。再加上《品醇客》杂志选为最佳加州卡本内，如今也跻身膜拜行列，成为一酒难寻的"300美元俱乐部"成员。

DaTa

地　址 | 3787 Spring Mountain Rd, St Helena, CA 94574
电　话 | 707.948.1968
网　站 | www.lokoya.com
备　注 | 请先预定参观

Recommendation
Wine

洛可亚维德山脉红酒
Lokoya Mount Veeder 2005

基本介绍
分数：RP100
适饮期：2015~2045
台湾市场价：约11,000元台币
品种：100%卡本内·苏维翁
橡木桶：94%新法国桶
桶陈：18个月
年产量：300箱

🍷 **品酒笔记**
接近完美的酒款。带着浓郁的蓝莓、紫罗兰和烤过的肉桂香，后味带着适度的单宁味、酸味及矿物质味。维德山脉红酒带着浓郁的矿物质、紫罗兰的香气及在味蕾上留下黑果子、黑醋栗和烟熏味。口感及香气强烈且丰富，在入口时的触感充满了美感与丰富感。

🍴 **建议搭配**
烤鸭、烧鹅、白斩鸡、脆皮乳猪。

★ **推荐菜单 脆皮百花鸡**

温和柔美的开胃菜美洛有非常好的蓝莓、黑莓和红李果香，刚好与黑松露酱汁谱成了天地间最好的乐章。美洛散发出的淡淡桧木香与烤鸡外酥里嫩的肉质完美搭配，让人不知不觉想一口接一口的再喝下去，产生美妙的愉悦感，有如置身天堂。

餐厅｜上海丽兹卡尔顿酒店金轩中餐厅
地址｜中国上海市浦东新区陆家嘴世纪大道8号上海国金中心

52

Marcassin

玛卡辛酒庄

　　酒标上有着"野猪战士"的玛卡辛红白酒（Marcassin），是加州膜拜酒中少数以黑皮诺与夏多内为主力的酒庄！它的主人不是不懂纳帕卡本内，事实上名庄柯金（Colgin）与布莱恩（Bryant Family）还有玛特丽妮（Martinelli），都是她惊人酿酒成绩的不同篇章。但是最后她选择了Sonoma Coast落脚，与精于葡萄园管理的老公John Wetlaufer共同打造了玛卡辛红白酒（法文意为"年轻的野猪"），量少质精，专精勃艮第品种。

　　玛卡辛红白酒的主人是谁？她就是加州膜拜酒教母级的海伦特莉（Helen Turley），从她手中出现的满分酒、万元酒品项繁多，但款款均是收藏家四处搜集的珍品，直到现在仍是拍卖会主力。海伦特莉在自己拥有的玛卡辛红白酒，依旧实施单位面积低产量与高密度种植，得到较为集中的果实后，还会等果实极成

A｜B C

A. 酿酒天后Helen Turley。B. 玛卡辛红夏多内系列。C. Marcassin Pinot Noir Marcassin Vineyard系列。

熟时再予以采摘。酿酒时，白葡萄去梗、红葡萄整串，再用上酵母浸泡与法国新桶。这一连串的手法，让她的酒浓郁而风味丰富，但海伦特莉确有能力维持酒的均衡，这也让玛卡辛红白酒成为许多酒迷心中的加州黑皮诺之后。

这是一家年产仅3000箱不到的小酒庄（10桶），大多数酒仅能在邮寄名单上排队，听说上面经常是有5000个名字在等候。早期，酒庄因为根本没有自己的酿酒设备与空间，酒都是在俄罗斯河谷（Russian River Valley）的玛特丽妮制作。此庄主力系来自同名葡萄园玛卡辛红园（Marcassin Vineyard），一半黑皮诺、一半夏多内，共有10英亩，可以说是系列作品的主力！称为玛卡辛红夏多内（Marcassin Chardonnay Marcassin Vineyard），这款无敌的美国顶级夏多内白酒最共获得了7个帕克的100分，有:1996、1998、2001、2002、

2007、2008、2012和2013。玛卡辛猪头夏多内目前应该是美国最强的夏多内白酒，年产量只有400箱，真是少得可怜，价格都在330美元起跳，虽然昂贵，但是一瓶难求!以及玛卡辛红黑皮诺（Marcassin Pinot Noir Marcassin Vineyard），这款稀少的黑皮诺更贵，每年只生产600箱，一般上市价格约在480美元起跳，算是美国最贵的黑皮诺了，Sine Qua Non 2005年以后已经不酿黑皮诺了，所以不列入考量。这款玛卡辛猪头红酒获得了帕克两次100分，分别是2002和2004两个年份。这就是酒友常说的玛卡辛红的玛卡辛红：分数高、知名度也高!

如今，酒庄共有240英亩葡萄园坐落在太平洋侧，海拔约1200英呎，可以说是很好的凉爽气候环境。除了上述的同名葡萄园外，蓝色滑脊葡萄园（Blue Slide Ridge）与三姐妹葡萄园（Three Sisters）两块葡萄园则是由玛特丽妮拥有，由玛卡辛红租用，以单一园的形式对外发售。三姐妹的夏多内也酿得很好，帕克的分数都在94~97分之间，价格就比猪头亲民多了，上市价在180~250美元之间。

DaTa

地　址 | P.O.Box 332, Calistoga, CA 94515
电　话 |（1）707 258-3608（Marcassin的语音信箱）
传　真 |（1）707 942-5633
网　站 | www.lokoya.com
备　注 | 谢绝公众参观

玛卡辛·玛卡辛园夏多内白酒
Marcassin Chardonnay Marcassin Vineyard 2009

基本介绍

分数：RP98
适饮期：2015~2030
台湾市场价：约13,000元台币
品种：100%夏多内
橡木桶：100%新法国桶
桶陈：12个月
年产量：400箱

🍷 **品 酒 笔 记**

色泽是金黄色的颜色，香气有橘皮柚皮和青苹果等水果味，入口时立即呈现清香的韩国水梨、蜜柑、蜂蜜和波罗等甜美气息，丰富的沁凉矿物质渗透在心头，完美无瑕。结构完整、层次变化、每个阶段都让人感受深刻，最后停留在喉下的余韵，更是精彩绝伦，无可挑剔。

🍴 **建 议 搭 配**

清蒸活鱼、焗烤生蚝、清蒸大闸蟹、清烫小管。

★**推 荐 菜 单　葱油活石斑鱼**

葱油活石斑鱼是地道台湾菜中必点的海鲜菜色之一，尝过的人都大赞不已，这是一道可以让人回忆的佳肴。这道菜融合了港式做法的巧思和台式的酱汁，食材用的是台湾外海养殖的活石斑鱼，石斑鱼肉结实弹牙，酱汁浓郁，香气扑鼻。夏多内白酒热带水果味可以衬托出石斑肉质的Q嫩肌理，白酒的奶油榛果味和香浓的酱汁互相调和，非常完美。最后白芦笋味可以葱丝互相交叠，使软嫩的鱼肉吃起来有层层不同的变化，滋味美妙。猪头战士白酒活泼的酸度、高雅的香气表现出众，可以让海鲜变得复杂又诱人。

餐厅｜台北满穗餐厅
地址｜台北市中山区松江路
　　　128号

53
Opus One
Winery

第一乐章

　　1970年，来自美国罗伯特·蒙大维酒庄的庄主罗伯特·蒙大维和来自法国波尔多五大酒庄之一木桐酒庄（Château Mouton Rothschild）的老庄主菲利普·罗柴尔德男爵（Baron Philippe de Rothschild），他们在夏威夷第一次见面。蒙大维首先提出合作的计划，并没有受到菲利普男爵的正面响应。1978年，菲利普男爵邀请蒙大维来波尔多共商大计，讨论如何酿出美国最好的第一支酒，于是第一乐章（Opus One）诞生了，从此他们改变了整个美国葡萄酒的世界。

　　1982年，菲利普男爵选用在音乐上表示作曲家第一首杰作的"Opus"作为酒庄名，两天后他又增加了一个词，将其改为现今酒庄名"第一乐章（Opus One）"，代表着美法合作首酿的问世，酒标则以两个侧面的头像交融的剪影为主，仿佛象征着两人坚定不移的友谊。

<table>
<tr><td>A</td></tr>
<tr><td>B</td><td>C</td><td>D</td></tr>
</table>

A. 在奥克维尔（Oakville）的葡萄园。B. 作者与酿酒师一起在酒庄品尝的第一乐章2005&2010。C. 作者与酿酒师麦克在酒窖合影。D. 麦克邀请我们在酒庄客厅叙述酒庄历史。

  1984年，第一乐章酒庄发行了首酿酒——1979和1980年两个年份，第一乐章从此作为美国第一个高级葡萄酒，改变了美国人在葡萄酒饮用上的习惯，建立了售价五十美元以上的葡萄酒模式，可说是美国膜拜酒的先驱。

  1984年，菲利普男爵及其女儿菲丽嫔·罗柴尔德女爵（Baroness Philippine de Rothschild）与罗伯·蒙大维选择了史考特·琼森（Scott Johnson）作为酒庄的建筑设计师。1989年7月，新酒庄破土动工；1991年，酒庄建成，新建筑融合了欧洲的典雅和加州的现代元素，算是新法式建筑，展现了美法的自由精神，就如同他们的酒一样，融合了新旧两种世界。

  1985年，首任酿酒师卢西恩·西努退休后，罗伯特·蒙大维的儿子提摩太·蒙大维成为酒庄的第二任酿酒师。2001年又任命麦克·席拉奇（Michael Silacci）为总酿酒师，麦克·席拉奇也成为第一位全权负责酒庄葡萄培植和酿酒的人。这位曾经在鹿跃酒窖（Stap's Leap Wine Cellars）当过酿酒师的谦谦君子，才华横溢，气度非凡。他告诉我：2001年以前的酿酒风格比较传统，以后就比较现代。他觉得要酿好一支葡萄酒80%来自好的葡萄园，无论是风土、收成时间、天气、土壤都是最关键的因素，20%才是酿酒师的专业水平。而他的酿酒哲学是让每个人都参与，训练酿酒团队所有人以直觉来做决定，其要素有三：第一、过去的经验决定未来怎么做；第二、从头教起，要有热情要动脑；第三、活在当下，全心关注葡萄树。

在他的领导下第一乐章的质量和价格蒸蒸日上，早已成为世界上老饕餐桌上最有名气的一款酒了。麦克带领我参观了整个地下酒窖，这是我参观过的最漂亮的酒窖之一。酒窖内放着一万个"第一乐章"专用的法国全新橡木桶，一个橡木桶可以装300瓶750ml的酒，每个新橡木桶的价值约在2500美元，成本之高令人咋舌！

到了品酒室，麦克早就准备好2005&2010两款美好的"第一乐章"让我品尝，他说："第一乐章"在2001年他来之前总共分为三个时期：1979~1984称为草创时期，1985~1990为第二时期（由木桐和提姆主导），1999~2000为第三时期。酒都在"第一乐章"酒庄内酿的。2005最能代表这三个时期，为何能代表这三个时期？他们三个时期各有第一乐章的架构存在，也有他的内在结构如：巧克力、蓝莓、黑莓和草本植物，这也是他要给我试2005的原因（RP：95分）。但是，我个人更喜欢的是2010年的现代感，完全摆脱法式波尔多的拘泥，展现出美国纳帕的大格局风土，在这一点我觉得麦克已经成功了。

2005年，星座集团（Constellation Brands, Inc.）收购了罗伯·蒙大维公司，并占有"第一乐章"酒庄50%的股份，该酒庄由罗柴尔德男爵集团和星座集团联合控股。此后酒价节节高攀，平民老百姓无法一亲芳泽，收藏家前仆后继的买进，目前已成为全世界最受欢迎的膜拜酒。根据伦敦葡萄酒指数（Liv-ex）的资料，第一乐章2005年份酒的市场价有18.4%的涨幅，2007年份酒的价格也上涨了9.7%。即便是涨幅最低的2009年份酒，其市场价也较之前上涨了1%，2010年份酒出厂价更高达三百美起跳，这样的优秀表现也让"第一乐章"成为（Liv-ex）平台上5大交易明星之一，众人关注的焦点，亚洲市场上的新宠儿。

地　　址 | 7900 St. Helena Highway Oakville, CA 94562 USA
电　　话 | 707-944-9442
网　　址 | en.opusonewinery.com
备　　注 | 参观前请先预约，每天参观时间Am 10：00~Pm 4：00

第一乐章
Opus One 2005

基本介绍

分数：WA95　WS90　RP95+
适饮期：2008～2033
台湾市场价：约330美元
品种：88% 卡本内·苏维翁、3% 卡本内·弗朗、5% 美洛、3%
　　　小维多及1% 马贝克
橡木桶：100%全新法国橡木桶
桶陈：18个月
瓶陈：16个月
年产量：25000箱

品 酒 笔 记

一款华丽又充满活力的酒，丰郁而又有深度。深紫红宝石的亮丽色彩，香气中有玫瑰花瓣、西洋杉、蓝莓、巧克力、白松露、白胡椒、甘草味，仍保留着"第一乐章"特有的风格。舌尖上滑着天鹅般的丝绒单宁、黑醋栗、黑莓、黑橄榄、洋李、肉桂、摩卡咖啡，以及漫漫延长的一缕烟丝和香草味，余韵细腻而悠长，令人非常向往。

建 议 搭 配

熏烤牛羊排、台式卤肉、广式腊味、红烧牛腩牛肉也是不错的选择。

★推 荐 菜 单　上海红烧子排

这道菜是以上海式的方法烹调，带点微甜的酱汁与细嫩的子排相结合，入口绵软，不肥不柴，浓稠而不油腻，这款红酒的单宁可以柔化子排肉的厚重口感，红酒中的蓝莓巧克力刚好和酱汁融合为一体，更增添了这道菜的新鲜度与平衡感，令人回味无穷！

餐厅｜颐东海港名厨
地址｜上海市淮海中路381号中
　　　环广场四楼

54
Peter Michael
Winery

彼得·麦可爵士酒庄

彼得·麦可爵士酒庄位于加州索罗马（Sonoma），是由来自英国的贵族企业家彼得·麦可（Peter Michael）爵士1982创建的。酒庄在膜拜酒天后海伦·杜丽（Helen Turley）指导下，初试啼声就技惊四座。海伦·杜丽曾指导过菲玛雅（Pahlmeyer）、布莱恩（Bryant Family）以及柯金（Colgin）等加州膜拜酒庄。酒评高分与随之而来的成功，不令人意外。但彼得麦可爵士酒庄后来的风格开始转变，在酿酒师尼可拉斯莫雷（Nicolas Morlet）手中，酒风走向了优雅与细致。许多精巧的细节展现在酒的中段，果香含蓄，矿物感也多了几分，对于追求多层次的消费者，将是美好的体验。

在所有加州膜拜酒中，彼得·麦可爵士酒庄算是相当标榜葡萄园差别的酒庄！酒庄的葡萄园顺着山谷深处的坡顶向下展开，坡度在40度左右，种植的葡

A. 酒庄有一片湖水彼得·麦可家族每年夏天都会来度假游泳。B. 拉卡瑞葡萄园。C. 作者与酒庄营销总监Peter Kay合影。D. 种植葡萄的火山灰土壤。E. 在酒庄试的五款酒和印有日期名字的品酒笔记。

萄品种有：夏多内、白苏维翁、黑皮诺、卡本内·苏维翁、美洛、卡本内·弗朗和小维多等。酒庄15个品项中，除了2款精选混调的夏多内，全都标榜着来自哪些葡萄园，而不是在一个通名下，混合着来自多处不同葡萄园的"最后成果"。换句话说，酒庄的酿酒哲学是希望尽力展现属于特定葡萄园的风土条件，至于酿酒师如何展现勾兑的才华，反而不是优先考虑。

　　彼得·麦可爵士酒庄葡萄园位于高海拔平均304~609米的山坡，土壤大都为火山灰土壤，所以可以酿制出非凡的卡本内·苏维翁，具有波尔多风格的复杂优质红酒，如酒庄中最高级的酒款罂粟园（Les Pavots Proprietary Red 2001）被美国《葡萄酒观察家》评为接近满分的99高分，帕克先生评为97分，与旧世界法国意大利的顶级酒比起来可说是不遑多让，新酒上市价格约为180美元一瓶。白酒是以多层次、丰富优雅且多果香的夏多内白酒为主。每次在品尝完酒庄的几款白酒之后，总是会误认为是勃艮第的高登查理曼特级园白酒（Corton Charlemagen），带着丰厚的矿物、芬芳的花香、香醇的果味，悠扬持久。酒庄中的贝拉蔻（Belle Cote Chardonnay 2012）被帕克先生评为98～100近满分的赞誉，玛贝妃（Ma Belle-Fille Chardonay 2008）还曾获得《葡萄酒观察家》2010百大第三名，分数为97高分，拉卡瑞（La Carriere Chardonay 2012）也获得了帕克先生评为96～98高分，这三款白酒都可以和勃艮第的特级园白酒一较高下，新酒上市价格约为120美元一瓶。在葡萄酒的舞台上能够左右逢源鱼与熊掌兼得，这对于世界任何一个酒庄来说都是非常羡慕且少见的。难怪世界最知名的酒评家帕克先生说："如果他自己是法国波尔多或勃艮第的酿酒师，面对彼得麦可爵士酒庄等加州强敌，恐怕要开始烦恼自身的竞争力了。"

当我来到酒庄时受到国际营销总监彼得凯（Peter Kay）的亲自招待，他带着我参观占地120英亩的葡萄园，我们驱车前往最高的山谷，往下看每个单一葡萄园所酿的酒都不一样，有的是南北纵向，可以聚集水气，有的则是东西横向，不疏叶行光合作用时不会晒伤葡萄，可以留住糖分。绕整个山区需要两个小时以上，沿路可欣赏到花鹿、野兔、鸟禽和大树林立的森林，到了最高处时可以俯瞰旧金山湾，还有彼得麦可爵士家人每年来度假的露天游泳池，仿佛置身于美丽的天堂。

回到酒庄品酒室后彼得凯早已安排五款最新的酒让我品尝，分别是：拉卡瑞夏多内白酒（2012 La Carrière Estate Chardonnay）、卡普瑞斯黑皮诺红酒（2012 Le Caprice Estate Pinot Noir）、午后白苏维翁白酒（2012 L'Après-Midi Estate Sauvignon Blanc）、罂粟园红酒（2011 Les Pavots Estate Cabernet Blend）、普拉迪斯卡本内红酒（2011 "Au Paradis" Estate Cabernet Sauvignon）等五款酒，其中四款都曾经在台湾品尝过，但黑皮诺红酒还是第一次品尝到，个人最喜欢的是第一款的拉卡瑞白酒（La Carrière Estate Chardonnay），优雅纤瘦的酒体，绵密不绝的香气，让人想多尝一口。

DaTa

地　址 | 12400 IDA CLAYTON RD. CALISTOGA,
电　话 | 707 942-4459
传　真 | 707 942-8314
网　址 | www.petermichaelwinery.com
备　注 | 酒庄不对外开放，参观前必须预约

Recommendation
Wine

拉卡瑞夏多内白酒
La Carrière Estate Chardonnay 2012

基本介绍
分数：RP98
适饮期：2013~2023
台湾市场价：约120美元
品种：100% 夏多内
橡木桶：100% 法国橡木桶
桶陈：12个月
无澄清、无过滤
年产量：2500 箱

品酒笔记
香气集中且多层次，新鲜的矿物和微微的酸度，一切都非常的平衡协调，酒体饱满丰腴，有着莱姆、百合花、蜂蜜、榛果、柑橘皮、葡萄柚、油桃、杏桃等清晰诱人的口感，成为酒庄最具代表的夏多内风格，尾韵残留奶油焦糖的余味，令人难以忘怀！是一款可以再窖藏20年以上的白酒。

建议搭配
高汤烹调的壳类海鲜，奶油酱汁或清蒸鱼排，鸭肝或鹅肝，生鱼片或日式料理也适合。

★**推荐菜单　剁椒蒸日本圆鳕**

看似简单的蒸鱼，其实是一道火候与酱汁的赛跑，过重则鱼肉干柴无味，太轻则酱汁无法入味，这道菜功力的展现是富有弹性的口感中有股自然的油甜香气慢慢扩散开来，鱼肉紧致，汤汁四溢，葱丝飘香，还能保持圆鳕的原味；椒细如泥与鱼露鲜味的效果相当搭调。这款精彩的夏多内白酒带有奶油榛果和蜂蜜橘皮的香味，可以使醇香酱汁及鱼肉油脂，葱椒呛味得到平衡，让三者交融一起而不互相抢味。第一层吃鱼的原味、第二层加上酱汁、第三层夹入葱椒，从最开始带有紧致的鲜甜、加入酱汁甘咸滋味，最后转换到葱椒呛辛，层层堆砌，如此变化多端的层次感，令人应接不暇，十分精彩。

餐厅｜双囍中餐厅
地址｜台北市中山区敬业四路
　　　168号（维多丽亚酒店2F）

Chapter 2　美国　America

55
Quilceda
Creek

奎西达酒庄

　　奎西达酒庄（Quilceda Creek Vintners）由亚力山卓·哥利金（Alexander Golitzin）于1978年在美国创立。早在1946年哥利金家族就已经来到了加州的纳帕，而他的叔叔安德烈·切里斯夫（Andre Tchelistcheff）就曾经担任加州著名的酒庄（BV）的酿酒师，哥利金受到叔叔的影响，开始投入酿酒事业，在接近西雅图的思娜侯蜜旭（Snohomish）酿出了第一款的奎西达酒庄（Quilceda Creek）红葡萄酒。由于这个地方靠近太平洋，有着海风的吹拂，白天日照充足，造成日夜温差大，土壤非常的贫瘠，非常适合栽种葡萄，酿出来的葡萄酒拥有丰富性和复杂度。1979年，该酒庄便酿制了第一款奎西达酒庄红葡萄酒。4年后，这款葡萄酒在西雅图的葡萄酒酿制学会节（Enological Society Festival）上获得了金牌和特等奖，它也是那天唯一获得此殊荣的红葡萄酒。

266

A

B | C

A. 葡萄园。B. 庄主兼酿酒师保罗·哥利金。C. 两代庄主与团队，左二是亚力山卓·哥利金，左三是保罗·哥利金。

全世界有哪一间酒庄，自2002年至今，在《葡萄酒倡导家》的分数中，最低是98分？答案不是波尔多，也不是勃艮第，既非纳帕，也非隆河，当然也不是皮蒙，而是来自你可能从没想过的美国华盛顿州。这家酒庄原本就有着不错的成绩，酿酒师保罗·哥利金（Paul Golitzin）在1988年追随父亲脚步酿酒后，在2003年份将酒款中的香瀑葡萄园（Champoux）的比例提高，让酒质在气势与架构之外，更有了如丝的单宁贯穿。结果原本已有WA98~99的优异表现，更上一层楼，一举拿下100分佳绩！2006年度的百大第2名即是奎西达酒庄卡本内·苏维翁红酒（Quilceda Creek Cabernet Sauvignon 2003）。自此，一直到2010年份，奎西达酒庄总共有5个年份是100分，其余年份是98~100分！

奎西达酒庄的卡本内不算太有名，可能很多人根本连酒瓶都没见过。酒友平常或许会收到DRC促销单，看过五大老年份，但是奎西达酒庄的单子却少之又少，原因即在它连续多年的高分，让此酒身价极高，奇货可居。奎西达酒庄内最物超所值的奎西达哥伦比亚精酿红酒（Quilceda Creek Columbia Valley Red Wine），葡萄品种为81%卡本内·苏维翁，15%美洛，2%卡本内·弗朗，1%小维多，1%马贝克，这一款酒专为不能喝到顶级酒款的酒友们所酿制的佳酿，每年产量不到一万瓶，波尔多风格，媲美二级酒庄，酒质佳，分数高又不伤钱包，值得推荐给酒友们。

由帕克所创的《葡萄酒倡导家》自1978创刊以来，仅给予过五款酒连续年份100分的超级肯定，而奎西达酒庄2002与2003年份的卡本内·苏维翁连续两个年份获得WA100分，2006年《葡萄酒倡导家》写着，"奎西达酒庄此两个年份独一无二的稀世珍酿，打破了之前卡本内酒款从未赢得前后生产年份100分的评比记录"。这是华盛顿酒首度赢得满分100分的无上荣耀，全世界仅有少数酒庄可达如此辉煌成就。在《葡萄酒观察家》杂志也是百大前十名的常客：2006年度的百大第二名即是奎西达酒庄（Quilceda Creek CS 2003），分数是95分；2013年度的百大第二名即是奎西达酒庄（Quilceda Creek CS 2010），分数也是95分。都是相当不错的成绩。

历年来WA的分数：

2002年 WA：100	2003年 WA：100	2004年 WA：99
2005年 WA：100	2006年 WA：99	2007年 WA：100
2008年 WA：99	2009年 WA：99~100	2010年 WA：98~100
2011年 WA：96	2012年 WA：98~100	

DaTa

地　址｜11306 52nd Street SE,Snohomish,WA 98290
电　话｜360 568 2389
传　真｜360 568 1609
网　址｜www.quilcedacreek.com
备　注｜酒庄不对外开放，参观前必须先预约

Recommendation
Wine

奎西达卡内苏维翁红酒
Quilceda Creek Cabernet Sauvignon 2007

基本介绍
分数：WA100 WS94
适饮期：1998~2020
国际价格：225美元
品种：卡本内·苏维翁
橡木桶：90%全新法国橡木桶
桶陈：21个月
瓶陈：12个月
年产量：3100箱

🍷 **品 酒 笔 记**
这款酒本人已经品尝过3次了，虽然很年轻，每次都要经过醒酒2~3小时，但是醒过酒的（奎西达卡内苏维翁红酒Quilceda Creek Cabernet Sauvignon 2007）酒体饱满，果味丰富，色泽是鲜艳的黑紫色，花香、咖啡、可可，黑莓、黑樱桃、黑醋栗等香气。口感有黑色水果、矿石、摩卡咖啡、巧克力和木头口味。复杂且多层次的变化，余韵绵绵，可达30秒以上。这款酒目前尚属年轻，但已经能散发出大酒的魅力，前途无限，预估可以陈年20年以上之久。

🍴 **建 议 搭 配**
蚝油牛肉、牛腩煲、脆皮鸡、炸排骨。

★ **推 荐 菜 单 广式腊味** ──────────

广东腊味种类非常丰富，在港台两地的大街小巷都可以见得到，无论是港式茶餐厅，或是广式烧腊便当，都可以闻到它的味道。广东有句俗语："秋风起，食腊味"。广东人喜尝腊味人人皆知。秋冬交替之时，广东人都会用盐和香料将肉腌制后，放在阳台上或屋外风干食用。新华港式菜馆这家地道的港式家常菜是由老板新哥亲自掌勺，无论是生猛海鲜或是广式小炒，样样精通。多年来吸引很多的饕客慕名而来。除了几道知名大菜外，就属XO酱百花油条和这道广式腊味最得我心。广式腊味做法简单，蒸熟后取出切片，铺放在盘上，再以大蒜点缀其中。甜嫩柔润的腊肠和腊肉与这款丰厚有力的美酒相结合，简直是琴瑟和鸣，水乳交融。红酒中的单宁立刻融化了腊味中的油腻，玫瑰花的香气让腊味的烟熏味更加平衡，黑色水果搭配咸甜和软硬兼并的肉质，使得这道菜尝起来更为高雅细致，可谓是唇齿留香，滋味无穷。

餐厅｜新华港式菜馆
地址｜台北市南京东路三段335
　　　巷19号

56
Ridge
Vineyards

山脊酒庄

　　2014年5月25日受邀来到海拔750米的圣十字山（Santa Cruz），山势十分陡峭，我们沿着山坡一路开上来，弯弯曲曲的山路要开二十分钟才能到达山顶。这天正逢一年一度山脊酒庄（Ridge）VIP的新酒试酒，有高达五百多位的会员上山来试酒顺便也观赏旧金山湾的整个风景。这天酒庄准备了烤肉、三明治给大家配酒，酒款有：山脊夏多内白酒（Estate Chardonnay 2012）、山脊卡本内红酒（Estate Cabernet Sauvignog 2011）、托雷小维多红酒（Torre Petit Verdot 2011）、蒙特贝罗红酒（Monte Bello 2013）、蒙特贝罗红酒（Monte Bello2010）等五款酒。除了最后一款以外，其余都是刚释出来的新酒，尤其托雷小维多红酒是第一次酿出来的酒，这款酒令我感到惊奇与惊叹，虽然是用强悍不驯的小维多来酿制，但是丝毫不会感到有扎舌的不快或单宁太重的压力，反而让人喝出平衡细腻的蓝莓、黑莓、樱桃、和香料的愉悦，这款酒将来绝对是酒庄中的奇葩，售价仅55美元而已。

　　山脊酒庄创建者是原本在斯坦福大学从事机械研究的班宁恩（Dave Bennion）。1959年，班宁恩先生买下了一座建于1880年的荒废葡萄园，自行酿酒，首批用于销售的葡萄酒生产于1962年。到了1968年，在智利与意大利酿酒的酿酒师保罗·德雷柏（Paul Draper）加入酿酒团队，于是山脊酒庄开始走向四十五年的巅峰之路。虽然1986年山脊酒庄易主给日本大众制药有限公司

	B	C
A		
	D E F	

A. 山脊酒庄可以俯瞰旧金山市区。B. 作者与酿酒师保罗·德雷柏在酒庄合影。
C. 蒙特·贝罗是山脊酒庄的招牌酒。D. 山脊酒庄四十五度斜坡葡萄园。E. 100年前在Monte Bello种的卡本内，1991特别纪念版山脊蒙特贝罗。F. 1976巴黎审判品酒会和2006伦敦盲品会，山脊蒙特贝罗获得冠军。

（Otsuka Pharmaceutical Co., Ltd.），但德雷柏先生仍管理酿酒事务，其葡萄酒质量仍保持原有水平。

目前，山脊酒庄共计拥有12块大小不近相同的葡萄园，面积约20公顷，年产各式葡萄酒十七种，酒产量60万瓶。酒庄最出色的葡萄园为蒙特贝罗（Monte Bello），这个葡萄园在法文中意为"美丽的山丘"。它属于圣十字山（Santa Cruz Mountains AVA），是加州种植卡本内最冷的地区。园内土壤为排水性甚佳的石灰岩，主要种植卡本内和夏多内。

当大家都试酒试的差不多时，趁着空档，我们赶快和酿酒师保罗·德雷柏（Paul Draper）和这位曾在英国葡萄酒杂志《品醇客》上获得年度风云人物的大师一起合照，并顺便请教几个问题。我想问的是2000年以后的蒙特贝罗（Monte

Bello）为什么越来越好？有什么重要的改变吗？另外，为什么1995和1996的圣十字山白酒（Santa Cruz Mountains Chardonnay）可以酿得这么迷人？他只是淡淡的一笑回答第一个问题说："蒙特·贝罗从以前到现在都没有改变，我们酿酒的方式就是一步一步的从头做起，实实在在的种葡萄，照着传统的酿酒方法，就是这样。"一个在酒庄做过四十年的酿酒大师崇尚的仍是自然风土，令人肃然起敬。第二个答案是圣十字山白酒的葡萄园属于凉爽的气候和碎石灰石土壤，造成葡萄比较晚熟，果味比较集中，酿出来的白酒具有复杂度和浓郁感。

　　这里必须一提的是有名的"巴黎品酒会"在经过三十年后的2006年5月重新较量，1971年的蒙特·贝罗打败群雄，勇夺冠军。手下败将包括了知名的五大酒庄，这证明了蒙特·贝罗这款酒宝刀未老。英国《品醇客》葡萄酒杂志也选出1991的蒙特·贝罗为此生必尝的100支酒之一，真可说是实至名归。

特别
推荐

山脊蒙特贝罗
Ridge Monte Bello 1991

基本介绍

WA：96　WS：93

山脊蒙特贝罗是酒庄纪念蒙特·贝罗卡本内回顾100年所特别制作的酒标，具有特殊意义。与酒庄其他的蒙特·贝罗不一样，这款酒我已收藏了将近二十个年头，觉得应该是开启的时候了。当我带到上海与酒友分享（同时还有一支Monte Bello 1998），喝下第一口时，心中充满激动，多么美丽动人的一款酒啊!今天能喝到这款酒真是谢天谢地，而且保存的这么完美。丰富有层次，优雅柔软，浓郁饱满，平衡有节制，不虚华不艳抹，铿锵有力。有薄荷、黑醋栗、矿物、香料、香草、森林芬多精、新鲜皮革、黑樱桃和松露的香味，余韵带有甜美的巧克力和波特蜜饯。这样伟大的蒙特贝罗在最好的年份诞生，而我又有幸与友人分享，在人生喝酒的乐趣上又添加一笔，无怪乎《品醇客》杂志选为此生必喝的100支酒。

DaTa

地	址	17100 Monte Bello Road Cupertino, CA 95014
电	话	408.868.1320
传	真	408.868.1350
网	址	www.ridgewine.com
备	注	可以预约参观

推荐
酒款

山脊圣十字山夏多内白酒
Ridge Santa Cruz Mountains Chardonnay 1995

基本介绍
分数：WS93
适饮期：现在~2018
台湾市场价：约80美元
品种：100% 夏多内
75%美国橡木桶，25%法国橡木桶。
桶陈：9个月
瓶陈：15个月
年产量：1800 箱

🍷 **品酒笔记**

这款山脊酒庄（Ridge Vineyards Santa Cruz Mountains Chardonnay 1995）圣十字山夏多内白酒当我在2006年喝到时非常的惊讶！经过了11年竟然有如此美妙的香气与动人的口感，我很难以置信，这样平价的一款酒里面究竟藏着怎样的秘密。因为土壤为当地特殊绿色石块混合黏土，而下层是石灰岩。1962就有的山坡葡萄园，产量很低，葡萄白天得到充分的日照，太平洋的海风雾气降低夜晚的温度，日夜温差大，葡萄可以缓慢的成熟，有浓郁的复杂度，还有平衡的酸度。独特的矿物质中夹有白芦笋、海苔、白脱糖、奶油椰子、榛果、水蜜桃、椴花、抹茶味、菊花，一波未平一波又起，层层交叠，有如钱塘江观潮的惊叹。到了后段又展现出焦糖、柑橘、菠萝回甘的甜美，真是令人拍案叫绝。在2013年时我又再度喝到，仍然风韵犹存，不减当年，多么奇妙的一款白酒啊！

🍴 **建议搭配**

日式料理、生鱼片、各式蒸鱼、前菜色拉、焗烤海鲜。

★ **推荐菜单 海胆焗大虾** ─

聪明的台湾人将日本的海胆加上美乃滋与台湾的大虾焗烤，造就了这道中日混血、人见人爱的特殊铁板菜系，大虾肉质结实弹牙，新鲜脆嫩；海胆的外酥内嫩，咸中带甜，层次多变。搭配这款以奶油椰子为主体的白酒，更显得海胆圆润饱满，活泼的果酸也大大提升了虾子的自然鲜甜。酒与菜的结合可称是门当户对，将人间美味发挥得淋漓尽致。

餐厅｜飨宴铁板烧
地址｜宜兰县罗东镇河滨路326号

57

Robert
Mondavi Winery

罗伯·蒙大维酒庄

1936年来自意大利的蒙大维家族原本在纳帕谷买下了查尔斯·库克酒庄（Charles Krug Winery），于1965年史丹佛大学毕业的罗伯（Robert）对于经营酒庄的方向与弟弟理念不合，两兄弟大打一架之后，罗伯被逐出家门。1966年罗伯在橡木村（Oakville）买下了第一个葡萄园，建立了自己的酒庄，就以自己的名字命名：罗伯·蒙大维酒庄（Robert Mondavi Winery）。并且陆陆续续买下许多葡萄园。罗伯的目标是要让自己的酒庄生产能与欧洲最好的葡萄酒匹敌的高质量葡萄酒，罗伯在酿酒技术、企业经营和营销手法上发挥自己的天分与创意。

罗伯·蒙大维酒庄位于美国加州的纳帕谷产区的公路上，该酒庄的主人蒙大维可谓是美国家喻户晓葡萄酒酿酒教父。在罗伯·蒙大维酒庄出现之前，多数人

A
B C D

A. 酒庄VIP餐厅看出去的美丽葡萄园。B. 罗伯·蒙大维门口有一座拱桥，成为酒庄最明显的建筑。C. 酒庄接待大厅挂着创办人罗伯·蒙大维的照片。D. 作者与酒庄酿酒师合影。

认为美国出产的葡萄酒不过是糖分高，果香浓，但是酒体轻盈，喝起来就像是加酒精的葡萄汁。但蒙大维坚信加州纳帕谷得天独厚的气候与土壤，必定可以酿造出影响全世界的葡萄酒，1966年建立蒙大维庄园不久后便一直引进世界各种先进酿酒技术及理念。

罗伯·蒙大维酒庄这几年在葡萄园与酿酒设备上更投入了大笔资金和心力。接待我的是酒庄里的教育专家印格（Inger）女士，她非常专业仔细地介绍每个不同的葡萄园，细说着酒庄中最好的葡萄园喀龙园（To Kalon），这块葡萄园一直是用来做最高等级卡本内·苏维翁珍藏级（Cabernet Sauvignon Reserve）的主要葡萄。这款酒也是酒庄的招牌酒，在1979年出厂后，价钱就已经是30美元，与徽章（Joseph Phelps Insignia）同获"美国加州有史以来最佳红酒"的殊荣。喀龙园葡萄园排水性极佳，从1860到现在喀龙园葡萄园无论是新的旧的葡萄树，只要觉得不好就重新栽种，成本相当高。酒窖中放了五十六个可以储存五千加仑葡萄酒的橡木桶，分别在这里发酵十天，停留三十天，只用来做发酵。听到印格女士这样说，我觉得非常不可思议，这么大的一间酒窖和木桶只用来发酵，世界上真是不多见，由此我们可以得知酒庄的雄心壮志。

蒙大维酒庄也是美国葡萄酒旅游业最先倡导者。罗伯·蒙大维认为葡萄酒也是艺术、文化、历史、生活的一部分，在饮食和艺术文化中最能被有效地阐述出来，他们也一直持续努力地做着。蒙大维酒庄部是美国最先对参观者开放的酒庄之一，同时也是最先提供旅游服务和提供品酒的酒庄之一。他们也建立了自己的餐厅，聘请主厨为酒庄的酒来配上最好的菜。还有音乐会的举行，每年夏天，蒙大维酒庄都会赞助一次音乐节，来为纳帕谷的交响乐筹集资金。由于罗伯·蒙大维夫妇都非常的热爱艺术品，所以就酒庄内也会不定期地举行艺术与画作的展览。当天中午和印格女士到酒庄的VIP餐厅用餐，配上卡本内·苏维翁珍藏级红酒，欣赏餐厅墙上挂的色彩强烈的画作，还有窗外加州阳光下的葡萄园，这个下午实在是非常惬意。

当天酒庄招待的酒单与菜单。

地　　址 | 7801 St. Helena Highway Oakville, CA 94562

电　　话 | 707 768 2356

网　　站 | robertmondaviwinery.com

备　　注 | 除复活节、感恩节、圣诞节和元旦放假外，其余每天AM 9：00~PM 5：00开放参观。

罗伯·蒙大维卡本内·苏维翁珍藏级红酒

Robert Mondavi Winery Cabernet Sauvignon Reserve 2001（珍藏级）

基本介绍
分数：RP94　WS95
适饮期：2014~2040
台湾市场价：约6,900美元
品种：88% 卡本内·苏维翁、10% 卡本内·弗朗、1% 小维多、1% 马贝克
橡木桶：100%全新法国橡木桶
桶陈：24个月
年产量：96,000 箱

🍷 **品酒笔记**
2001年的蒙大维珍藏级红酒是这几年我喝到最好的几个年份之一，活泼年轻而有活力。酒色是深红宝石色，接近于红褐色。丰富的鲜花、白色巧克力、桧木和雪茄盒渐渐浮出，黑浆果充满其中。厚实有力的浓缩纯度，层层多变的复杂度，都足以证明这款酒的伟大。优雅的摩卡咖啡，口感有纯咖啡豆、干果，黑醋栗和黑樱桃和红李等黑色水果浓缩味道，细腻如丝的单宁，壮阔奔放的酒体，有如一幅巨大强烈的油画，张力与穿透力凡人无法挡，接近完美。

🍴 **建议搭配**
最适合搭配烧烤的肉类、千层面、中式快炒热菜以及炖牛肉。

★ **推荐菜单　脆皮叉烧**

镛记的叉烧，都是用肥瘦相间的猪颈肉片，最上面有红透亮丽的油脂，内层是甜脆爽弹的瘦肉，丰润而有光泽，看起来是婀娜多姿。蒙大维的珍藏酒酒色呈深宝石红色，具有成熟黑色李子、黑醋栗独特香气，花香与果香水乳交融，浓郁芬芳，优雅细腻，温柔婉约，丝绒般柔软的单宁与口感结实的叉烧肉质互相吸引，而香醇的摩卡与巧克力还能带出这道粤菜的多层变化，酒中的烟熏木味甚至能解油腻，同时达到开味的效果，是非常完美的组合。

餐厅｜香港镛记酒家
地址｜香港中环惠灵顿街32-40号镛记大厦

58

Screaming
Eagle

啸鹰酒庄

　　啸鹰酒庄是纳帕谷最小的酒庄之一，也是加州膜拜酒第一天王，更是世界上最贵最难买到的酒。啸鹰酒庄今日会成为膜拜酒之王原因有三：第一是本身酒质就好，而且每年都很稳定。第二是分数高，帕克每年的评分都很高，大部分都在97分以上，1992～2012这二十年当中总共获得了四个100分。第三是产量少，每年只生产1,500～3,000瓶，你永远买不到第一手价格，因为来自全世界的会员已经排到十年以后了。啸鹰酒庄同时也创下世界上最贵的酒，一瓶六公升的1992年，在2000年时拍出50万美元。啸鹰酒庄还有一项惊人纪录：在2001年的纳帕酒款拍卖会上，一名收藏家出美元65万（台币两千一百多万）标下1992～1999年份共8瓶3公升装卡本内，让啸鹰酒庄也创下全世界最贵的酒的纪录。他也被欧洲葡萄酒杂志（Fine）选为第一级膜拜酒庄之首（First Growth），这一级的酒庄在全美国只有六家。

　　2009年在美国收藏家夏斯·贝雷先生（Chase Bailey）的庆生品酒会上，啸鹰在15支1997年加州名酒中脱颖而出排行第一。帕克也对1997年的啸鹰做出下列品饮感想："1997年是一支非常完美的酒，再无人能与之较量"。在纽约著名的丹尼尔餐厅（Restauant Daniel）你也可以点上一杯啸鹰酒，年份最差的一杯也要300美元（约2000人民币），如果你是亿万富翁当然可以来一瓶最贵的年份，开价是7,000美元起，而刚上市的2011公开市场价格为2,000美元，你还得有渠道才买得到，酒庄不接受客户直接订货，只能通过网络预订，预订之后往往还要排队等候数年才能买到。这样够牛了吧？你说怎么喝？在短短十几年的时间，啸鹰酒庄就跻身为投资级别的世界顶级酒的行列，在美国十大最具价值葡萄酒品牌排行榜中位居第一，这不得不说是一个奇迹！

A. 葡萄园全景。B. 三瓶原装箱的啸鹰酒庄。C. 酒庄总经理－阿曼·玛格丽特。D. 作者与酒庄总经理阿曼·玛格丽特在台北合影。E. 最贵的二军酒～Second Flight，一瓶要价4,558元人民币以上。

　　啸鹰酒庄位于加州纳帕谷的橡树村（Oakville），由珍·菲利普斯女士（Jean Phillips）创立。她原本是一名房地产经纪人，1986年她购买了纳帕河谷南端的一块葡萄园，1989酒庄成立，并与纳帕天后酿酒师海蒂·彼得生·巴瑞（Heidi Peterson Barrett）一同创造出这款稀有的膜拜酒，1992年首酿年份问世。通常酒庄以85%到88%的卡本内·苏维翁，10%到12%的美洛，以及1%到2%的卡本内弗朗混酿而成。酒庄所处的地理位置颇为优越，产区拥有30多种各不相同的土壤类型，从排水性良好的砾石土壤到高度保温的粉质黏土，这些土壤都具有不同深度和力度。土壤有着极佳的排水性能，白天天气炎热使得卡本内·苏维翁完美成熟，下午北面的圣巴勃罗湾（San Pablo Bay）凉爽的微风吹拂着葡萄。这间酒庄的石砌小屋坐落于橡树村（Oakville）产区的多岩山丘旁俯视着整片卡本内苏维浓、美洛、卡本内·弗朗葡萄园。酿造过程65%在全新法国橡木桶完成，且置于一间小酒窖陈酿约2年，每年产量仅仅500箱。

　　从1992年首次推出啸鹰葡萄酒开始，菲利普斯坚守"更少就是更多"的酿酒理念，且只在收成相当好的年份才生产，不好的年份宁可颗粒无收。我们可以观察到从1992~2011这二十年当中独缺2000年，啸鹰为何没有酿制2000年份的葡萄酒，这是由于2000年的葡萄未达到酿造标准，所以就不生产了。这种做法被认为是极致奢侈且浪费，但却是一个聪明的方法，最后得到的结果是提升啸鹰酒庄的声誉和身价。

　　2006年，简·菲利普斯在《葡萄酒观察家》的一封亲笔信中透露自己已经出售了啸鹰酒庄。她在信中这样写道："我卖掉了美丽的农场和我珍贵的小酒庄。有人向我提议收购，我觉得是时候停下脚步了，我考虑了许久，这着实是个艰难的抉择"。在2006年3月，鹰啸酒庄由NBA球员经纪人Charles Banks与丹佛金块队/科罗拉多雪崩队的老板史丹利·克伦克（Stanley Kroenke）共同买下。这对新

啸鹰酒庄白酒
Screaming Eagle Sauvignon Blanc 2011

基本介绍
适饮期：2016~2036
台湾市场价：约3,600美元
品种：100%苏维翁·布朗
橡木桶：65%法国新橡木桶
桶陈：12个月
年产量：25箱

🍷 品酒笔记

这是一款很难得喝到的白酒，每年产量不超过300瓶，而且在公开市场看不到。酒庄是用来招待朋友用的，所以也没有行情。我第一次在杭州喝到这款酒时，是一位杭州的大收藏家王小荣董事长亲自从美国携带回来分享的。小荣兄是一位对葡萄酒热爱而且慷慨的收藏家，每次到杭州都能品尝到他所收藏的美酒。当我品尝到这款酒时有一种特殊的感觉，虽然物以稀为贵，但是吸引我的是它特别的香气与口感：淡淡茉莉花香、香草、薄荷、青柠檬，入口后有一种白芦笋、青苹果、台湾芭乐、小青草、最后转为菠萝和蜜香。这是一款高雅迷人的酒款，可惜市场太少，以至于被炒作成奢侈品，很少人能享受到。

庄主聘请了天王藤园管理师戴维·阿布（David Abreu）整理果园，且邀请新的酿酒师安迪·艾瑞克森（Andy Erickson）加入。安迪曾在鹿跃酒庄（Stag's Leap Wine Cellars）与Staglin Family酿酒，目前则帮Hartwell及Arietta酿制酒款。而今酒庄的酿酒师是尼克·吉斯拉森（Nick Gislason），著名的飞行酿酒师米歇尔·侯兰（Michel Rolland）是酒庄的酿酒顾问。

"Screaming Eagle"是美国陆军第101空中突击师的别号。"二战"期间，101师曾在诺曼底登陆中扮演了重要角色，菲利普斯取名啸鹰酒庄（Screaming Eagle）或许是想象这只雄鹰有一天能号昭天下，成为纳帕河谷酒庄之首。现在它已是美国膜拜酒之王。"这酒或许是一只雄鹰，或者什么也不是。"有一位评论家在喝到啸鹰酒庄新酒时这般说过。这只老鹰确实是"不鸣则已，一鸣惊人"！

以下是历年来的价格：

1997年：4,200~5,300美元	2007年：2,400~7,700美元	1992年：6,000~21,800美元
1995年：2,700~5,000美元	2001年：2,200~3,000美元	2002年：2,200~4,700美元
1996年：2,800~7,250美元	2005年：2,000~4,750美元	1999年：2,000~4,150美元
2007年：3,000~6,150美元	2009年：2,200~4,000美元	2010年：2,500~4,300美元

DaTa

地　　址	134,Oakville,CA 94562
电　　话	707 944 0749
传　　真	707 944 9271
备　　注	酒庄不对外开放

啸鹰酒庄
Screaming Eagle 1999

基本介绍

分数：WA97
适饮期：2009~2039
台湾市场价：约2,600美元
品种：88%卡本内·苏维翁，10%美洛，2%卡本内·弗朗
橡木桶：65%法国新橡木桶
桶陈：24个月
年产量：500~850箱

🍷 **品 酒 笔 记**

1999年份获得了帕克的97高分，该酒呈深黑枣红色，几乎是
不透光，散发着强劲的果香和应有的爆发力，丰富的浆果、咖
啡、皮革、松露及花香气息，伴着黑莓、矿物、甘草和吐司的
味道，雪松、烟熏肉味和泥土的滋味结合丝绒般的单宁，层
次高潮起伏，变化多端，酒体圆润饱满，回味可长达60秒以
上，可以陈年30年或更久的大酒。绝对称得上美国第一膜拜
酒，而且是一款如巨人般的伟大酒款，值得细细品味与收藏。

🍴 **建 议 搭 配**

烧烤牛排、卤牛肉、烤羊腿、烧鹅。

★ **推 荐 菜 单　花生卤猪脚**

花生卤猪脚是台湾一道很平民的家常菜，在很多家庭的餐桌上都会见
到。做法非常简单，市场上选一只黑毛猪后腿，再买半斤剥好的云林
花生，还有一些香料：桂皮、陈皮、八角和白椒粉。猪脚汆烫后取
出，再和花生一起炖煮，放入所有香料、糖和酱油，闷煮两个小时
后，水缩干即可。这道菜重点是吃猪脚的软嫩和皮的胶质，还有花生
的酥松。我们今日在上海点水楼能尝到来自台湾家乡的口味，特别的
惊喜与感动。而且我们今天要喝的酒号称是美国最贵的一款膜拜酒，
老鹰（Screaming Eagle 1999）是大家非常期待的一支梦幻之酒。
这么浓厚的一款酒实在不好配餐，最好是单饮或配较简单的菜，才不
至于影响这样贵重的酒。这只老鹰酒有着奔放豪迈的浆果和皮革味，
可以减低猪脚的油腻感，并且让胶质的口感更加鲜美，而红酒中的细
腻单宁和香料气息正好与酱汁的陈皮、八角互相交融，香气四溢，浓
郁可口。和猪脚一起炖煮的云林花生炖的极为绵糯，这时候再喝上一
口芳龄已十五的老鹰酒，顿时觉得全身舒畅，筋骨活络，千杯不醉，
无奈老鹰酒甚贵，每人只有一杯，真是酒到喝时方恨少啊！

餐厅｜上海点水楼
地址｜上海市宜山路889号齐来科
　　　技服务园区第6栋1~3层

59
Shafer Vineyards
谢佛酒庄

　　老约翰·谢佛先生（John Shafer）本来在芝加哥从事出版业，1972年来到美国的纳帕山谷（Napa Valley）就已注定了这下半辈子要与葡萄酒为伍了。1973年约翰·谢佛开始买下了鹿跃产区（Staps Leap）山脚下的葡萄园开始种葡萄。1978年用鹿跃产区山坡边的葡萄酿了第一个年份的鹿跃山区精选酒（Shafer, Hillside Select Cabernet）并且创立了谢佛酒庄（Shafer Vineyards）。1978年份只生产1000箱。经过多年不断地扩大规模，葡萄园面积已超过80公顷。如今，谢佛酒庄生产两种卡本内红酒、一种美洛红酒、一种混酿的山吉维斯红酒、两种夏多内白酒和一款向酿酒师Elias Fernandez致敬的希哈红酒，总年产量约36万瓶。

　　1983年谢佛约翰的儿子道格（Doug）从戴维斯酿酒学校毕业便成为酒庄

A. 酒庄主建筑。B. 鹿跃葡萄园。C. 葡萄园。D. 作者和庄主道格在鹿跃葡萄园合影。E. 准备出口的鹿跃山区精选2010。

的助理酿酒师，加入酿酒的行列。1984酿酒师费南德兹（Elias Fernandez）也进入酿酒核心，和道格一起打造全新的鹿跃山区精选酒，并且推出谢佛酒厂向酿酒师费南德兹致敬的一款酒瑞兰德斯（Shafer Relentless），由隆河罗第丘（Cote Rotie）葡萄酒启发孕育而生的加州希哈红酒，表彰他追求完美永无止境的努力而推出的特别作品，从1999年开始到2012年每一年都获得帕克90分以上的评价，2008年份更荣登2012年WS年度百大葡萄酒第一名，实至名归。而鹿跃山区精选酒也在两人努力合作之下获得了最高的成就，成为加州最有名气的膜拜酒之一，年产量不到3万瓶。帕克曾说："谢佛鹿跃山区精选酒是全世界最伟大的卡本内红酒之一"屡次评为99分或100分的满分，如2001、2002、2003和2010的100分和最新年份2012的98~100分，1994、1995和1997的

99分，这种成绩在美国也算是少见的。

　　在我拜访谢佛酒庄时，营销总监威森先生（Andrew Wesson）告诉我现任庄主道格刚好外出，晚些会回来在品酒室和我聊聊他们的酒，让我心里也比较踏实，远道而来如果没有遇到庄主，实在太可惜了。威森总监一路上引领我参观葡萄园和酒窖，我甚至看到了2010的鹿跃山区精选酒正在装箱，一层一层地封装，再堆栈到栈板上，非常的费工费时，这可是100分的酒啊！一瓶上市价格就要2,400元人民币起价。威森告诉我这3个工人都已经在酒庄工作20年了。还有在葡萄园工作的农夫也都是多年员工，每株葡萄完全手工照料，葡萄就像是婴儿，从剪枝、疏叶、采收，到最后总共要摸15次以上，8个员工都非常有经验，每天重复的做，这就是专业。鹿跃山区精选酒是靠近鹿跃山区斜坡的葡萄园，每株葡萄选2串最好的，其他不要，橡木桶只用一次，第二次就卖掉，酿酒师要每一个闻闻看是不是他要的，如果不对就不采用。

　　最后，我们来到VIP的品酒室，庄主道格已经准备好了5款不同的酒等待我来品尝看看，酒单是：Red Shoulder Ranch Chardonnay 2012、Merlot Napa 2011、One Point Five Cabernet Sauvignon 2011、Relentless 2010、Hillside Select 2009等5款不同形态的酒。我边喝边和道格庄主聊天，他说从1994开始就把全部的酿酒工作给Elias Fernandez主导，他则专心管理酒庄的一切事务，酒庄现在也透过经销商全力发展中国大陆的业务，因为中国大陆市场以后会有很大的空间。他也很乐观地说："做酒的人就是让喝酒的人开心，是传达生活方式的一种方法。"听起来很有哲学。

地　　址 | 6154 Silverado Trail Napa, CA 94558 USA
电　　话 | 707-944 2877
传　　真 | 707 944 9454
网　　址 | http://www.shafervineyards.com
备　　注 | 可以预约参观，参观其必须先预约

鹿跃山区精选
Hillside Select Cabernet 2009

基本介绍
分数：RP98　WS96
适饮期：2019～2039
国际价格：350美元
品种：100% 卡本内·苏维翁
橡木桶：100%全新法国橡木桶
桶陈：36个月
瓶陈：12个月
年产量：2400 箱

品酒笔记
酒体饱满而平衡，华丽而不矫情，深紫红的色泽非常亮丽，带有鲜花、香料味、蓝莓、木料、莓果、巧克力、印度香料、加州李，黑加仑等丰厚的浓郁果实香气。余韵停留30秒以上，在口中的水果味充满肉感，有如美国女星玛丽莲·梦露的纯真性感，令人陶醉。复杂而多层次的变化证明了这款葡萄酒的伟大，深入人心，登峰造极。

建议搭配
浓厚酱汁中菜、红烧肉类料理、炖牛腩、广东烧腊。

★ 推荐菜单　东坡肉

号称杭州第一名菜的东坡肉，几乎在每个菜馆都能吃得到，虽然每家餐厅都有独门配方，但是基本上的功夫却是不变，只是同中求异罢了。做法大概都是取一大块五花方肉，冰糖、酱油、米酒（台湾做法）黄酒（上海做法）微火卤煮，至汤汁收干为止，此时火候与时间控制非常重要。东坡肉能够流传千古，成为男女老少都喜爱的家常菜，其魅力不外乎是能与米饭搭配的天衣无缝，也是下酒菜的不二选择。古人以白干佐之，今日我们和美国最好的卡本内红酒相配。香草雪松融合了软嫩酥烂的肉质，印度香料可以使酱汁提升至极鲜美味，蓝莓加州李和红润Q弹的脂皮互相邂逅，交织成一篇美丽的乐章，堪称人间美味。

餐厅 | 香港绿杨邨酒家
地址 | 香港铜锣湾告士打道280号
　　　世贸中心11楼

60

Stag's Leap
Wine Cellars

鹿跃酒窖

　　2014年春天刚过，我就来到创立于1970年的鹿跃酒窖（Stag's Leap Wine Cellars），加州的午后阳光特别火辣，常常令人睁不开眼睛。我们走到专门放酒庄历任酿酒师手印的一面墙，非常的特别，每一任的酿酒师都在酒庄留下了手印，从1973年第一任的Bob Sesslons到2013年的现任酿酒师马库斯先生（Marcus Notaro），这面墙叙述着鹿跃酒窖的酿酒风格和发展史。经过了这面墙，我们来到鹿跃区（Stag's Leap District）山脚下的葡萄园，这也是鹿跃酒窖最重要的产区。安娜告诉我们说："因为山的地形和石头的形状看起来像几只鹿在跳跃，所以就叫鹿跃，这是印第安人的传说。"这块产区土壤以冲积土的黏土和火山土的粗砾为主，90%葡萄品种为卡本内其余是美洛。

　　有关鹿跃酒窖是由希腊文化史教授维尼亚斯基先生（Warren Winiarski）

A
B C D

A. 鹿跃葡萄园。**B.** 这面墙留着所有酿酒师的手印。**C.** 作者与酿酒师马斯库先生在酒窖门口合影。**D.** 酒窖内部。

于1972年创立。他曾经在蒙大维酒庄当过土壤分析师，对葡萄酒充满着热情。1972年在美国加州纳帕谷东侧山坡的央特维尔镇（yountville）附近买了一块18公顷的园地，就是印地人所说的"鹿跃（Stag's Leap）"。之后又陆续购买了费（Fay）葡萄园，成立鹿跃酒窖。鹿跃酒窖于1972年开始种葡萄和酿酒，在第二年就酿出了1973年的S.L.V. 这款酒的问世也改变了美国葡萄酒的命运，从此开启了鹿跃酒窖的光明之路。

参观完葡萄园和酒窖之后，安娜继续带我们来到接待处的品酒室试酒，此时，酿酒师马库斯先生也到了现场准备和我们一起品尝。他问我们想要喝哪几款酒？我选择了酒庄里最好的三款红酒和一款白酒，分别是：2012 Karia Chardonnay、2006 Fay、2005 S.L.V.和2010 Cask 23。四款酒当中我个人最喜欢的是2005 S.L.V，已经非常的成熟平衡，没有青涩的草本植物，其中的黑色果实有蓝莓、黑樱桃、果酱和一丝丝的烟熏木桶，些微的薄荷、甘草和黑咖啡巧克力，更重要的是细致的单宁，喝起来很舒服。现任酿酒师马库斯先生告诉我们，他一直在酿造一款能代表鹿跃区风土风格的酒，是美国的风格，而不是外界说的波尔多风格。2010年的23号桶（Cask 23）就是这样刚柔并济、层次复杂、优雅细致的一款酒。就如同创办人维尼亚斯基先生说过的话："他想要生产一种有充分力量的酒，结合了风格与优雅，但又不会太厚重。"

说到酿酒这回事，世界上没有酿酒人会用古希腊黄金矩形的概念来描述酿酒这件事。对希腊人而言，美是来自与对立面力量动态的平衡。正方形四边等长，因此是完美的，但却缺乏动态的张力，所以没什么特别的趣味。希腊数学家毕师可拉（Pythagora）和欧几米德都指出，黄金矩形在外形上更吸引人。黄金矩形短边与长边的比例，和长边与长短边加总的比例是相同的，雅典的帕得嫩神庙（Parthenon）便是黄金矩形在建筑上的典型。古典学家也在音乐里看到对立关系的黄金比例，甚至在向日葵和海螺等自然生物里也可见。这就是维尼亚斯基的制酒哲学，他的想法和其他纳帕制酒人有很大的差异。他始终强调酒的和谐与平衡，对其他人酿造所谓的厚重酒感到反感，他觉得那酒的酒精太强、口味太重。他认为23号桶古典、细致。整体风格柔美却不松软，柔中带刚的气势表现诚如庄主所言："戴着丝绒手套的铁拳，唯有被他一击后才知其威力！"

1976年鹿跃酒窖在有名的"巴黎盲瓶品酒会"美法对决中一战成名，第一个年份在10支参赛的美法酒款中夺得第一，打败波尔多等五大名庄，连1970年份的木桐都只能屈居第二名的位置。从此，鹿跃酒窖站上世界舞台，美国五大也开始与法国五大分庭抗礼。2006年美法再度对决，仍然获得第二名的荣誉，再度证明了鹿跃酒窖的陈年实力和潜力。另外，鹿跃酒窖23号桶1985同时也被英国葡萄酒杂志《品醇客》选为此生必喝的100支酒之一。

维尼亚斯基先生是酒界传奇人物之一，他在意大利拿坡里作研究时，开始相信自己应该是位酿酒师，美法葡萄酒对决的宿命，竟然是决定于他的意大利游学之旅。高龄82岁的他，由于后代无意经营酒庄生意，鹿跃酒窖在2007年已经转售给于斯特公司（UST Inc.）与彼得·安东尼侯爵（Marchese Piero Antinori）。

DaTa

地　　址 | 5766 Silverado Trail, Napa, CA 94558, USA
电　　话 | 707 944 2020
传　　真 | 707 257 7501
网　　站 | www.cask23.com
备　　注 | 周一到周日Am 10：00~Pm 5：00

鹿跃酒窖23号桶
Stag's Leap Wine Cellars Cask 23 1992

基本介绍
分数：WA96 WS92
适饮期：1998~2020
台湾市场价：约225美元
品种：100% 卡本内·苏维翁
橡木桶：90%全新法国橡木桶
桶陈：21个月
瓶陈：12个月
年产量：1000箱

🍷 **品酒笔记**
这款酒实在是赞叹再赞叹！本人已经尝过很多个年份的23号桶，无论是80年代或90年代，甚至是21世纪初的酒，从没有喝过如此令人拍案叫绝的酒。红宝石色泽仍保持着干净，有着波尔多黑色水果，烟熏木桶，巧克力，及甘草味。另一面则是勃艮第的红色果实和花香，微微的松露菌菇，大地中的泥土，酒体是丰厚的，口感却是细致的，单宁如丝绒般的柔滑，而尾韵的甜美悠长，让人久久难忘！有如虞姬抚琴清唱，而后腰肢摇摆，翩翩起舞，莫怪西楚霸王感叹谁能与共啊！这款酒绝对是当今世上难得珍酿，有机会一定得一尝为快！

🍴 **建议搭配**
炸猪排、烤羊腿、煎牛排、红烧肉。

★ 推荐菜单 五香肉卷

五香肉卷在台湾大小市场几乎都有卖，但要找到正宗的闽式做法却很难，大部分都是虾卷、花枝卷和菜卷，偶尔在路边摊卖米粉汤或咸粥的地方会见到，但也不是老师傅流传下来的秘方。五香肉卷是闽南人逢年过节、婚宴喜庆必备的前菜，五香肉卷必须以五花肉、细洋葱、豆腐衣等原料制成。备大油锅，待油温升高至100℃下锅炸，此菜色泽红润，皮香肉酥脆，口感嫩滑，现炸现吃，时间过长就不好吃了。作者一日来到厦门中山路一带老市场，本欲寻访沙茶鱼丸面，未料见路边一妇人正在包五香肉卷，一看正是老祖宗古法，马上叫盘来尝，热腾腾一上桌马上香气四溢，十分酥脆，腐皮五花肉与洋葱在口中的美味无法形容，只有大快朵颐四字。鹿跃Cask 23名不虚传，有着波尔多的浓郁香气又兼具勃艮第细致的单宁，口感丰满柔顺，搭配正宗五香肉卷，解腻去油，又能中和酥脆松软的肉质，使之平衡可口，余味持久。葡萄酒的烟熏香料和五香肉卷的焦香合而为一，琴瑟和鸣，余音袅绕，绵延不绝。

餐厅｜厦门老街市场内五香肉卷摊
地址｜厦门市中山路老街市场

61

Schrader
Cellars

喷火龙酒庄

　　加州膜拜酒虽然品牌众多，但其实是一个很小的世界。观察许多的庄主、酿酒师，与葡萄园，好像彼此都有一点关系。即使是这款"有点神秘"的膜拜酒——喷火龙，从其历史而言也是如此。这个故事要90年代初说起。

　　"喷火龙"其实是喷火龙酒庄旗舰酒款的酒标图案，此酒全名是Schrader Cellars "Old Sparky"，是一款顶级的加州卡本内，仅在好年份生产双瓶装，而Old Sparky即是庄主弗雷德·施拉德（Fred Schrader）的绰号。弗雷德·施拉德曾在1992年与Ann Colgin携手，两人在膜拜酒界以柯金·施拉德酒庄（Colgin Schrade Cellars）获得绝大成功，该酒庄也就是现在另一款膜拜酒柯金（Colgin）的前身。当然，当时的酿酒师Helen Turley功不可没，而Helen Turley的先生John Wetlaufer就是现在加州名酒玛卡辛（Marcassin）的所有人。

A | B

A. Schrader酒庄5瓶不同的葡萄园原箱加1瓶旗舰款喷火龙（1.5L）。

B. 喷火龙酒庄庄主弗雷德·施拉德。

　　施拉德与柯金两人后来离婚，柯金-施拉德酒庄成了柯金的产业。相对的，施拉德在1998年找来Thomas Rivers Brown，成立了自己的酒庄喷火龙酒庄。这酒庄分数也很高，不过长年都是以极为低调的方式，在少数爱酒者中口耳相传，多年来外界几乎只知道柯金，忘了喷火龙酒庄。不过在2008年的时候，喷火龙酒庄缔造了一项纪录，让它终于不能再沉默。那就是旗舰酒款"喷火龙"（Old Sparky），连续4年获得R. Parker 100分（2005-2008，其中2007更获得双100分，RP:100、WS:100），至此，喷火龙酒庄终于以膜拜酒的姿态重现江湖。

　　施拉德早年在纳帕的成功，让他可以获得许多重要的资源（葡萄）。喷火龙的葡萄来自名园喀龙园，想当然，这一定是出自贝克斯多夫（A. Beckstoffer）的葡萄园。手中拥有6座加州纳帕名园的贝克斯多夫，提供了施拉德尖端品项的主力：分别是圣乔治园（Georges III），拉斯彼德拉斯园（Las Piedras）以及喀龙园。在加州，能够拿到贝克斯多夫这些名园的酒庄，另一间即是辨证酒庄（The Debate）（2012年也获得RP:100）。

Fred Schrader在1998年大胆启用了Thomas Brown作为酿酒师，此人当时从没酿过任何一款卡本内！不过，《葡萄酒观察家》的James Laube与Robert Parker都对他的作品相当满意。施拉德也成了WS加州卡本内专辑的封面人物（2007年份）。与众不同的是，此庄其实不只是打造膜拜酒，它特别强调"无性繁殖系"的选择：卡本内主要是Clone 6与Clone 337，Las Piedras是Clone 337，喀龙园有时在名称上还加了T6，此就代表了Clone 6，这都是极内行的收藏者才会注意的项目。

喷火龙酒庄其实也有酿霞多丽（与Thomas Brown合作），非常不容易喝到！葡萄来自Boar's View，这个答案不意外：原来葡萄园就在Marcassin旁边，也就是老伙伴Helen Turley的地盘。所以说，许多的庄主、酿酒师，与葡萄园，好像彼此都有一点关系，加州是，世界也是！

酿造哈兰（Harlan）的葡萄一部分是来自于山上一部分也是来自于喀龙，因为不是单一园的葡萄所以在哈兰的酒标上见不到喀龙的字样。帕克对喀龙是特别钟爱的，喀龙对于纳帕来说就是勃艮第的李奇堡（Richebourg）！前味独特的花香加上下咽时檀木的香气。

喷火龙酒庄自2002年第一次获得两款满分酒至2013年一共有15款酒拿下帕克满分！成为美国拿下帕克最多100分的酒庄，其间98分、99分的酒不胜枚举!这就是您必须收藏喷火龙的原因！从2002开始到2014为止，13个年份中2002、2005、2006、2007、2008和2013总共获得帕克六个100分。如今，美国第二贵膜拜酒喷火龙，仅次于老鹰（Screaming Eagle）。

地　　址 | Calistoga CA 94515
电　　话 | 707 942 1540
网　　址 | www. schradercellars.com
备　　注 | 只接受预约访客

喷火龙
Schrader Cellars "Old Sparky" 2003

基本介绍
分数：RP97+
适饮期：2017~2040
台湾市场价：约45000元台币
品种：100%卡本内
桶陈：18个月
年产量：约1,500瓶

🍷 品 酒 笔 记
当这款酒缓缓地倒入酒杯中时，我就觉得这会是一支非常典型
的卡本内，扑鼻而来的是迷人的紫罗兰花香渗透着黑色水果
香，深不透光的红宝石色泽，最先开启的是西洋杉木香，紧接
而来的是黑樱桃、黑莓、黑醋栗和蓝莓等混合的果酱味，接着
草本植物和白胡椒的芳香也披挂上阵，微甜的巧克力、香草香
和摩卡调和成一杯浓浓的咖啡香，最后的烟熏橡木、烟丝和果
酱完美地融合在一起，犹如一张毕加索的抽象画，让人有无限
宽广的幻想，余韵萦绕，回味无穷。虽然难找，但知音者却
不少！

🍴 建 议 搭 配
酱汁羊排、台式卤猪脚、红酒炖小牛肉、沙朗牛排，港式
腊味。

★ 推 荐 菜 单   富贵冰烧三层肉

冰烧三层肉是香港最具代表性的烧腊之一，肉质弹牙、香脆多汁、
肥而不腻，层次感丰富，为港式烧腊店必点名菜。一块肉可以尝到
3种口感，先是感到表皮的松脆，然后会感到肥肉的甜润，最后会感
到瘦肉的甘香。当然也可以醮一点糖，感觉不会油腻，咸甜并存，
互不相让，可以更为爽口，但是这里不建议。这道菜讲究的是皮
脆、肉嫩、肥瘦均匀、够咬劲。喷火龙红酒具有迷人的花香和黑色
醋栗樱桃果酱，可以除去肥腻感，使得肉质更为香醇。烟熏橡木香
与东方香料互相交融，浓情蜜意，葡萄酒的木香和香料味可提升外
皮的酥脆滋味。另外浓郁的巧克力、香草咖啡，圆润饱满的酒质，
也使得瘦肉更为软嫩多汁，美味隽永，真是完美组合，"万岁"。

餐厅 ｜ 大荣华围村菜
地址 ｜ 香港九龙湾宏开道8号其士
商业中心2楼

Chapter 2　美国　America

62
Sine Qua Non
辛宽隆酒庄

出生于奥地利、现已享誉国际的辛宽隆（SQN）的庄主兼酿酒师克朗克（Manfred Krankl）近期在一场车祸中受到重伤。这场车祸发生在2014年9月18日，地点位于加州奥海镇的玫瑰谷（Rose Valley），这场车祸并没有牵涉到其他车辆。事发后，克朗克马上被直升机载至最近的医院，他的头部有非常严重的外伤。虽然其妻子曾表示他已经在康复中，但至今他本人未在公共场合中露过面。一些收藏家则担心酒庄的未来，更加疯狂地搜罗市场上的辛宽隆。

2014年12月初某知名拍卖公司的一场拍卖会上，一组6瓶装辛宽隆包括4瓶夏多内白酒、1瓶1996年份的红酒和1瓶Non E-Lips粉红酒，卖出了67,375美元（台币大约200万），均价约7,486美元/瓶（台币大约23万）。要知道同场另一组33个垂直年份（1961-2012）的小教堂（Paul Jaboulet Aine La Chapelle Hermitage）才拍得61,250美元（均价1,856美元/瓶）。在更早一些的五月份，1瓶1995年份的红心皇后（Queen of Hearts Rose）拍出了42,780美元（台币大约132万）的高价。

加州膜拜酒在市场有其高不可攀的地位，辛宽隆可以说是其中的代表，更是其中的异术／艺术。这间酒庄的主力品项不是普行的卡本内或夏多内，而是隆河系的西拉与歌海娜；白酒看似隆河系的瑚珊与维欧尼（Viognier），可是又偏偏添了霞多丽。它在主力品项外，有时做TBA，有时做Pinot，有时也做Rose，

294

A. 辛宽隆。B. 辛宽隆。C. Against The Wall 1996。D. Sine Qua Non Pinot Noir 2005。E. 辛宽隆白酒。F. 辛宽隆草蓆酒。G. 辛宽隆2000白酒。H. 2007 – 2010连续年份Sine Qua Non Next of Kyn Syrah。I. 辛宽隆2013白酒。

最麻烦的是每年每款酒的名字都不一样，同一款酒还可以有不同酒标，甚至，连瓶子都可以有不同的形式与尺寸。这也是辛宽隆迷最爱也最恨的地方，因为如果你喜欢，你会发现你永远搜集不齐。

　　这间酒庄的名称辛宽隆，拉丁文的原意是"必要条件"，有点像是空气之于人，"不能没有你"。奥地利移民的庄主克朗克本身就是个怪咖，他在加州中央海岸圣利塔山（Santa Rita Hills）的十一忏悔葡萄园（Eleven Confessions

Vineyard)，以非常传统的方式，追逐他自己想象中的好酒。结果他的酒拿下帕克破纪录的18次满分，这也是所有单一酒庄百分酒的最高次数。

辛宽隆的酒有多杰出?《神之雫》漫画的第七使徒就是它2003年的Inaugural Syrah。此酒是目前所有使徒酒中最难入手的一支，搭买是稀松平常，实情是有价无市，毕竟辛宽隆每个品项很少超过6,000瓶。排队等待的名单，比电话簿还长，幸运的人通常要等5~8年。高级餐厅外，仅有20%分配各地。至于它看似250美元的出厂价，只要一放进市场，价格马上翻两番，像是94年的创业名作黑桃Q，2010年就已较原先价格涨了35倍；最重要的是：你根本买不到！

辛宽隆是投资级红酒，这意味着它已在收藏市场上获得肯定。同时它产量极少，都是以瓶为单位，很少会看到箱。这或许也符合庄主克朗克的想法，他认为每款酒都是不同的，都应该有独立的身份。所以每年的西拉都有不一样的名字、不一样的瓶子。通常我们在市场偶然看到辛宽隆的时候，也是一瓶一瓶卖的；看似异数，但是收藏之中"不能没有你"。

辛宽隆在Wine Searcher网站美国最贵10款酒中占了8席：

1. Sine Qua Non Tant Pis 1995 1.5L（20,090美元）

2. Sine Qua Non The Bride 1995（13,100美元）

3. Sine Qua Non Queen of Spades Syrah 1994（6,309美元）

4. Sine Qua Non El Corazon Rose 1998（6,232美元）

5. Sine Qua Non Heels Over Head Syrah 2000（6,162美元）

6. Sine Qua Non Left Field Pinot Noir 1996（5,812美元）

7. Sine Qua Non Crossed Rose 1997（5,620美元）

8. Sine Qua Non Black & Blue 1992（4,513美元）

DaTa

地　址 | Office, 918 El Toro Road, Ojai, CA 93023; Winery, 1750N. Ventura Ave., #5, Ventura, CA 93001

电　话 | (1) 805 640-0997

传　真 | (1) 805 640-1230

备　注 | 不欢迎参观

辛宽隆 "就是因为喜欢它" 希哈红酒
Sine Qua Non Just For The Love of It 2002

基本介绍
分数：RP100
适饮期：2004~2030
台湾市场价：约33,000元台币
品种：96% 希哈、2% 歌海娜 and 2% 维欧尼耶
橡木桶：60%~100%法国橡木桶。
桶陈：18~24个月
年产量：700箱

🍷 **品酒笔记**

2002年的辛宽隆 "就是因为喜欢它" 是我喝过的世界上最强烈的希哈红酒，总共喝了两次，第一次是在2009年，最近一次是在2016年。酒色为深黑紫色，非常浓烈的浆果味；蓝莓、黑莓、黑醋栗、黑樱桃……有太多水果了。中段出现东方香料、奶油、烤面包、甘草，烘烤培根和炭烧咖啡，还有很清楚的薄荷与特殊花香。这款酒展现出巨大的实力，比澳洲的希哈还迷人，有如神话般的经典，不是伟大可以形容的，可以笑傲整个世界，推荐此生必须喝两回，一次是当下，一次是陈年5~10年后。

🍴 **建议搭配**

烧烤肉类、东坡肉、红烧狮子头、羊肉炉。

★ **推荐菜单　红烧狮子头**

强烈的辛宽隆希哈红酒充满了浓浓的果味和红烧狮子头的酱烧味互相结合，天衣无缝，完美满分。尤其狮子头中带汁嫩肉和红酒中的碳烧味融为一体，更是绝世无双，除了美妙之外，无法言喻!美酒佳肴，人生应当如此!

餐厅｜义和小馆
地址｜北京市金城坊街3-2号

Chapter 3　阿根廷　Argentina

63

CATENA ZAPATA

卡帝那·沙巴达酒庄

　　1898年，尼可拉斯·卡帝那（Nicolas Catena）的祖父尼可拉（Nicola）离开意大利前往阿根廷时年仅18岁，他决定在阿根廷最重要的葡萄酒产区门多萨（Mendoza）定居下来。这位意大利葡萄酒农民出身的年轻人，在这个地方开始了他的葡萄酒梦想。他选择种植马尔贝克（Malbec），当时人们认为马尔贝克是最好的一个品种。

　　如今，阿根廷最好的酒庄当属卡帝那·沙巴达酒庄（CATENA ZAPATA），酒庄造型如大蜘蛛般盘踞在门多萨省（Mendoza）海拔1000米的高原上。80年代，尼可拉斯·卡帝那前往纳帕谷拜访了蒙大维酒庄（Robert Mondavi），受到加州卡本内（Cabernet Sauvignon）致力提升品质的影响，决定改变以量取胜的策略，改走品质至上的路线。

　　1997年加州知名的酿酒师保罗·霍布斯（Paul Hobbs）被卡帝那请来阿根廷指导，同时还请来世界知名的法国酿酒师贾克斯·路登（Jacques Lurton）。这些有经验的酿酒师和卡帝那持同样的看法，阿根廷风土条件是酿出好酒的关键，想在阿根廷酿出顶级的好酒，就需要有凉爽的葡萄园。卡帝那经过多年辛苦摸索之后，决定以阿根廷特有的马尔贝克（Malbec）葡萄品种当作重心，经过漫长的努力，终于在2004年赢得全球酒展与酒评家的赞叹，那一年的卡帝那阿根提诺马尔贝克（Catena Zapata Malbec Catena Zapata Argentino Vineyard），

A
B | C | D

A. 庄主尼可拉斯·卡帝那，于安地斯山下的葡萄园。**B.** 卡帝那酒庄外观。
C. 马尔贝克葡萄。**D.** 充满设计感的酒窖。

被帕克所创立的WA网站评为98+高分，这也是阿根廷在世界的葡萄酒评论中最高分数。从此卡帝那·沙巴达酒庄成为阿根廷酒王。

英国葡萄酒杂志《品醇客》资深顾问史蒂芬史普瑞尔（Steven Spurrier）说："卡帝那的葡萄酒从一开始就是阿根廷的品质标志，这是因为尼可拉斯·卡帝那的热情、远见和文化素养，时至今日依然如此。"美国《葡萄酒观察家》杂志中写道："全阿根廷最好的酒，几乎都出自于卡帝那·沙巴达酒庄。"葡萄酒教父罗伯特帕克说："卡帝那·沙巴达酒庄不断突破自我，并将阿根廷葡萄酒推向新的境界。"拉菲庄主艾力克伯爵（Baron Eric de Rothschild, Domaines Barons de Rothschild）说："尼可拉斯·卡帝那高瞻远瞩、智慧超群，对于他人与世界的发展总是充满好奇。对阿根廷酒业的转变，将阿根廷酒推向高品质，他有关键功劳。"侍酒大师雷利史东（Larry Stone）说："尼可拉斯·卡帝那在阿根廷的地位，正如罗伯蒙大维（Robert Mondavi）在纳帕，或者安哲罗歌雅（Angelo Gaja）之于皮蒙（Piedmont）。他成功开发出高海拔葡萄园与严格的无性繁殖筛选，激励了整个地区去努力追求更高的品质。"以上种种都是对卡帝那个人的贡献表示赞美与崇高的敬意。但是卡帝那本人仍然很谦虚地说："虽然马尔贝克在世界的酒坛上占有一席之地，那它会展现拉菲酒庄（Lafite）的优雅吗？我不认为有任何人能酿出像拉菲一样的酒。那是葡萄酒神祕、伟大之处。我的目标是要在世界排名上尽量接近伟大的法国酒，但家父的评论我一直放在心底，我也觉得那几乎办不到。"

卡帝那·沙巴达酒庄最让人津津乐道的是在2001年英国举办的第十届葡萄酒比赛中夺魁。这场盲目试饮的酒款涵盖法国五大顶级酒酒庄：拉图酒庄（Château Latour）、欧布里昂酒庄（Haut-Brion）、加州顶级酒与阿根廷卡帝那·沙巴达酒庄等，结果全体在场的专业人士评定卡帝那·沙巴达酒庄为第一名，奠定了卡帝那·沙巴达酒庄在世界舞台的地位。世界最具权威葡萄酒专家帕克也在其出版的《全球最伟大的156个酒庄》书中将卡帝那·沙巴达酒庄列为唯一入选的阿根廷酒庄。2009年尼可拉斯·卡帝那先生获得英国《品醇客》杂志年度风云人物，并在2012年荣获美国《葡萄酒观察家》杂志颁发的杰出贡献奖，同时，他也是史上第一位阿根廷得主。

如今，尼可拉斯·卡帝那先生已经将酒庄传承给儿子阿内斯托（Ernesto）和女儿鲁拉（Laura），他成为卡帝那·沙巴达酒庄精神领袖，让阿根廷的马尔贝克（Malbec）继续在世界上发光发热。

以下是卡帝那·沙巴达酒庄最重要的四款酒得分评价：

卡帝那阿根提诺梅尔贝红酒（Catena Zapata Argentino Malbec），这款酒是酒庄最高分的作品。WA从2004年份到2010年份分数都在94~98+，最高分是2004的98+高分，2005的97+高分，2007和2008的97高分。WS2004年份和2005年份同时获得95分。台湾上市价约在4,000元台币一瓶。

卡帝那安德瑞那梅尔贝红酒（Catena Zapata Adrianna Malbec），WA从2004年份到2010年份分数都在95分以上，最高分是2004、2005、2008和2009的97高分。WS2005年份获得95分。台湾上市价约在3,500元台币一瓶。

卡帝那尼凯西亚梅尔贝红酒（Catena Zapata Nicasia Malbec），WA从2004年份到2010年份分数都在93~96分，最高分是2004和2005的96高分。WS2007年份获得96分，2006年份获95分。台湾上市价约在3,500元台币一瓶。

尼古拉斯卡帝那沙巴达（Nicolas Catena Zapat）这是酒庄的旗舰酒，用马尔贝克（Malbec）和卡本内（Cabernet Sauvignon）合酿。WA2006年份获得97分，2009年份获得95分。台湾上市价约在4,500元台币一瓶。

地　址 | J. Cobos s/n, Agrelo, Luján de Cuyo, MENDOZA, ARGENTINA.
电　话 | (54)(261) 413 1100
网　站 | www.catenawines.com
备　注 | 可以预约参观

尼古拉斯卡帝那沙巴达
（Nicolas Catena Zapat 2007）

基本介绍

分数：WA97
适饮期：2011~2035
台湾市场价：约4,500元台币
品种：70%卡本内·苏维翁、30%马尔贝克
橡木桶：法国新橡木桶
桶陈：26个月
瓶陈：12个月
年产量：1,500箱

🍷 **品酒笔记**

尼古拉斯卡帝那沙巴达是卡帝那·沙巴达酒庄顶级酒中由
70%的赤霞珠和30%马尔贝克合酿的酒，可说是一款伟大长
寿的酒。黑紫色的酒色中透露着香料盒、松露，紫罗兰花香，
入口后是蓝莓、黑樱桃和黑醋栗等黑色水果味道流连忘返，摩
卡与巧克力的浓醇娓娓散开，层次变化复杂，香气丰富且集
中，优雅细腻，余韵袅绕，是一款阿根廷最美丽的传说。

🍴 **建议搭配**

广式腊肠肝肠、金华火腿、卤牛腱、烧鹅。

★ **推荐菜单 风肉蒸腐皮**

这道菜从何而来实在很难考究，有江浙菜的形体，但又似粤菜的味
道，虽然以腊肉为主，但尝起来并不觉得过咸。因为有南瓜的甜味
来均衡，又有软嫩的腐皮其中，更让整道菜看起来美味可口，令人
食指大动。阿根廷这支酒王充满了香料与松露的特殊香气，可以均
衡肉质中的汁液，而黑色果实刚好可以和南瓜的甜美相得益彰，使
风干的腊肉不致过咸，甜咸适中，满口芳香，腐皮的酥香更有画龙
点睛之妙。

餐厅｜杭州味庄餐厅
地址｜杭州市西湖区杨公堤10号

64
Clarendon
Hills

克莱登山酒庄

　　世界最著名的酒评家帕克说："克莱登山（Clarendon Hills）是澳洲最杰出的一款酒，他的表现甚至比两个南澳传奇酒庄恩宠山（Henschke）与奔富（Penfolds）更加出色！"

　　南澳大城阿德雷德（Adelaide）附近的克莱登山，酒厂创立于1990年，自学出身的庄主罗曼·布拉卡瑞克（Roman Bratasiuk）以单一品种、单一葡萄园和老藤等原则，写下澳洲葡萄酒史新的一页，被帕克选为世界最伟大的156个酒庄之一，星光园（Clarendon Hills Astralis）被收集在陈新民教授所著的《稀世珍酿世界百大酒庄》之中。德国名酒评家苏勒曼（Mario Scheuemann）在1999年出版了一本《本世纪的名酒》（Die grossen Weine des ahrhunderts），公布20世纪每年发生之大事及一瓶当年杰出的名酒。

A/B

A. 葡萄园。B. 星光园不同年份。

1994年便选中"星光园"为代表，并给予98分的评价！而罗曼·布拉卡瑞克形容自己的酒庄就像是葡萄栽培的"侏罗纪公园"。

身为酒厂最难取得也是最稀有的珍藏，星光园（Astralis）在庄主Roman Bratasiuk心中代表着"不朽的潜力，如星星般的光芒"，因此特以星光为名，酒标上更绘上南半球最著名的代表星座——南十字星。陈新民教授特别挑选此款星光园作为其著作《稀世珍酿》第三版的封面酒款。

星光园红酒以100%希哈葡萄酿成，葡萄种植自1920 年，接近百年的老藤生长在卵石、黏土混合覆盖，下层为含铁矿石的45度面东斜坡上。培育出精致优雅，具有陈年潜力的顶级希哈。在星光园，每公顷只精挑细选出1,000 公斤极为精良的葡萄。和勃艮第酒王Romanée-Conti一样每年仅有不到8000瓶的产量供应给全球的藏家。

星光园不惜成本，在法国全新橡木桶培养18个月，未经澄清过滤即装瓶。百年老藤希哈的经典香气融合着复杂细腻的矿物风味，并伴随着难得一见的烤肉香、亚洲辛香料与红色莓果气息。口感结构均衡，细腻柔滑如天鹅绒般的单宁，包覆着扎实强健的骨架，尾韵惊人悠长，是款经典又深富内涵的难得稀世珍酿。

2000年以来，星光园每一年均由《葡萄酒倡导家》给予97~100分的惊人高分，2010年份的星光园更上层楼荣获《葡萄酒倡导家》100分的满分评鉴，十年努力终于开花结果。大家耳熟能详的顶级澳洲希哈至尊Penfolds Grange 2010获得《葡萄酒倡导家》99分，进口商价格每瓶31000元台币定价。满分的星光园价格只要奔富格兰杰（Penfolds Grange）或恩宠山（Henschke Hill of Grace）二分之一不到的价格即可入手，您还等什么？这样的一款酒有多少就要收多少，否则就不是钱可以解决了。

克莱登山酒庄星光园（Clarendon Hills Astralis）WA历届分数：（由分数可以看出星光园的实力）

Vintage 1996 / 98

Vintage 1997 / 98

Vintage 1998 / 98

Vintage 1999 / 95

Vintage 2001 / 98~100

Vintage 2002 / 98~100

Vintage 2003 / 99

Vintage 2004 / 98

Vintage 2005 / 98~100

Vintage 2006 / 99

Vintage 2007 / 97

Vintage 2008 / 97

Vintage 2009 / 97

Vintage 2010 / 100

DaTa

地　　址 | 363 The Parade, Kensington Park, SA, 5068, Australia
电　　话 | (61) 8 8364 1484
传　　真 | (61) 8 8364 1484
网　　址 | www.clarendonhills.com.au
备　　注 | 只接受预约访客

Recommendation
Wine

克莱登山酒庄星光园
Clarendon Hills Astralis 1996

基本介绍
分数：WA98
适饮期：2009~2040
市场价：12,000元台币
品种：100%希哈
橡木桶：100%新法国桶
桶陈：18个月
年产量：550箱

🍷 **品酒笔记**

1996年的星光园希哈有如Guigal La Mouline和Chave Cathelin的合体，既厚实又优雅。红紫色的颜色，像小时候的烤香肠烟熏、甜咸肉味，肉桂，黑莓，黑松露，黑樱桃、黑莓、甜蜜饯，奶油蛋糕。已经非常成熟诱人，既性感又挑逗，丰富的口感，柔和的单宁，一层一层的变化，虚幻莫测，缥缈无间，迷人的韵味更是无法形容。巅峰期可以达到10年以上，现在到2030年。

🍴 **建议搭配**

广式腊味、湖南腊肉、东坡肉、港式烧鹅。

★ 推 荐 菜 单　萝卜糕 ───────

萝卜糕（Turnip cake）是一种常见于粤式茶楼的点心。萝卜糕在台湾、新加坡及马来西亚等国家，甚至整个东亚地区都颇为普遍。当地华人以闽南、潮汕语称之为菜头粿，客家语称之为萝卜饭或菜头饭。制作萝卜糕的方法一般以白萝卜切丝，混入以米粉和粟米粉制成的粉浆，再加入已切碎的冬菇、虾米、腊肠和腊肉后蒸煮而成。传统粤式茶楼的萝卜糕一般分为蒸萝卜糕和煎萝卜糕两种。蒸煮好的萝卜糕，加上酱油调味。而煎萝卜糕则是将已蒸煮好的萝卜糕切成方块，放在少量的油中煎至表面金黄色即成。这道简单的点心来搭这支高贵典雅的澳洲酒，虽然看起来有些突兀，但是萝卜的浓浓的腊味香气与红酒的香料交织，反而更能凸显红酒的浑厚与香醇。只要放手尝试，就有无限可能。

餐厅｜兄弟饭店港式饮茶
地址｜台北市松山区南京东路三段
　　　255号

65
Glaetzer Wine
格莱佐酒庄

　　2014年的3月，我来到澳洲最好的产区巴罗莎谷地（Barossa Valley）。这里离阿德雷德市将近一小时车程，沿途都是50~80年的老藤，要进去酒庄的一条路是产业道路，沿途都是葡萄园。阿利安家族（Adlrian）1880年就开始在这里种植葡萄，到现在已经5代了。看过去将近500平方米的白房子是他们的家。"奔富（Penfolds Grange）的葡萄一部分由此而来，大部分的葡萄给格莱佐酒庄，土壤是红黏土、沙丘，低限度的灌溉，几乎是没有灌溉。"阿利安这样告诉我们。有80%种植希哈（Shiraz），最边线的话就属这区，种植面积约40.5公顷，树藤是100年的老藤，100平方米才生产4,000~6,000升葡萄酒，别人的产量可到7,000~1,0000升。

　　班·格莱佐（Ben Glaetzer）是台湾相当著名的澳洲明星酿酒师，不但他

A
———
B C D

A. 葡萄园。B. 酒庄庄主兼酿酒师班·格莱佐。C. 阿利安特别摘下葡萄让我们
品尝。D. 艺术家所画的酒标。

的"苍穹之眼"在酒坛有一席之地，而且系列当中的平价品项也都广受好评。
帕克和詹姆士·哈勒代（James Halliday）都对他的酒有极高评价。如果要提
到巴罗莎产区（Barossa Valley）的希哈，班·格莱佐绝对是不可忽视的新生
代！毕竟他不到30岁的时候，就以2002年份的"苍穹之眼"拿下了帕克的满分
好评！这也是澳洲酒拿下的第一个帕克满分！班31岁时就被帕克钦点为年度风
云酿酒师。他24岁时，便获得了"澳航年轻酿酒师"年度奖项。

　　这位出生于1977年的酿酒师，其整个家族1888年就已在巴罗莎落脚，至今
已是5代相传。他在90年代末期逐渐接掌家族事业，同时也与别人合作打造许多
共有品牌，但格莱佐酒庄始终是系列产品的旗舰，其中的"苍穹之眼"在市场已
有固定爱好者。苍穹之眼的命名来自埃及神话中代表着众神之王的阿蒙拉，而阿

作者与葡萄园拥有者阿利安。

蒙神殿为供应神殿居民用酒，成为商业酿酒的发祥地。阿蒙神殿即象征葡萄酒的起源，象征符号源自古埃及的全能之眼，符号的六个部分，分别象征触、味、听、视、嗅、知等六觉。格莱佐以满足此六觉为目标，创造了这款葡萄酒——苍穹之眼。这款满分好评的希哈，来自当地知名的次产区埃比尼泽（Ebenezer），有着50~130年的老藤加持，酒色深邃，带有烟熏、香草、胡椒、咖啡、蓝莓、巧克力气息。充分醒酒后，可以享受那源源不绝的黑色水果的劲道与香气。

我们再来看看帕克给的分数：2002（96~100）、2003（96~100）、2005（98）、2006（97~100）、2007（96~99）、2008（92）、2009（96+）、2010（97）、2011（95+）、2012（97+）。除了2008年的92分以外，其余每一个年份都超过95分，2002、2003和2006都可能是100分。这样的成绩对于一个年轻的酒庄来说，在世界上都是少见的。

第二阶的安普瑞娜（Anaperenna）是班的最爱，75%希哈30~100年老藤，25%卡本内（C.S）30~120年老藤，16个月，100%新橡木桶（其中92%法国桶、8%美国桶），命名的灵感来自罗马"复苏女神"安娜·普瑞娜（Anna Parenna），她的名称意为"永续之年"。古罗马人以新年庆典纪念这位女神，当晚所喝的每一杯酒，都象征着女神将赐予多一年寿命。帕克网站分数依序为：2004（96~98）、2005（93）、2006（94~97）、2007（95）、2009（94）、2010（93+）、2012（93），分数表现非常抢眼。

至于稍微平易近人的碧莎（Bishop），命名取自创始人柯林的妻子茱蒂丝（Judith）的原姓氏，柯林用碧莎为酒款命名，是为了向同为酿酒师的妻子在酒庄的贡献表示敬意。碧莎的代表图腾是"维纳斯女神"的象征符号，用以彰显女性特有的爱、美与活力。混着是35~125年的希哈老藤，相对年轻的葡萄藤，其造就了活泼鲜甜的果味。这款酒更可以看出班·格莱佐的想法，因为他追求新鲜浓郁的果香，碧莎提供了让消费者走进班·格莱佐的世界的途径。WA分数2002~2012年都在90~94分，品质稳定。

除了上述两款希哈，格莱佐也做了一款混了格纳希（Grenache）的华莱士（Wallace），命名出自于威廉·华莱士（William Wallace），他是苏格兰史上最伟大的英雄之一（电影《英雄本色》由梅尔吉勃逊饰演），此酒标象征着传统与创新的兼容并蓄。此图腾集结了爱尔兰象征力量的"塞尔特十字勋章（Celtic Cross）"、爱尔兰国花以及象征爱尔兰历史演变的代表图腾。格纳希用的也是老藤，但却中和了希哈的雄浑力道。此酒在明亮的紫色中，表现出树莓、紫岁兰和研磨的胡椒香气，口感强烈而丰富，并有紫罗兰的花卉香气。单宁柔顺，尾韵有迷人的花香。分数都在88~94分，价格大约是300元人民币，算是一款非常亲民的酒款。

喝格莱佐酒庄的酒，尤其是苍穹之眼，一定需要极长时间地醒酒。直接开来喝，会觉得酒精味太呛，果酱味和酒精味太刺鼻，野性十足，因此需要时间去驯服他。苍穹之眼原厂建议的窖藏潜力是20年以上，连碧莎建议的窖藏潜力也有15年，如果5年以内就喝，当然是闷到不行。我建议放7~8年再喝是享受它的最好时机，它的酒果香充沛而迷人，余韵甚长，不要随意当成即饮酒。

欧洲许多产区在2012年的表现都差强人意，但2012在澳洲却是精彩的一年！没有骤然升高的气温与酷热，没有大雨，葡萄成熟时天气更是平顺，低收成更造就了浓郁的口感。目前所有的资料都显示，2012是南澳好年份，包括班·格莱佐自己都如此认为，在2005和2006两个年份过后，澳洲酒是有一段颠簸期，但此时是出手的好时机，好年份的好酒千万不要辜负，尤其是已证明有窖藏实力的精彩品项！

地　　址 | Gomersal Road（PO Box 824）
　　　　　Tanunda,South Australia 5352
电　　话 | +61 8 8563 0947
传　　真 | +61 8 8563 3781
网　　站 | www.glaetzer.com
备　　注 | 可以预约参观

以下是和格莱佐酒庄的国际营销总经理彼得·罗肯（Peter Lokan）的访谈：

作者和酒庄国际营销总经理彼得合照。

作者：请问格莱佐酒庄的葡萄酒在台湾的销量在世界中的排名如何？

彼得：格莱佐酒庄销量中国台湾是亚洲第一的地区，台湾地区是一个重要的市场，是世界排名第四的国家和地区，仅次于美国、英国、加拿大三个国家。

作者：据我了解，2011年没有做其他三款酒，只做一款苍穹之眼，这样其他的葡萄如何处理？

彼得：我们将这些葡萄收购后挑选出做苍穹之眼的葡萄，筛选过后的葡萄再卖给其他酒农，因为这是对葡萄农的一种保障，这么多年来都是这样，为了维持好的品质我们必须这么做。

作者：今天我们第一次尝到2013年的四款酒，这是第一次在世界上发表吗？你觉得如何？

彼得：2013年可能是澳洲50年来最好的年份，2013年的产量比较少，但是品质非常好，分数有可能比2012年好，但愿我们能拿到第三个100分。

作者：班·格莱佐2001年初次进酒庄时，第一次酿苍穹之眼有什么想法？

彼得：班去过很多国家，觉得巴罗莎产区（Barossa Valley）的希哈很有力道，也能陈年，但就是不够优雅，所以他想酿出一款能陈年而且够优雅的酒。世界葡萄酒评论家认为班是澳洲的先锋，将巴罗莎希哈带入一个新境界。

作者：从2001年到现在，格莱佐酒庄有没有什么改变？

彼得：从2001年到现在，酿酒哲学都一致，16块葡萄园虽然有点调整，但是每一块比例都有一致性。比较有变化的是橡木桶的转变，2001~2009年使用80%法国新桶、20%美国新桶，2010以后使用95%法国新桶、5%美国新桶，因为法国新桶酿起来比较雅致。

作者：今天以苍穹之眼的品质和知名度来说，已经可以成为澳洲的新膜拜酒，和奔富·格兰杰（Penfolds Grange）、汉谢克恩宠山（Henschke ,Hill of Grace）、托贝克领主园（Torbreck The Laird）比起来毫不逊色，为何在价格上没做出调整？

彼得：班·格莱佐认为，巴罗莎的这块葡萄园可以呈现澳洲最好的希哈，有着最好的地段和风土，维持苍穹之眼的风格比价格更重要，不论
分数如何，这10年来还是一样。

以下是世界上对班·格莱佐的评价：
"班·格莱佐...才华横溢的杰出酿酒师"罗伯特·帕克发表于《葡萄酒倡导家》
"感谢班·格莱佐，为世人创造了一系列惊世超凡之作！"杰·米勒发表于2007年10月《葡萄酒倡导家》
"格莱佐佳酿，前卫中的先锋之作。"澳洲评论家詹姆士·哈勒代发表于2006年3月《品醇客》

格莱佐酒庄2013年四款酒。

格莱佐酒庄
"苍穹之眼2009"
Glaetzer Wine Amon-Ra 2009

基本介绍
分数：WA96+
适饮期：2013~2030
市场价：120美元
品种：100%希哈
橡木桶：法国新橡木桶、美国新橡木桶
桶陈：14个月
瓶陈：6个月
年产量：1,500箱

**作者在酒庄一次品尝四个
年份的苍穹之眼。**

🍷 **品 酒 笔 记**

2009年的"苍穹之眼"在不同时间内喝过两次，虽然未到达适饮阶段，但是历经5年的淬炼，已经不那么浓烈刺鼻。在酒色深邃的紫红色中，香气缤纷，空气中弥漫着一股紫罗兰、新鲜果酱和亚洲香料粉的香气。口感带有香草、胡椒、椰奶香、浓缩咖啡、蓝莓、巧克力的迷人气息。酒体浑厚浓郁、微微的酸度让单宁更显平衡，层次丰富且完整。结束时惊人的集中度与尾韵，令人记忆深刻。已有大将之风，陈年20年以上将可至巅峰的境界。

🍴 **建 议 搭 配**
梅菜扣肉、无锡排骨、卤牛腱、三杯鸡。

★**推 荐 菜 单　椒盐香酥猪肘** ─────

这道椒盐猪肘做法很像德国香酥猪肘或中式江浙的水晶肴肉，先将水加花椒粒及盐调匀，把猪前肘加入腌制48小时后取出，再放入沸水中焯煮，取出放置蒸锅内蒸1小时，再在锅里加油炸至金黄色，去骨切块即可。猪肘皮酥肉嫩，汁液香咸，口感油而不腻，只要不怕胆固醇过高或肥胖的朋友，都无法拒绝它的诱惑。澳洲这款苍穹之眼，使用百年以上老藤，果酱味强烈无比，带着黑莓、蓝莓、黑樱桃、加州李等水果味，口中全是各种水果的甜味，用它来配这道菜一定很精彩。香酥猪肘肉汁咸香微辣，酒的涩度可以柔化肉质的咸度，并且提升肉味的鲜香，而酒的香料味和肉汁的麻辣味也能互相包容，使这道菜变得雍容华贵，更令人回味无穷！

餐厅｜上海点水楼餐厅
地址｜上海市徐汇区宜山路889号齐来科技服务园区第6栋1~3层

66

Henschke

汉斯吉酒庄

　　随着历史推移，澳洲酒再也不是初尝国际市场的新鲜人，人们也不再沉湎于南澳希哈辉煌的过去。精益求精的澳洲酒业追溯家族历史，站在前人的脚步上开展未来，像是2009年成立的澳洲葡萄酒第一家族（AFFV, Australia First Families of Wine）就是其中一例，它包含了12间以家族为主导的精英酒庄，个个身手不凡，大名鼎鼎的汉斯吉（Henschke）即是其中之一。

　　喝澳洲酒不知汉斯吉，就像喝波尔多不知五大。汉斯吉的恩宠山（Hill of Grace）是澳洲名酒，甚至称之为世界名酒也不为过。此酒来自一块独特的历史名园，它的葡萄树1860年即已种植。先代的西里尔·汉斯吉（Cyril Henschke）在这座葡萄园采用无盖发酵槽，以手采葡萄酿造，首年份为1958年。换句话说，此酒第一个年份用的即是"百年老藤"。恩宠山（Hill

A B
B C

A. 汉斯吉酒庄门口。B. 作者在汉斯吉葡萄园。C. 作者与庄主史蒂夫·汉斯吉（Stephen Henschke）及其妻子Prue在台北合影。

of Grace）历年来成绩傲人，在澳洲最知名的Langton葡萄酒拍卖会上，分类为最高级的Exceptional，也就是与名酒葛兰杰（Grange）并驾齐驱。恩宠山自首酿1958年以来，有几个非常好的年份得到高分1965（WA98）、1991（WA97）、1994（WA98）、2002（WA98）、2005（WA99）、2009（WA97+）、2010（WA99）。1996（WS98）、2002（WS98）、2003（WS99）、2005（WS98）、2006（WS98）、2009（WS98）。以上都是酒友们值得收藏的好年份。

恩宠山以细致见长，多呈黑樱桃色，略有紫调，香气以黑色莓果主导，些许杉木香味烘托出红黑莓果香甜，充满芬芳及异国风味香气。层次复杂，带粉状般的单宁，尾韵悠长丰盛。

汉斯吉的大本营在巴罗沙谷Eden Valley的Keyneton，自Johann Christian Henschke在1800中叶随路德教会自西里西亚区域（约在波兰）移民定居后，历代约150年的努力，已让此庄成为国宝。目前主采自然动力法，加上不干预的酿酒方式，甚至奉行日月阴阳之说。它的旗舰除了恩宠山之外，宝石山（Mount Edelstone）也是名酒。这是澳洲第一款单一葡萄园的希哈红酒。葡萄园植于1912年，未嫁接的老藤与不灌溉的施作，让此酒自1952年第一个年份后，已幽幽走过一甲子。尤其庄主媳妇 Prue Henschke自90年代加入葡萄栽植队伍，此酒更是扶摇直上，"宝石山"可说是"恩宠山"的兄弟，每一年都有非常高的分数，大概都在95~97+高分，尤其是2012年份的宝石山，除了WA97、JH98、JS96等高分加持外，每一瓶还附赠一个60年纪念的特殊礼盒，极具收藏价值!

汉斯吉的品项众多，高价酒款可收藏外，中价版的汉斯吉酒庄坎尼顿低音号（Henschke Keyneton Euphonium）可说是一支会常胜军。该酒以6成希哈为主，搭配2成多的卡本内，最后再补上其他波尔多品种。此酒通常有着暗石榴红，紫罗兰、黑莓、桑葚及李子香气，口感多汁而佳，单宁富层次，尾韵长，实力明显胜于同级酒款。

DaTa

地　　址｜1428 Keyneton Road Keyneton SA 5353

电　　话｜+61 8 8564 8223

网　　站｜www.henschke.com.au

备　　注｜可预约参观

汉斯吉酒庄恩宠山
Henschke Hill of Grace 1991

基本介绍
分数：WA97 James Suckling98
适饮期：2013~2030
市场价：25,000
品种：100%希哈
橡木桶：100%新美国桶
桶陈：18个月
年产量：500箱

品酒笔记
1991年的恩宠山有着浓烈的黑色水果、台湾李子、纯黑巧克力、熟樱桃、烟熏香料和甘草。非常纯净，饱满丰富，浓郁而诱人，变化复杂，单宁完美。现在喝起来也不觉得老，再继续陈放10年应该没问题。

建议搭配
红烧牛腩、羊肉煲、三杯杏苞菇松阪猪、万峦猪脚。

★推荐菜单 两头乌猪红烧肉

金华两头乌猪种又叫"熊猫猪"，这种猪非常的珍贵，一般猪只要养4~5个月就能长到200多斤，而两头乌猪养8~9个月也只长到120斤左右，而且瘦肉比例仅仅45%，这也就是为何两头乌猪常常被用来当红烧肉的原因，因为红烧肉用的猪肉比例最好是肥瘦3比7。致真老上海菜的两头乌猪红烧肉是我在大陆吃过最好的猪肉料理，浓油赤酱，表皮光亮，酥而不烂，肥而不腻，甜腴咸香，三七分的肥瘦比例恰到好处，真是多一分则太肥，少一分则太瘦。配上1991年的恩宠山有着浓烈的黑色水果味，恰好中和酱猪肉的油腻感，提升红烧肉的香气，相辅相成，互不夺味，饱满而丰富。

餐厅｜致真老上海菜
地址｜上海市淮海中路1726号7号楼

67
Penfolds

奔富酒庄

奔富酒庄（Penfolds）——澳洲葡萄酒王的经典代表。

如果要选出一款最具澳洲代表性的酒，那绝对是非奔富酒庄莫属。对于世界各地的收藏家而言，奔富酒庄已经不用再多做介绍了。奔富酒庄纪念酒庄建立170年的日子里，来回顾检视奔富酒庄还是不是澳洲第一酒庄。奔富（Penfolds）是澳洲最著名，也是最大的葡萄酒庄。它被人们看作是澳洲红酒的象征，被称为澳洲葡萄酒业的贵族。在澳洲，这是一个无人不知、无人不晓的品牌。奔富酒庄的发展史充满传奇，有人说，它其实是澳洲演变史的一个缩影。

创办人克里斯多夫奔富医生（Dr. Christopher Penfold）于170多年前由英国来到万里之外的澳洲。当初他是为了救人治病而种植葡萄酿酒。1844年，他从英国移民来到澳洲这块大陆。奔富医生早年求学于伦敦著名的医院，在当

A. 奔富酒庄外观。B. 葡萄园正在发酵。C. 酒窖中的橡木桶。D. 在酒庄品酒室所品尝的六款酒。

时的环境下，他跟其他的医生一样，有着一个坚定的信念：研究葡萄酒的药用价值。因此，他特意将当时法国南部的部分葡萄树藤带到了南澳洲的阿德雷德（Adelaide）。1845年，他和他的妻子玛丽（Mary）在阿德雷德的市郊玛吉尔（Magill）种下了这些葡萄树苗，为了延续法国南部的葡萄种植的传统，他们也在葡萄树的中心地带建造了小石屋。他们夫妇把这小石屋称为Grange，在英文中的意思为农庄，这也是日后奔富酒庄最负盛名的葡萄酒格兰杰（Grange）系列的由来。这个系列的葡萄酒有澳洲酒王之称，格兰杰可比做奔富酒庄的柏图斯（Pétrus）。其中1955年份的格兰杰更是美国《葡萄酒观察家》（WS）选出来的20世纪世界上最好的12款顶级红酒之一；1976年份的格兰杰也被帕克选为心目中最好的12款酒之一，评为100分；2008年份的格兰杰更获得世界两大酒评WA

与WS100满分的赞誉，在市场中成为众多葡萄酒收藏家竞相收购的一个宠儿。

不只格兰杰是颗亮丽明星，1957稀有年份的圣亨利（St Henri）也在2009年时以25万元台币高价卖出，证实此系列任一酒款已跻身精品代表。

奔富2004 Block 42年份酒是一款极珍贵稀少的酒款，仅在好年份才会释出，其葡萄选自世界上最古老的卡本内·苏维翁葡萄藤，1950年首次上市。结合顶尖极致工艺、全程纯手工打造，全球限量12座安瓶Block 42的酒液；当贵宾决定开启时，奔富将会请资深酿酒师亲临现场，完成这独特的开瓶仪式，售价约五百万台币。

1880年，奔富医生不幸去世，妻子玛丽接管了酒庄。在玛丽的细心经营下，奔富酒庄的规模越来越大，从酒庄建立后的35年时间内，存贮了近107,000加仑折合500,000升的葡萄酒，这个数量是当时整个南澳洲葡萄酒存储量的1/3。此后，在玛丽去世之后，他们的子女继续经营奔富酒庄，一直到第二次世界大战。根据当时的统计，平均每2瓶被销售的葡萄酒中，就有一瓶来自奔富酒庄。在20年代，奔富酒庄正式用"Penfolds"作为自己的商标。

一提到奔富酒庄，收藏家脑海中必定会马上联想到顶级酒款格兰杰；这款曾在拍卖会上创下150万台币的梦幻逸品当初却曾面临被迫停产的危机。格兰杰酿酒师马克斯·舒伯特（Max Schubert）先生在欧洲参观酒庄归国后，受了法国顶级酒酿造的影响，学习到了橡木桶的使用艺术及干葡萄酒的香醇。在1952年格兰杰正式上市，却因风格迥异而被高层禁酿。幸好马克斯·舒伯特先生深具远见、坚持不懈，仍旧私底下酿制，因此出现了1957、1958及1959市面上看不到的——俗称"消失的年份"。格兰杰系列在1990年由于和法国法定产区原产地控制品牌艾米达吉（Heritage）有同名之嫌，而产生诉讼上的困扰，因此将名称后面的艾米达吉部分删去。

卡林纳葡萄园（Kalimna Vineyard）位于著名的巴罗沙山谷（Barossa Valley）之中，1888年时种下了第一株卡本内·苏维翁枝藤，平均年龄都超过50年，其中Block42 区更拥有世界最悠久的百年老藤，最初时作为酿制格兰杰的来源之一。目前是格兰杰、Bin7070、RWT、圣亨利和Bin28的果实来源。玛吉尔（Magill Estate）是奔富酒庄的首创园，1951年时种下第一株希哈品种葡萄藤，1844年时被奔富医生买下，占地仅5.34公顷，已经成为澳洲非常重要的文化遗产保护园区。目前仅供玛格尔庄园设拉子葡萄酒（Magill Estate Shiraz）及格兰杰的使用果实来源。

在奔富酒庄我们可以看到很多酒以"Bin"和数字来命名，Bin原义为"酒窖"，奔富酒庄依每款酒存放的酒窖号码为命名，如酒庄旗舰款的Grange Hermitage Bin95在1990以后改为Grange，领头羊Bin707，还有出色的

奔富酒庄的系列酒款。

Bin389与Bin407，以及Bin28及Bin128等酒庄代表性的酒款。酒窖系列为消费者提供了众多选择，展示Bin系列的混合能力和风格，这一系列的酒不会相似，这也是奔富酒庄的酿酒哲学。格兰杰是Bin系列的旗舰酒，分数也很高。例如2008年份得到WS和WA的双100分，破历史纪录；而1971、1976、1986和1998都曾被帕克评为99~100分；1986、1990、2004、2006和2010都被WS评为98高分。格兰杰以希哈（Shiraz）90%为主，加上少量的卡本内（Cabernet Sauvignon），年产量不到100,000瓶，目前上市价都在新台币20,000元以上。"Bin707"的分数也都不错，2004和2010都得到WA的95高分，2010年份获得WS97高分。100%卡本内（Cabernet Sauvignon）制成，年产量大约120,000瓶而已，上市价台币8,000元。Bin389也都在90分以上，这款酒是Bin系列在中国大陆最红的一款酒，以希哈和卡本内各一半左右酿制而成，上市价台币2,300元。Bin407算是小一号的Bin707，1990为第一个年份，分数大都在90分之间，100%卡本内制成，上市价台币2,300元。

上20世纪90年代，最新推出的珍酿（RWT SHIRAZ），更被酒评家定位为自格兰杰以来的另一支超级佳酿。RWT是（RED WINEMAKING TRIAL）的简称，喻义"酿制红酒的考验"。它是奔富酒庄的一个新的风格，使用了法国橡木桶而放弃美国橡木桶，新旧桶比例各半，以希哈为主酿制，是一支酒体丰满，强劲有力，浓郁醇厚的红酒，被以前酒庄的总酿酒师约翰·杜威（John Duval）

评为一级佳酿，曾经当过诺贝尔颁奖典礼用酒。2006年份被帕克评为96高分，上市价台币4,000元。另一款高级酒款圣亨利（St Henri），是格兰杰酿造者舒伯格（Max Schubert）力挺之作，可说是格兰杰的孪生兄弟，100%希哈酿制，诞生于相同的酿造宗旨与实验背景之下、并都是以同样形态风味为主，在当时双双被公认为澳洲最具代表性的经典葡萄酒。初创于1950年代，使用大容量的旧橡木桶熟成。圣亨利延续着最原始的古典雅致的风格，以具窖藏实力的优势和讨喜迷人的滋味，在顶级酒拍卖会上赢得不输格兰杰的超高人气。2010年份获WA97高分，WS95高分，上市价台币3,500元。

170年以来，奔富酒庄依然保留着其始终如一的优良品质和酿酒哲学。因此，直到今天，奔富酒庄仍旧是澳洲葡萄酒业的掌舵人之一。尤其Bin系列的酒，几乎已经成为酒庄的代名词，而格兰杰更是澳洲人引以为傲的一款酒。没喝过奔富酒庄的Bin、不算真正喝过经典澳洲酒的滋味。另外，值得一提的是：奔富酒庄很在意品质的延续！特有的"Cork Clinic"换塞诊所，定期为15年以上老酒评估，必要时开瓶换新软木塞。奔富的故事还没有写完，还有新的一页，世世代代还会继续下去。

作者在1844酒窖前留影。

DaTa

地　　址｜Penfolds Magill Estate Winery, 78 Penfold Road, Magill, SA, 5072, Australia

电　　话｜（61）412 208 634

传　　真｜（61）8 882391182

网　　址｜www.penfolds.com

备　　注｜每天上午10：30到下午4：30对外开放（除圣诞节、元旦和受难日当天外）。

奔富格兰杰
Penfolds Grange 1990

基本介绍

分数：WS98　WA95
适饮期：2012~2025卡本内
市场价：700美元
品种：95%希哈和5%卡本内
橡木桶：100%美国新橡木桶
桶陈：18个月
瓶陈：12个月
年产量：10,000箱

🍷 **品酒笔记**

1990的格兰杰在陈年后由深红色转化为瓦片般的红棕色。就像在嘴里放了烟火，五彩缤纷，散发出咖啡、巧克力和桑葚果酱等香气，黑加仑、樱桃、山楂以及梅子的味道也渗透其中。烟熏和薄荷香味，伴随着众多香料混合的气息。这款佳酿的口感具有复杂的变化度，滑润丰富，非常浓稠且余味在口中缠绕，久久不去。

🍴 **建议搭配**

烤羊排、炖牛肉、回锅肉、北京烤鸭。

★ **推 荐 菜 单　手抓羊肉**

手抓羊肉是西北回族人民的地方风味名菜。各地的做法基本一样：事先将羊肉切成长约3寸、宽5寸的条块，加了一勺料酒的清水浸泡一个小时去除血水锅中放水，将羊肉放入烧开煮几分钟。捞出用清水清洗干净。锅内放水淹过羊肉。将花椒，桂皮，丁香，小茴香装进调料盒内。将生姜片，调料盒，一片橙皮放入烧开后用小火压半个小时肉烂脱骨即可。记住：吃之前一定不能忘了最能提味的花椒盐，只要撒上一点点，羊肉的香味立马呈现出来其味鲜嫩清香。这是牧民待客之上品，大陆各地普遍喜爱。这一盘羊肉，细细品味，油润肉酥，质嫩滑软，滋味不凡。我以澳洲酒王格兰杰来搭配，是因为这款酒在大陆非常的有名气，甚至超越波尔多五大酒庄，这支酒的薄荷味高贵典雅，蓝莓和樱桃的甜美，与羊肉的丁香、花椒和芝兰粉能够互相提味，烟熏烤木桶和摩卡咖啡可以使鲜嫩的羊肉爽而不腻，肥而不膻，软嫩多汁，鲜甜的滋味更让人一口接口，欲罢不能！

餐厅｜六盘红私房菜
地址｜宁夏银川市尹家渠北街15号

Chapter 4　澳洲　Australia

68

Torbreck Vintners

托布雷克酒庄

托布雷克酒庄（Torbreck Vintners）庄主大卫·包威尔（David Powell）出生在澳洲最好的葡萄酒产区巴罗沙（Barossa Valley）附近的阿德雷德，受到叔叔的影响开始对葡萄酒产生兴趣。大学毕业之后，他开始踏上葡萄酒学习之路，到欧洲、澳洲和加州各个酒庄打工，为了就是学习更多的酿酒技术，作为将来酿酒的基础。大卫在欧洲各酒庄打工并无薪水，为了到更多酒庄观摩学习，必须存够旅费，大卫就成了苏格兰森林中的伐木工。为了纪念伐木工人生涯，大卫将他工作过的苏格兰森林托布雷克（Torbreck）作为酒庄的名字，这就是酒庄命名的由来。

20世纪90年代，大卫开始接触当地的土地所有者，了解大多已经死气沉沉、杂草丛生、几近凋零的几块老藤葡萄园无人照顾，于是他开始自发照顾这些老藤葡萄。随着时间的推移，大卫使它们重新焕发生机。葡萄园主为感谢大卫的自发努力，于是馈赠几公顷的老藤葡萄收成，让大卫有机会首次酿出自己想要的酒。从此之后，大卫开始以葡萄园契约合作方式，与拥有优秀地块的园主签约。这些园区的拥有人，大多对葡萄酒不了解，而且也没时间管理，于是他们委托大卫全权管理葡萄园，在采收后，大卫以当年葡萄市价的40%赋予葡萄园主当作回馈。这种四六分的形式，有如新的承租方式，于是大卫在1994年建立了托布雷克酒庄（Torbreck Vintners）。现在的托布雷克酒庄已拥有约100公顷的葡萄园，但还仍继续以高价收购面积约120公顷的老藤葡萄。种植的葡萄品种有格那希（Grenache）、希哈（Shiraz）、慕维德尔（Mourvedre）、维欧尼耶（Viognier），玛珊（Marsanne）、瑚珊（Roussanne）、芳蒂娜（Frontignac）和卡本内·苏维翁（Cabernet Sauvignon）等。葡萄树的平

A ｜ B ｜ C

A. 葡萄园。B. 葡萄园。C. 资深酿酒师 Craig Isbel。

均年龄为60年，种植密度为每公顷1,500株，产量每公顷仅2,300公升。

托布雷克酒款支支精彩，除了好年份才生产的"领主"（The Laird）限量酒款外，领衔主演的超级卡斯就是"小地块"（RunRig）红酒，还有"友人"（Les Amis）、"传承"（Descendant）和"元素"（The Factor）。托布雷克在2005年首次推出全新旗舰酒"领主"（The Laird）就获得帕克100分评价。这款酒只有在好年份生产，年产量仅仅1,000瓶以内。原料为100%希哈品种，种植于1958年，葡萄园向南，以深色的黏土质为主，不经灌溉。陈年木桶使用法国（Dominique Laurent）制桶厂所制作的"魔术橡木桶"进行，桶板是一般桶的两倍厚，且橡木板经过48~54个月的户外风干（一般的橡木桶只需要18个月），并采用慢速烘烤，以使桶味烟熏气息不过重。

领主36个月的桶中熟成，酒色深红，以紫罗兰、蓝莓、杉木为主；单宁丝滑细腻，以黑醋栗果酱、香料、甘草、皮革等复杂口感取胜。3个年份中2005年份和2008年份帕克网站（WA）的分数是100分，2006年份评99分。属于天王级的酒款，价格不菲，市价一瓶将近30,000台币。"小地块"是以约97%的希哈（Shiraz）和3%的维欧尼耶（Viognier）白葡萄酿成。所用葡萄都来自老藤葡萄树，其中有些已经超过140年，不过，维欧尼耶是装瓶前不久才混调添入，而不像法国罗第丘（Côte-Rôtie）红酒是采红白两品种同时发酵酿成。"小地块"并非单一葡萄园酒款，其原料来自巴罗沙北边的8块葡萄园。从第一个年份1995年开始到最近的2010年，帕克网站（WA）大部分的分数是98分到100分，其中

1998、1999、2001到2004都获得99高分，2010年份更得到100满分。市价一瓶将近10,000台币。"友人"（Les Amis）是用100%格纳希（Grenache）酿制而成，采自100年以上的葡萄，法国新橡木桶陈年18个月，2001为首酿年份，产量只有250箱，被葡萄酒大师珍丝罗宾森（Jancis Robinson）称为新世界格那希（Grenache）品种的标杆。从2001年到2010年，帕克网站（WA）大部分的分数是97~98分，其中2001~2005、2009都获得98高分，市价一瓶将近8,000台币。另一款以希哈和维欧尼耶酿成的优质红酒为"传承"（Descendant），采取两个品种共同发酵而成；其希哈约占92%，维欧尼耶占8%。"传承"为单一葡萄园酒款，葡萄藤源自"小地块"老藤葡萄园之植株，树龄约11岁。希哈葡萄破皮后与维欧尼耶葡萄酒渣共同发酵，之后在"小地块"使用过的两年半旧桶熟成18个月。从1997年到2010年，帕克网站（WA）大部分的分数是95分以上，其中2001和2004都获得98高分，市价一瓶将近6,000台币。此外，由100%希哈所酿成的"元素"（The Factor）使用20%~30%的新桶进行陈年。每年的分数也都不错，从1998年到2010年，帕克网站（WA）大部分的分数是90分以上，其中2002获得99高分，2001获得98高分，市价一瓶将近6,000台币。一个刚好20年的酒庄，每一款酒都能获得如此高分，令人难以想象是如何办到的？真有如帽子戏法般的精彩、惊奇！

美国葡萄酒收藏家大卫·索柯林所著的《葡萄酒投资》一书里，全澳洲的"投资级葡萄酒"（Investment Grade Wines；简称IGW）的38款红酒里头，托布雷克酒庄（Torbreck Vintners）的酒就占了四款：分别是"小地块"红酒，"友人"红酒、"传承"红酒和"元素"红酒。其中，"小地块"已列世界名酒之林，也成为现代澳洲经典名酿的代表作。此外，日本漫画《神之雫》也特别提及初阶酒款伐木工希哈红酒（Woodcutter's Shiraz），更让托布雷克大名耳熟能详于酒迷之间。这款酒以巴罗沙产区的多个葡萄园希哈老藤之手摘葡萄酿成，在法国旧大橡木桶里熟成12个月，未经过滤或是滤清便装瓶。此为酒庄中最佳优质入门款，WA酒评都在90分以上，台湾市价一瓶将近1,200台币，极为物超所值。

酒庄创办人大卫包威尔有两个儿子，父子三人每年都会共同酿造"凯特人"（The Celts）酒款（单一葡萄园希哈红酒，量少未出口），以培养两个儿子对葡萄酒的爱好与热诚。看来，接班的意味浓厚，酒庄的"传承"已然铺妥，大卫准备迈向更高的高度，向更高的任务挑战。

DaTa

地　　址｜Roennfeldt Road, Marananga, SA, 5356, Australia
电　　话｜(61) 8 8562 4155
传　　真｜(61) 8 8562 4195
网　　站｜www.torbreck.com
备　　注｜上午10：00-下午6：00（圣诞节和受难日除外）

托布雷克"领主"
The Laird 2005

基本介绍
分数：WA100
适饮期：现在~2050
台湾市场价：约1,000美元
品种：100%希哈
橡木桶：法国新橡木桶、美国新橡木桶
桶陈：法国Dominique Laurent新橡木桶36个月
瓶陈：6个月
年产量：50箱

🍷 **品 酒 笔 记**

这款称为"领主"（The Laird）的旗舰酒2005首酿年份一推出就获得帕克满分评价。使用法国Dominique Laurent制桶厂所制作的"魔术橡木桶"进行，桶板是一般桶的两倍厚，且橡木板经过48~54个月的户外风干，并采慢速烘烤，36个月的桶中熟成。当我在2014年的夏天刚过喝到时，马上被它诱人的紫罗兰花香吸引，连奢华的异国香料也在眼前一一浮现。酒色是石榴深紫色，闻到奶酪、黑醋栗、黑李和黑巧克力，单宁极为丝滑，酸度均衡和谐，香气集中，层次复杂。华丽的烟丝、果酱、黑色水果、丁香，醉人而煽情。浓浓红茶香和淡淡的薄荷，具有挑逗性的肉香和成熟的红酱果，令人难以置信，应该可以窖藏30年以上。

🍴 **建 议 搭 配**

红烧肉、红烧狮子头、羊肉炉、乳鸽。

★ **推 荐 菜 单　松露油佐牛仔肉**

松露油佐牛仔肉这道菜灵感来自于红烧牛腩，四川省传统名菜，属于川菜系，菜中加入了来自意大利知名松露产区阿尔巴（Alba）白松露油。白松露油是将上等白松露浸渍于顶级初榨橄榄油中，等到白松露气息长时间完整萃取、融入橄榄油中后，再过滤出纯净的油品而成。松露有一种特殊的香气，自古便有许多人为之着迷。松露油佐牛仔肉主要食材是牛腩、蒜、姜、八角、酱油、酒、胡萝卜、洋葱和松露油。卤汁稠浓，肉质肥嫩，滋味鲜美。加入松露汁的牛腩肉，肉嫩鲜香，不油腻，又有洋葱和胡萝卜的鲜甜，整道菜非常适合厚重的红酒。澳洲这款满分酒价格惊人，应该是要很专心的细细品尝，使用非常原始的50年以上老藤，果然非比寻常，带着乳酸、蓝莓、黑莓和白胡椒等复杂香气，让软嫩的牛腩一时间变的可口香甜，酒中的木质单宁可以去除油腻的味道，进而丰富整道菜的风格，咸甜合一，脍炙人口，滋味曼妙。

餐厅｜远企醉月楼
地址｜台北市大安区敦化南路二
　　　段201号39楼

Chapter 4　澳洲　Australia

69

Two Hands

双掌酒庄

　　澳洲最经典的双掌酒庄（Two Hands）。

　　自2003年开始，双掌酒庄便没有一年在WS杂志的年度百大酒庄中缺席，列席纪录长达10年，这样的纪录也是全世界唯一的一个。澳洲首席酒评詹姆斯·哈勒戴（James Halliday）也是给予双掌肯定与赞誉。帕克说："双掌酒庄是南半球最好的酒庄。"旗舰酒款战神（Ares）2002、2003年连续两年荣获WS98高分的赞赏；2005、2009两年荣获WS98高分的赞赏。贝拉花园更是百大常客，2008年份获得2010年百大第2名，2010年份获得2012年百大第3名，2005年份获得2007年百大第5名，2004年份获得2006年百大第10名，2002年份获得2003年百大第11名。莉莉花园（Lily's Garden）2003、2004两年荣获WA95高分的成绩。天使的分享（Angel's Share）荣获WS"最值得买的酒"。

　　许多人都听过澳洲的双掌酒庄，这间酒庄有着数款百大年终排行榜上的名酒！但是双掌酒庄到底希望表达什么？有些人强调是那两只手的合作，的确，这酒庄相当年轻，1999才由麦可·特非翠（Michael Twelftree）与理查·明兹（Richard Mintz）两只手成立，但是短短10多年，此酒庄却已在世界酒坛上大出风头，它们的旗舰酒到现在甚至还未进入适饮期。严格来说，双掌酒庄没有自己的葡萄园，但是通过挑选择葡萄的方式，双掌酒庄致力于表达澳洲希哈（Shiraz）的风土特色，特别是不同产区之间的差异。所以双掌酒庄的酒，其实喝的是产区，并不是技法。它的好东西不少，从便宜的到昂贵的都有，像是旗舰款的"A系列"因三支酒出名，分别是战神（Ares）、女神（Aphrodite）、君后（Aerope），三支都是A开头，代表不同品种，三支都不便宜，分数也都很高。限

A. 酒庄庄主兼酿酒师麦可·特非翠。B. 俯瞰巴罗沙。C. 原始老藤。
D. 结实累累的葡萄。

量酒款"我的手"（Two Hands My Hands）更在2005获得WA100分，法国橡木桶熟成24个月，酒精度高达16%以上。这款酒是酒庄的隐藏版酒款，产量极为稀少，市面上也很难取得，相当具有收藏价值，深紫黑色，香气以黑醋栗、黑李蜜饯为主，中段呈现辛香个性，胡椒、熏肉、黑橄榄与紫罗兰花香，慢慢地再呈现出土地的风味。口感浓郁、紧密，并带有坚果香韵与些许薄荷的清凉感，具有庞大的骨干，令人印象深刻。年产量只有1,600瓶，并非每年都生产。台湾市价16,000台币。

各旗舰款中，以号称战神（Ares）最受市场瞩目，在WS和WA连续获得98高分，因为它是经典的南澳希哈，来自巴罗沙谷（Barossa Valley）和麦考伦（McLaren Vale），以单一品种的希哈葡萄，浸皮时间依生产区域分为7~21天，熟成时间长达23个月，最后12个月会使用全新法国橡木桶熟成。酒色湛蓝，香气以黑色浆果、巧克力、石墨、香料与烤肉香为主。口感相当复杂且具有张力，细微的炭香，引发出更明显的烤肉香味，单宁细致绵长。战神在美国《葡萄酒观察家》、《葡萄酒倡导家》、澳洲首席酒评家詹姆斯·哈勒戴（James Halliday）都有极高评价，可说是膜拜级酒款，此酒以前在台售价非常昂贵，国际行情都在200美元以上，价格不菲。台湾市价5,000元台币，比国际行情还低。

花园系列属于双掌酒庄高阶酒核心，可说是澳洲希哈的展示橱窗，整个系列包括了巴罗沙谷（Barossa Valle）、麦考伦（McLaren Vale）还有克雷尔谷（Clare Valley）和朗格虹溪（Langhorne Creek）。对于想了解南澳希哈的朋友，这可说是一套教科书，也是品酒会的好标杆。这系列中，主要是由名酒贝拉花园（Bella's Garden Barossa Valley）领军。此酒战功彪炳，曾获WS年终十大多次。搜集来自巴罗莎谷六个最佳产区的葡萄，贝拉花园是风格华丽、味道芳香与层次复杂的酒款。葡萄浸皮14天后，以重力法萃取果汁，24小时的发酵与搅桶，再进行乳酸发酵。40%法国新桶，熟成18个月。深红宝石色，缤纷的水果、五香粉、胡椒，口感非常多汁，并带有点细粒度的单宁，末端则出现巧克力的香气，变化多端，需要时间醒酒，多次入榜绝非浪得虚名。市价2,200台币。

另一支系列作品则是莉莉花园（Lily's Garden McLaren Vale），恰好是巴罗沙谷的邻居对照组，2003年和2004年两年荣获WA95高分的赞赏，搜集来自麦卡伦谷精选的葡萄，浸皮12天后，以重力法萃取果汁，24小时的发酵与搅桶，再进行乳酸发酵。25%美国新桶，18个月木桶熟成。相对细致，均衡而易入口，深红色，李子、香草、牛奶巧克力与胡椒，口感饱满，带点辛香感，后韵以丰富的水果甜度均衡了口感。这两款酒可以说是双掌酒庄最希望表达的理念：澳洲希哈的差异，对南澳希哈情有独钟的酒友千万不可错过。市价2,000元台币。

此酒庄还有很多系列，"照片系列"以实惠价格攻占低阶市场，以品种来命名，包括：华丽伪装慕斯卡多甜白酒（Brilliant Disguise Moscato）、老男孩丽丝玲白酒（The Boy Riesling）、性感野兽卡本内红酒（Sexy Beast C.S.）、粗犷型男希哈红酒（Gnarly Dudes Shiraz）、勇敢的面容三葡红酒（Brave Faces G.M.S），还有最受酒友欢迎天使的分享希哈（Angel's Share），这款酒来自麦考伦产区，曾荣获WS"最值得买的酒"，2004年获得WA95高分。浸皮时间16天，用12%的美国新桶发酵12个月，轻度澄清与未过滤装瓶。深红黑色，典型的麦卡伦谷成熟的李子，蓝莓、桑葚、摩卡咖啡和椰子，圆润甜美、丰沛的水果如冰淇淋水果蛋糕，酸度美好而不厚重。

翻开双掌酒庄长长的酒单，从白到红，从低阶到高阶，从贫贱到富贵，从旗舰款到图片系列，看了都会头晕目眩，在此我们也无法一一介绍，只有选出几个系列中最具代表性的酒款让读者了解，双掌酒庄，他们的一举一动都受到全球鉴赏家的注目，相信两人秉持着对于"不妥协的品质"坚持，一定会再创造一个与众不同的新境界。

DaTa

地　址 | 273 Neldner Road, Marananga Barossa Valley, South Australia 5355 PO Box 859, Nuriootpa, SA 5355
电　话 | +61 8 5568 7909
传　真 | +61 8 5568 7999
网　站 | //www.twohandswines.com
备　注 | 可以预约参观

战神

Ares 2010

基本介绍

分数：WS97 JH96 WA93

适饮期：2014~2030

市场价：170美元

品种：100%希哈

橡木桶：法国新橡木桶、美国新橡木桶

桶陈：23个月

瓶陈：6个月

年产量：1,100箱

🍷 品酒笔记

这款战神系列的酒我已经喝过多个年份，每次都充满了惊奇与好奇，而2010的战神刚上市，我是第一次喝到。酒色湛蓝，香气以黑色浆果、巧克力、石墨、香料与烤肉香为主。口感相当复杂且具有张力，细微的炭香引发出更明显的烤肉香味，单宁细致绵长。尤其很难得的花香与果香交错，纤瘦而不肥，此酒不若澳洲华丽的浓妆艳抹，反而觉得有一份羞涩的细腻优雅，如窈窕淑女翩翩起舞，娓娓道来，连绵不绝。

🍴 建 议 搭 配

樱花虾米糕、海鲜炖饭、北京烤鸭、砂锅腌笃鲜。

★ 推 荐 菜 单 港式腊味饭 ────────

广式腊味饭是一道色香味俱全的广东料理，属于粤菜系。把广式香肠、叉烧肉先泡入热水约5分钟，取出，洗净，用牙签在有肥肉处戳几下。米洗净，沥干水分，放进锅里，盖上锅盖，小火续焖约15分钟。打开锅盖，浇淋猪油、酱油各1茶匙、油1小匙，继续焖10分钟，熄火。取出各式腊味，切片，摆放在饭上即可。香喷喷的广式腊味饭一端上桌，马上令人食指大动，在座的酒友们本来都已经酒足饭饱，但是被这道菜的香气吸引，又忍不住盛了一碗。华国饭店的总厨师赖士奇先生将这道菜做得颇为地道。香肠、叉烧的汁液滴进米粒当中，香咸不腻，每一口饭都感受到了主厨的热情，不但美味而且下酒。刚好我们今天的酒会以战神这款旗舰酒来搭配，这支酒喝来充满黑色水果的典雅，百花盛开的芬芳，和浓重的广式腊味交织在一起，不但不冲突，反而相得益彰，原来澳洲的膜拜酒可以和中国主食米饭完美搭配，真是令人大开眼界，连酒庄的国际市场经理皮尔先生都不敢置信！

餐厅｜华国饭店帝国宴会厅

地址｜林森北路600号

70

Kracher

克拉赫酒庄

　　一提起贵腐酒，每个酒友都会联想到世界三大产区：匈牙利托凯的艾森西亚（Tokaji Essencia）、德国的TBA（Trockenbeerenauslese）、法国索甸（Sauternus），从没有人认真看待奥地利的贵腐酒。这里就有一支奥地利葡萄酒的救世主，也是奥地利贵腐酒之王——克拉赫酒庄（Kracher）。

　　1985年，这个地区所出口的枯萄精选（TBA）竟然是当地产量的四倍。虽然每个人都知道出了问题，但并没有人真正了解，实际上是有一些公司在葡萄酒中掺了乙二醇（glycol）。这是一种欺诈的行为，并且损害到一些有良知的奥地利酒商和酒农，葡萄酒业也因为当时人才外流而遭受到很大的损失。这一丑闻让奥地利的葡萄酒从此一蹶不振。当时，阿罗斯·克罗赫（Alois Kracher）以极佳的酿酒技术和奋斗不懈的精神，让奥地利的葡萄酒从谷底翻身，重新走向世界。

　　在1995年时，阿罗斯·克罗赫决定依果味浓郁度由低到高为他的酒编号，从1号到14号编制，除了2号是红酒（TBA）外，其余都是贵腐白酒，13和14号没有每年出产。这个概念包含了萃取以及剩余糖分两部分。克拉赫酒庄的酿酒方式有两种：第一种是传统的德奥匈，榨完汁液后不刻意放进全新的橡木桶，故获得了酸度高、糖味足及浓稠香气皆饱满的优点，此种类型的酒命名为"两湖之间"（Zwichen den Seen）。第二种采取了法国索甸宝霉酒的酿法，靠着移汁入新橡木桶的方式，使酒液萃取桶香、淡烟熏的炭焦及宛如太妃糖的结实感。这是目前国际酒市钟情的口味，极讨好市场，所以园主特别以法文"新潮"

A　B　D
　　C　E

A. 酒窖一景。B. 难得见到的1~10号套酒。C. 酒庄外观。D. 酒庄外观。
E. 作者和庄主吉哈德·克拉赫在台北百大葡萄酒合影。

（Nouvelle Vogue）命名此系列。自1995年起，最具有各个年份代表性格的葡萄酒会被标为"Grand Cuvée"，此系列为克拉赫酒庄的招牌酒款之一。

克拉赫具有与众不同的才智与求知若渴的特质。为了将奥地利的葡萄酒推上国际的领导地位，他结交了当时在狄康堡（Château d'Yquem）的酿酒师比尔·马斯里尔（Pierre Meslier），从那里他学到索甸甜酒的酿造方法。他也认识了德国萨尔（Saar）附近的沙兹佛（Scharzhof）的伊贡·慕勒（Egon Muller），并学到如何酿造上好的丽丝玲（Riesling）TBA。而且还与加州膜拜酒辛宽隆（Sine Qua Non）酒厂的庄主克朗克（Manfred Krankl）一起合作，他们共同酿造出了K先生（Mr. K）这款令人目眩神迷的贵腐酒。阿罗斯克拉赫（ALOIS KRACHER）更是一位相当难得的酿酒师，他常与各地的米其林主厨讨论各种菜肴与葡萄酒的搭配，使他在短时间内成为世界顶尖的甜白酒酿酒大师。

2008年的台湾春节刚过，我第一次来到酒庄，距离阿罗斯·克拉赫过世才三个月。来迎接我们的是他的遗孀蜜雪拉·克拉赫（Michaela Kracher）和新任庄主吉哈德·克拉赫（Gerhard Kracher）。傍晚时，他们从酒窖拿出六款酒来招待我们，除了一瓶BA以外，其余四瓶都是TBA，分别是4、7、11，还有一支没年份，这对于我们的团员来说算是非常难得，能一次喝到这么多的TBA，可说是一件幸福的事了。当时的少庄主非常腼腆，可能是父亲刚过世的原因，话并不多，只是和我们拍照，介绍每一款酒的特性，临走前还特地送我和新民先生一人一瓶难得的TBA红酒，这种酒每年产量只有900瓶而已。在2013

年的3月份吉哈德·克拉赫来台参加我所主办的品酒会，事隔五年，这位年轻人已经成熟了许多，谈起他们家的酒头头是道。同时他对我说，他每个月都会到世界上各个经销商做推广，而克拉赫酒庄在他的手中也获得了世界各国的肯定与赞赏，看来克拉赫酒庄已经成为奥地利在国际上最知名的品牌了。

克拉赫酒庄的TBA贵腐甜酒从1号到14号几乎都获得了WA网站90分以上，95以上的分数也多到难已一一介绍。2000年份的两湖之间8号酒获得98高分，1999年份的两湖之间9号酒获得98高分，2000年份的两湖之间10号酒获得99高分，2002年份和2004年份的两湖之间10号酒共同获得98高分，2002年份的两湖之间11号酒获得99高分，1995年份的两湖之间11号酒获得98高分，2002年份的12号酒获得98高分，1995年份的新潮12号酒获得98高分，1998年份的新潮夏多内13号酒获得98高分。每款酒出厂价在台湾价格为3,000到5,000新台币不等，最高的是12、13和14号酒，而且不一定能买到。

奥地利已成为世界四大贵腐酒产区之一，不但品质稳定，而且价格更平民化。德国人是一个最会酿贵腐酒的民族，但可能有80%以上的德国人一辈子没喝过德国的枯萄精选（TBA），原因是一瓶难求且价格昂贵。现在我们有更好的选择，来自奥地利的国宝级克拉赫酒庄（Kracher）贵腐酒（TBA），绝对是物超所值，而且是帕克所钦点的世界156个最伟大的酒庄之一！

DaTa

地　　址 | Apetlonerstraße 37 A-7142 Illmitz
电　　话 | +43（0）2175 3377
传　　真 | +43（0）2175 3377-4
网　　站 | www.kracher.com
备　　注 | 可以预约参观

推荐
酒款

Recommendation
Wine

克拉赫12号酒

Alois Kracher#12 2002

基本介绍

分数：WA98
适饮期：现在~2030
台湾市场价：约150美元
品种：80%斯考瑞伯、20%威尔士丽丝玲
橡木桶：2年以上
年产量：10箱

🍷 **品 酒 笔 记**

这款2002年份克拉赫12号酒，不到5%的酒精度，而且也没有贴上"TBA"的字眼，但是这已经达到TBA的标准，可是酒庄拒绝贴上。酒色已呈琥珀色，有红李、花香，以及苹果酱的气息。酒体浓郁，香气丰沛、结构完整、光滑细致。另外也有橙皮、白色花朵，以及杏仁香气。这是一款丰腴与清爽兼具的TBA，芒果、白葡萄干、桃和杏的酸甜交杂，酒液黏稠，令人惊讶，一点都没有老化的感觉，反而像一支锐利的剑，随时等待对决，再陈年30年以上说不定会更好。

🍴 **建议搭配**

焦糖布丁、糖醋鱼、香草奶油蛋糕、苹果派。

★ **推荐菜单　潮州卤水鹅** ──────

潮州卤水闻名天下，是潮州菜中考验大厨功力的功夫菜。"卤水"本身利用丁香、八角、桂皮、甘草等数十种药材与香料，最重老卤汁，卤汁越卤越香。传统卤味为了要求软烂，采的是"时间战术"，尽管食材经久卤后入味软烂，却也牺牲了其本身的口感与原味。为了不让食材在卤锅中因"徘徊"太久而致口感改变，原味流失，潮州卤水鹅要求卤制时间恰到好处。精选约4公斤的肥硕大鹅，完全浸入秘方卤汁中，边卤还得定时翻动，让肥鹅能快速均匀入味，待卤汁渗透至鹅肉后，切成薄片，淋上一点卤汁即可享用，也因此潮州卤水鹅能呈现卤汁清香、鲜嫩多汁、夹起一片鹅肉入口，肉丝纤维内蕴含的卤汁肉汁汩汩流出，二者相得益彰的完美口感，是深谙潮州料理的行家们必点的经典菜色。加上选取鲜嫩的鹅血和豆腐卤制，其咸嫩香绵的口感，绝对是下酒的良伴。这款贵腐酒只有4%的酒精度，浓郁香甜，潮卤中的鹅肉软嫩多汁，咸香细腻，两者一起结合，甜酸的滋味融入香咸的汁液中，香味四溢，满口芬芳，十分畅快。

餐厅｜华国饭店帝国宴会馆
地址｜台北市林森北路600号

Chapter 6　智利　Chile

71
Almaviva
智利王酒庄

　　1979法国五大酒庄之一的木桐酒庄（Mouton Rothschild）庄主菲利普·罗柴尔德男爵（Baron Philippe de Rothschild）在美国创造了第一乐章（Opus One）之后，食髓知味，便加紧脚步开始在南美洲布局。木桐酒庄在详细考察了智利当地的情况后，发现孔雀酒庄（Concha y Toro）的葡萄园地理位置非常好，具有得天独厚的自然条件，于是萌生合作的意向。本身具有非常丰富酿酒经验的孔雀酒庄也感到很荣幸能得到这位葡萄酒大佬的垂青，大家不谋而合，共同建立了智利王酒庄，诞生了南美洲第一支与欧洲合作的佳酿——1996年智利王（Almaviva）。双方采用了一个富有欧洲和美洲文化特点的图案，象征着法国的传统酿酒技术加上智利原住民的宇宙观所酿造出来的葡萄酒。

　　智利王酒庄位于梅依坡谷（Maipo Valley），智利王的中文翻译为"膨胀

A．酒庄。B．酒窖。C．首酿年份智利王1996
1.5公升。D．印有酒庄标志从2000-2006原箱
木板。

的灵魂"。从字面来看，在西班牙文中"alma"是"灵魂、生命"的意思，那
么合起来翻译成"膨胀的灵魂"并不难理解，所以在中国翻译成"活灵魂"。
然而在莫扎特所做的三大歌曲中的《费加罗的婚礼》也有一个灵魂人物叫作
"Almaviva"公爵，可见双方对歌剧艺术的爱好。

　　智利王酒庄为什么会取这个名字呢？据说，智利有着得天独厚的气候、水
土，是酿造葡萄酒的天堂。树龄有20年以上，同时也拥有独特的砾石土壤，但
酿出的酒却无法摆脱廉价的标签，孔雀酒庄决心打破这一僵局。他们清楚认识到
智利葡萄酒的质量没有问题，缺少的就是那画龙点睛般的灵魂。于是，孔雀酒庄
邀请了葡萄酒界独一无二的"灵魂人物"罗斯柴尔德男爵来智利一起共同酿造举
世闻名的好酒，于是双方很快便达成一致，创建智利王酒庄。

智利王（Almaviva）的专属葡萄产地从修枝至采摘的每个步骤，均有专人提供无微不至的照料。该产地革命性地安装了地下滴水灌溉系统，精确提供每株葡萄藤所需水分。酒庄共有60公顷的土地种植葡萄，用作酿制的主要葡萄酒品种包括卡本内·苏维翁、卡门内尔、卡本内·弗朗、小维多及美洛。

智利王诞生之后，掀起了购买的热潮，《葡萄酒观察家》杂志对2009年的智利王也打出了96分的高分。智利王被称为"智利酒王"，由波尔多经典的葡萄品种混酿而成，以卡本内·苏维翁为主。可以说，智利王是欧美两种文化巧妙的融合：智利提供土壤、气候及葡萄园，而法国贡献出酿酒技术和传统，最终酿造出极致优雅和复杂的葡萄酒。智利王酒庄的酒标也很特别，酒标上的圆形图案表示的是马普彻人时代的地球和宇宙，这个标识出现在一种宗教典礼时所用的鼓上，表现了酒庄对智利历史和文化的尊重。在这个很像西瓜棋的圆形图案两旁，写着两个庄主名字：菲利普·罗柴尔德男爵（Baron Philippe de Rothschild）和孔雀酒庄（Concha y Toro）。

大概是从2007年底开始，酒界卷起了一股小小旋风，台湾几家酒商都举办了智利王垂直品饮，加上漫画主角"远峰一青"又将首酿的1996智利王泼在"西园寺真纪"身上，泼一瓶少一瓶，本来就是智利四王之首的智利王，更成为酒友之间的话题。喜欢挑战味蕾与挑战分数的朋友，可以做个垂直品饮。帕克曾经说过：智利王是智利一个伟大的酒庄，在世界上囊括了所有的大奖和百大首奖，包括英国《品醇客》杂志，美国《葡萄酒观察家》杂志以及Enthusiast Wine，还有帕克所创《葡萄酒倡导家》等高分的肯定。2003年份的智利王被WA评为95高分，2005年份被评为94高分。2009年份被WS评为96高分，2005被评为95高分。能获得两个最重要的评分媒体这样高的评价，在新世界里的智利实在很难！

由于这几年的智利王酒庄开始走国际市场的营销方式，挟着超高的知名度，价格屡创新高，从50美元一瓶推升至150美元一瓶的价格，虽然价格节节高升，但是消费者仍然捧场，每年150,000瓶的产量全数售罄，可见智利王的魅力，称为智利王当之无愧！

DaTa

地　　址 | Viña Almaviva S.A. - Puente Alto, Chile
电　　话 |（56-2）270 4200
传　　真 |（56-2）852 5405
网　　站 | www.almavivawinery.com
备　　注 | 可以预约参观

智利王
Almaviva 2003

基本介绍

分数：WA95　WS94
适饮期：2007~2037
台湾市场价：约160美元
品种：73%卡本内·苏维翁、23%卡门内尔、4% 卡本内·弗朗
橡木桶：100%法国新橡木桶
桶陈：18个月
瓶陈：6个月
年产量：150,000瓶

🍷 **品酒笔记**

酒色于中央呈现深石榴红色，饱满的黑浆梅子味，充满着森林果莓、木莓、可可、野花等各种迷人香气。酒体厚实饱满，单宁滑细如丝。口感有蜜桃果子、杏仁果仁、蓝莓、巧克力和橡木熏香等多重变化，整款酒喝起来比较像法国酒，比起其他年份来的优雅迷人，尾韵非常绵长。陈年窖藏5~10年会更佳。

🍴 **建 议 搭 配**

日本和牛、日式炸猪排、蒜苗腊肉、沙茶牛肉。

★推 荐 菜 单　稻草牛肋排

说到张飞，即让人联想到其草莽鲁夫的形象，主厨特别设计此道"稻草牛肋排"作为他的代表菜。采用江浙菜的做法，严选长25厘米的台塑单骨牛肋排，挑出油脂丰厚的第6到第8支牛肋骨，以稻草捆绑后一起长时间卤制，将稻草的特殊香味充分卤进牛肉中，入口肉嫩多汁，酱香四溢。搭配这款智利最奔放的智利王，充分表现出豪放的性格，香喷喷的牛肋排和浓郁的红酒互相较劲，完全浑然天成，犹如张大千大师的一幅泼墨画作品，展现出伟大的气势与格局。

餐厅｜古华花园饭店明皇楼中餐厅
地址｜台湾桃园县中坜市民权路
　　　398号B馆2楼

Chapter 6 智利 Chile

72
Casa Lapostolle
拉博丝特酒庄

　　拉博丝特酒庄（Casa Lapostolle）是智利的四大天王之一，干邑加苦橙所得出的柑曼怡酒（Grand marnier）是其家族拥有的得意之作。葡萄酒方面，拉博丝特酒庄由来自法国的曼尼·拉博丝特（Marnier Lapostolle）家族和智利的拉巴特（Rabat）家族于1994年共同创建。现在该酒庄由亚历山大·曼尼·拉博丝特（Alexandra Marnier Lapostolle）和她的丈夫西里尔·德伯纳（Cyril de Bournet）共同管理。拉博丝特酒庄属于LVMH集团，以国际品牌的声势为智利酒在世界舞台"攻城掠地"！尤其在旗舰酒款部分，拉博丝特酒庄的战绩实在非常辉煌：2005年份的阿帕塔庄园旗舰酒（Clos Apalta）荣获2008年美国《葡萄酒观察家》杂志第一名，评分96高分。2001年份的阿帕塔庄园旗舰酒荣获2004年美国《葡萄酒观察家》杂志第二名，评分95高分。2003年份的阿帕塔庄园旗舰酒荣获2000年美国《葡萄酒观察家》杂志第三名，评分94高分。此外，英国《品醇客》杂志（2012 Decanter Asia Wine Awards）中，阿帕塔庄园旗舰酒（Clos Apalta 2009）获"智利调和型红酒地区首奖"。

　　拉博丝特酒庄的葡萄园位于阿帕塔（Apalta）。阿帕塔位于空查瓜山谷（Colchagua Valley），这是一个呈马蹄形的山谷，三面环山。空查瓜山脚下流淌的廷格里里卡河影响着葡萄的质量，调节葡萄园的温度，避免极端的温度变化，并确保葡萄有长期而缓慢的成熟期。在日出和日落时分，该地的山麓小丘阻

A
B | C | D

A. 拉博丝特酒庄。B. 亚历山大·曼尼·拉博丝特与她先生西里尔·德伯纳创立拉博
丝特酒庄。C. 酒庄总经理暨柑曼怡酒家族第七代传人查尔斯（Charles-Henri de
Bournet）。D. 酒窖。

挡了太阳光，避免葡萄暴露在强烈的阳光下。拉博丝特酒庄旗下的葡萄园分布在
不同的三个产区，其中位于空查瓜产区的阿帕塔葡萄园是他们最著名的葡萄园，
以高密度种植50~80岁的老葡萄树美洛、卡本内·苏维翁卡门内尔，并用以生
产阿帕塔庄园旗舰酒Clos Apalta。同时酒庄还聘用了有"飞行酿酒师"之称的
米歇尔·侯兰（Michel Rolland）担任酿酒顾问，酒庄所酿的酒都有相当高的水
准。阿帕塔庄园旗舰酒采用60年未嫁接葡萄老藤，100%全新法国橡木桶陈年
20个月。完全未经除渣，全球限量5000打，台湾上市价一瓶约4,000元台币。
　　拉博丝特酒庄所用的葡萄来自空查瓜山谷的阿帕塔葡萄园，这里的卡门内
尔是许多智利名庄的最爱，因为许多酒评都认为此园是最能表现智利红酒风
土与魅力之所在。阿帕塔葡萄园邻近圣塔克鲁兹（Santa Cruz）城，恰巧与

另一名庄蒙地斯（Montes）的旗舰葡萄园比邻而居。过去阿帕塔庄园旗舰酒Clos Apalta选择卡门内尔与美洛这两个品种来酿制阿帕塔庄园旗舰酒。如今卡门内尔依旧，但78%卡门内尔，搭配的是19%卡本内·苏维翁以及3% 小维多（Petit Verdot），结构更为雄厚。

红鹰红酒（Canto de Apalta）是拉博丝特酒庄新诞生的系列，"canto"在西班牙文的意思是"歌颂"，在标签上的飞鸟的优雅姿态灵感来自于繁衍于葡萄园内丰富的野鸟生态。红鹰与阿帕塔庄园旗舰酒风格相似，葡萄来源以中部的瑞比谷（Rapel Valley）为主，调配比例约为45%卡门内尔、25%美洛、16%卡本内·苏维翁、14%希哈。手工采收，野生酵母，酒液呈现阳光充足的暗红紫色，闻起来有香料与成熟的红、黑水果香气，带一点烟草与巧克力香，口感多汁而圆润，质理细致，宜搭各式肉类料理。此酒2010年是第一个年份，极具收藏价值，别忘了当年智利还有大地震，让收成延误了几天，结果表现依然出色，获WS90分、WE91分（编辑精选奖）。最重要的是，请问有多少机会可以收藏一款酒的第一个年份？何况是那些饱经地震的果实。

亚历山大女士亲自参与并监督酒厂的各项酿造程序，她有对品质的坚持与创新和毫不妥协的热情，她以最新现代技术结合传统技术的精华，采用法国传统技艺结合智利特优产区，孕育出世界一流的葡萄美酒。如今，拉博丝特酒庄已在世界的酒坛上站稳脚跟，得到各界酒评家的赞美，成为智利酒的新标杆。

拉博丝特有机栽种葡萄园。

DaTa

地　址 | Ruta I-50 Camino San Fernando a Pichilemu Km 36, Cunaquito, Santa Cruz, Chile.

电　话 | +56-72 2953 300

网　站 | www.lapostolle.com

备　注 | 可以预约参观

阿帕塔庄园
Clos Apalta 2009

基本介绍
分数：WS96　WA91
适饮期：2013~2025
台湾市场价：约4,500元台币
品种：78%卡门内尔、19%卡本内·苏维翁、3%小维多
橡木桶：100%法国新橡木桶
桶陈：24个月
瓶陈：6个月
年产量：76,330瓶

🍷 **品酒笔记**
记忆当中已经喝过很多年份的阿帕塔庄园的酒了，每一个年份酿制的都非常稳定，都能展现酒庄自己的个性。倒入酒杯中时深宝石红带着紫色，闻到的是成熟的红色与黑色水果香气，伴随着淡淡的香草与深浓巧克力气息，显得如此迷人。入口后的果味非常圆润，单宁如天鹅绒般的细致优雅。红色水果与亚洲香料、加上紫罗兰、香草、摩卡和甜椒口味，强劲有力，丰富饱满，结构均衡，余韵悠长。这是一款杰出而且耐陈的美酒，窖藏10年以后将更完美。

🍴 **建议搭配**
煎烤牛排、烤鸡、五香牛肉、德国烤猪肋排。

★推荐菜单　红煨牛尾

"红煨牛尾"的"煨"是经典的江浙菜系红烧料理手法，主厨特选富含丰富胶质的带皮牛尾和有"美人胶"之称的珍贵裙边，加入辣豆瓣酱、新鲜番茄酱、蒜头、辣椒和独门卤汁等一同红烧，吸吮饱满汤汁的牛尾和裙边有着滑嫩弹牙的幸福口感和超高的营养指数，是一道相当费时的功夫菜。这道菜搭配智利美酒阿帕塔庄园，浓郁的黑色果香和迷人的香料味可以去掉牛尾的油腻感。细致的单宁可以提升带皮牛尾滑嫩的口感，并且充分表现出整道菜的香浓美味，香喷喷的牛尾吃来别有一番好滋味！

餐厅｜古华花园饭店明皇楼中餐厅
地址｜台湾桃园县中坜市民权路398
　　　号B馆2楼

Chapter 6　智利　Chile

73

Sena

神酿酒庄

　　1985年美国葡萄酒教父罗伯·蒙大维第一次前往智利寻找酿酒之地时，认为智利拥有酿制绝佳葡萄酒的无限潜力。因此在6年后与伊拉苏酒庄（Vina Errazuriz）庄主爱杜多·查维克（Eduardo Chadwick）分享彼此对葡萄酒的热忱及酿酒哲学，最后决定合作，并于1995年创建了神酿酒庄（Sena）。"Sena"在西班牙文的意思就叫作"签名（signature）"，这个名称代表了两个家族共同的自我风格和制酒经验，在酒标上，可以看到两个酒庄庄主的签名。这是一个发自内心的重大决定。双方凭借直觉和灵感，携手精心打造了一款世界级的智利葡萄酒，神酿酒庄是两人远见卓识的结晶，堪称为优异品质和独特性格的完美展现。

　　神酿酒庄地处智利阿空加瓜山谷（Aconcagua Valley）西侧，距离太平洋41公里，气候环境对于葡萄的栽种相当适合。在各种完美条件的搭配下，1995年开始生产的神酿葡萄酒一经推出就得到了各界好评，并且连续多年得到帕克网站WA高分的评价。2004年罗伯·蒙大维决定卖掉股权，于是伊拉苏酒庄买回了所有股权，从此以后神酿酒庄将是百分之百智利血统。庄主爱杜多·查维克也发誓将持续酿制顶级梦幻酒款。

　　神酿是一款地道的智利佳酿，以最好的卡本内·苏维翁、卡门内尔、美洛、卡本内·弗朗和小维多混合制成。在1995~2002年之间使用了70%以上的卡本内·苏维翁，其余为卡门内尔和美洛，卡门内尔增强了智利葡萄酒的显明特性。

A. 酒庄夜景。B. 酒庄。C. 庄园。D. 作者和庄主爱杜多·查维克在香港酒展合影。

在2003年以后加入少许的卡本内·弗朗、小维多和马贝克，完全是波尔多的混酿风格了。神酿酒庄为了最大限度提高品质，将精选的手摘葡萄装在12公斤的箱子里在早晨运达酒厂。葡萄在分类台上经过精心筛选，所有杂物、叶子、根茎都去除，确保在最终汁液的纯正果味。葡萄大多在不锈钢罐中发酵，温度范围从24℃~30℃不等，以达到理想的提取程度。有6%必须在全新法国橡木桶中发酵，来强化汁液的丰富性。总浸泡时间为卡本内·苏维翁、美洛、卡门内尔：20~33天；卡本内·弗朗和小维多：6~8天，根据每一地块的情况而定。新酒随后装进100%品质最优的新法国橡木桶中陈年22个月。

神酿酒庄在2004年1月23日举办"柏林盲品会"。包括1976年巴黎盲品会主持人史蒂芬·史普瑞尔（Steven Spurrier）在内的36位欧洲最有名望的葡萄酒记者、作家和买家齐聚柏林，对16款葡萄酒进行盲品，包括6款智利葡萄酒，6款法国葡萄酒和4款意大利葡萄酒，这些均为2000和2001年份的葡萄酒。以国家和年份划分，则有3款2001年份智利葡萄酒，3款2001年份法国葡萄酒，4款意大利葡萄酒，以及另外来自智利和法国的2000年份酒各3款。在这场历史性的盲品中，品酒师评定来自伊拉苏酒庄的查维克旗舰酒（Vinedo Chadwick）2000年份酒高居榜首，神酿2001年份酒位居第二，而拉菲酒庄（Château Lafite Rothschild）2000年份酒则位居第三，其后尚有玛歌酒庄（Château Margaux）2001年份和2000年份，还有拉图酒庄（Château Latour）2001年份和2000年份，第10名则是来自意大利的索拉亚（Solaia），这样的结果犹如1976年巴黎盲品会翻版，让柏林的葡萄酒专家满地找眼镜，不敢置信。

2004年10月28日在香港进行的首次神酿垂直品鉴之旅的第一站，40位当地的专业品酒师十分惊讶地发现，不同年份的神酿葡萄酒囊括了前五名，排名第六的有拉菲酒庄2000年份、第七是玛歌酒庄2001年份、第八是木桐酒庄（Château Mouton Rothschild）1995年份、和拉图酒庄2005年份。同样的结果在11月1日的台北品鉴会上再次出现，60多位最知名的葡萄酒专业人士和台湾记者出席了此次品鉴会。在10月31日的首尔品鉴会上，40位韩国葡萄酒专业人士和记者将三款神酿年份酒列入最喜爱的葡萄酒前五名，2008年份和2005年份的神酿分别获得冠亚军，第三名是拉菲酒庄2007年份，第四名才是玛歌酒庄2001年份。在这4场盲品会上，爱杜多·查维克表示，神酿及其他许多智利顶级葡萄酒展现的品质、血脉传承和陈年能力，已经可与世界最佳葡萄酒相提并论。

神酿酒庄自1995年首酿年份上市以来，一直获得各界很高的评价，1996年份获得《葡萄酒观察家》（WS）92分的高分，2007年份获《葡萄酒倡导家》（WA）96分的高分，被评鉴为有史以来得分最高的智利葡萄酒。2006年份和2008年份一起获得95分的高分，2015年份更获得资深酒评家詹姆士·史塔克林（James Suckling）100分满分。这位酒评家是这样形容的："像是在对我低吟呢喃般，口感绵长，相当迷人，历年以来神酿之顶尖佳作。"神酿无疑是智利酒中最好的一款酒。

庄主爱杜多·查维克和蒙大维一起品尝Sena。

DaTa

地　址｜Av. Nueva Tajamar 481
电　话｜（56-2）339-9100
传　真｜（56-2）203-6035
网　站｜http://www.sena.cl/en/wine.php
备　注｜参观前须先预约

神酿酒庄
Sena 2010

基本介绍

分数：WA94　JH95
适饮期：2014~2022
台湾市场价：约130美元
品种：54%卡本内·苏维翁、21%卡门内尔、16%美洛6%小维
　　　多、3%卡本内·弗朗
橡木桶：100%法国新橡木桶
桶陈：22个月
瓶陈：6个月
年产量：80,000瓶

🍷 **品酒笔记**

2010年的神酿是我喝过最好的智利酒之一。酒色呈深紫罗兰
色泽，高贵深沉。开瓶后扑鼻而来的是黑胡椒与烟熏木头气
息，随着清楚而成熟的黑莓、树莓和石墨，盘绕交缠而上，和
谐地混合新鲜黑色与红色水果味，转换成橡树、胡椒香料、百
里香、和烟叶等草木香气。入口后充满丰富的成熟水果香，如
草莓、李子、黑醋栗、蓝莓、黑莓与樱桃，在口中不断弹跳，
随之而来的黑巧克力、植物凝胶、黑胡椒与黑咖啡在口中散
发，层次多变，酒体醇厚，是一款无可挑剔的佳酿。应可再陈
年20年以上。

🍴 **建议搭配**

煎羊排、台式卤肉、广式烧腊、蒜炒牛肉。

★**推荐菜单　笋丝焢肉**

笋丝焢肉是台湾妈妈的拿手菜，以前只要过年，家里就会卤一锅来
尝尝！尤其是老爷爷和奶奶最喜欢吃，入口即化，软嫩Q弹，绵密细
滑，香气四溢。这时候一定要一碗白饭才能综合一下味蕾，尤其肉
汁浇在热腾腾的白饭上，闻起来胃口大开。2010年的神酿喝起来有
较浓的黑色水果、烟熏木头及香料味，所以可以压住笋丝的酸香气
息，并且果味可以和笋丝融合，滑细的单宁也能使焢肉吃起来不油
腻，两者非常和谐，香醇顺口，余韵绵长。

餐厅｜欣叶台菜
地址｜台北市大安区忠孝东路四
　　　段112号2楼

74

DR. LOOSEN

路森博士酒庄

　　德国酿酒事业在20世纪20年代登峰造极，当时许多德国白酒的佳酿，卖价甚至比法国波尔多一等葡萄园产的酒还要昂贵。但是70年代来自德国的廉价酒大军冲击全球市场，德国葡萄酒市场因此崩溃，自此，德国酒庄一直在努力挣脱平价甜酒的国际形象，路森庄主巡回各国就是为了找回爱酒人士对于优质德国白酒的传统印象。路森家族于莱茵河流域摩泽尔（Mosel）地区种植葡萄来酿酒已经两百年，庄主恩斯特·路森（Ernst Loosen）1988年接手后开始停施化学肥料及减产以降低葡萄树生长期间的人力与技术干预，然而最重要的是，他转向温和的地窖做法，使葡萄酒靠着自然的力量发挥到淋漓尽致。

　　恩斯特·路森出生于1959年9月，1977年就读于盖森汉（Geisenheim）葡萄酒学院，1981就读门兹（Mainz）大学，主修考古，1986年接手家族酒

A. 路森博士酒庄门口。B. 作者和庄主恩斯特·路森在台北合影。
C. 路森博士品酒室。D. 作者致赠台湾高山茶给庄主恩斯特·路森。

庄，1996年租借JL Wolf庄园，1999年创立合资企业与美国华盛顿州的圣密歇尔（Château Ste Michelle）合资。虽然出生于一个酿酒世家，但是路森并不想投入酿酒这个事业。1977年，他被送进了德国最顶尖的葡萄酒学院盖森汉，1986年父亲病况严重，没办法继续经营酒庄，母亲考虑把酒庄卖掉，路森鼓起勇气接下这个重担，1987年是他的第一个收成年份。刚开始生意并没有起色，一直到1993年，路森才有信心销售他全部的产品。他卖力推销自家的葡萄酒，至今还是如此。现在他所生产的路森博士酒庄葡萄酒销售到43个国家。"不过，我希望我的酒可以国际化，而且我发现，这些国家的人们会对进口产品产生忠诚度，只要能受到他们喜爱，花再多的时间都是值得的，不过这件事我花了20年时间才做到。"

从法兰克福开车到这美丽的酒市大约要两个钟头，说这是一个观光的酒市绝不为过。游客来来往往在莱茵河的两畔游梭，有些人是来旅游欣赏风景，有些人则是为了寻找美酒，我是为了拜访酒庄。在伯恩卡斯特（Bernkastel）村庄，一座美丽的庄园孤立于人来人往的摩泽尔（Mosel）河旁，这个庄园叫作路森博士酒庄，这里也是路森家族居所，酒窖也在里面。我们一群人被请进到一个很大的图书室，里面的陈列叙述着酒庄的点点滴滴，这里还摆放着各式各样大小不一的酒瓶。参观完酒窖后，我们在图书室的桌子上试酒，路森来为我们介绍每一款路森的酒，从小房酒（Kabinett）到逐粒精选（Beerenauslese），每一支都是精彩绝伦，丝丝入扣。唯一的遗憾是次我们没有喝到枯萄精选（Trockeneerenauslese）。这是我第二次见到路森本人，第一次是我在台北主办路森博士酒庄品酒会的时候。

有关路森本人在世界上的名气众所皆知。著名酒评家休·强森（Hugh Johonson）："路森带领摩泽尔河谷与此地的丽丝玲葡萄酒成功进入21世纪。他的思考是全球性的，鲜少有德国酿酒人跟他一样。"葡萄酒大师杰西丝·罗宾逊（Jancis Robinson）："路森靠一己之力将德国葡萄酒带进21世纪的世界舞台。这是他不拘泥于传统、不断旅行与对品质不妥协所得到的成果。"2005年《品醇客》杂志年度风云人物，伦敦国际葡萄酒挑战赛年度最佳甜酒酿酒师，《品醇客》杂志评鉴路森为世界前10名白酒酿酒师（World's Top 10 White Winemakers），《品醇客》杂志评鉴路森为世界上对酒最有影响力的人，伦敦国际葡萄酒挑战赛年度最佳白酒酿酒师等等，太多的赞美与荣誉，这是路森一路辛苦走来应得的成就。

路森博士酒庄面积有15公顷，主要生产德国白酒，葡萄品种100%丽丝玲，葡萄树龄60~100年（未接枝）。主要产区：

教士庄园（Erdener Pralat）特级葡萄园（Grand Cru）

毫无疑问，这是路森博士酒庄中最佳的葡萄园，教士庄园为百分之百南向坡面的红色板岩地质，并具备相当温暖的微气候环境，果香味十足的葡萄酒，与令人无法抵抗之魅力。本园位于河流与大岩壁之间，保留热能的陡峭岩壁，确保所有的葡萄都可以充分成熟。

艾登庄园（Erdener Treppchen）特级葡萄园（Grand Cru）

本园位于教士庄园的东面，庄园内的红色板岩生产出口感饱满、复杂绵密且富含矿物质的葡萄酒，需较长时间在瓶内熟成。由于本园地形相当陡峭，百年来农人必须完全依赖石梯，才能到达庄园工作。

乌齐格庄园（Urziger Würzgarten）特级葡萄园（Grand Cru）

红色的火山岩及板岩地质的乌齐格庄园，生产除莫塞尔河地区独一无二的葡萄酒，虽然本园直接紧邻埃尔登地区最好的葡萄园，但却生产出风味迥异的葡萄酒，带有热带香料的特殊风味与令人着迷的土质口感，这是莫塞尔河其他区域的葡萄酒所缺乏的热带风味。

卫恩庄园（WehlenerSonnenuhr）特级葡萄园（Grand Cru）

本区地形极为陡峭，而起充满板岩。直接位于莫塞尔河岸边，生产出世界上最优雅、风味最佳的白葡萄酒，灰蓝色的板岩赋予葡萄酒美妙而清爽的酸度犹如成熟水蜜桃般的香味，两者均匀的调和，造就出本酒庄里风味最迷人的葡萄酒。

伯恩卡斯特（Bernkasteler Lay）优级葡萄园（Primer Cru）

伯恩卡斯特与路森博士酒庄毗邻的庄园，主要是板岩构成，而且比附近的卫恩庄园及格拉奇更为深层。相较其他葡萄园坡度较为缓和，所酿制的酒层次丰富且分明。小房酒是德国丽丝玲酒款等级中最为轻快爽口的，是由最早收成的葡萄所酿制。没有比摩泽尔流域所酿的丽丝玲更加优雅细致、香气集中的葡萄酒了。苹果及矿石味道中隐隐散发出水蜜桃香气，在口中苏醒，草本植物的清新风格令人心旷神怡。

小小的教士庄园园区是令他得益于快乐的地方。这座占地1.44公顷的葡萄园位于河流弯曲之处，可以将热气留住。这座园区并非只属他一人，不过他拥有最大一部分。教士庄园生产的是摩泽尔河谷当地最有异国风味、最奢华的丽丝玲白酒，而且一向是最后采收的葡萄。路森在教士庄园生产的晚摘精选级葡萄精选酒（Auslese）是德国最好的葡萄酒之一，紧接在后的是伯恩卡斯特（Bernkasteler Lay）园区所酿造的冰酒，以及其他园区所生产的浓郁又芬芳的丽丝玲。

左：作者和庄主恩斯特·路森在酒庄品酒室合影。右：酒庄特别生产2006逐粒精选BA级187ml迷你小瓶，产量稀少。

要喝丽丝玲白酒（Riesling），就会想起德国白酒的荣耀——路森博士酒庄，这是目前莱茵河流域摩泽尔地区少数仍旧坚持传统，以顶尖葡萄园里所种出最好的丽丝玲葡萄来酿造白酒的酒厂，丽丝玲在摩泽尔地区享有完美条件的土壤和气候条件，因此能够产出独特地区风格的德国白酒。

左：酒庄致赠给作者路森博士酒庄所在的乌齐格庄园特级葡萄园海报，海报上有庄主恩斯特·路森本人签名。右：酒庄特别生产2006逐粒精选BA级187ml迷你小瓶，产量稀少。3种不同尺寸的包装，非常有趣。

DaTa

地　　址｜St. Johannishof D-54470 Bernkastel/ Mosel, Germany
电　　话｜（+49）6531-3426
传　　真｜（+49）6531-4248
网　　站｜www.drloosen.com
备　　注｜可以预约参观

**推荐
酒款**

教士庄园枯萄精选

DR. LOOSEN Erdener Prälat TBA Gold Capsule
1990 750ml

基本介绍
分数：100
适饮期：2010~2060
台湾市场价：约1600美元
品种：丽丝玲
年产量：10箱

🍷 **品酒笔记**

2013年的一个秋天，德国美酒收藏家热克教授（Dr.Sacker）从德国带了
几瓶葡萄酒来到台湾与酒友们分享，其中有一瓶德国的1990年教士庄园枯
萄精选（DR. LOOSEN Erdener Prälat TBA）我最感兴趣。这是一瓶很
难得的枯萄精选，尤其是白袍教士的酒标（Erdener Prälat），是路森博
士酒庄中最好的地块，通常看到的都是金颈精选级（Auslese），很少见到
TBA，况且是已经超过二十年的世纪最佳年份的1990，而更难得的是大瓶
装的750毫升的，这款酒在世上已经很难见到了，因为1990的金颈精选级都算是稀世珍酿了（WS95），何
况是再超过两级的TBA。在冰桶里冰镇过一小时后，我慢慢地打开他，好像在伺候婴儿洗澡般的小心，毕竟
它已经是一瓶二十几年的老酒了。当酒一打开时，我已经闻到菠萝、杨桃干和百合花的浓浓香气。我开始将
这琼浆玉液为大家一一斟上，每个人眼睛紧盯着这款酒，迫不及待地想一亲芳泽。这酒已经呈深金黄色泽，
一股野蜂蜜香逼近，紧接着跟来的是烤杏仁、菠萝汁、荔枝蜜等不同的香气。酒送进口中时，酸酸甜甜，像
是吃蜜饯和蜂蜜般的浓郁，中间还带有蜜枣、糖渍苹果、芒果干和百香果汁的天然滋味，甜度跟酸度达到完
美的平衡，每个人都发出赞叹的声音，也舍不得一口气就喝完，因为一生中要再尝到这样的美酒，就得看各
人造化了。

🍴 **建议搭配**

草莓慕斯、巧克力、马卡龙、奶油菠萝包。

★ **推 荐 菜 单 公主雪山包** ────────

公主雪山包其实就是奶油菠萝包，是港式点心中的超人气产品，香港人早
茶下午茶都会来一个垫垫肚子。这是一道制作简单的甜点，菠萝面包外层
表面的脆皮，一般由砂糖、鸡蛋、面粉与猪油烘制而成，是菠萝面包的灵
魂，为平凡的面包加上了独特的口感，要热热的才好吃。酥皮要做得香脆
甜美，而内馅则是够软才好吃。菠萝面包，亦称菠萝包，是一种普遍的甜
味面包，没有馅料，源于香港。据说是原本称为"俄罗斯包"。1960年代，
菠萝面包因为经烘焙过后表面呈金黄色、凹凸的脆皮状似菠萝而得名，所
以菠萝面包实际上并没有菠萝的成分。皇朝尊会港式餐厅股东曹会长宴请
朋友时，最后一定会上这道甜点来配甜酒。公主雪山包，里面加了奶油，
具有皮脆馅香、外酥内嫩的特色，用这款路森博士教士庄园（TBA）贵腐
酒来相配，如天雷勾动地火般的强烈，贵腐酒的沁凉和酸甜，雪山包的软
嫩酥香，酒喝起来如神仙般的快活，雪山包吃起来也会有回家的温暖。

餐厅｜皇朝尊会
地址｜上海市长宁区延安西路
　　　1116号

Chapter 7 德国 Germany

357

Chapter 7 德国 Germany

75

Egon Müller

伊贡慕勒酒庄

伊贡慕勒酒庄（Weingut Egon Müller）是位于摩泽尔河（Mosel）产区精华地块的28英亩（约11.3公顷）葡萄园，拥有排水良好的板岩地层，大部分种植丽丝玲（Riesling），将当地风土条件发挥得淋漓尽致，因此被评选为摩泽尔河地区最顶尖的酒厂之一，这里出产的丽丝玲享有"德国丽丝玲之王"的美誉。同时伊贡慕勒酒庄所产的贵腐甜白酒（TBA）也和勃艮第的沃恩·罗曼尼（Vosne Romanée）村中的罗曼尼·康帝酒园（Domaine de La Romanée-Conti，简称DRC）的红酒齐名，并列世界上最贵和最好的两款酒，一白一红，独步酒林，一生中如能同时喝到这两款酒，将终生无憾！

伊贡慕勒的历史可从6世纪建成的圣玛丽修道院（Sankt Maria von Trier）说起。该院建在维庭根镇附近一座名为沙兹堡（Scharzhofberg）的小山上。后来，法国军队占领了整个盛产美酒的莱茵河地区，教会与贵族所拥有的庞大葡萄园被充公拍卖。1797年，慕勒（Müller）家族曾祖父趁机购得了此酒庄。此后，酒庄一直归慕勒家族所有，至今传承至第五代。

伊贡慕勒的酿酒方法就是以传统、天然、简单的方式进行。11.3公顷的葡萄园，土壤多为片岩，板岩层层的堆叠，透水性佳，在雨季时排水也很顺畅，板岩有保温与排热的功能，能提高葡萄藤的生长。他们深信他们的葡萄园有实力种植出最好的葡萄并酿制出最有潜力的葡萄酒。

酿制贵腐甜酒，必须等到葡萄已被霉菌侵蚀，吸收葡萄水分，让整颗葡萄萎

A. 作者与庄主伊贡慕勒四世在葡萄园合影。B. 作者2016年带领一团酒友到酒庄拜访与庄主合影。C. 伊贡慕勒最好的葡萄园Scharzhof Scharzhofberger。D. 作者赠庄主伊贡慕勒四世礼物。E. 作者2016年在酒庄品饮的10款酒。F. 品饮酒单包含一瓶难得的1976。G. 庄主特别加码一瓶1989 Scharzhof Scharzhofberger TBA。H. 酒窖藏酒。

缩干扁，才开始采收、榨汁，且逐串逐粒挑选，而每串葡萄也不一定同时萎缩，必须分次采收，极为费时费力。因此每株葡萄树往往榨不出一百克的汁液。同时，葡萄皮不可有破损，否则汁液流出与空气接触会变酸发酵而腐坏掉，会导致前功尽弃！由于产量稀少且费工，自然将贵腐甜酒的品质和价格推升到最高点。

伊贡慕勒采用自有葡萄园栽培的丽丝玲来酿酒，酿成的葡萄酒酒香优雅，细腻精致，具有经典德国丽丝玲风格，是德国以至世界最出色的丽丝玲葡萄酒之一。除此之外，这里出产的冰酒和枯萄精选（TBA）也尤为珍贵。这里出品的冰酒有一般冰酒及特种冰酒之分，即使是一瓶新年份的普通冰酒，目前在德国的市场价也超过了1,000欧元，是德国最昂贵的冰酒。该酒庄的枯萄精选酒并非每年都酿制，即使老天帮忙，其产量也是极其稀少，每年最多生产200~300瓶。物以稀为贵，每年拍卖会上，慕勒酒庄所出品的枯萄精选都拍出了令人惊叹的高价。

伊贡慕勒的酒有多好呢？我们来看看帕克网站（WA）和美国《葡萄酒观察家》杂志（WS）的分数：2005年份沙兹佛格拉斯维廷阁园的金颈精选级（Scharzhof Le Gallais Wiltinger Braune Kupp Riesling Auslese Gold Capsule）获得WA97高分。2008沙兹佛山堡园的金颈精选级（Scharzhof Scharzhofberger Riesling Auslese Gold Capsule）获得WA98高分。台湾上市价一瓶大约15,000台币。1988年份沙兹佛山堡园的逐粒精选（Scharzhof Scharzhofberger Riesling BA）获得WS接近满分的99高分。台湾上市价一瓶（375ml）大约70,000台币。1989年份沙兹佛山堡园的冰酒（Scharzhof

Scharzhofberger Riesling Eiswein）获得WS97分。台湾上市价一瓶大约80,000台币。2010沙兹佛山堡园的枯萄精选（Scharzhof Scharzhofberger Riesling TBA）获得WA接近满分的99分，同款2005年份和2009年份获得98分。1989年份获得WS的100满分。1990年份获得了的99分。台湾上市价一瓶（375ml）大约150,000元台币。慕勒酒庄的酒可谓是款款精彩，无与伦比。从最基本的私房酒（K级）到枯萄精选（TBA）都有很高的分数与评价，如果能尝到一瓶老年份的精选级以上伊贡慕勒酒，已经是快乐似神仙了，何况是最招牌的贵腐甜酒（TBA），基本上是消失在人间，一瓶难求！难怪1976的沙兹佛山堡园的贵腐甜酒会被英国葡萄酒权威杂志《品醇客》选为此生必喝的100支酒之一。

伊贡慕勒四世曾说过："一要相信葡萄园。"第一瓶枯萄精选（TBA）在1959年问世，仅在十多个极佳的年份生产（每年只有200~300瓶），至今总量不超过4,000瓶。伊贡慕勒开玩笑说过："如果每年我们都能酿TBA的话，那我其他的酒都可以不用酿了。"

在2016年8月，作者带一团进行德法酒庄之旅，德国酒庄只安排世界甜酒之王——伊贡慕勒。当天一早，每位团员都怀着朝圣的心情前往，接待我们的是伊贡慕勒四世庄主本人，虽然我已见过他两次，但还是觉得他很腼腆，而且很低调。到了酒庄之后，他先接受我致赠的书和礼物，然后带领我们一路参观葡萄园，一面解说他自己的葡萄园都是老藤居多，包含最好的独立园——沙兹堡（Scharzhofberg）。最后，他在酒庄的庭院招待我们，这里也是伊贡慕勒家族在假日聚会的场所，原来他早就为我们准备了10款酒，其中还包括一瓶1976 Scharzhof Scharzhofberger Riesling Auslese给我们品尝，真是令人感动。我们这群团员慢慢地喝着滴滴珍贵的黄金酒，听着庄主诉说着这伟大的酒庄几百年来的历史和传说，同时欣赏这天下第一园的景色，这样的享受，应该是令人一辈子都难以忘怀。更令人意想不到的是庄主还从酒窖中拿出加码酒——1989 Scharzhof Scharzhofberger TBA，所有团员马上欢呼"万岁"，这真是一个美丽的结束，也让这次酒庄之旅画下完美的句点。

DaTa

地　址｜Scharzhof, 5449 Wiltingen/Saar, Germany
电　话｜(49)65 01 17 232
传　真｜(49) 65 01 15 263
网　址｜www.scharzhof.de
备　注｜参观前必须预约

Recommendation
Wine

沙兹佛山堡园的金颈精选级

Scharzhof Scharzhofberger Riesling Auslese Gold Capsule 1989

基本介绍

分数：WS97
适饮期：2005~2050
台湾市场价：约30,000元台币
品种：丽丝玲（Riesling）
年产量：20箱

品酒笔记

伊贡慕勒（Egon Müller）的精选酒（Auslese）已经算是非常昂贵的一款酒了，一般人只喝到晚摘酒（Spatlese）就要花4,000元台币，精选级以上很少人喝到，更何况是一款老年份的长金颈精选酒（Gold Capsule），而且是德国20世纪最好的年份，还是750毫升的大瓶容量，这支酒稀奇又难喝到，可谓是一款稀世珍酿啊！2009年的夏天，我邀请日本最知名的侍酒师木村克己到台湾访问，在台北的华国饭店设宴为他接风，在座的有博客人气最旺的葡萄酒评论领袖，人称"T大"的张治，还有世界级的大师《稀世珍酿》作者陈新民教授，华国饭店的老板廖总经理。陈新民教授特别携来这支罕见的佳酿，1989年份伊贡慕勒长金颈精选级大瓶装，这款号称"黄金酒液"的酒立即成为万众瞩目的焦点。餐宴中喝了几款波尔多的二级庄老酒，到了结束前甜点端上桌，同时也是今天的主角上台了，真是千呼万唤始出来啊！当我打开这瓶酒时，醉人的香气，迷人的风采，甜美的笑容，如奥黛丽·赫本在《罗马假日》中所主演的小公主般清纯模样，令人爱不释手。在拔出瓶塞后，首先闻到的是椴花香和桂花蜂蜜香，淡淡的柑橘香马上跟来，还有着菠萝和水蜜桃香，香气不断地散出，大家已经迫不及待地想尝一口了。入口后好戏才开始，在舌尖肆意游走的是芒果干、杏桃干、杨桃干等各种干果，明亮的矿物、辛香料、葡萄柚、百香果也陆续登场，层次复杂而分明。最后谢幕的是蜜饯、野花蜂蜜、李子酱、话梅和菠萝的甜美和果酸，千姿百态。这样完美的演出，如欣赏一段川剧变脸，生旦净末丑，酸甜苦辣咸，人生极致，美妙之处无法言语！

建议搭配

莲蓉月饼、木瓜椰奶、巧克力派、冰淇淋蛋糕。

★推荐菜单 黄金流沙包

黄金流沙包常出现在潮州菜的点心当中，外形浑圆小巧，吃的时候一定要小心，以免一咬喷浆烫伤嘴唇和舌头。热乎乎的流质内馅，采用上选黄油、咸蛋黄搭配而成，尽管材料简单，要做得好吃，过程却相当繁复。刚蒸好上桌的流沙包，加热融化的黄油和着细沙般的咸蛋黄，还有轻轻的椰奶味，香味四溢。除了要保留蛋黄的香，同时有效降低蛋黄的咸度。蒸好的蛋黄要经过好几次压碎与过筛，成为口感细致的蛋黄沙蓉，才能充分展现流沙的口感，然后再与黄油一起，均匀地和入奶黄里。而主厨为了调和蛋黄偏腥的味道，还特别加入了上选椰奶，椰香、蛋香与奶香，经过多次试验后，以完美比例调和，成为绝佳的内馅。此外蒸煮的过程也得靠真功夫，因流沙包外固体、内流质的特殊构造，若非精心掌控馅料与火候，很容易就在蒸笼中爆了开来，完整蒸好的成功率只有5成。华国饭店今晚端出他们的招牌甜点来搭配这款好酒，入口前我先叮咛木村先生要小心，先以筷子剥开后再品尝。冰镇后的精选酒散发着诱人的菠萝和柑橘香，流沙包的外皮软嫩绵密，内馅香热爽口，两者互相交融，让口感提升到最高境界，整款酒的酸甜和流沙包的咸香发挥得淋漓尽致，咸中有甜，甜中有酸，这是最完美的结束，多美好的夜晚啊！

餐厅｜华国饭店帝国宴会馆
地址｜台北市林森北路600号

Chapter 7　德国　Germany

76

Fritz Haag

弗利兹海格酒庄

　　话说1810年前后，有一次拿破仑在前往德勒斯登（Dresten）的途中，经过了莱茵河支流的莫塞河的中段，一个名叫杜塞蒙（Dusemond）的谷地，这个名称是由拉丁文（mons dulcis）转成德文，意思为"甜蜜的山"。弗利兹海格酒庄（Fritz Haag）的两个葡萄园：布兰纳杰夫日咎园（Brauneberger Juffer Sonnenuhr）和布兰纳杰夫园（Brauneberger Juffer）被拿破仑大赞为"莫塞河的珍珠"。布兰纳杰夫日咎园在德国白酒排名第二名，目前仅次于伊贡米勒的沙兹堡。

　　来自法国《高勒米罗美食指南》（Gault Millau）的德国酒指南（Wein Guide Deutschland），一向是稳定而值得信赖的德国酒评分标准，它审查标准极严，像是德国白酒主要产区的摩泽尔-莎尔-卢尔（MOSEL-SAAR-

A
B | C | D

A. 葡萄园。B. 作者和老庄主还有大儿子Thomas Haag一起合影。C. 葡萄园土壤灰色板岩。D. 作者和老庄主威廉·海格（Wilhelm Hagg）在酒庄合影。

RUWER）产区，仅伊贡米勒、普绿（J.J.Prüm），以及弗利兹海格等少数酒庄拿到最高的"五串葡萄"头衔，目前被视为德国前三大酒庄之一。英文版中，弗利兹海格布兰纳杰夫园2007勇夺99分，布兰纳杰夫日咎园2007也有97分，至于该厂的2003 TBA，更是知名的100分（满分酒）。讲究CP值（物超所值或价格合理）的酒友，都知道弗利兹海格是"五串葡萄"的内行选择。

弗利兹海格酒庄目前由少庄主奥利佛（Oliver）接管，这个小伙子从德国酒学校盖森汉毕业不久后便开始在酒庄工作，跟着父亲威廉（Wilhelm）学酿酒，2005年年事已高的威廉交棒给奥利佛，酒庄开始迈向新的里程碑。2009年七月奥利佛初次来台举办品酒会，我们一见如故。在台北华国饭店的这一场品酒会80个名额早已秒杀，座无虚席，而他带来的酒也没有让台湾的酒迷失望，从最基本的小房酒、晚摘酒、精选酒、逐粒精选、到枯萄精选，全部一路喝到爽。这场品酒会也让台湾的酒迷大开眼界，终生难忘！酒会结束后奥利佛当面邀约我前往酒庄参观。遂在2012年我再度前往德国参访，当然也见到了老庄主威廉·海格（Wilhelm Hagg），老先生还带领我们参观他们最好的葡萄园布兰纳杰夫日晷园，并且喝到一系列的弗利兹·海格酒庄和大儿子的史克劳斯利泽酒庄（Schloss Lieser）的美酒，总共品尝了11款，让我们一群人醉在酒乡，留下美丽的回忆！

　　弗利兹·海格酒庄这几年屡创佳绩，囊括所有的金牌以及满分的枯萄精选，2007年度的"金顶精选级"（Brauneberger Juffer Auslese Gold Capsule），被《葡萄酒倡导家》评为97分，虽然是精选级，但其中5至6成为贵腐葡萄。被WS评为95分。2004、2006和2008"金顶精选级"布兰纳杰夫日晷园13号（Brauneberger Juffer Sonnenuhr Auslese Gold Capsule#13）都被WA评为97分。台湾上市价750毫升一瓶约为台币4,000元。2005和2011的布兰纳杰夫日晷园逐串精选（Brauneberger Juffer Sonnenuhr Beerenauslese）都被WA评为98分，而2005年份同样酒款也被WS评为98分。台湾上市价375毫升一瓶约台币10,000元。2006布兰纳杰夫日晷园枯萄精选（Brauneberger Juffer Sonnenuhr TBA）被WA评为99高分，2007年份和2011年份同样酒款则被评为将近满分的99~100分。2001年份的（Brauneberger Juffer Sonnenuhr TBA）被WS评为99高分。台湾上市价375毫升一瓶约台币20,000元。弗利兹·海格酒庄同时也是帕克所著的《世界156伟大酒庄》中德国仅有的7个酒庄之一。1976布兰纳杰夫日晷园枯萄精选（Brauneberger Juffer Sonnenuhr TBA）曾被英国《品醇客》杂志选为此生必喝的100支酒之一。

地　　址｜Dusemonder Str.44,D-54472 Brauneberg/Mosel, Germany
电　　话｜(49) 6534 410
传　　真｜(49) 6534 1347
网　　站｜www.weingut-fritz-haag.de

布兰纳杰夫园枯萄精选
Brauneberger Juffer TBA 2010

基本介绍
分数：WA97 WS96
适饮期：2013~2047
台湾市场价：约20,000元台币
品种：丽丝玲
年产量：25箱

🍷 **品 酒 笔 记**

酒色已经呈金黄色泽，近乎狂野的烤菠萝、干杏仁、丁香花、核果油，还有贵腐甜酒香，如蜜般的野蜂蜜香，清爽与令人惊艳的深度。中间带有水蜜桃、苹果风味显得更加浓郁、细致、爽口易饮。尾端陆续出现葡萄柚、芒果、牡丹花以及核果油的香气，有如说书者的抑扬顿挫，一段又一段的令人神往。甜度跟酸度在口中达到完美的平衡，喝一口就让你心头为之一震，酸酸甜甜，舒畅无比。适合搭配最后的甜点饮用，不管是法式甜点马卡龙、巧克力蛋糕、水果慕斯、焦糖布丁，还是台湾菠萝酥或广式菠萝包等都非常适合。

🍴 **建 议 搭 配**

焦糖布丁、草莓慕斯、水果糖、冰淇淋。

★ **推 荐 菜 单 反沙芋头**

反沙芋头是中国潮州的一道很讲究烹调功夫的甜点，属于潮州菜。具有皮脆肉香，外酥内嫩的特点。做法是芋头去皮蒸熟后，再下油锅炸一下，不用炸太久，表面有点硬就行了，起锅备用。准备糖浆，锅里先下半碗水，再下白糖，中火煮，用锅铲不断搅拌，特别要注意糖浆的火候，能不能反沙就看糖浆了，糖浆煮好后，赶紧熄炉火，把准备好的芋头倒入糖浆中，用锅铲不断翻拌均匀，让每块芋块都能均匀地粘上糖浆，糖浆遇冷会在芋块上结一层白霜，这样就完成了。这是一道外酥内软的饭后中式甜点，今日我们用这一款德国相当经典的贵腐甜酒来搭配，精彩绝伦。芋头的甜度与酒的酸度刚好平衡，不会产生甜腻，也不会过于抢戏，有如鸳鸯戏水般的自在。酒中的蜜饯和菠萝干气味正好可以抑制油炸的味道，而优雅的苹果水蜜桃甜味也可以和芋头上的糖霜融合，互相呼应，清爽不腻，尾韵雅致且悠长。

餐厅｜华国饭店帝国宴会馆
地址｜台北市林森北路600号

77

*Weingut Hermann
Dönnhoff*

赫曼登荷夫酒庄

　　赫曼登荷夫酒庄（Weingut Hermann Dönnhoff）是德国最顶尖的酒庄，位于德国六大产区纳赫（Nahe）产区，另外五个产区为：摩泽尔河（Mosel-Saar-Ruwer）、莱茵高（Rheingau）、莱茵黑森（Rheinhessen）、莱茵法兹（Rheinpfalz）和法兰根（Franken）。纳赫产区位于德国葡萄酒产区的十字路口，北临梅登汉（Mittelrhein）和莱茵高，东面是莱茵黑森，西侧为摩泽尔河，所以此区丽丝玲兼具摩泽尔河的浓郁香气，以及莱茵高的和谐平衡感。纳赫产区西北边有山脉和森林的防护，气候温和，阳光充足，土质丰富多变，富含矿物质，造就了细致的酒质。赫曼登荷夫酒庄绝对称得上是全纳赫产区最好的酒庄，也是全德国最好的冰酒酒庄。登荷夫家族早在1750年就在本地酿制葡萄酒，经过200多年的传承，在现任庄主荷姆登荷夫（Helmut Dönnhoff）先生的手上发扬光大。

　　荷姆登荷夫从1971年开始接管本酒庄，如今他已经被视为德国最伟大的酿酒师之一，葡萄酒大师休·强生形容荷姆具有酿酒的卓越天赋，并且对品质有着狂热的执着和投入。登荷夫酒庄位于欧伯豪泽（Oberhäuser）村，目前拥有总面积16公顷的葡萄园，分布在邻近几个村庄，有最好的尼德豪泽赫曼豪勒园（Niederhauser Hermannshohle，简称NH）、欧伯豪泽布鲁克园（Oberhauser Brucke，简称OB）、史克劳斯布克海姆库普芬格鲁布园（Schlossbockelheimer Kupfergrube，简称SK）和史克劳斯布克海姆佛森山

A. 酒庄。B. 葡萄园。C. 酒庄内小仓库。D. 作者和庄主Helmut Dönnhoff在酒庄合影。

	B
A	C
	D

园（Schlossbockelheimer Felsenberg，简称SF）均是纳赫河谷地土壤最优良、最著名的一些葡萄园，土壤以板岩和火山土为主，种植的葡萄品种有75%的丽丝玲，和其他的一些品种，每年产量平均只有10,000箱左右。在荷姆的努力之下，将登荷夫酒庄推上不仅是全德国，也是全世界最顶尖的葡萄酒生产者之列。

荷姆登荷夫酒庄最拿手的是冰酒，我们来看看几个重要葡萄园的分数。2001和2002两个连续年份的欧伯豪泽布鲁克园同时获得WA100满分。而2010年份的也获得100满分，2004年份的99高分，2009年份的98高分。一瓶半瓶装（375ml）冰酒上市价10,000元台币。另外枯萄精选（TBA）也都有很高的分数，2009年份的尼德豪泽赫曼豪勒园获得WA99高分。一瓶半瓶装（375ml）枯萄精选（TBA）上市价12,000元台币。逐粒精选（BA）也不错，2006年份的尼德豪泽赫曼豪勒园获得WA99高分，2007年份的史克劳斯布克海姆佛森山园（Schlossbockelheimer Felsenberg BA）获得WA99高分。一瓶半瓶装（375ml）逐粒精选（BA）上市价7,000元台币。而精选级金颈也有不错的成绩，2007年份的欧伯豪泽布鲁克园精选级金颈被WA评为98高分，2011年份的尼德豪泽赫曼豪勒园精选级金颈（Niederhauser Hermannshohle Auslese Goldkapsel）被评为97分，2005年份的史克劳斯布克海姆佛森山园精选级金颈（Schlossbockelheimer Felsenberg Auslese Goldkapsel）被WS评为96分。一瓶半瓶装（375ml）精选级金颈上市价5,000元台币。

2012的夏天第一次来到了纳赫产区赫曼登荷夫酒庄，这是一个家庭式的酒庄，规模很小，庄主荷姆登荷夫和夫人在门口亲切地欢迎我们。荷姆先生告诉我们说："我们是一个小型的酒庄，我只是一位农夫，每一年只想老天爷都能赐予好收成，然后把酒酿好。"虽然看起来是一个小小的心愿，但是足以道出一位酿酒者的心情。我们参观完了他的两个葡萄园之后，被请到一间很简单的试酒室，这也是一个小仓库，堆放着一些装箱好的赫曼登荷夫酒庄的酒准备出售。荷姆先生给我们试喝的酒总共有6种：从不甜的白酒（Trocken）到2008年份欧伯豪泽布鲁克园冰酒（Oberhauser Brucke Eiswein），而且非常慷慨地每款拿出3瓶给我们一行酒友品尝。当我喝到这款冰酒时，虽然酒体年轻，但是它闻起来带有黑醋栗甜酒、杏仁糖、柠檬皮、木瓜、蜂蜜、焦糖等复杂迷人的香气；丰富而多变的口感，诱人的滋味，如杏桃果酱、蜜饯，蜂蜜、芒果、菠萝、甚至是杨桃干，质感浓郁油滑，由于有很好的酸度，让它的甜度比较平衡而不腻。这款酒可以再轻松陈年半个世纪或更久！

德国最权威的《葡萄酒购买指南》（German Wine Guide）已经连续多年给予本酒庄最高的"五串葡萄奖"等，1999年将荷姆登荷夫选为"年度酿酒师"（Winemaker of the Year）；休·强生赞誉此酒庄所产之丽丝玲是纳赫产区表现最佳的；《品醇客》杂志则曾评述此酒庄为德国的精英；德国酒专家Stuart Pigott也给予荷姆登荷夫最高的评价，并指出本厂所酿之丽丝玲是纳赫区的第一等。由于本酒庄近年来的超高人气，许多酒评家都指出荷姆登荷夫的酒在市面上是一瓶难求的！

地　　址 | Bahnhofstrasse 11, 55585 Oberhausen / Nahe, Germany
电　　话 |（49）67 55 263
传　　真 |（49）67 55 1067

欧伯豪泽布鲁克园冰酒
Oberhauser Brucke Eiswein 2008

基本介绍
分数：WA97
适饮期：2013~2040
台湾市场价：约12,000元台币
品种：丽丝玲
年产量：20箱

品酒笔记
德国第一冰酒代表赫曼登荷夫酒庄所出产的冰酒，闻起来有杏仁糖、柠檬皮、木瓜、蜂蜜、焦糖等复杂香气，这款经典冰酒散发着杏桃、腌制柠檬、矿物和腌渍苹果的风味。令人眼花缭乱的水果香气，菠萝、杏桃干、荔枝、芒果等层层不同的味道，丰富而活泼的口感，在足够的酸度下，让整支酒甜度显得怡人而不腻，充满活力和长久的余韵，以及柑橘和李子的回味。应该可以轻松陈年半个世纪或更久。

建议搭配
草莓派、宫保鸡丁、豆瓣鱼、水果冰淇淋。

★推荐菜单 三色虾仁

这是一道色香味俱全的创意料理。将虾仁做成三种不同口味：分别是番茄酱汁虾仁、咖喱虾仁和清炒虾仁。这是我第一次尝到这种方式呈现的虾仁，一般都以清炒为主，比较出名的有杭州菜的龙井虾仁。番茄酱汁带有酸甜口感，咖喱酱汁则有香辣滋味，清炒则展现出虾人本身的鲜甜。我们用这一款德国最好的冰酒来搭配这道出色的创意菜，趣味横生，令人期待。首先是番茄的酸甜正好与冰酒中的蜜饯和菠萝相辅相成，甜酸融合，而酒中的蜂蜜与荔枝也可以提升咖喱的香辣美味，优雅的苹果和矿物可使清炒虾仁更为鲜甜可口，酒与菜互相呼应，清爽舒畅，满室生香。

餐厅｜祥福楼餐厅
地址｜台北市南京东路四段50
号二楼

Chapter 7　德国　Germany

78

Weingut Joh.
Jos. Prüm

普绿酒庄

　　普绿酒庄（Weingut Joh. Jos. Prüm）位于德国摩泽尔产区内的卫恩村，是德国最富传奇色彩的酒庄之一。普绿酒庄的创立者是普绿（Prum）家族，该家族和慕勒家族的祖先一样，在教会产业拍卖会上买下了一块园地，之后该家族的所有成员便迁移到该园地。后来，普绿家族逐渐扩充园地，子孙也不断繁衍。1911年在分配遗产时，家族的葡萄园被分成7块。其中一块叫作"日晷（Sonnenuhr）"的园区当年被分配给了约翰·约瑟夫·普绿（Johann Josef Prüm），他便自立门户，创立了普绿酒庄。不过酒庄声誉的建立多归功于其儿子塞巴斯提安·普绿（Sebastian Prum）。塞巴斯提安从18岁开始就在酒庄工作，而且在20世纪30~40年代时候发展了普绿酒庄葡萄酒的独特风格。1969年，塞巴斯提安·普绿逝世，他的儿子曼弗雷德·普绿博士（Dr.Manfred Prum）开始接管酒庄。如今，酒庄由他和他的弟弟沃尔夫·普绿（Wolfgang Prum）共同打理，女儿卡赛琳娜（Katharina Prum）也开始进入酒庄经营。

　　普绿酒庄的葡萄园占地43英亩（约17.4公顷），这些葡萄园分布在4个产区，均位于土质为灰色泥盆纪（Devonian）板岩的斜坡上。园里全部种植着丽丝玲，树龄为50年老藤，种植密度为每公顷7,500株，葡萄成熟后都是经过人工采收的。

　　普绿的精选酒也可区分为普通的精选及特别精选，后者又称为"长金颈精选"（Lange Goldkapsel）。这是德国近年来一种新的分级法，"长金颈"是指

A
B C D

A. 酒庄门牌。**B.** 普绿酒庄。**C.** 庄主约翰·约瑟夫·普绿和女儿卡赛琳娜。**D.** 目前酒庄由庄主女儿卡赛琳娜经营。

瓶盖封签是金色且比较长的葡萄酒。之所以要有这种差别，是因为葡萄若熟透到长出霉菌时，也有部分葡萄未长霉菌。此时固可以将之列入枯萄精选，而部分未长霉菌似乎不妥，但其品质又高过一般精选，故折中之计再创新的等级，有的酒园亦称为"优质精选"（Feine Auslese）。普绿园在第二次大战后就使用此语，到了1971年起才改为金颈。这种接近于枯萄精选（Trockenbeerenauslese）的"长金颈精选"酒，目前世界上的收藏家们将他们当作黄金液体般收藏。

普绿酒庄的酒屡创佳绩，尤其在美国《葡萄酒观察家》创下两个100满分，这不仅在世界上少见，在德国酒里也从来没有一个酒庄可以有此殊荣，就连丽丝玲之王伊贡慕勒都无法达到。得到100满分的世纪之酒为1938年份的卫恩日晷园枯萄精选（Wehlener Sonnenuhr Trockenbeerenauslese）和

1949年份的卫恩塞廷阁日咎园枯萄精选（Wehlener-Zeltinger Sonnenuhr Trockenbeerenauslese）。这两种现在已是天价，无法购得，新年份在台湾上市价一瓶约新台币30,000元。得到99分的有1971年份的卫恩日晷园枯萄精选，还有精选酒格拉奇仙境园2001年份（Graacher Himmelreich Auslese）和1949年份的卫恩日晷园精选酒，新年份台湾上市价在5,000元台币。得到98分的当然是最招牌的金颈精选酒，1988、1990和2005年份的卫恩日晷园金颈精选酒（Wehlener Sonnenuhr Auslese Gold Cap），新年份台湾上市价在6,000元台币。就连卫恩日晷园的晚摘酒也都有很高的分数，1988年份的晚摘酒（Wehlener Sonnenuhr Spätlese）得到98分的超高分，这在整个德国酒庄也是少见的高分。新年份台湾上市价在2,000元台币。

普绿酒庄从晚摘酒（Spätlese）、精选酒（Auslese）、金颈精选酒（Auslese Gold Cap），一直到枯萄精选，都有相当高的品质，也是德国市场上的主流，在美国更是藏家所追逐的对象，枯萄精选通常是一瓶难求，藏家们永远是有进无出。作者建议读者们见一瓶收一瓶，因为这种酒不但耐藏而且价格日日高涨。美国《葡萄酒观察家》杂志1976年将"年度之酒"的荣誉颁给了普绿酒庄的精选级，从此成为爱酒人士竞相收藏的对象。英国《品醇客》葡萄酒杂志将1976年份的卫恩日晷园枯萄精选为此生必喝的100款酒之一，在世界酒林之中其它酒难出其右。

地　　址 | Uferallee 19,54470 Bernkastel-Wehlen,Germany
电　　话 | +49 6531-3091
传　　真 | +49 6531-6071
网　　站 | www.jjprum.com
备　　注 | 参观前必须预约

Recommendation
Wine

格拉奇仙境园精选级
Graacher Himmelreich Auslese 1990

基本介绍

分数：WS93

适饮期：现在~2025

台湾市场价：约200美元

品种：丽丝玲

年产量：200箱

🍷 **品 酒 笔 记**

当我在2010年的圣诞节前喝到这款酒时，我终于知道了普绿酒庄的精选级为什么世上有这么多的酒友喝它，为什么有这么多的收藏家珍藏它，答案是它真的耐藏而且好喝。1990年的格拉奇仙境园精选级丽丝玲已呈黄棕色彩，接近琥珀色。打开时立刻散发出野蜂蜜香味、花香、葡萄干和番石榴味，整间房间的空气中都弥漫着这股迷人的味道。在众人的惊叹声中，酒已经被悄悄地喝下。酒到口里的瞬间散发出阵阵多汁的水果甜度，丰富的香料，油脂的矿物口感，诱人的烤苹果、奇异果、蜂蜜、烤菠萝香，刹那间的舒畅实在无法形容，犹如恋爱般的滋味，想表达又表达不出，酸甜苦辣咸，五味杂陈。最后有橘皮、蜜饯和话梅回甘，更加微妙且回味无穷。

🍴 **建 议 搭 配**

烤布蕾、驴打滚、红豆汤圆。

★ **推 荐 菜 单　蜜汁叉烧酥**

蜜汁叉烧酥是一道最受欢迎的广东点心，在香港的港式茶楼里一定有这道菜，在台湾的茶餐厅也常出现这道点心。正宗蜜汁叉烧酥，外层金黄酥脆，里面是又咸又甜的叉烧肉馅，咸甜交融，每咬一口，都能感受到酥皮的软嫩绵密，叉烧肉馅蜜汁缓缓地流出，多层次堆叠的口感温暖人心。这支德国最好的精选级酒配上这道点心，如画龙点睛般地呈现，沁凉的酸甜度让热烫的蜜汁叉烧肉稍稍降温，入口容易，而丽丝玲白酒中特有的蜂蜜和菠萝的甜味也可以和外层的酥皮相映衬，甜而不腻，软中带绵，让人吃了还想再吃。

餐厅｜龙都酒楼

地址｜台北市中山北路一段
　　　105巷18-1号

79

Robert Weil

罗伯·威尔

　　罗伯·威尔是德国莱茵高（Rheingau）区的知名酒庄，它在德国属于最顶级的"五串葡萄"庄园，也是帕克所列世界最伟大的酒庄之一。陈新民教授所著的《稀世珍酿》，更将其列入百大之列。喝德国丽丝玲甜白酒的朋友，要想不知道罗伯·威尔还真是不太容易，但要想彻底了解罗伯·威尔，只怕也是很难，因为此酒庄的酒在拍卖会上屡创佳绩，价格一度超越五大的拉图（Ch. Latour）。罗伯·威尔也因此获得莱茵高地区"狄康堡"的称号，并且与伊贡·米勒及普绿园三雄并立，成为德国顶级酒尊称的"三杰"。

　　享誉全世界的罗伯·威尔酒庄（Weingut Robert Weil）位于德国莱茵高产区的基德利（Kiedrich）村。创始人罗伯·威尔博士（1843~1933）原本为法国巴黎索邦大学的德语教授，在1870年的普法战争（1870~1871）

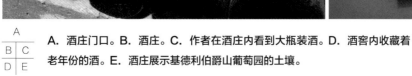

A. 酒庄门口。B. 酒庄。C. 作者在酒庄内看到大瓶装酒。D. 酒窖内收藏着老年份的酒。E. 酒庄展示基德利伯爵山葡萄园的土壤。

爆发时被迫离开巴黎回到德国。他在1868年就买下了该村的一处葡萄园，并在1875年买下一处庄园成立酒庄。通过购置了两家当地的酒庄和一些葡萄园，罗伯·威尔博士为自家酒庄奠定了良好的基础，而且很迅速地建立了卓越的声誉。此酒庄生产的1893年份伯爵山园精选级（Gräfenberg Auslese）受到许多欧洲皇室的青睐。1900年奥地利皇室以每瓶16金马克（gold mark）的天价购入了800瓶的1893伯爵山园精选级，将罗伯·威尔酒庄的声誉推上了最高峰。在接下来的100年时间里，威尔家族到处扩张葡萄园，酒庄得到了蓬勃的发展。但1970年以后，由于国内市场不景气，又加上当时的庄主由于身体原因，无力照料酒庄。1988年，威尔家族不得不将濒临破产的酒庄卖给了三得利（Suntory）集团，家族本身仅保留了少许股份。现在酒庄由三得利集团和家族第四代传人威廉·威尔（Wilhelm Weil）共同打理。目前，罗伯·威尔酒庄葡萄园占地65公顷，园里种植的葡萄品种为98%的丽丝玲和2%的黑皮诺，葡萄树的平均树龄为25年，种植密度为5,000~6,000株/公顷。酒庄年产量有45万瓶之多，庄主小威廉专攻的3款酒：枯萄精选（Trockenbeerenauslese）年产量仅仅600瓶而已，逐粒精选（Beerenauslese）和冰酒（Eiswein）总共生产2,000瓶。

　　威尔博士之后，其家族仍一直保持着认真严谨的家族精神来经营这个酒庄。本酒庄的酿酒哲学是将葡萄园的特色忠实地呈现出来，酒质兼具细致和力道，其产品现今仍然名列全世界最顶尖的名酒之列。现今掌舵者为第四代的威廉·威尔（Wilheim Weil），他出生于1963年，很小的时候就在酒庄中帮忙，从而耳濡目染酿酒的技术，长大就读的是全德国最优良的盖森汉酿酒学校。他的个性积极进取，想要极力提升本酒庄的品质和声誉，因此进行了他的酒庄改革计划：自有葡萄园面积从18公顷扩充到60公顷，并将葡萄园中不合格的葡萄树逐步淘汰重新种植，同时大幅压低葡萄园的单位面积产量以提高品质。在酿造方面，他引进了新式的温控不锈钢发酵槽，甚至考虑到旗下的多款葡萄酒的个性差异，因而导入像贵腐酒专用的超小型酿酒槽。除了维持低产量之外，还要求每一款酒的原料葡萄汁都达到该等级的最高标准；葡萄都是以手工采收，并且为了获得品质最理想的葡萄，甚至要分批进行多达十几次的采收！

　　罗伯·威尔酒庄拥有德国最顶尖的名园之一的"伯爵山园（Gräfenberg）"，关于此园的纪录早在12世纪就已经出现在文献上，从那个时候起，"Berg der Grafen"（意为"Hill of the Counts"）一直是贵族所拥有的尊贵葡萄园。伯爵山园是威尔博士最早购置下来的葡萄园，从1868年起就一直用来生产本酒庄的招牌产品。所以基德利伯爵山园（Kiedrich Gräfenberg）绝对是品质保证，这个山园所产的酒无论是金颈精选级、逐粒精选、冰酒和枯萄精选都是最贵的。罗伯·威尔酒庄的基德利伯爵山园金颈精选级（Kiedrich Gräfenberg Auslese Gold Capsule）2004年份被WA网站最会评德国酒的酒评家大卫史奇德纳切（David Schildknecht）评为96高分，上市价大约新台币6,000元。伯爵山园冰酒2001年份也被评为接近满分的99分，2002和2003年份都被评为98高分，上市价大约新台币10,000元。伯爵山园枯萄精选（TBA）2002和2004年份一起被评为99高分。1995年份和2003年份伯爵山园枯萄精选（TBA）也都被德国酒年鉴评为100分满分。1997年份的伯爵山园金颈枯萄精选（TBA）被WS评为98高分，上市价大约新台币12,000元。1997年份和1999年份伯爵山园金颈逐粒精选也都被评为97分，上市价大约新台币8,000元。1997年份和1999年份伯爵山园冰酒也都被评为97分。2005年份伯爵山园金颈精选级（Kiedrich Gräfenberg Auslese Gold Capsule）也被评为97分。罗伯·威尔酒庄的基德利伯爵山园已经成为酒庄的招牌酒了。

　　2007年初春，我第一次来到德国拜访了罗伯·威尔酒庄，受到酒庄国际业务经理的热情招待，他带领我们参观了酒庄古老的地窖、葡萄园、自动装瓶厂和品酒室，我们一行人也在酒庄内品尝了五款酒庄最好的酒，从私房酒（Kabinett）到枯萄精选（TBA），支支精彩。尤其是2002年份的伯爵山园枯萄精选（TBA）令人拍案叫绝，我与同行的台湾评酒大师陈新民先生异口同声地说："好！太好了！"真的是直冲脑门，舒服透顶，其中的甜酸度平衡到无法形容，菠萝、芒果、蜂蜜、甘蔗、蜜饯、柑橘、花香，清楚分明，十分醉人，永生难忘！

　　2012年夏天我再度到访这个酒庄，业务经理非常热情地招待了我们。这次给我们品尝到的是从干型酒（Trocken）到金颈逐粒精选，最好喝的当然是2010年份的BA金颈，让我们这团的女性朋友们惊叹，直呼来得值！

　　威廉的努力让酒庄的声誉迅速地屡创高峰。德国最具影响力的葡萄酒评鉴书籍《Gault Millau The Guide to German Wines》在1994年评选该酒庄为"明日之星（Rising star）"，1997年被评选为"最佳年度生产者（Producer of the year）"，2005年他的酒又被评选为"年度最佳系列（Range of the year）"。这样的殊荣几乎没有其他的酒庄能出其右，其他知名酒评家或媒体给予的好评也是多不胜数。事实上，罗伯·威尔酒庄现在被公认是莱茵高产区最具代表性的生产者，甚至被视为世界级水准的酒庄，威廉·威尔已经将本酒庄带领到前所未有的高峰。

　　我们知道莱茵高的丽丝玲比摩泽尔酒性更有力，却又不像阿尔萨斯或奥地利般厚重，可以说是介于两者之间，也因此让它成为甜与不甜型丽丝玲的交会区域。而罗伯·威尔酒庄的风格向来以果实成熟著称，未发酵葡萄汁的重量以及萃取程度，均较同区酒厂为高，但仍能维持复杂的花香与风味，极为清雅飘逸，夏日一杯清凉有劲，暑气全消！私房酒与晚摘酒酒款色泽明亮，有着丰富的柑橘、菠萝、百香果、蜂蜜、荔枝的香气与矿石味，忠实反映了莱茵高区特有的风土条件。有收藏实力的朋友，可进一步追求其单一葡萄园所产酒，像是伯爵山园（Kiedrich Gräfenberg）或精选级以上的品项。

DaTa

地　　址 | Mühlberg 5, 65399 Kiedrich, Germany
电　　话 | +49 6123 2308
网　　站 | www.weingut-robert-weil.com
现任庄主 | Wilhelm Weil
备　　注 | 可以预约参观

基德利伯爵山园枯萄精选
Kiedrich Gräfenberg Trockenbeerenauslese 2006

基本介绍
分数：WA99
适饮期：现在~2050
台湾市场价：约600美元
品种：丽丝玲
年产量：20箱

🍷 **品 酒 笔 记**
这款深黄琥珀色的TBA贵腐酒，已呈现出优良的成熟度和浓郁度。闻起来有明显的杏干、桃干等成熟果香和蜂蜜味。口感带有相当多层次的香味，芒果干、杨桃干、柠檬皮等水果香混合了矿物质油脂味道，加上鲜活的酸度，使甜味不会腻人，酒体高雅而均衡，整体表现非常迷人。这款酒层次复杂多变，葡萄干、强烈的芳香香料、水果蛋糕和糖渍橘子皮，涂满蜂蜜焦糖酱面包，姜糖和橘糖的香浓，一层一层的送进口中。整款酒表现出活泼的结构和有力的强度，虽然需要时间来展现其更好的酸度，但是能喝到如此稀有的美酒，也算是一种有幸的奢侈。

🍴 **建 议 搭 配**
菠萝酥、绿豆糕、椰子糕、红豆糕。

★ **推 荐 菜 单 豌豆黄**

豌豆黄是北京的一种传统小吃，一般京味的馆子能吃到这道点心。豌豆黄原为回族民间小吃，后传入宫廷。清宫的豌豆黄，用上等白豌豆为原料，色泽浅黄、细腻、纯净，入口即化，味道香甜，清凉爽口。豌豆黄儿是宫廷小吃，还说西太后最喜欢吃了，这么一宣传，它的身价倍增。这道简单的饭后点心，自然、爽口、不做作，我们用德国最好的贵腐酒来搭配是为了不让这支好酒过于浪费，因为这支酒本身就是一种甜点，可以单独饮用。贵腐酒的酸度反而可以提升豌豆黄的纯净细腻和香甜，慢慢地品尝咀嚼，别有一番滋味在心头。只要酒好，配什么菜都是美味。

餐厅｜俪宴会馆东光馆
地址｜台北市林森北路413号

Chapter 7　德国　Germany

80
Schloss
Johannisberg
约翰尼斯山堡

约翰尼斯山堡（Schloss Johannisberg）地处德国莱茵高产区，是该产区最具代表性的酒庄，也是一个充满传奇故事的酒庄。尤其他的晚摘酒（Spatlese）更是酒庄的一绝，在整个德国几乎是打遍天下无敌手，就连德国最好的酒庄伊贡·慕勒也甘拜下风，俯首称臣。

据说，早在公元8世纪，有一次查理曼大帝（742~814）看到约翰山附近的雪融化得较早，觉得这里天气会比较温暖，应该适合种植葡萄，就命人在这里种植葡萄。不久，山脚下就建立了葡萄园，并归王子路德维格（Ludwig der Fromme）所有。后来曼兹（Mainz）市大主教在此地盖了一个献给圣尼克劳斯（Sankt Nikolaus）的小教堂。1130年，圣本笃教会的修士们在此教堂旁加盖了一个献给圣约翰的修道院，因此酒庄正式有了"约翰山"之名。之后，酒庄一直由修士们管理。1802年，修士们被法国大军赶走，欧兰尼伯爵（Furst von Oranien）就成为该酒庄的新庄主。到了1816年奥皇法兰兹送给梅特涅伯爵（Furst Metternich-Winneburg），但必须有一个条件，每年要进贡给皇家十分之一的产量。目前，虽然梅特涅伯爵家族仍拥有约翰山酒庄，但酒庄的经营权已经交给食品业大亨鲁道夫·奥格斯特·欧格特（Rudolf August Oekter）。

约翰尼斯山堡另外有一个晚摘酒的传奇故事，故事发生在1775年，酒庄的葡萄已接近成熟采收期，正巧富达大主教外出开会，修士们赶紧派信差去请示大主教能否采收。不料信差在中途突然生病，就耽误了几天的行程。等到回酒庄出

A
B | C | D | E

A．葡萄园。B．酒庄招牌。C．送晚摘酒信函的信差雕像。D．酒庄内的露天餐厅。E．酒窖内的藏酒。

示主教可以如期采收的手谕时，所有的葡萄都已过了采收时间，有部分已经长了霉菌，修士们仍进行采收，照常酿制，竟发现比以前所酿制的酒更香更好喝。晚摘酒就这样歪打正着地诞生了，所以约翰尼斯山堡酒庄也是晚摘酒的发源地，也造就了全德国的酒庄都生产这样的招牌晚摘酒。

约翰尼斯山堡的葡萄园里主要种植丽丝玲葡萄，这里种植丽丝玲的历史十分悠久，可追溯至公元720年。现在各国所种的丽丝玲全名即是"约翰山丽丝玲"。目前，酒庄葡萄园种植密度很高，每公顷种植1万株葡萄树，葡萄土壤多为黄土质亚黏土，每年总共可生产约2.5万箱葡萄酒，葡萄树的平均树龄为30~35年。在葡萄园管理方面，一半的葡萄园以铲子除草，另外一半不除草，以使土壤产生更多的有机质。这里的葡萄在成熟后，也是分次采收和榨汁，经过

橡木桶刻有歌颂酒庄的各种文字。

4周的发酵后移入百年的老木桶中静存，时间约半年之久。到了次年春天的三四月这些葡萄酒即可完全成熟，随后装瓶上市。

2007年初春，我和新民先生第一次访问了约翰尼斯山堡，那是一个非常湿冷的傍晚。我们到达酒庄时刚好下着细雨，酒庄女酿酒师带领我们到旁边的葡萄园，从那里可以俯瞰烟雨蒙蒙的莱茵河。酿酒师很仔细地介绍葡萄藤如何过冬；在春天刚长出新芽，然后怎么嫁接；处处皆学问。接着，他带我们到有900多年历史的老酒窖参观，在这个阴暗的酒窖里，除了看到许多老年份的酒之外，其中还有一个大橡木桶，上面写着各种不同的语言，都是在赞美着约翰尼斯山堡酒庄。我们也在酒庄里品尝了6款酒：有红色封签的私房酒、绿色封签的晚摘酒、粉红色封签的精选酒、玫瑰金封签的逐粒精选、黄金色封签的枯萄精选、还有蓝色封签的冰酒，支支精彩，风味迷人。2005年份的逐粒精选被WS评为97高分，1947年份的逐粒精选则被评为96分，一瓶上市价大约是台币7,000元。1993和2009年份的枯萄精选一起被评为96分，一瓶上市价大约是台币10,000元。而最有名气的晚摘酒一瓶上市价约为1,800元台币。

2012年的夏天我又再度拜访了约翰尼斯山堡酒庄，当天中午我们面对着莱茵河，在餐厅里用餐，特别诗情画意。因为适逢暑假，人山人海的游客，都是为了来参观这个历史名园，也为了尝一口世界上最有名的晚摘酒，更是为了瞻仰立在门口的信差，当年正是因为有他，我们才能喝到现在的晚摘美酒。

地　　址 | 65366 Geisenheim, Germany
电　　话 | +49（0）6722-7009-0
网　　站 | www.schloss-johannisberg.de/en
备　　注 | 可以预约参观，有餐厅可供餐。

约翰尼斯山堡晚摘酒

Schloss Johannisberg Spatlese 2012

基本介绍

分数：WS92
适饮期：2014~2035
台湾市场价：约70美元
品种：丽丝玲
年产量：2000箱

🍷 **品酒笔记**

2012的约翰尼斯山堡晚摘酒（Spatlese）有着鲜明的热带菠萝果香，同时也有成熟桃子的甜美，挟带着多层次的水果香甜味，刚开始的口感有芒果、百香果、柑橘和柠檬味，丰沛而多汁，伴随着特殊的岩石气息，优雅甜美的果酸，散发出经典德国白酒的贵族气息，每次喝都很好喝，品质非常稳定，是我喝过的最好一款晚摘丽丝玲酒款。开瓶后会有丽丝玲特有的白花香，幽幽的花香会在浓郁的果香后散出。整支酒酸度均衡，甜中带酸，冰镇后喝起来更是畅快淋漓。

🍴 **建议搭配**

麻婆豆腐、麻辣火锅、生鱼片、豆瓣鲤鱼。

★**推荐菜单 剁椒鱼头** ———

剁椒鱼头是湖南湘潭传统名菜，属中国八大菜系中的湘菜。剁椒鱼头在台湾是一道很受欢迎的家常菜，尤其台湾人大都好吃辣，整个台湾大街小巷的餐馆几乎都可以看得到这道菜。

剁椒鱼头的由来据说是在清朝雍正年间，黄宗宪为了躲避文字狱，逃到湖南一个小村子，借住在农户家。农户的儿子正巧捞了一条河鱼回家，于是，女主人就将鱼肉煮汤，再将辣椒剁碎后与鱼头同蒸。黄宗宪觉得味道非常鲜美，从此对鱼头情有独钟。文字狱结束后，他让家中厨师加以改良，就成了今天的这道名菜——剁椒鱼头。剁椒鱼头这道菜，也被称作"红运当头"或"开门红"，符合中国人见红大吉的好兆头。火红的剁辣椒，布满在嫩白的鱼头上，香气四溢。湘菜特有的香辣诱人，在这盘剁椒鱼头上得到了最好的诠释。2014年9月，好友新民先生适逢30年珍珠婚，几位酒友在台北龙都酒楼借这个理由喝几盅。我带了两瓶新民先生在德国留学时

餐厅 ｜ 龙都酒家
地址 ｜ 台北市中山北路一段105
巷18号之1

最喜欢的约翰尼斯山堡晚摘酒，这款酒也是让我踏上葡萄酒不归路的一款酒。在这世界上如果要找一支可搭配中国川菜、湘菜的酒，只有德国丽丝玲甜白酒可以办到。因为德国甜白酒的冰凉酸甜正好可以中和这样又麻又辣的重口味，这道剁椒鱼头配上这款晚摘酒真是完美。鱼头的香辣碰撞白酒的酸甜，少一分则太甜，多一分则太辣，酸甜香辣在口中游走，有如神仙般地悠哉快活！

81
Château
Pajzos

佩佐斯酒庄

　　佩佐斯酒庄（Château Pajzos）是Sarospatak的罗可奇（Rakoczi）王子城堡中最好的酒窖。罗可奇王子把此不凡的美酒献给凡尔赛宫的法王路易十四，法国国王极度赞赏此酒，并将它称为"酒中之王，王者之酒（Wine of Kings and King of Wines）"。而这个酒窖也已列入联合国的世界遗产中。匈牙利托凯之王·佩佐斯酒庄（Château Pajzos）在1737年就拥有皇室钦定的特级园（Grand Cru）。位在托凯（Tokaji）的佩佐斯酒庄，这里的火山土里富含黏土与黄土，南方坡地上有令人惊叹的景致，蒂萨河（Tisza）及博德罗格河（Bordrog）则共同构成适合贵腐霉菌熟成的微气候，可以让葡萄完全贵腐化。此地的酒窖以石头排列出一条条的凹槽，这些凹槽构成了一个巨大的系统，由于酒窖终年都保持在12℃与95%的温湿度下，因此相当适合用来进行发酵。"稀世

A
B | C | D

A. 佩佐斯酒庄。**B.** 作者在酒窖内留影。**C.** 古老的压榨机。**D.** 长年的湿度，酒瓶都长霉了，这是最好的储存环境。

珍酿"将它列入唯一百大的匈牙利酒。

　　早在1650年之前，匈牙利东北部托凯小镇就开始生产贵腐甜酒。以生产贵腐甜酒闻名的法国波尔多区索甸（Sauternes），则到公元18世纪才开始生产贵腐甜酒，因此匈牙利托凯是最早生产贵腐甜酒的地区。正因为托凯贵腐甜酒极珍贵稀有，因此托凯小镇于1737年被匈牙利皇家宣布为保护区，成为当时世界上第一个封闭式的葡萄酒生产地。几百年来托凯贵腐甜酒以精致优雅的姿态出现在欧洲餐桌上，各国皇室推崇它为最高酒品，俄国沙皇时代也视托凯贵腐甜酒为至宝，并因此在产地租用葡萄园，还派遣军队驻守，酿成的贵腐甜酒，还得要由骑兵一路护送到圣彼得堡。托凯当地传说，在弥留的人所躺的四个床角，分别摆上四瓶托凯贵腐甜酒，会让引领灵魂的天使们都恋恋不舍。而在歌德的作品《浮士德》中，魔鬼梅菲斯特给学生布兰德的那杯酒正是托凯甜酒，希特勒在自杀身亡之前，床头上也摆了一瓶托凯贵腐甜酒，可见托凯贵腐甜的魅力，凡人无法挡。

贝多芬、大仲马、法王路易十四，这些欧洲的历史名人留名数百年，他们共同之处在于全都是匈牙利托凯酒的爱好者，特别是来自赫赫有名的佩佐斯酒庄。联合国教科文组织也将佩佐斯酒庄的酒窖列入世界遗产。这种殊荣，绝非偶然！20世纪最佳年份1993年的佩佐斯酒庄伊森西亚（Ch. Pajzos Esszencia）极为稀有，象征米歇尔侯兰（M. Roland）与克利耐酒庄（Ch. Clinet）的技术与资金进驻后的成果展现，年份特佳。酒评家帕克表示，佩佐斯酒庄的伊森西亚（Esszencia 1993）是"美酒珍馔的美好夜晚中最完美的结束"，将其评为接近满分的99分；《葡萄酒观察家》杂志也将其评为99~100分。此酒极为稀有，市场视之为收藏级品项，连一向挑剔的马利欧（Mario Scheuermann）也钦点1993年份的佩佐斯酒庄伊森西亚为"世界最伟大的酒"之一。在陈新民教授的《稀世珍酿》中，就对佩佐斯的伊森西亚有相当多篇幅的介绍。书中写到："我在2007年11月有幸品尝到了这一款真正的梦幻酒。不可思议的黏稠中散发着野蜜、淡淡的花香、巧克力以及柠檬酸，十分优雅，入口后酒汁似乎赖在舌尖不走，让人感觉每滴佩佐斯都有情感，舍不得与品赏者分离。果然是神妙的一刻。"

佩佐斯伊森西亚（Esszencia）每年产量不定，而且并非每年生产，每一公顷只能够生产100~300公斤的阿素葡萄。1993年只生产出2,500升，罐装成500毫升才5,000瓶，目前一瓶在欧洲的市价为400欧元，近20,000台币一瓶。美国市场对匈牙利托凯贵腐酒的宠爱已超过一般红白酒，价格节节高升，尤其是老年份的1993算是匈牙利好年份中的最佳年份之一，另外2002是匈牙利开放市场的第一个年份，这也是收藏理由之一。

地　址｜Pajzos Zrt., Sárospatak,Nagy L. u. 12. Hungary
电　话｜212-967-6948
传　真｜212-967-6986
备　注｜参观前须先预约

佩佐斯伊森西亚
Ch. Pajzos Esszencia 1993

基本介绍
分数：WS99~100 WA99+
适饮期：现在~2050
台湾市场价：约700美元
品种：70%以上福明（Furmint）
橡木桶：3年以上
年产量：40箱

🍷 **品 酒 笔 记**

这款21世纪最好的匈牙利伊森西亚，我第一次在2007年的春天到佩佐斯酒庄的酒窖品尝过，喝到这款"天使之酒"时，当下拍案叫绝：好酒！好酒！这款酒酒精非常低，只有4度，一点酒精味都没有，散发出来的是野花蜂蜜、杨桃干、红茶和蜜枣的香浓味道。酒入口中，马上有着杏桃、腌渍水果和焦糖咖啡的浓香，接着而来的是芒果干、柠檬干、李子干等众多水果干在口中盘绕不去，一阵酸一阵甜，每喝一口，细腻的酸度就直冲脑门，如入天堂，令人沉醉，欲罢不能！

🍴 **建 议 搭 配**

鹅肝料理或是冷的鹅肝酱、中式烤鸭、乳鸽、香煎小牛胸佐杏桃酱、焦糖水果甜点及布丁。

★**推 荐 菜 单　麻打滚**

这道麻打滚是根据驴打滚而来，做法比较像台湾的麻薯，表面裹上花生粉。做好的"驴打滚"外层沾满豆面，呈金黄色，豆香馅甜，入口绵软，别具风味，是老少皆宜的传统风味小吃。北京称驴打滚，是满洲以及北京小吃中的传统点心之一，源于满洲，缘起于承德，盛行于北京。

据说有一次，慈禧太后吃烦了宫里的食物，想尝点儿新鲜玩意儿。于是，御膳大厨左思右想，决定用江米粉裹着红豆沙做一道新菜。新菜刚一做好，便有一个叫小驴儿的太监来到了御膳厨房，谁知这小驴儿一个不小心，把刚刚做好的新菜碰到了装着黄豆面的盆里，这可急坏了御膳大厨，但此时重新做又来不及，没办法，大厨只好硬着头皮将这道菜送到慈禧太后的面前。慈禧太后一吃这新玩意儿觉得味道还不错，就问大厨："这东西叫什么呀？"大厨想了想，都

餐厅｜祥福楼
地址｜台北市松山区南京东路
　　　四段50号2楼

是那个叫小驴儿的太监闯的祸，于是就跟慈禧太后说：这叫"驴打滚"，从此，就有了驴打滚这道小吃。

麻打滚通常在宴会结束前享用，所以也必须用一款甜酒来搭配，否则再好的酒遇到这样甜的点心也会变成苦酒。用伊森西亚来搭配麻打滚上的花生粉非常有趣，酥酥麻麻，甜甜酸酸，有时候还会感受到一点点咸，那是糯米做的麻薯咸香。这样一款好酒果然千变万化，可以和北方民间的小点融洽相处，也算不简单，难怪被称为世上最好的贵腐甜酒。

Chapter 8　匈牙利　Hungary

82
Disznókö
豚岩酒庄

　　世界葡萄酒的地图上，匈牙利托凯（Tokaji）是不可或缺的甜白酒重镇！大部分说法都认为法国索甸的甜白酒是从匈牙利而来。事实上也是如此，托凯16世纪就已酿贵腐甜酒，索甸到18世纪中叶才有这项工艺。托凯酒自16世纪以来风靡全欧，到了18世纪，欧洲大部分的贵族皆欲一饮，但往往未必能得愿。托凯的贵腐酒通常是王室贵族才可能享用到，如俄国凯撒琳女皇、法国国王路易十五，还有大文豪伏尔泰、音乐家舒伯特，甚至滴酒不沾的德国大独裁者希特勒在死前喝的酒也是托凯的贵腐酒。所以法国国王还赐予此酒一个著名的称号："酒中之王、王者之酒"！

　　托凯区大约在匈牙利首都布达佩斯东方200多公里处，接近斯洛伐尼亚。豚岩酒庄（Disznók）的名称来自于藏在瞭望台旁、形似野猪的一块岩石，豚岩酒庄战前曾是一间叱咤风云的酒庄，二战后酒庄从世界舞台上消失了很长的一段时间。不过，90年代东欧对外开放后，法国安盛保险集团（AXA）买下了这间酒庄，以资金与人力让豚岩酒庄重生！

　　安盛保险集团旗下有着各式各样的经典酒庄，台湾市场中最出名的应属波尔多男爵酒庄（Pichon-Longueville-Baron），还有索甸的甜白酒苏迪侯（Suduiraut），勃艮第也都有不错的代表。当然，皇冠上的珍珠——飞鸟园酒庄（Quinta do Noval）是绝对不能错过。从这些酒庄的表现，可以知道AXA是非常认真地看待这些物业。它们的管理人俊·麦可·卡兹（Jean-Michel Caze）

A. 酒庄。B. 酒窖。C. 作者和总经理马扎罗斯·拉斯罗在台北合影。D. 豚岩瞭望台。

A B C D

与继任的克利丝汀·西利（Christian Seely），都是酒界耳熟能详的名家。

豚岩酒庄1999及2005年两度获得Wine & Spirit杂志"年度酒庄"。

豚岩酒庄出产可以让时钟停摆的酒——匈牙利托凯贵腐酒。

位于托凯的豚岩酒庄，葡萄种植在南向坡，临波洛格（Bodrog）河。当地多雨，湿度高，晨雾和夏末初秋的河岸湿气，让葡萄感染贵腐菌，这也是贵腐葡萄阿素（Aszú）的来源。托凯的分级很特殊，简单来说，葡萄农使用一种容量约22升的小桶子（Puttony）来装贵腐葡萄阿素（Aszú），再将汁液填入容量约为136升的橡木桶中，分类中所称的"6p"，即是用上6桶葡萄汁的意思。一般的托凯阿素6p，残糖可达170克，是所有阿素中最复杂的，也是行家的选择。由于要求极高，并非每年都生产，仅次于所费不赀的伊森西亚（Eszencia），残糖可轻易上600克，是精华中的精华，但也十分昂贵。豚岩酒庄的托凯，使用品种大致如下：富尔民特（60%）、Haslevelu（29%）、Zeta（10%）、萨格穆斯克塔伊（1%）。

贵腐甜酒的发酵，往往可以耗时数月之久。根据匈牙利的葡萄酒法规，这种酒必须在橡木桶中发酵至少3年，至于酒款上常见的"P"字，一般来说，通常介于3~6之间，数字越高越贵，酒质也更甜更浓郁。

豚岩酒庄可算是匈牙利最优秀的四个酒庄之一，从1993年起，每一年的品质都非常稳定，分数也都不错。曾经来台的酒庄酿酒师兼总经理马札罗斯·拉斯罗先生（Meszaros Laszlo）是一位很斯文的绅士，对于托凯的酿制非常的专精，在他的领导下，酒庄的最高等级伊森西亚已被WS和WA评为98分的高分，如2005年份的伊森西亚被帕克的网站评为98分的高分，1993年份的伊森西亚被WS评为98分的高分。同款酒1999年份被评为96分，台湾上市价大约为台币25,000元。另外，1993、1999和2000年份的托凯阿素6P（Tokaji Aszu 6 Puttonyos）3款同时被WA评为95分。2000年份的托凯阿素6P也被WS评为95分的高分。台湾上市价大约为台币4,000元。

冬天美丽的雪景。

这里要特别介绍豚岩酒庄一款顶级的酒款，卡匹（KAPI）单一葡萄园位于豚岩地区有着其独特的性格，最显著的就是带着绝对纯净清新的水果香气和良好的平衡。位于豚岩酒庄葡萄园的南边斜坡较高处，有着特别的风土条件，土壤中带着些许火山泥。只有最佳品质的阿素葡萄才会被挑选用来酿制卡匹。葡萄品种是100%富尔尼特（Furmint），卡匹为豚岩酒庄的精华，只会在特殊的年份酿制。从1993到目前为止只生产两个年份；1999和2005，产量极为稀少，每年生产不超过6,000瓶，2005年只生产5682瓶，每一瓶都有独立的编号，商标是采用在品酒室手写的字体，豚岩品牌清楚的标示卡匹葡萄园，呈现卡匹是单一葡萄园编号，加强了卡匹的稀有性，酿酒师的签名也代表卡匹的真实性。2005的卡匹被WS评为95高分，被WA评为94分，美国上市价一瓶要140美元。从品质、分数和稀有性来说，这款酒一定要收藏，将来必是一瓶难求。

地　　址｜3910 Tokaj, PF. 10. HUNGARY
电　　话｜+36 47 569 410
传　　真｜+36 47 369 138
备　　注｜参观前须先预约

卡匹6P阿素甜酒

Tokaji Aszu Kapi 6 Puttonyos 2005

基本介绍

分数：WS95 WA94
适饮期：现在~2045
台湾市场价：约200美元
品种：100%富尔民特（Furmint）
橡木桶：3年以上
年产量：50箱

🍷 **品酒笔记**

2005卡匹6P阿素在酸度与丰富度上拿捏得宜，热带水果的特性，如菠萝、柠檬、百香果也附带了些许杏仁果酱、花香与蜂蜜的香气。余韵悠长，口感丝滑浓郁，酸度圆润，夹带矿物质的风味。非常适合搭配带有苹果、杏桃、柳橙的甜点，水果沙拉或巧克力，与略带辛辣的东方料理是绝配。这款酒虽然非常年轻，但是酒体仍然强劲有力，甜度也很有节制，酸度在其中扮演了重要的角色，让整支酒喝来平衡顺口。已进入适饮期，至2045年应该都会很精彩。

🍴 **建议搭配**

可搭配水果慕斯、巧克力蛋糕、鹅肝酱、蓝莓起司，略带辛辣的中式料理，也是相当美味的组合。

★ 推 荐 菜 单　松鼠黄鱼

这道菜的来历相当有趣，相传清朝乾隆皇帝下扬州，微服走进了松鹤楼，看到神案上放有生鲜的鲤鱼，执意让随从取下烹调供他食用，可是神案上的鱼是用来敬神的，因此人绝对不能食用，但因乾隆是皇帝，店家无可奈何，于是跟厨师商议如何处理此事，厨师发现鲤鱼的头很像松鼠的头，而且该店店名第一个字就是个"松"字，顿时灵机一动，决定将鱼做成松鼠形状，鱼片下锅炸了之后，散开的鱼片如同松鼠尾巴，以回避宰杀鲤鱼之罪。菜做好后端给乾隆皇吃，乾隆细细品尝，觉得外脆内嫩、香甜可口，因而赞不绝口，便重赏了厨师。从此之后，苏州官府传出乾隆皇来松鹤楼吃鱼的事，而乾隆皇每逢节日或寿诞，都要吃这道鱼，自此松鼠鱼就闻名于世了。这道松鼠黄鱼是江南最有名的菜色之一，皮酥肉嫩，酸咸甜香，色、香、味、形四美俱全。因为整条鱼经过油炸之后，又有糖醋酱料调之，所以外酥内嫩，可口香甜，肉质鲜美，甜中带酸，配上托凯的贵腐酒再适合不过了。这款清凉的贵腐酒并不是相当浓郁，反而带有清爽的柑橘甜度，以及菠萝的酸度，搭配带有糖醋酱的酸甜，是一种最完美的搭法。

餐厅｜台北冶春茶社
地址｜台北市八德路四段138
　　　号11楼

83

Oremus

欧瑞摩斯酒庄

　　在贵腐酒世界里，有3个地区出产各有所长的王者之酒。第一是匈牙利的托凯（Tokaji），第二是德国莱茵河和支流两旁的山坡，最后就是法国的索甸（Sauternes）。这3种酒陈年潜力惊人、风味绝佳，价格也一向不低。贵腐酒究竟是哪一国发明的，近百年来各国争议未定，法国狄康堡（d'Yquem）一再坚持功劳在己。但按照历史考证，贵腐酒的发明应属托凯地区。托凯当地的火山土富含黏土与黄土，蒂萨河及博德罗格河共同形成了适合贵腐霉生成的微气候。此外，当地酒窖终年都保持在12℃的温度与95%的湿度下，相当适合酒的陈年与储存。酒评家马里欧（Mario Scheuermann）宣称，他曾喝过一瓶超过300年的托凯贵腐酒，如新酒一般。难怪它获得了："可以让时钟停摆"的尊称！

　　自公元1616年起欧瑞摩斯（Oremus）酒厂经历了罗克斯（Rakoczi）家

A. 贵腐葡萄。B. 葡萄园。C. 酒窖。D. 酿酒师。

族统治、17世纪独立战争、布瑞森翰（Brezenheim）家族以及19世纪末期在匈牙利的千年葡萄酒大赛中被温德斯格瑞兹（Windischgraetz）王子与德库斯（Dokus）家族视为稀世珍宝等历史事件后，欧瑞摩斯酒厂进入了一段沉淀的岁月。直到公元1993年，欧瑞摩斯酒厂与西班牙顶级酒厂维嘉西西里亚（Vega Sicilia）酒厂合作，打造了全新的欧瑞摩斯葡萄园与欧瑞摩斯酒厂。

在二次世界大战后，受到共产主义的影响，有些葡萄园主就私底下酿制托凯贵腐酒，作为自己饮用或赠送亲友的礼物。匈牙利共产政府也把托凯酒庄视为外销的主打产品，放在1989年东欧发生自由化运动之前，托凯酒成为整个东欧地区最珍贵的礼物。匈牙利也在90年代后进入了一个崭新的黄金时期。西班牙名酒庄维嘉·西西里亚（Vega Sicilia）就是在这个时间进入托凯区，取得了历史悠久的名厂欧瑞摩斯，不但恢复了这个酒厂在二战前的名声，也让托凯酒在世界名酒之中不再缺席。在西班牙老板大卫·阿瓦瑞兹（David Alvarez）及其团队的参与下，决定延续欧瑞摩斯的传统，并以追随酒厂一开始的贵族风范为目标，重建属于欧瑞摩斯的神话。

　　欧瑞摩斯（Oremus）在这20年的经营中，费了不少心血，让酒庄的知名度与酒质不断提升，获得世界酒评家很高的评价。例如美国《葡萄酒观察家》杂志给了2000年份的伊森西亚98分的高分，同款2002年份被评为97高分。帕克网站（WA）的分数是：2003年份的伊森西亚获得了96分的高分，台湾上市价为台币15,000元。托凯阿素6P（Tokaji Aszú 6 Puttonyos）也有不错的成绩，1999和2002年份同时被WS评为93分，1999年份也被WA评为93分，台湾上市价一瓶台币3,500元。1999和2006年份托凯阿素5P（Tokaji Aszú 5 Puttonyos）获得WA95高分。台湾上市价一瓶台币2,500元。此酒经过维嘉·西西里亚的打造，价格和分数节节高升，2002年份的酒款在国际上价格已大涨60%，将来势必成为藏家收藏的对象，以目前的价格还可以收藏。

地　　址｜3910 Tokaj, PF. 10. HUNGARY
电　　话｜+36 47 569 410
传　　真｜+36 47 369 138
备　　注｜参观前须先预约

DaTa

欧瑞摩斯托凯阿素6P

Oremus Tokaji Aszú 6 Puttonyos 2002

基本介绍
分数：WS93
适饮期：现在~2040
台湾市场价：约130美元
品种：70%以上富尔尼特（Furmint）
橡木桶：2年以上
年产量：1,000箱

品酒笔记
欧瑞摩斯（Oremus 2002）6P贵腐酒经过十几年的淬炼，此酒饮来，流畅的快感，诱人的风采，稳重的金黄色泽中，蕴含着高贵优雅的香甜滋味，入口后多汁柑橘，百香果和芒果在舌间缠绵不已，蜜饯、橙皮、杏桃干和亚洲香料层层相叠，蜂蜜和水果丰富了这款酒的力度。花园里的百合绽放，橘子酱和柠檬汁的酸度使这款酒喝起来更为芳香怡人。

建议搭配
焦糖布丁、糖醋鱼、香草奶油蛋糕、苹果派。

★**推荐菜单** 金沙杏鲍菇

杏鲍菇营养成分丰富，富含多种维生素、大量纤维质，脂肪含量极少，更引人注意的是，近年日本医学界有许多研究认为菇类所含的多糖体，具有防癌抗肿瘤的功效。但却因为独特的菇类气味而让一部分人无法接受，因此以咸蛋黄及南瓜包裹的方式改变其口感与气味。南瓜中含有大量的果胶和可溶性纤维，具有良好的减肥功效。因此杏鲍菇在咸蛋黄的咸香及南瓜微甜的包裹之下，香气扑鼻，菇体却仍维持其原有的水分与爽脆口感，是道营养又美味的料理。宴席中，友人带来了这款匈牙利贵腐酒，正好可以和这道创意菜搭配，我们来看看会擦出什么样的火花：酒中的蜜饯和橙皮的酸度与咸蛋黄互相融入，简直是天衣无缝，巧妙得令人意外，本是冲突性的两种口味，结合之后可以互相呼应，咸香酸甜，细腻绵密，全身舒畅。蜂蜜与果干的甜度更可以衬出南瓜泥的香嫩，吃起来一点也不会腻，这道台湾创意菜只有匈牙利的托凯甜酒能够匹配。

餐厅｜华国饭店帝国宴会馆
地址｜台北市林森北路600号

Chapter 9　意大利　Italy

84

Bibi Graetz

毕比·格雷兹酒庄

　　2014年4月我第一次来到心仪已久的毕比格·雷兹酒庄（Bibi Graetz）参观，酒庄坐落于托斯卡纳的山上，可以眺望整个托斯卡纳的葡萄园和市区，景色非常美好，在这里彷彿置身于人间天堂。这个酒庄的建筑是一个十分隐秘的古堡，通往酒庄的路全部是乡间小路，蜿蜒而漫长，我们的车开了将近1个小时才到山上的古堡。这里大型游览车是开不进来的，还好我们开的是小车。

　　20世纪的世界葡萄酒舞台，几乎没有人知道毕比格·雷兹。如今，他的提斯特美塔（Testamatta）已经是托斯卡纳的膜拜酒，市场疯狂追逐的对象。美国《葡萄酒观察家》资深酒评家詹姆士·史塔克林（James Suckling）这样称赞提斯特美塔："100%的山吉维斯（Sangiovese），流淌着勃艮第特级园的品种和血液，让人不禁联想到罗曼尼·康帝庄园（简称DRC）的拉塔希（La Tache）"。拿拉塔希与一款山吉维斯相比，要有相当的想象力。事实上，毕比·格雷兹本来就是一位充满了艺术气息的酿酒师，他的酒总有如此令人想象的空间，所以这样的对比一点也不意外。毕比对我说："在托斯卡那他有尝过拉塔希，这是他的偶像，他会去试喝不同的酒，他的酿酒哲学和黑皮诺有共通性。"毕比·格雷兹成长于文斯格莱塔（Castello di Vincigliata），也就是在佛罗伦萨北方的菲耶索莱（Fiesole）山丘。虽然父母有着葡萄园，但他却是在佛罗伦萨学习艺术。直到家里葡萄园的合约在20世纪90年代到期，毕比·格雷兹终于有

A | B | C | D　　**A.** 俯瞰酒庄的葡萄园。**B.** 酒堡内的700年以上的拱桥。**C.** 作者与毕比·格雷兹在酒窖合影。**D.** 成熟的葡萄结实累累。

了走上酿酒之路的契机。他一直追寻托斯卡纳的地方品种，艺术家的狂热气息，从他的酒庄与酒款名称，乃至酒标中就可知其一二。

在顶尖酿酒顾问奥伯特安托·尼尼（Alberto Antonini）协助下，毕比·格雷兹在2000年成立了他的酒庄。成名大作提斯特美塔开启了文斯格莱塔（Vincigliata）区的潜力，将山吉维斯的力道发挥到极致。成绩数度高悬于《葡萄酒观察家》的排行榜，确立了其膜拜酒的地位。提斯特美塔《葡萄酒观察家》评为98分，2010年的提斯特美塔詹姆士·萨克林（James Suckling）也评了98分，旗舰酒款可乐儿（Colore）更是在《葡萄酒观察家》2004、2005、2006连续3年评为95高分，提斯特美塔在2001"国际葡萄酒暨烈酒展"（VINEXPO）中获选为"3万款中最优秀的一款"的托斯卡纳，可见此酒庄并非属于昙花一现的流行品项。

漫画《神之雫》的作者亚树直，也在书中强推此酒庄的酒，曾多次在图书内文与附录中介绍。亚树直姐妹到台湾时特别携带了毕比·格雷兹签名的提斯特美塔和宝马（Palmer）1999提供拍卖，喜爱程度可见一斑。帕克所创立的《葡萄酒倡导家》中说："每次喝到毕比·格雷兹的葡萄酒总是令我微笑，它就是有一种无法言喻的童趣！"又说："我不断地对毕比·格雷兹的葡萄酒感到惊艳，它们极度珍贵罕见，经过深思熟虑但充满情感。"

基本上，毕比·格雷兹的系列酒款除强调山吉维斯、安索尼卡（Ansonica）、科罗里诺（Colorino）与可乐儿等地方品种外，单位产量低，皆以手工处理细节。在制作方法上，以提斯特美塔为例，在"无盖"的225升无盖小木桶酿造，再以小法国桶培养18个月，都非传统思维，但成果令人惊艳。酒庄贴心地用上了Diam（一种防TCA的软木屑塞）封瓶，窖藏自是更为安全。另一款红酒口交（Soffocone）同样来自菲耶索莱的文斯格莱塔。在山吉维斯中混了少许的卡耐奥罗（Canaiolo）与科罗里诺，属于单一园的30年老藤。此酒相当有争议，甚至曾为美国禁止进口，因其酒款名"口交"意喻不雅。但是艺术家对作品不会妥协，此酒的酒标目前仍是如此，而它的酒质多汁而充满了成熟的黑莓与石墨香气，烟熏味贯穿其间，余味长，可以喝出它企图表达的复杂度与陈年潜力。这是一款十分有型的一款酒。

　　实惠而入门的卡莎美塔（Casamatta）也是100%的山吉维斯，葡萄来源就包括了Sieci、Siena与Maremma（均为托斯卡纳地区的地名）等地。此酒以圆润的果香著称，单宁亲切不咬舌。Casamatta原意为"疯人院"，非常有趣的名字，有时会出非年份的混调酒，清爽迷人且可口，充满甜美的红色浆果、花朵、甘草、薄荷和香料的混合风味。

　　以下是我在酒庄和毕比·格雷兹的访谈：

黄：请问托斯卡纳三大家族，安提诺里（Antinori）、佛瑞斯可巴第（Frescobaldi）、比昂第·山地（Biondi Santi），对您有何影响？
毕：启发酿酒梦想、目标、设定萨西开亚（Sasicaia）为学习对象。

黄：如何在托斯卡纳酿出不一样的葡萄酒？
毕：要酿出一支好的酒来诠释你的生活，要聘请酿酒师，长期在这里成为生活的一部分。用大小木桶的交叠方式，永远都有无限的可能。举个例子，在实验室，过滤稳定用黏土，用一半去酿，不一定遵循传统，要花很多心力照顾葡萄，酿制卡莎美塔最好的方式就是几个年份的葡萄酒混在一起，有点像香槟的做法。

黄：山吉维斯如何酿出好的葡萄酒？
毕：奇扬第（Chinati）的酿酒师也来问为什么？因为他们不晓得一个道理，你不能期待一小块地的葡萄酿出3公斤的酒，要低密度。这个品种绝对不是1株1瓶或2株1瓶。口交最能表现它的地域性，40~75年之间的山吉维斯老藤，要很小心、慢慢地照顾它，才能酿出好酒。

黄：为何您的可乐儿甚至提斯特美塔可以卖那么贵？
毕：我的酒窖里有300个小橡木桶，其中可乐儿只有6个225升，总共只有1800瓶。可乐儿就像顶级红酒柏图斯堡（Pétrus），2008年份的可乐儿被詹姆士·史塔克林评为接近满分的99分。数量少，分数高，价格当然也不会太便宜，售价大约是850美元。提斯特美塔受漫画的影响力，日本人一直买，漫画的力量很大。酿酒的时候他想象提斯特美塔就像萨西卡亚。

黄：怎样才能酿出好酒？
毕：当地原生种、老藤、和酿酒方式。

黄：你的酒如何被评价？
毕：詹姆士·史塔克林自己来喝，所以没有寄样品酒出去给《葡萄酒倡导家》或《葡萄酒观察家》去评分。

DaTa

地　　址｜BIBI GRAETZ SRL Via di Vinvigliata 19 50014 FIESOLE FI
电　　话｜+39 0 55 597289
传　　真｜+39 0 55 597155
网　　站｜www.bibigraetz.com/en/wines
备　　注｜不接受参观

毕比·格雷兹
提斯特美塔

Bibi Graetz Testamatta 2010

基本介绍

分数：JS98、WS93
适饮期：2015~2035
台湾市场价：约200美元
品种：100%山吉维斯
橡木桶：100%美国新橡木桶
桶陈：18个月小橡木桶
瓶陈：12个月
年产量：1,250箱

🍷 品酒笔记

这款托斯卡纳膜拜酒还很年轻，现在闻起来有着浓郁的雪松、黑莓、覆盆莓等的香气，接着出现雪茄、巧克力、樱桃和香料味道，口感有如丝绸般的滑顺，黑色红色水果、黑咖啡和紫罗兰逐渐展开来，层次分明，确实拥有大将之风，能将山吉维斯能表现得如此精彩，全意大利恐怕只有毕比·格雷兹酒庄所酿制的提斯特美塔。

🍴 建议搭配

伊比利火腿，台式、广式香肠，香茅羊小排，酥炸排骨。

★ 推荐菜单 台式煎猪肝

台式煎猪肝虽然只是一道简单的台湾料理，但是做到恰到好处的并不多，个人觉得，台南知味台式料理是这道菜做得最好的一家。台式煎猪肝做法要先将一块粉肝漂水，将血水冲洗出来，然后切为0.5厘米厚的长方形厚片再腌制，以米酒、乌醋、酱油、砂糖加上地瓜粉一起拌匀，腌大约10分钟后就可以了。腌好的猪肝必须以热油煎之，大约煎至五分熟即可捞起滤干，等猪干稍微热缩就可上桌了。这道菜最重要的是控制火候和时间，就是要煎到外嫩内软，不能太生也不能太老，咬下去要又脆又弹，也不能太甜，太甜就会腻，必须要一口接一口的越吃越想吃。意大利的提斯特美塔红酒有着丝绸般的滑细单宁，正好与猪肝的柔嫩结合，让人尝起来倍加温暖，很有妈妈的味道。其中的香料和花香可以带出腌制过的浓重酱汁，让酱汁的香气更加飘香迷人，虽然看似简单的一道菜肴，却能和意大利的美酒搭配的如此密切，可说是颠覆了一般传统思维，令人耳目一新。

餐厅｜台南知味台式料理
地址｜台南市中成路28号

85

Bruno Giacosa

布鲁诺·贾可萨

　　葡萄酒历史上，意大利皮蒙（Piedmonte）产区的名家无数，从巴巴瑞斯可（Barbaresco）、巴罗洛（Barolo），到朗给（Langhe）与罗欧洛（Roero）都在这一地区，而布鲁诺·贾可萨（Bruno Giacosa）是大家公认的教父，他的酒庄堪称意大利"五大"酒庄之一。这位皮蒙的大师，对巴巴瑞斯可和巴罗洛每一片葡萄园都了若指掌，他的酒根本无须怀疑，葡萄酒评论家帕克说："全世界只有一种酒，无须先尝试就会掏钱购买，那即是布鲁诺·贾可萨。"

　　尽管布鲁诺·贾可萨不爱交际应酬，但他的酒总能说服酒评家与消费者，甚至深知当地风土的皮蒙邻居们也都爱他的酒。所有能想到的赞誉，几乎都系于布鲁诺·贾可萨。帕克又说："如果只准我挑一瓶意大利酒，则非布鲁诺·贾可萨的酒不可。"

A	
B	C	D

A. 葡萄的采收工作。B. 庄主布鲁诺·贾可萨。C. 葡萄园景色。
D. Vigneto Falletto村葡萄园。

　　布鲁诺·贾可萨发迹于朗给予罗欧洛，大本营在奈维（Neive）（也是他出生的地方）。他的酒分法略像是勃艮第的乐花（Leroy），可分成向别人买的葡萄配制以及酒庄自己的葡萄园配制两种，两者都极为精彩。千万不要小看他买葡萄自酿的实力，因为布鲁诺·贾可萨就是靠这功夫起家，卡萨·维尼卡拉·布鲁诺·贾可萨（Casa Vinicola Bruno Giacosa）是布鲁诺外来葡萄酿制的葡萄酒品牌，其中的圣陶史塔法诺园（Barbaresco Santo Stefano）绝对不容忽视，是懂贾科萨（Giacosa）的巷内选择，其中2004、2005和2007都获得《葡萄酒倡导家》95高分。

　　至于布鲁诺·贾可萨自产葡萄酿制的葡萄酒品牌"Azienda Agricola Falletto"的产品项内，几乎旗下所有的巴巴瑞斯可和巴罗洛都在其中。以巴巴瑞斯可而言，知名的阿西里园（Asili）之外，还有众所皆知的天王级陈酿（Riserva）红标。巴罗洛方面，挂有红标的罗稼园巴罗洛珍藏（Le Rocche del Falletto Riserva）绝对是叹为观止的酒款。在《葡萄酒倡导家》的评分中，每一个出产的年份都超过96分，其中2004年份更获得99+，几乎是满分的评价，2007年份被评为98高分。另外在美国《葡萄酒观察家》也有很高的评价，2000年份获得100满分，2001年份和2007年份都被评为97高分，2007年份被詹姆士·史塔克林评为100分满分的最高荣誉。安东尼欧说："内行人都知道Giacosa的酒以世界顶级美酒的身价而言，实在是物超所值。"

即便如此，这间酒庄最令人尊敬之处，除了它可以同时生产顶尖的巴罗洛与巴巴瑞斯可之外，还可以在罗欧洛以白葡萄阿妮丝（Arneis）酿的不甜白酒，地位一样是领导群雄。翻开任何一本葡萄酒教科书，只要介绍阿妮丝这个品种，一定是以布鲁诺·贾可萨的酒为经典。20世纪七八十年代以前，阿妮丝多半只是用来软化内比欧罗葡萄，基本上只是以量取胜的称重型葡萄。直到布鲁诺·贾可萨慎选栽培地点，减少单位面积产量以后，阿妮丝终于展现出了它的实力，这段复兴阿妮丝的历史是留给真正享受酒的消费者。选一瓶布鲁诺·贾可萨的阿妮丝搭餐，不仅价位合宜，还可了解布鲁诺·贾可萨在酒史上的成就。

近半个世纪以来皮蒙区其他酒庄都只有做巴罗洛或巴巴瑞斯可的时候，唯有布鲁诺·贾可萨同时在这两个产区都酿出了传奇性的酒款。尤其是布鲁诺·贾可萨的红标（Riserva）等级的巴罗洛和巴巴瑞斯可就等于是世界级的Grand Cru特级酒庄的酒款，只有在最佳的年份才有生产，上市的价格都在1万元台币以上，虽然价很高，但仍是一瓶难求。难怪《品醇客》杂志2008年票选的50支最顶尖的意大利酒中布鲁诺·贾可萨的巴罗洛和巴巴瑞斯可同时上榜，都各占了一个席次。另外，布鲁诺·贾可萨也是《品醇客》杂志在2007所选出来的意大利五大酒庄之一，能同时获得两种殊荣，放眼望去在全意大利酒界只有布鲁诺·贾可萨。

DaTa

地　址｜Via XX Settembre, 52 - Neive（Cn）- Italia
电　话｜+39 0173 67027
传　真｜+39 0173 677477
网　站｜www.brunogiacosa.it
备　注｜可以预约参观

罗稼园巴罗洛珍藏
Le Rocche del Falletto Riserva 2007

基本介绍

分数：JS100　WA98　WS97
适饮期：2020~2050
台湾市场价：约480美元
品种：内比欧罗（Nebbiolo）
橡木桶：法国橡木桶
桶陈：36个月
瓶陈：24个月
年产量：870箱

🍷 **品酒笔记**

此酒原料挑选自酒厂法莱特（Falletto）的最佳区域Serralunga d'Alba所种植的内比欧罗葡萄，深红宝石色泽带着橘色光泽，具有干燥花香、薄荷、可可粉、黑松露各种醉人的香气，令人飘飘欲仙。入口后的单宁柔软而平衡，酒体厚实饱满，樱桃、甘草、摩卡、深色水果如精灵般在舌间跳动，结尾虽然带着些许辛辣，但立即转为甜美，有劲道但不失优雅，余韵悠长，是一款难得的百年好酒。布鲁诺·贾可萨透过这款红标的顶级巴罗洛将意大利的葡萄酒表现的无懈可击，时而勃艮第时而波尔多，无怪乎能获得如此高的评价，布鲁诺·贾可萨绝对值得世人尊敬。

🍴 **建议搭配**

手撕羊肉、台湾红烧肉、鱼香肉丝、五分熟煎牛排。

★ **推荐菜单　扬州狮子头**

狮子头这道菜据说隋炀帝时代就已诞生，当时称之为"葵花斩肉"，后来因为形状如狮头而更名，更为平易近人。在用料上，猪肉的肥瘦比例是很重要的，肥瘦比大都是六比四，也有用五花肉的，适当肥肉能让口感更弹更嫩，但不能太多。一定要用刀把肉剁成肉末，如此口感才佳，绝不能用绞肉机里绞出来的肉末，这是因为绞肉机出来的肉末太细，绞出来的肉会没弹性。有的加入大量剁碎的洋葱，洋葱煮久后亦会融化，让肉丸更为鲜甜。而在肉丸的处理上，有的直接清蒸白煮，有的则轻煎后再蒸熟。肉丸做好后再加入高汤，然后将冬季的大白菜放入，汤滚就大功告成了。用这道狮子头来配布鲁诺·贾可萨红标的巴罗洛再适合不过了。因为巴罗洛既雄厚又温柔，可以强烈亦可以细腻，恰巧狮子头也是一道软中带弹，咸中带甘的经典菜。红酒中的单宁柔化了肥肉中的油腻感，而黑色水果系列的味道能让瘦肉不至于太为干涩，整个肉丸子尝起来就是软嫩弹牙，汁液横流，满口生香。巴罗洛红酒一贯有的独特玫瑰花瓣香更提升了汤汁的鲜美。当巴罗洛遇到狮子头绝对是一种美丽的结合，能在台湾的冶春扬州菜吃到这道菜，又刚好喝到这款超级的巴罗洛真是千载难逢，如果有幸遇到，千万别错过了！

餐厅｜京华城冶春餐厅
地址｜台北市松山区八德路四段
　　　138号11楼

Chapter 9　意大利　Italy

86
Dal Forno
达法诺酒庄

　　2014年的四月再次拜访达法诺酒庄，这是我第二次拜访这家位于维尼托（Veneto）的最好的酒庄，距第一次拜访时已经有六年了，那时候达法诺酒庄还只是个规模不大的酒庄，那时正在兴建新的电脑控制室和橡木桶储存的大酒窖。如今，他已经是生产阿玛诺尼（Amarone）最大最具有知名度的一家酒庄了。我们这天早上8点半就来到酒庄了，看到整个酒庄扩大了很多，连入口的广场都立了新的拱门，上面刻了"Dal Forno"酒庄名。我们约好的酒庄老庄主罗马诺·达法诺（Romano Dal Forno）和少庄主米歇尔（Michele）早就在酒庄等候我们了。他引领我们进到酒庄的小客厅，这是他父亲和母亲的起居室，老庄主也很亲切地和我们寒暄，并请夫人帮我们泡上咖啡，接受我的访问和拍照。

　　达法诺酒庄位于意大利维尼托维罗纳（Verona）东部的瓦尔迪拉西山谷（Val d'illasi）。酒庄在这里已经有5代了，一直到现任庄主罗马诺·达法诺（Romano Dal Forno）管理，才将酒庄发扬光大。罗马诺·达法诺于1983年开始酿酒，权衡之后他决定继续家族传统。1990年，他建立了新的酒厂和酒窖设备，这间新酒厂就成了他的新家。达法诺接手以后，开始增加葡萄园的种植密度，只有这样才能增加葡萄的集中度。在他的实验之下，葡萄园的种植密度开始增加至每公顷11,000株，现在已经达到每公顷13,000株种植密度，甚至比香槟区的种植密度还高，这是一项很令人吃惊的突破。

　　1983年是酒庄最具代表性的一年，酒庄在这一年开始自己酿酒自己销售，并得到非常好的评价，在世界酒坛上也开始崭露头角。1990年，他决定借贷资

A
B C D

A. 宏伟典雅的酒庄门口。**B.** 使用电脑化的风扇来风干葡萄。**C.** 作者和米歇尔在酒窖合影。**D.** 酒窖中的洗杯槽也是名家设计。

金，一口气花了13亿里拉（相当于3,000台币）打造全新功能电脑化的新酒庄，采用全新的法国橡木桶，并且建立新的酒窖。地下11米的酒窖在1991年盖起来，长年恒温14℃，湿度80%，有如香槟区白垩圭石的天然酒窖，100%改以容量225公升的全新波尔多小橡木桶陈年；不只如此，所有酒款都要陈年5年以上才上市销售。

酒庄原本12公顷的葡萄园也陆续扩大为25公顷，园里种植的主要葡萄品种是可维纳（Corvina）、罗蒂内拉（Rondinella）、克罗迪纳（Croatina）和欧塞雷塔（Oseletta）。葡萄树的平均树龄为18年，老葡萄园里的种植密度为2,000～3,000株/公顷，新葡萄园里的种植密度为11,000～13,000株/公顷。意大利阿玛诺尼的做法是将葡萄树最向阳的四串葡萄采下，然后置放在棚架上晾干，等到3~4个月后再压榨、发酵，放到100%新橡木桶，大约5年陈年时间，酒精浓度通常到达15度以上，这就是意大利有名的阿玛诺尼做法。瓦波利希拉（Valpolicella）的做法是和阿玛诺尼一样，在达法诺酒庄，小庄主米歇尔告诉我们：两者不一样，第一是树龄的不一样，阿玛诺尼通常选择的是18年的老树龄，瓦波利希拉用的是只有3年的树龄；另外就是前者风干1个半月，后者则风干3个月之久。现在达法诺酒庄用的是电脑控制的风扇，采下来的葡萄放在盒子里吹风扇，整排的风扇由电脑24小时自动控制来移动，通常窗户会打开，湿度高时，窗户会自动关闭，风速会变大，24小时不停地吹，瓦波利希拉要连续吹1个半月，阿玛诺尼连续吹4个月之久。米歇尔介绍我们看了这自动电扇风干以后说：由于都是电脑控制，所以不受气候影响，让葡萄风干可以更精准，品质自然就更好了。

达法诺酒庄经过庄主罗马诺25年来的努力终于有了不错的成绩，酿出相当前卫，醇厚可口，只要喝过就不会忘的一款美酒。目前达法诺酒庄不仅仅在意大利维罗纳是最好的酒庄，也是全世界最知名的酒庄之一，一提到意大利阿玛诺尼每个人所想到的就是"达法诺酒庄"。美国酒评家帕克曾表示，罗马诺是位谦逊，实在，且相当热情的人。"只需和他相处几分钟，就能理解他追求高品质的那股坚定，甚至被有些人形容为'固执'的决心。我之前从不认识如此执着于酒窖干净程度的酿酒人。在这里，所有元素都物尽其用，在葡萄园的管理上也不例外。达法诺酒庄的新地块种植密度极高，每公顷将近12,800株葡萄藤，如手术室一般的精准。"英国葡萄酒杂志《品醇客》2007年将达法诺酒庄评为意大利的"五大酒庄"之一；和歌雅（Gaja）、布鲁诺·吉亚可沙（Bruno Giacosa）、欧尼拉亚（Tenuta dell, Ornellaia）、萨西开亚（Sassicaia）齐名。

另外，达法诺最招牌的旗舰酒达法诺阿玛诺尼，1989~1997每一年帕克都打了95分以上的高分，其中1996和1997两个年份还评为接近满分的99分，2001年以后，最会打意大利酒的安东尼欧（Antonio Galloni）也都评为93到98高分，可见达法诺酒庄的实力与功力了。还有一款招牌的甜红酒西格纳赛尔（Signa Sere）分数也都非常高，价格都在400美元左右，2003年安东尼欧评为98以上的分数。而二军酒的瓦波利希拉（Valpolicella Superiore）则是物超所值的一款酒，价格大约在100美元，安东尼欧从1991~2008都评为90分以上，最高分数是2005的95分。这些酒款如今在美国都是供不应求，除了在意大利和美国以外，想买达法诺的酒可以说是一瓶难求！

最后，少庄主米歇尔告诉我，达法诺是一个家族酒庄，在酒庄工作的人总共8个，包括他的兄弟父母和阿姨，从发酵、酿制、装瓶到装箱都是自己人，我们访问酒庄时他还特别拉着两位哥哥入镜，并且说一定要将相片登上书中。我相信这个酒庄未来的品质一定会越来越好！

DaTa

地　址 | Località Lodoletta,137031 Cellore d'Illasi Verona - Italy
电　话 | 045 783 49 23
传　真 | 045 652 83 64
网　站 | eng.dalfornoromano.it
备　注 | 可以预约参观

达法诺·阿玛诺尼
Dal Forno Amarone 2002

基本介绍
分数：WA94　WS92
适饮期：2009~2017
台湾市场价：约600美元
品种：可维纳、罗蒂内拉、克罗迪纳和欧塞雷塔
橡木桶：100%美国新橡木桶
桶陈：36个月
瓶陈：36个月
年产量：750箱

🍷 品酒笔记
2002年的达法诺应该可以算是最好的阿玛诺尼之一，而且非常的成熟，已经可以喝了。颜色深红，香气雄厚，劲道十足。充满野樱桃，巧克力，香草和烘烤橡木的气息。还有黑莓、摩卡香、甘油，与辛香料气息。口感饱满、柔顺，而且充满力量，在3个小时的不同阶段中，出现雪松、肉桂、甘草、八角等中国香料的味道，奶油香绵、咖啡醇厚、果酱甜美，一层又一层的剥开，纯度加深度，在这里，我见识到了阿玛诺尼的伟大，丰富的蓝莓和香草气息作为结束，余韵悠长而深远。

🍴 建议搭配
炸排骨、卤大肠、煎烤牛排、烟熏鹅肉。

★ 推荐菜单　台式佛跳墙

台式佛跳墙是一道丰富且变化多端的菜品，里头放着排骨、香菇、笋片、鹌鹑蛋、栗子、芋头、鱼翅、鱼皮、鲍鱼、干贝、海参、猪肚、蹄筋、白菜和萝卜。这一道菜制作繁复，用料也非常丰富，几乎涵盖了山珍海味，做得好不好就看材料与火候。而老牌的兴蓬莱台菜是我品尝过最好的少数餐厅之一，不像坊间在过年时宅配的冷藏包做法简单又难以下咽。这道菜既然囊括了山珍海味，可见其味道之强烈，香气之浓郁，所以我特意挑选了一款可以和这道相配的重酒"阿玛诺尼"。这款达法诺阿玛诺尼非常的狂野与奔放，充满了野樱桃、香料和葡萄干的味道，可以将蹄筋、鱼皮和猪肚等种口味压制住，而香草与水果的香气正可以提升海鲜中的海参、鲍鱼、鱼翅、干贝等高级食材的鲜美，在口中散发出阵阵的酒香与鲜香，富咬劲，但却入口即化，如此精彩的演出，让人很难相信台菜与意大利酒互相碰撞能擦出的火花，真是化腐朽为神奇！

餐厅｜兴蓬莱台菜
地址｜台北市中山北路七段
　　　　165号

87
Marchesi de Frescobaldi

马凯吉·佛烈斯可巴尔第酒庄

　　马凯吉·佛烈斯可巴尔第家族（Marchesi de Frescobaldi）发迹于意大利中部的佛罗伦斯，早在中世纪就拥有横跨政、经、社三方势力。就酒史而言，它于1308年就已有酿酒记录，后来对于山吉维斯（Sangiovese）这一此地品种有长足研究。1995年，它与美国加州的纳帕谷的蒙大维家族（Robert Mondavi）合作，选在蒙塔奇诺（Montalcino）西南方设置了露鹊庄园（The Luce Estate）。由于当地日照充足且夏季干燥，有效帮助了庄园南部精华地带的葡萄生长，产出的果实除了香气丰富之外，再加上葡萄

A．远眺酒庄。B．酒窖里陈年的老酒。C．作者
于酒庄葡萄园。D．作者和庄主在台北合影并签
名，手上这瓶难得一见的Frescobaldi千禧年纪
念酒，装的是1993年的珍藏级蒙塔奇诺，当年只
限量生产20,000瓶。

园本身处于海拔350~420米，在蒙塔奇诺地区属于地势偏高的地带，因此凉爽的夜间气候更增添了此园复杂多变的质感，山吉维斯在此展现了经典之外的魅力。

佛烈斯可巴尔第庄园在托斯卡纳地区覆盖面积超过4000公顷，位于托斯卡纳主要的葡萄酒酿造区。在托斯卡纳基本款有雷梦尼（Remole）。在超级托斯卡纳有卡斯提里欧尼庄园（Tenuta Frescobaldi di Castiglioni）、茉茉瑞托（Mormoreto）、拉玛优尼（Lamaione）、捷拉梦提（Giramonte）。在奇扬第（Chianti）有卡斯提里欧尼（Castiglioni Chianti）、尼波札诺精选（Nipozzano Riserva）、尼波札诺老藤（Nipozzano Vecchie Viti）。布鲁内洛迪蒙塔奇诺（Brunello di Montalcino）有卡斯提康朵（Castelgiocondo）、卡斯提康朵精选（Castelgiocondo Riserva）、露鹊（Luce）、露鹊布鲁内洛（Luce Brunello）等以上很多个品项。虽然每一个庄园都拥有独有的特征、个性、历史、环境及自然条件，但是所有庄园都是极佳的产区，不管是DOC、DOCG或是IGT等级，每个庄园和酿酒师负责自己的葡萄栽培及葡萄酒酿造。

2014年春天的一个早晨，我们从托斯卡纳的市中心前往佛烈斯可巴尔第的酒庄，找了将近两个小时，终于来到尼波札诺（Nipozzano）的山下，然后经过弯弯曲曲的山路才到了尼波札诺的城堡，登高望远景色非常美丽。美丽的女酿酒师马可妮女士（Eleonora Marconi）很亲切地在门口迎接，寒暄几句后，她带领我们进入酒窖参观，并且直接在酒窖木桶边试饮起来。我们继续往品酒室走，因为我们已经迫不及待地想先喝酒了，开了这么久的车就是为此而来。马可妮女士请我们喝了几款招牌酒，包括旗舰款露鹊（Luce 2010）和即将上市的尼波札诺老藤（Nipozzano Vecchie Viti 2011）。

地　　址 | Compagnia de' Frescobaldi S.P.A. Via S. Spirito, 11 50125 Firenze

电　　话 | +39 055 27141

传　　真 | +39 055 211527

网　　站 | www.frescobaldi.it

备　　注 | 可以预约参观

我们一边品酒，一边听她讲解，尼波札诺酒窖早在1400年前就有了，Villa是在1500年建立的。目前600公顷中有90%的山吉维斯和10%的小维多、卡本内·苏维翁、美洛及卡本内·弗朗。种植国际品种已经有50年，所以会用国际混种。酒桶采用80%新桶，20%旧桶。天气是早上温暖，下午可能有风雨。

茉茉瑞托（Mormoreto）是单一葡萄园的4个品种所酿。

此酒1993开始第一个年份，原料为100% 卡本内·苏维翁，采用100%新橡木桶。茉茉瑞托（Mormoreto 2010）乳酸发酵，原料来自单一葡萄园，国际品种，同品种不同的采收时间，4个品种同时混合发酵，采用天然酵母发酵2~3星期。捷拉梦提（Giramonte 2009）年产量9000瓶，5个不同地块都其在附近，于1300年创立庄园，是酒庄的第一个庄园。庄园靠近地中海，土质是黏土。蒙塔奇诺有90%山吉维斯、10%美洛，共5000公顷，其中1400公顷独立操作酿制。拉玛优尼（Lamaione2010）和马塞多（Masseto）一样以100%美洛酿制而成。有趣的是，马可妮女士最后告诉我们露鹊（Luce Toscana 2010）很国际化，一半美洛一半山吉维斯，她说那是做给美国人喝的，不知道是不是有意大利情结？

值得一提的是佛烈斯可巴尔第酒庄在2002年购买了欧尼拉亚酒庄（Ornellaia）50%的股份。位于宝格利产区（Bolgheri）的欧尼拉亚酒庄在意大利也是一个顶尖酒庄，被称为五大酒庄之一。欧尼拉亚目前仍保留着独立的酿酒方式，人员控管和业务销售也完全没有改变。2005年，佛烈斯可巴尔第又将另外50%的股份买下，成了100%的实际拥有者。

随着蒙大维家族的淡出市场，佛烈斯可巴尔第家族买回了露鹊庄园，但此园名声未受影响，各年份都是玩家收藏的对象。露鹊庄园（The Luce Estate）目前主要生产着三款酒：旗舰款露鹊市场追逐者众，葡萄主要来自庄园内南部的精华地带，品种为山吉维斯与美洛。此酒在紫罗兰与黑樱桃的风味之外还有一些辛香味，纯净而优雅，均衡且尾韵带薄荷感，绵长而曼妙无比。露鹊算是蒙塔奇诺区域内首款以山吉维斯与美洛作调和的酒款。这样的想法，某种程度也反映着意大利与美国两大名庄合作的理念。不过在蒙塔奇诺（Montalcino），只有100%的山吉维斯才能挂上布鲁内洛·迪蒙塔奇诺（Brunello di Montalcino）（DOCG），也因此露鹊基本上仍是属于地区餐酒。虽然挂着是地区餐酒，但是品质却不容置疑，1999年份、2006年份、2007年份和2011年份都获得《葡萄酒观察家》95高分的评价，台湾价格大概在160美元。至于布鲁内洛迪蒙塔奇诺本庄也有少量生产，主要来自77公顷葡萄园中的小小5公顷，酒款名则是露鹊布鲁内洛（Luce Brunello），平日不易得见。2004年份《葡萄酒观察家》杂志评为95高分。露鹊堤（Lucente）则是露鹊的二军酒，来自同一葡萄园较为东侧的土地，也经过了至少12个月的小桶熟陈，酒价相对实惠。这些来自露鹊酒厂（LUCE della VITE）的美妙佳酿，闪耀着美妙的生命之光，点点滴滴，值得珍藏。

露鹊酒标上的这个太阳代表着照亮世人的神圣之光。这道光所赋予我们的温暖不仅抚育了万物，也是成就一瓶好葡萄酒的精髓。单单发出它的名字Luce（光）就召唤了滋养山吉维斯和美洛的力量，而这两个种在布鲁内洛土中的葡萄品种就是这支葡萄酒的前身。

延续了30代的佛烈斯可巴尔第家族酒庄一直把激情、贡献和坚持作为珍贵的宗旨。对每个地方天然条件，复杂气候、环境，葡萄和工人的技艺以及对创新的坚持和尊重，这些都是佛烈斯可巴尔第酒庄的酿酒哲学。

露鹊
LUCE della VITE 1998

基本介绍

分数：WS90
适饮期：2003~2020
台湾市场价：约160美元
品种：山吉维斯和美洛
橡木桶：90%法国橡木桶，10% 全新斯拉夫尼亚橡木桶
桶陈：36个月
瓶陈：12个月
年产量：9,000箱

🍷 品酒笔记

酒色呈浓郁的紫红色，蓝莓、黑莓、黑醋栗等野生浆果的香味扑鼻而来，同时还伴随着肉桂和肉豆蔻的香辛味以及薄荷的幽香。烘焙的摩卡咖啡、新鲜的杏仁以及香草的微妙气味融合在底味之中，回味悠长。此酒入口柔滑而诱人，淡淡的酸味融入到了完美的酒体与如丝般柔滑的丹宁之中。此酒口味持久，回味愈加浓厚且散发着淡淡的矿物香味。

🍴 建议搭配

东坡肉、炭烤鸡排、葱爆牛肉、烤山猪肉。

★ 推 荐 菜 单　腐乳肉

相传腐乳肉的由来是武则天送其女太平公主出嫁时，以自己的乳汁涂于肉上叫女儿吃下，让女儿莫忘其养育之恩。

腐乳肉是很经典的上海功夫菜，火候控制和选肉都考验着厨师的功力，汤头也是不可少的基础。俗云"杭州东坡肉，上海腐乳肉"，两者异曲同工，食材都取自五花肉，但是腐乳肉用的是上海式口味的红糟腐乳。腐乳肉的表皮胶质弹滑软绵，肉质细嫩，入口即化，香气迷人，甜中带咸而不油腻。这款太阳之光露鹊红酒的整体结构感强烈，酒体饱满，果味成熟，单宁滑细，与腐乳肉在一起，更突出了腐乳的汁香与肉香，酒的深度平衡了整个浓油赤酱的局面，红酒的杉木香与咖啡味融入肥瘦均衡的五花肉中，给这道上海菜增添了不少的风采！

餐厅｜国金轩餐厅
地址｜香港尖沙咀弥敦道118号
　　　The Mira 3楼

Chapter 9　意大利　Italy

88

Gaja

歌雅酒庄

　　歌雅（Gaja）酒庄由吉维尼·歌雅（Giovanni Gaja）先生创立于1859年，自创立至今已流传四代，目前由吉维尼·歌雅先生的曾孙安哲罗·歌雅（Angelo Gaja）先生管理，而歌雅家族也一直为了酿造出高品质的葡萄酒而不断努力。

　　1961年时，现任酒厂总裁安哲罗·歌雅先生正式进入家族事业，并专心致力于葡萄的种植与品质控管上。1967年是酿造索利‐圣罗伦佐（Sori San Lorenzo）红酒的葡萄在巴巴瑞斯可（Barbaresco DOCG）第一个收成的年份；值得注意的是在1981年时歌雅酒厂增添了现代化的不锈钢控温发酵槽，并借此更完整的设备做辅助酿造出绝佳品质的葡萄酒。

　　1994年时，歌雅酒厂在蒙塔奇诺（Montalcino）的Pieve Santa Restituta购买下第一块位于托斯卡尼（Toscany）的庄园。40英亩的庄园也成为培育精良葡萄的重点区域。1996年，歌雅酒厂又在托斯卡尼买下了第二块土地，200英亩的庄园中有150英亩的面积种植了卡本内·苏维翁、美洛、卡本内·弗朗及希哈等不同的葡萄品种。

　　安哲罗·歌雅曾在巴巴瑞斯可的精华区块种卡本内，又将自己的巴巴瑞斯可（Barbaresco DOCG）降成朗给（Langhe Rosso DOC）。有人说他毁弃了北意传统，可是和波尔多五大酒庄平起平坐，价格有过之而无不及的索利·圣罗伦佐（Sori San Lorenzo）、柯斯达·露西（Costa Russi）、索利·提丁（Sori Tildin）等3款巴巴瑞斯可单一葡萄园名酒，却都是因他而生！保守的皮蒙区（Piemonte）如果没有安哲罗·歌雅，不知何时才会接受乳酸发酵与不锈钢温控发酵设备。例如阿多·康德诺（Aldo Conterno）等名家，可能也不知道如何精进他们的酿酒方式。

A
B C D

A. 酒窖。B. 作者致赠台湾茶叶给庄主。C. 葡萄园。D. 老年份的Gaja酒。

歌雅在皮蒙的成功经验，已经延伸到集团在意大利中部的几处酒庄。1994年安哲罗·歌雅将触角延伸到意大利中部的托斯卡尼（Tuscany），买下位于蒙塔奇诺的布鲁内罗（Brunello di Montalcino）产区的Pieve Santa Restituta酒庄，以传统的山吉欧维斯品种酿出极高评价的两款红酒，即苏格拉利（Sugarille）与雷妮娜（Rennina）。

歌雅在托斯卡尼的物业，还包括卡玛康达（Ca'Marcanda），在经过17次的马拉松式协商之后，又在1996年购下托斯卡尼西岸著名产区宝格丽（Bolgheri）的约60公顷园地，并将酒庄命为马拉松协商之屋（Ca'Marcanda）。这里是国际品种的一展长才的区域，尤其美洛在此区早已奠定了世界级地位。卡玛康达推出3款红酒，分别是卡玛康达（Camarcanda）、玛格丽（Magari）、普拉米斯（Promis）。其中以卡玛康达（Camarcanda）评价最高，卡玛康达是一款波尔多调配酒，由50%美洛，40%卡本内·苏维翁，10%卡本内·弗朗制成，此酒紫罗兰香气及果香丰富而集中，但意大利酒特有的细瘦身形却依然清晰。

索利·圣罗伦佐（Sori San Lorenzo）首酿年份是1967年，歌雅首次酿造的单一葡萄酒款，Sori为"向阳"之意，因皮蒙区的最佳向阳地块大多都朝向南方，酒名也可称为"圣罗伦佐之向阳南园"。葡萄比例为95%内比欧露（Nebbiolo）和5% 巴贝拉（Barbera），葡萄园占地3.6公顷，年产量在2,000~10,000瓶。散发出矿物、花卉、莓果芳香，单宁均衡，余韵带有薄荷及成熟水果的味道。是歌雅单一葡萄园中，表现最为强烈的酒款。需要更久的时间才能充分显现出。此酒的评价很高，《葡萄酒倡导家》从1996到2011大多评为96高分以上，2004、2007和2010这3个年份更获得98高分，《葡萄酒观察家》杂志的分数也都在91~98分，最高分是1997和1989两个年份的98高分。台湾上市价格在23,500元台币。

索利·提丁（Sori Tildin）首酿年份是1967年，葡萄来自为1967年购入的Roncagliette葡萄园里的一块。葡萄比例同样是95%内比欧罗和5% 巴贝拉。色泽深沉，散发出黑莓、黑樱桃、薄荷和辣橡木芳香。这是第一支被《葡萄酒观察家》评誉为100满分的意大利红酒。除了1990年份被评为100分之外，1985和1997年份同时被评为97高分，《葡萄酒倡导家》对它的评分也都在91~98分，最高分是1989年份的98分。台湾上市价格在台币23,500元。

柯斯达·露西（Costa Russi）意指向阳的斜坡，Russi为当地人对前任地主的昵称，首酿年份是1967年，葡萄也来自Roncagliette 葡萄园，葡萄比例仍然是95%内比欧露和5%巴贝拉。表现出内比欧露特有的典雅和果香，浓厚成熟的果香及些许的薄荷味。这款酒具有柔软圆润的结构、适当的单宁、扎实的酒体、完美的余韵，是歌雅酒厂单一葡萄园的最佳代表作。1988~2011年《葡萄酒倡导家》大都将其评为91以上高分，1990和2007两个年份更获得98高分。1990、1997、2004和2007年份在《葡萄酒观察家》都获得97的高分，2000年份更获得100满分。台湾上市价格在台币23,500元。

巴巴瑞斯可其酒标仅印上"Barbaresco"，是特级的葡萄酒，它的葡萄来自14处不同的葡萄园地，散发出果实、甘草、矿物及咖啡的芬芳。结构紧密，口感复杂，单宁柔软，有超过30年的陈年能力。《葡萄酒倡导家》1964~2011大都将其评为91以上高分，1989和1990两个年份更获得96高分。1985、1997、2000和2004年份在《葡萄酒观察家》都获得95分。台湾上市价格在11,000元台币。

在意大利的传统上，皮蒙产区种植内比欧罗品种是人尽皆知的事。但安哲罗·歌雅还是决定在皮蒙种出卡本内·苏维翁来证明他的判断和远见，虽然这样的创举还是让他的父亲忍不住惊呼：darmagi!（Darmagi的原意为：这是如此荒谬、丢人的事情），但是这支酒还是以它优异的品质在全世界得到认同。1982首年份上市时，安哲罗便直接给此酒取名为"Darmagi"。目前酒中的品种比例约为95%卡本内·苏维翁、3%美洛、2%卡本内·弗朗。《葡萄酒倡导家》将其评为最高分是2008年份和2011年份的94高分，《葡萄酒观察家》评出的最高分是1995年份的95高分。台湾上市价格在12,000元台币。

左：Gaia酒庄接班人Gaja Gaia小姐在百大酒窖与作者合影。中：难得的Gaja Sori San Lorenzo 1982。右：很难得的与安哲罗先生夫妇合影。

思沛（Sperss）首酿年份是1988年，"Sperss"即"怀念"的意思，这是用来纪念父亲的一款酒。这款酒是歌雅最具代表的巴罗洛（Barolo），也是最经典最好的巴罗洛，葡萄比例为94%内比欧罗、6%巴贝拉。《葡萄酒倡导家》评为最高分是1989年份、2006和2007年份的97高分，《葡萄酒观察家》的最高分是2004年份的99高分，2003年份的98高分。台湾上市价格在台币13,700元。

歌雅和蕾（Gaia&Rey）1979年种下第一株夏多内（Chardonnay），本来要用祖母蕾（Rey）的名字，可是很像丧礼的感觉，就转换家族的名字，所以选"Gaia"，因为1979也是第一个女儿Gaia的出生年份。1983是首酿年份，产量很少。这款酒全世界都是采取经销制配量，每年都是供不应求。葡萄园位于海拔420米高的Treiso村庄，此酒以其活泼的果香和优雅性闻名，是意大利第一支具有陈年实力的夏多内白酒。呈现出麦秆色泽，散发出香草、吐司及柑橘芬芳，酒体厚实，余韵悠长。《葡萄酒观察家》的最高分是1985年份的98高分，台湾上市价格在8,000元台币以上。

萝丝贝丝（Rossj-Bass Chardonnay）夏多内白酒，Rossj是安哲罗的小女儿Rossana的名字所命名，葡萄以夏多内为主，再加上少量的白苏维翁（Sauvignon Blanc）。所有摘采下来的葡萄皆使用不锈钢发酵槽发酵，并经过6~7个月的陈年时间后才可装瓶。萝丝贝丝夏多内白酒是一款物美价廉的白酒，每次喝它都觉得很满足，清新的滋味，迷人的果香，平民的价位。台湾上市价格在2,900元台币，但也不好买。

安哲罗·歌雅今天能成为意大利酿酒教父，对他影响最大的是他的祖母。安哲罗说："祖母的一番话，影响了我的一生。"安哲罗从小就有志继承家业，祖母就对他说："好孩子，酿酒可以让你得到三件事情：第一，你会赚到钱，有了钱就能买更多的土地扩充酒庄规模；第二，你会获得荣耀，得到家乡酒农的称赞与尊敬；第三点，也是最重要的，你将会拥有无穷希望，一年又一年，你都会想办法酿出比之前更好的酒，你的希望及梦想时时刻刻在心中，无论工作或人生都是如此。能够同时回报给你钱财、荣誉、希望，这样美好的工作上哪去找？"

直至今日，歌雅酒厂在皮蒙拥有包含位于巴巴瑞斯可与巴罗洛法定产区中共

250英亩的葡萄园，幅员辽阔，风景优雅，葡萄酒品质更是精良。歌雅酒厂也力求精进，除了尽心照护美丽的庄园，还着眼于酿酒技术与品质的管理，并期许能以最严谨的方式酿造出独一无二的极致典藏。歌雅的3个独立葡萄园索利·圣罗伦佐（Sori San Lorenzo）、柯斯达·露西（Costa Russi）、索利·提丁（Sori Tildin）表现出其优雅的酒体、细腻的单宁、层次感丰富的结构令所有意大利乃至全欧洲的酒评家刮目相看。意大利葡萄酒在国际市场的地位也都从此登上一个新的里程碑，无论是在苏富比还是佳士得的拍卖会上都可以看见歌雅的踪迹。

关于歌雅酒庄的故事实在太多，安哲罗作风也许引人争议，但成就毋庸置疑！他1997年荣获《葡萄酒观察家》杂志杰出成就贡献奖；1998获得《品醇客》年度风云人物；《品醇客》在2007年选出"意大利五大酒庄"，歌雅也名列其中；这些重要成就的背后，其实是他引领皮蒙产区走向现代的不懈精神。

我个人曾拜访过三次歌雅酒庄，而安哲罗的女儿也到过我的公司拜访，我们建立了很深厚的友谊。安哲罗先生的温文儒雅、专业热情让我非常的敬佩，我不得不承认我是他的粉丝。以下是我在2014年春天和他的对谈。

葡萄酒专家有4个步骤

1.做。2.怎么做。3.完全的贡献，要往深度和专业去做。4.要传承。

两个责任

第一要传承，立下好榜样，言传身教。

第二如何培养热情，贡献他的热情在工作上。

为何会酿歌雅和蕾白酒？相同区域的葡萄酒，可酿红也可酿白，酿造此酒是为了展现此地酿造白酒的潜力，也想酿造本地的原生种白葡萄阿内斯（Arneis）。虽很难有陈年，但他相信计划终会实现。对他来说，好的酿酒师为何要酿少量的白酒？因为对地区变化上会有一些影响，可以说这款白酒也改变了整个产区。

当安哲罗听到我要用中国的语言观念来写这本书，他说："中国菜博大精深，非常好，葡萄酒早先不习惯配中国菜，但慢慢会习惯，就像酒和音乐搭配一样"。安哲罗先生给了我很大的鼓励和支持，不但祝福我的新书能成功出版，还答应我会到台湾来祝贺，同时也送了我两瓶怀念（Sperss 1999），真是感动万分。

DaTa

地　　址｜Via Torino, 18 12050 Barbaresco（cn）Italia
电　　话｜+39-173-635-158
传　　真｜+39-0173-635-256
备　　注｜可以预约参观

Recommendation
Wine

歌雅酒庄
Gaia and Rey 1999

基本介绍

分数：WS91
适饮期：2004~2020
台湾市场价：约300美元
品种：100%夏多内
橡木桶：法国橡木桶
桶陈：6~8个月
瓶陈：6个月
年产量：1,650箱

🍷 **品酒笔记**

意大利第一支具陈年实力的夏多内白酒，当我第一次在歌雅酒庄喝到的时候，惊为天人，我不敢相信我的眼睛和鼻子，怎么可能？但是安哲罗·歌雅先生就坐在我的身边，这是一款不折不扣的意大利夏多内白酒。安哲罗先生非常慷慨地给我们这些朋友喝了很多款红酒，其中还包括两款三大顶级园红酒，但我的心思还停留在这款1.5升的大瓶白酒上。金黄色的麦秆色泽，晶莹剔透，刚入鼻的鲜花香和活泼的果香，优雅不做作，犹如刚出浴的杨贵妃。接着散发出香草、吐司及柑橘芬芳，热带水果相互交融，好像是马戏团表演的空中飞人，让人目不暇接，除此还有烤苹果的浆果味和新鲜诱人的芦笋香气。它的酒体饱满，酸度均衡，悠长的尾韵能停留60秒以上，十分难得，喝过一次将永难忘怀！

🍴 **建议搭配**

生蚝、龙虾、蒸鱼、鲍鱼等海鲜类食物、白斩鸡。

★ **推荐菜单 海战车俗称虾姑头**

海战车分布在印度洋、西太平洋和澳洲及台湾沿岸一带。身体稍高并略为隆起，覆盖有绒毛并满布圆形颗粒，看来有点像龙虾，但又没有长长的龙虾须，肉质味美可媲美龙虾。海战车产量不高，大都是野生于岩礁，靠潜水员捕捞，价格很高，批发价900元台币一斤左右，非高级餐厅不会进货！台湾野生海战车肉质紧实弹牙，扎实甜美的口感绝对不输给龙虾。这天因为杭州的朋友来台访问，我特别在海世界设宴接风，当然不能不点这个台湾最特别的海鲜，每人来半只，让大陆同胞了解台湾美食的名不虚传。这款意大利最好的夏多内白酒来搭配台湾的野生海战车真是天作之合，酒中的柑橘酸度恰巧可以提升虾肉的甜度，清甜的汁液在口中散开，香气迷人，鲜美爽脆，虾肉的弹嫩细致，酒的清凉酥爽，果然是人间美味啊！

餐厅｜海世界餐厅
地址｜台北市中山区农安街
　　　122号

89
Giacomo
Conterno

贾亚可莫·康特诺

如果我只能选一支巴罗洛（Barolo），我会毫不犹豫地选贾亚可莫·康特诺陈酿蒙佛提诺巴罗洛（Giacomo Conterno Monfortino Riserva）。传说第一支官方出售的蒙佛提诺（Monfortino）是在1924年。这款蒙佛提诺的葡萄是买自Monforte d'Alba和Serralunga d'Alba两村的上等葡萄园。到了20世经70年代，第二代掌门人吉凡尼·康特诺（Giovanni Conterno）意识到全世界包括皮蒙的酒庄正急速地变化，葡萄酒农也开始装瓶，成为新的葡萄酒商，上等葡萄的供应量开始萎缩。如此一来将造成土地价格上涨，所以如果要确保未来一直有高品质的葡萄，唯一的方法就是拥有自己的葡萄园。1974年，吉凡尼毫不犹豫地买下了卡斯辛那·法兰西亚（Cascina Francia），这是一块位于沙拉朗格（Serralunga）的14公顷土地。虽然当时的卡斯辛那·法兰西亚是以种植小麦为

A. 罗贝托·康特诺（Roberto Conterno）在酒窖解说。B. 斯洛伐尼亚橡木大酒桶。C. 酒庄内品尝酒。D. Roberto专心倒酒。E. 一瓶难得的1958年贾亚可莫·康特诺陈酿蒙佛提诺巴罗洛。

Chapter 9　意大利　Italy

415

主，这块地之前也曾种植过葡萄。吉凡尼重新种植了多姿桃（Dolcetto）、弗雷伊萨（Freisa）、巴贝拉（Barbera）和内比奥罗（Nebbiolo），这4种是皮蒙区当地最主要的葡萄。传奇的1978年份是吉凡尼在卡斯辛那·法兰西亚园所产的第一支蒙佛提诺，这支酒直到今日仍是有史以来最杰出的巴罗洛。

康特诺家族酿酒的历史可以追溯到1908年，当时由老康特诺先生开始酿造葡萄酒，然后传给一次大战回来的贾亚可莫·康特诺。在1961年后由他的两个儿子吉凡尼（Giovanni）和阿多（Aldo）共同经营。1969年阿多和其兄吉凡尼由于酿酒理念不同，离开康特诺家族，另行成立阿多·康特诺酒庄（Poderi Aldo Conterno），成为新派巴罗洛顶尖的酒庄之一。

康特诺家族是皮蒙区传统主义堡垒葡萄酒酿造者。它是保守而传统酿酒厂的典型，不会为了迎合现代口味而对自己的底线做出任何让步。例如1975~1977连续三年完全没有巴罗洛酒款出产，但这款酒不是上好年份不生产。事实上，当葡萄的质量达不到要求时，他根本不会酿制任何葡萄酒。在1991年和1992年，他也没有酿制陈酿蒙佛提诺巴罗洛和卡斯辛那·法兰西亚园巴罗洛。甚至在一些巴罗洛产区被认为相当差的年份如1968、1969、1987和1993等，反而都有蒙佛提诺的生产品质很好的年份。而近代没有生产陈酿蒙佛提诺巴罗洛的年份为2003和2007两个年份。值得一提的是2002年，贾亚可莫·康特诺决定生产陈酿蒙佛提诺巴罗洛。这个年份在皮蒙产区被公认为是潮湿多雨气候不好的年份，很多酒庄都不生产顶级酒款，但卡斯辛那·法兰西亚园所生产的葡萄在成熟度与优雅度都能达到标准，于是他们宣布生产陈酿蒙佛提诺巴罗洛（Giacomo Conterno Monfortino Riserva）。

吉凡尼先生在酿造陈酿蒙佛提诺巴罗洛时非常用心，当葡萄采收下来后，先经过挑选才开始5个星期的发酵与浸皮，在发酵过程中刻意地不控制发酵的温度，让温度直接升到30度以上，这样的高温必须冒着极大风险，如果温度过高就会使发酵中断，葡萄汁会因为没有发酵完全而被丢弃。但正是因为蒙佛提诺是在极限的高温下发酵完成，所以比起其他巴罗洛更具风格，也更

地　址 | Località Ornati 2,12065 Monforte d'Alba（CN），Italy
电　话 |（39）0173 78221
传　真 |（39）0173 787190
网　站 | www.conterno.it
备　注 | 参观前必须预约；只接受7人以内团队来访。

杰出。发酵过程结束后，葡萄酒被转移到斯洛伐尼亚橡木大酒桶中或大木桶中陈年，其中基本款巴贝拉陈年2年，卡斯辛那·法兰西亚巴罗洛陈年4年，而陈酿蒙佛提诺巴罗洛则须陈年7年以上。陈年后装瓶，装瓶后接着窖藏1~2年，然后投放到市场。一般陈酿蒙佛提诺巴罗洛总共需要10年才会在市场公开销售。

1971年到1979年之间，康特诺并没有将蒙佛提诺装入大酒瓶中。在1970年代，大酒瓶是采取手工装瓶的，这也造成每瓶常常都有些微的不同。吉凡尼·康特诺在1970年后暂停使用大酒瓶装瓶，直到1982年开始有了现代装瓶仪器、让大酒瓶可以在生产线上装瓶后，康特诺才继续生产大酒瓶装的酒。因此，蒙佛提诺最棒的两个年份（1971年和1978年）并没有生产大酒瓶。

贾亚可莫·康特诺大家长吉凡尼老先生不幸在2004年仙逝，这对于意大利的皮蒙产区是一大损失，甚至对整个世界上的巴罗洛酒迷来说都很难接受，毕竟它所酿制的陈酿蒙佛提诺巴罗洛已经深植人心，没有人可以取代。1974年吉凡尼买下卡斯辛那·法兰西亚葡萄园是对康特诺家族的最大贡献，之后有很多个精彩的陈酿蒙佛提诺巴罗洛都出自于这里。他的儿子罗贝托（Roberto Conterno）在2008年购入这块同样位于沙拉朗格（Serralunga d'Alba）村三公顷的切瑞塔（Cerretta）葡萄园，这3公顷的葡萄园，其中两公顷种植内比欧罗，另外一公顷种植巴贝拉，在购入后两年的整顿期间，只生产过两款酒：巴贝拉（Barbera d'Alba）和朗格·内比欧罗（Langhe Nebbiolo）。到了2010年才开始正式生产酒庄的第二款单一葡萄园巴罗洛，取名为切瑞塔巴罗洛（Barolo Cerretta），一上市就获得AG的96+高分。

陈酿蒙佛提诺巴罗洛这款顶尖好酒，我个人总共品尝了6次之多，其中包括：1990、1997、2000、2002、2004和2005年份，每一次都是经典，从来没失望过。

1990年份是非常美好的一年，喝起来细致多变，充满乐趣。红色水果和玫瑰花香伴随着摩卡、皮革、甘草和烟草几种香味的散发，更多的复杂性令人着迷。这款酒获得WA98高分。

1997年份现在刚进入高峰期，一开始就散发出迷人的魅力。酒体丰满，带有甘草、玫瑰花瓣、可可和皮革，口感中具有超甜美黑色水果的尾韵，不愧是皮蒙区好年份，你永远会记得。这款酒获得WA95高分。

2000年份现在喝起来还是比较年轻，感觉不出巴罗洛的力道，但却非常的细腻。有着大量水果香气，微微的紫罗兰花香，夹杂着烟熏和皮革气息，具有相当雄厚的单宁，需要长时间的窖藏。这款酒获得WA97高分。

2002年份的酒因为在酒桶中多待了一年，所以现在喝可能会比其他新年份上市更容易喝到。2002年份的酒是一个有深度、广度及繁复度的年份。在大家都不看好的年份当中，吉凡尼先生独排众议宣布出产顶级的陈酿蒙佛提诺巴罗洛，我们只能说现代的传奇人物正在塑造新的传奇年份，历史会证明。这款气势磅礴的酒散发出来的是深红玫瑰、秋天刚掉落的新鲜树叶、大红李子、野樱桃、树莓、新皮革、摩卡咖啡，甘草和印度香料的多种混合气息，丰富而复杂。据吉凡尼和罗贝托父子说，这个年份非常像伟大的1971和1978两个不朽年份，获得WA98高分。2004年份的特色是非常和谐，果香味集中，最具感官享受，也是非常杰出的一年。这支酒香味芬芳细致，刚柔并济，浑厚圆润，充满力量。这个伟大年份的酒带着水果的香甜，花香、木香与香料，单宁柔滑，令人兴奋，获得WA100分。2005年份的酒体较结实，最近才开始柔化。其果香味非常香醇、细致，距离适饮期还有一段时间。酒中带有花香、樱桃、黑醋栗、烟丝，皮革和甘草的气息，丰富而有层次感，具有深度和感性，获得WA96高分。在几个最好的年份当中还有1971和1978两个传奇年份的98分，还有最近AG重新打的1970和1999两个年份的100分，2006和刚上市的2010也都有接近100满分的实力。总之，陈酿蒙佛提诺巴罗洛这款酒是当今最具传奇性也是最伟大的巴罗洛。上市价大约是新台币17,000元一瓶。🍶

Recommendation
Wine

陈酿蒙佛提诺巴罗洛

Giacomo Conterno Monfortino Riserva 2005

基本介绍

分数：WA96
适饮期：2020~2050
台湾市场价：约20,000元台币
品种：内比欧罗
橡木桶：法国橡木桶
桶陈：84个月
瓶陈：24个月
年产量：12,000瓶

🍷 **品 酒 笔 记**

这款2005陈酿蒙佛提诺我已经喝过两次，酒体比较结实，必须长时间的省酒，最近才慢慢地开始柔化。其果香味非常香醇、细致，虽然距离适饮期还有一段时间，但酒中带有花香、樱桃、黑醋栗、黑李、烟丝，皮革和甘草的气息，这些美好的味道渐渐地浮出，丰富而有层次感，犹如一位超级巨星华丽登场，具有深度和感性。建议买几瓶放在酒窖中陈年，可以三五年后再享受。

🍴 **建 议 搭 配**

红烧牛肉、煎牛排、卤牛筋牛肚、烤山猪肉。

★ 推 荐 菜 单　煎猪肝红糟鳗 ─────────

这道菜是非常地道的闽菜，尤其煎猪肝这样的家常菜在台湾重要的老台菜餐厅都有。一定要煎的两面嫩，不能过熟但也不能见血，否则就太腥或太老。红糟鳗更是台湾路边摊都在卖的台式老菜系，小时候常常见到，现在已经不多了。这支强壮的巴罗洛确实需要这道细致的菜来搭配。因为蒙佛提诺巴罗洛非常雄厚的酒体配上煎猪肝和红糟鳗的细腻肉质天衣无缝，两者在喉韵上都能回甘。当葡萄酒黑色水果的香醇遇到猪肝的鲜嫩，鳗鱼的细致，可谓是人间美味。巴罗洛红酒的特有花香让在场的文韬雅士一口接一口地喝下，而且能在福州这样别致的餐厅享受到这么正统的闽菜，虽然这款酒已经醒了6小时之久，但这才是精彩的开始。

餐厅｜福州文儒九号餐厅
地址｜福州市通湖路文儒坊
　　　56号

Chapter 9　意大利　Italy

90
Le Macchiole
玛奇欧里酒庄

从1960年代起萨西开亚（Sassicaia）、欧尼拉亚（Ornellaia）、索拉亚（Solaia）等酒庄创造出意大利超级托斯卡纳（Super Tuscan），并为世人所惊艳之后一连串超级托斯卡纳酒款陆续出现，确认了宝格丽（Bolgheri）产区拥有的不凡潜力。其中后起之秀，玛奇欧里（Le Macchiole）酒庄早就是宝格丽地区最具代表性的酒庄之一。

玛奇欧里酒庄庄主欧吉尼奥·坎保米（Eugenio Campolmi）于70年代在法国学习酿酒，在闯出名号以前，他就已经感受到他家乡未来的潜能，返国后于1975年在宝格丽买下一座葡萄园并命名为玛奇欧里酒庄。葡萄园面积只有22公顷，采取高密度种植但产量超低，尤其是旗舰酒款梅索里欧（Messorio）一株葡萄树只能生产一瓶酒，可见酒庄对品质的坚持。

相对于那些生产波尔多混合酒款而声名远播的邻居们，坎保米更专注于每个单一葡萄品种最纯正风味的传达，挑战困难度最大且最具独特性的葡萄酒。不过遗憾的是，2002年，年仅40岁的他便去世了。与丈夫一样热情洋溢的妻子辛吉雅·梅莉（Cinzia Merli）接手了酒庄，与酿酒顾问卢卡阿特玛（Luca D'Attoma）共同奋斗，她继承亡夫遗志努力制造出完美无瑕的托斯卡纳葡萄酒。

酒庄的酿酒顾问卢卡阿特玛也并非妥协之人，他一心追求完美，酿出了全

A. 采收好的葡萄。B. 整理葡萄园。C. 筛选葡萄。D. 酒庄庄主辛吉雅·梅莉。

球最卓越的单一葡萄品种（100%美洛）制成的葡萄酒，并同时身兼图丽塔酒庄（Tua Rita）的雷迪卡菲（Redigaffi）和玛奇欧里酒庄的梅索里欧这两款美洛酒款的酿酒顾问。梅索里欧获得WS完美100分的满分最高评价。这让玛奇奥里的地位和萨西开亚（Sassicaia）、欧尼拉亚（Ornellaia）、索拉亚（Solaia）等酒庄并驾齐驱了。

玛奇欧里酒庄的葡萄园占地44.7英亩，园里种植的主要葡萄品种是美洛、卡本内·弗朗、希哈、山吉维斯、白苏维翁、夏多内和卡本内·苏维翁。葡萄树的平均树龄为4~18年，植株的种植密度为5,000~10,000株/公顷。主要以卡本内·佛朗酿制成帕雷欧（Bolgheri Paleo Rosso），早期加入山吉维斯混酿，但很快卡本内·佛朗便完全取代了山吉维斯，在2001年首次推出100%卡

葡萄压汁。

酿酒师在酒窖试酒。

本内弗朗的帕雷欧。酒庄生产5款红酒和一款白酒，主要酒款有3种：包括以100%美洛品种酿制的梅索里欧、100%希哈品种酿制的斯科里欧（Scrio）、和100%卡本内·弗朗品种酿制的帕雷欧。3个葡萄园都有很不错的成绩：招牌酒梅索里欧2004年份酒曾经拿下WS100分，1997年份被评为97高分，2006年份被评为96高分。在《葡萄酒倡导家》的评分中，从1994~2010分数维持在92~97分，最好的年份是2006和2008获得97高分，而1994、1995、1999、2001和2007都获得96高分。以希哈酿造的斯科里欧2007和2008年份WA96分，1998和2001年份被评为95高分。帕雷欧2001和2010年份被《葡萄酒倡导家》评为WA96高分，2007年份则拿下95高分。玛奇奥里酒庄可谓是一门三杰，无论是在美洛、卡本内·弗朗或希哈都有很杰出的表现，玛奇欧里或将是托斯卡纳未来的超级巨星。

DaTa

地　址｜Via Bolgherese, 189, 57022 Bolgheri Livorno, Italy
电　话｜+39 0565 766092
网　站｜www.lemacchiole.it
备　注｜可以预约参观

推荐酒款

Recommendation
Wine

玛奇欧里 梅索里欧
Le Macchiole Messorio 2004

基本介绍

分数：WS100 AG96
适饮期：2012~2032
台湾市场价：约400美元
品种：100%美洛
橡木桶：法国橡木桶
桶陈：18个月小橡木桶
瓶陈：12个月
年产量：710箱

🍷 品 酒 笔 记

2004的梅索里欧（Messorio）无疑是玛奇里酒庄中最好的一款酒了，让人很难相信一款完全以100%美洛所酿成的酒能够如此强大与惊人。这显然是一个不可多得的年份，集天气、葡萄、酿酒师之大成，所谓天地人合为一体，完美无缺。这款酒非常优雅地散发着深色加州李、薄荷、甘草、烟丝，巧克力和烘烤橡木的气息，充满吸引力。诱人的浆果，咖啡和黑橄榄，美丽的花瓣香绝对让人无法抗拒。细细的单宁在口中盘旋，如芭蕾舞者的脚尖轻轻滑动，仿佛高超而平衡的舞步，令人深深感动。酒体饱满而厚实，余味长达两三分钟，其中滋味言语难以形容。托斯卡纳的美洛能有这样的功力，这要经过几百年的相遇，才能有幸品尝，感谢老天爷啊！

🍴 建 议 搭 配

红烧狮子头、砂锅腌笃鲜、北京烤鸭、白斩鸡。

★推 荐 菜 单　杭州小笼汤包

小笼包起源于哪里已经很难考究了，目前这道点心广泛流传于江浙一带，以上海、杭州、苏州和无锡最为活跃。小笼汤包制作很繁复，以面粉擀皮，取猪腿肉剁碎为馅，用一年以上年龄的老母鸡炖汤，和猪皮一起炖煮，然后做成冻，塞入面皮内，面团折成大小均等的皱褶，再将一个一个放入蒸笼蒸熟即可。皮薄、肉嫩、多汁是小笼汤包的特色，端上桌时热腾腾的雾气直往上冒，夹一个放在汤匙上，戳开一小洞让汤汁流到汤匙里，将汤汁先喝完。再夹些许的姜丝沾点醋，一起和软嫩的肉馅吃下去，美味到极致。意大利这款梅索里欧红酒藏着丰富的黑橄榄和东方的甘草香，酒的香甜甘醇让小笼包面皮咬起来更加爽嫩弹牙，香喷喷的滋味暖人心。浆果、咖啡、巧克力的气息也和汤包的肉馅非常的协调，酸甜咸辣，四味相容，酒喝下去后立即感受到满口芬芳怡人，余韵回荡在舌尖与口腔中，满心的温暖与舒畅。我们证明了一件事，最好的酒不一定要配最高级的菜，一道简单的中国点心就能侍候一瓶伟大的酒，令人意想不到！

餐厅｜杭州味庄餐厅
地址｜杭州西湖区杨公堤
　　　10-12号

Chapter 9　意大利　Italy

91
Mastroberardino

马特罗贝拉迪诺
酒庄

　　马特罗贝拉迪诺酒庄（Mastroberardino）是意大利一间成立1750年左右的悠久名园，它位于意大利南部坎佩尼亚（Campania），由于邻近维苏威火山，种植的葡萄受惠于异常贫瘠的火山区泥土，所酿出来的酒除了保留传统风味，矿物质丰富亦是特色之一。此外，它们种植的葡萄品种，如阿格利亚尼可（Aglianico）、派迪罗梭（Piedirosso）、斯西亚西诺梭（Sciascinoso）、葛雷哥（Greco）、菲诺（Fiano）、菲兰喜纳（Falanghina）等，均有2,000多年历史，尤其是阿格利亚尼可古葡萄复植重生，更是震撼酒市，是百年难得一见的原生品种。

　　目前酒庄由安东尼欧·马特罗贝拉迪诺（Antonio Mastroberardino）经营，他被著名的葡萄酒作家休·约翰逊荣称为"真正的葡萄栽培学家"。重生之果（Taurasi）首酿年份为1928年，这支传奇性的酒好到能够与世界上其他最好产区的产品相抗衡，尤其是杰出的1934年和1968年，至今他仍是坎佩尼亚的领头羊。

　　酒庄生产最重要的4款酒：

　　基督之泪（Lacryma Christi Vesuvio），酒名谓之基督之泪，来自大文豪

A
B | C | D

A. 橡木桶。B. 酒庄的品酒室。C. 作者致赠台湾茶给行销经理。D. 溯源之途。

伏尔泰对坎佩尼亚地区的赞叹。这款酒的葡萄品种就是欧洲古哲Pliny二千年前提到的派迪罗梭。

溯源之途（Naturalis Historia Taurasi），二次世界大战后坎佩尼亚产区酒业复兴运动的标杆之作，葡萄品种为阿格利亚尼可和派迪罗梭。

幻秘之地（Villa dei Misteri Pompeiano）是酒庄最贵的一款酒，当然产量也最少，年度产量仅1721瓶，可谓是一瓶难求。葡萄品种是派迪罗梭和斯西亚西诺梭，葡萄来自位于维苏威火山爆发遗迹之中的消失二千年的葡萄园。它是庞贝古城之酒政府授权马特罗贝拉迪诺酒庄复育实验的极少量产品，面积仅200平方米。幻秘之地是意大利考古学家协会及品酒师协会向全世界推荐的珍稀极品。

另外就是本文要推荐的招牌酒款重生之果特级陈年（Radici Taurasi

Riserva），它是二千年历史的葡萄阿格利亚尼可复植重生后震撼酒市的代表作。使用100%阿格利亚尼可古代葡萄，桶陈30个月，瓶陈60个月，曾被《大红虾》杂志（Gambero Rosso）评为100满分，被Vini d'Italia Espresso评为意大利7大红酒之一，实在是意大利酒界的一朵奇葩。被称为南意的巴罗洛，其中重生之果特级陈年（2003）也被《品醇客》的19位意大利酒专家评选为最佳的50款意大利酒。重生之果的其他分数也都不错，2001年份安东尼欧评为95分，2004年份评为95+，2005年份评为95分，2006年份也被评为WS94高分，同时是2013年度百大第91名。

2008年夏天我来到南意的马特罗贝拉迪诺酒庄，这个被称为红酒次产区的地方。来接待我们的是酒庄的营销经理，他非常热情地在门口迎接，然后引我们进入酒窖参观，并且非常详细地解说。酒窖墙壁上挂着一张张历史旧照片，从创办人到现在庄主安东尼欧·马特罗贝拉迪诺，诉说着130年的悠久历史。酒窖的

品酒室。

天花板彩绘着各式各样古罗马时代的绘画，非常精美，这些画作同时也是溯源之途这款酒的酒标。在酒窖中我们品尝了5款酒，从白酒到重生之果特级陈年的红酒，每款酒都让我们更深一层地了解到坎佩尼亚的火山气息，这绝对是其他产区无法比拟的。

意大利坎佩尼亚，这片神祕的土地在古罗马时代就等于是现代的波尔多，被视为是古罗马帝国最好的酿酒区。在没落几世纪之后，几个优秀的酒庄以复杂、浓郁并拥有极好收藏潜力的红酒和充满香气及矿石风味的白酒吸引了无数的目光，坎佩尼亚因此重回到聚光灯下。

DaTa

地　址 | Contrada Corpo di Cristo, 2 Localit à Piano Pantano 83036 - Mirabella Eclano（AV）
电　话 | +39 0825 614 111
传　真 | +39 0825 614 321
网　站 | www. mastroberardino.com
备　注 | 接受预约参观，酒庄内设有商品区。

重生之果特级陈年
Radici Taurasi Riserva 2005

基本介绍

分数：WA95

适饮期：2015~2035

台湾市场价：约75美元

品种：阿格利亚尼可

橡木桶：法国新橡木桶和大型斯洛伐尼亚橡木桶

桶陈：36个月

瓶陈：60个月

年产量：500箱

🍷 品酒笔记

重生之果特级陈年呈深红宝石色，干燥花瓣、紫罗兰、黑莓与小红莓的香气之外，还有些草本植物的味道，还伴有樱桃和李子皮的香气，另有雪茄盒香与皮革香。口感精致典雅，酒质均衡，单宁柔顺，风味迷人，香气浓郁，层次复杂，余味持久。巨大而强劲的单宁需要时间来化解它，此品种是坎佩尼亚的代表，有人形容是南意的玛歌堡（Ch.Margaux），十分稀少，难得品尝一次。

🍴 建议搭配

烤羊排、红烧肉、帕玛火腿、比萨。

★ 推荐菜单 羊肉炉

羊肉炉是一道台湾南部在寒冷的冬季进补的一道菜，羊肉来源以溪湖和冈山最为出名。大家可能不知道羊肉炉在很久以前就有了，民间流传着元世祖忽必烈率军远征，经历了一场场的苦战，非常想念家乡"清炖羊肉"，厨师得知，立即将切好的羊肉放入滚烫的羊肉高汤中，等肉一变色便捞入碗中，撒上食盐，马上端出给忽必烈品尝，忽必烈吃下几碗后马上迎敌杀出，凯旋而归。所以御赐为"涮羊肉"又名"忽必烈锅"。北京的涮羊肉就是这样而来。台湾的羊肉炉改良于涮羊肉，起源于1926年台湾南部高雄市冈山的余壮羊肉店，以豆瓣酱佐之。当初在冈山区内旧市场，用扁担沿途叫卖，使用本土黑羊肉煮熟再沾上豆瓣酱，吃起来十分美味，至今冈山羊肉炉已成为全台湾著名的美食之一，各地都可见到。这道菜以羊肉为主，用中药熬汤，再放入少许高丽菜，或豆腐豆皮，其他如金珍菇、茼蒿、和贡丸鱼丸都是

餐厅｜西汉药膳羊肉炉
地址｜台北市木新路二段295号

很好的锅料。这一锅羊肉炉味道非常浓厚，里头的菜也很丰富，还有豆瓣沾料，必须有一支很强烈且特殊的红酒来搭配，所以我们选择了这一款来自火山灰土壤的重生之果特级陈年。这款酒巨大而强劲的单宁正好可以去除羊肉的腥膻味，使羊肉咬起来更柔化，增加羊肉的美味；而黑莓与黑醋栗可以和贡丸鱼丸产生共鸣，这些黑色果实刚好能让鱼浆打出来的丸子更加有香浓的味道；另有雪茄盒香与皮革香也能压过羊肉汤中的中药味，两者合一，岂不妙哉？

Chapter 9　意大利　Italy

92
Tenuta
dell'Ornellaia
欧尼拉亚酒庄

　　欧尼拉亚（Tenuta dell'Ornellaia）酒庄由拉多维可·安提诺里（Lodovico Antinory）创建于1981年。他是意大利三大超级托斯卡纳萨西开亚（Sassicaia）庄主尼可拉（Niccolo）的表弟，索拉亚（Solaia）庄主皮欧·安提诺里（Piero Antinori）的弟弟。从一开始，他便请来有"美国葡萄酒教父"之称的安德尔·切里契夫（André Tchelistcheff）做酒庄的顾问，1985首酿年份诞生。过了十年后，1991年切里契夫离开了酒庄，换上了"空中酿酒师"米歇尔·罗兰（Michel Rolland）和汤马斯·杜豪（Thomas Duroux），但是后来，杜豪离开了欧尼拉亚酒庄，回到法国波尔多超级三级酒庄的宝马酒庄（Château Palmer）工作。

　　欧尼拉亚酒庄于利瓦诺省（Livorno）的宝格利（Bolgheri）地区，在托斯卡纳的西边，100公顷的葡萄园离海边只有5公里之远。由于靠近大海，土壤

<table>
<tr><td>A</td><td rowspan="2">A. 酒庄葡萄园。B. 酒庄大厅艺术设计造型。
C. 作者和酒庄总经理。D. 酒庄装瓶作业。</td></tr>
<tr><td>B C</td></tr>
<tr><td>D</td></tr>
</table>

A
B C
D

A. 酒庄葡萄园。B. 酒庄大厅艺术设计造型。
C. 作者和酒庄总经理。D. 酒庄装瓶作业。

曾经被海水淹没过，周围有火山，还有地中海气候的影响，使得葡萄园里的葡萄获得更好的种植条件。酒庄的葡萄来自两个葡萄园：一个是奥尼拉亚的葡萄园，就是酒庄现在的位置；另一个是贝拉利亚（Bellaria），位于宝格利小镇的东方。

从托斯卡纳我们开了将近3个小时的车程终于抵达了宝格利的欧尼拉亚酒庄，进到大门看到一大片的葡萄园，绵延不绝，一直延伸到海边，非常漂亮。门卫告诉我们酒庄办公室还要往前开，我们又开大约是10分钟才到了酒庄门口。酒庄总经理李奥纳多·瑞斯皮尼（Leonardo Raspini）非常亲切地接待了我们。进大门以后像是一个美术馆，充满艺术气息，展览着2006~2011的九公升特殊艺术酒标的欧尼拉亚，周围也都是艺术家设计的艺术空间。酒庄入口的设计成为对酿酒的一种介绍，不是体现喝酒的感观问题，还包含葡萄园一年四季的变化。

2006年开始，欧尼拉亚开始和意大利著名艺术家合作，每一年选择一个画家，根据该年份酒的风格设计艺术酒标在不同的画廊举办拍卖会、发表会，所得160万欧元全部捐给画廊的基金会。此举一出，立刻引起了葡萄酒拍卖市场的剧烈反响。在2013年初的一场拍卖会上，一瓶由著名艺术家Michelangelo Pistoletto设计酒标的9升装2010年份欧尼拉亚拍出了120,400美元的高价，这也创造了单瓶意大利酒的拍卖会成交记录。

李奥纳多非常专业仔细地为我们介绍欧尼拉亚的历史和酿酒哲学，也让我们参观了装瓶作业

左：荣获WS100分的马赛多2001。右：欧尼拉亚2009特殊设计孔子造型。

DaTa

地　址 | Via Bolgherese 191 ,57020 Bolgheri（ LI ）
电　话 | 39 0565 718242
传　真 | 39 0565 718230
网　站 | www.ornellaia.com
备　注 | 参观前要先预约

和酒窖，最后还让我们品尝了酒庄所生产的五款酒。他告诉我们旗舰酒款马塞多（Masseto）有7公顷的葡萄园，每年生产3万瓶，欧尼拉亚和马塞多酿酒方式基本都一样，不同的是来自不同的葡萄园。2012欧尼拉亚生产600桶，2014年6月装瓶，2015年5月上市。我请教他：罗伯特·帕克打的分数对他们影响如何？他开玩笑地说：不重要，因为大部分的意大利酒都是安托尼欧打分。分数对生意是重要的，但是酿酒更重要。要酿出非常好的结构、单宁。葡萄园愈来愈老，水果味会更好，会酿出更好的葡萄酒。天气、葡萄园，不变又瞬息万变，这是他的酿酒哲学。

李奥纳多曾经也是欧尼拉亚的总酿酒师。他还告诉我：2006年用不同的方式诠释，这个年份是非常饱满的，很难被控制的。这是一个极佳的好年份，马塞多（AG99，WS98）、欧尼拉亚（AG97，WS95）算是欧尼拉亚最出色的年份之一。而2010在宝格丽有2倍雨量，当年葡萄酒的重点是在熟成，果实香味非常漂亮，兼顾现代和未来，泡皮的时候、时间、都很细心精算。这一年的分数也不错，马塞多（AG98，WS95），欧尼拉亚（AG97+，WS94）。我请教他说中国大陆的红酒热潮对他们的市场有没有影响？他说：2008~2014采用新的销售策略，他们有两个代理商，60%在波尔多手中，剩下的销到美国和其他国家。他们觉得大陆代理商ASC还有进步空间。今后他也会紧盯中国市场，如拉菲（Lafite 2008）酒瓶上的"八"，木桐（Mouton 2008）由中国画家来画酒标，欧尼拉亚（Ornellaia 2009）推出孔夫子肖像，这都是一种营销方式。其实欧尼拉亚2011年才进入中国市场，中国仅占2%的销售额，他们还有很大的市场值得开拓，就怕产量不够。

欧尼拉亚酒庄在1987年酿出一款旗舰酒款马塞多（Masseto），以100%美洛葡萄酿成，年产量仅约3万瓶，是世界上最好的三款美洛之一，同时也是《葡萄酒观察家》杂志、英国《品醇客》杂志和《葡萄酒倡导家》特别推荐收藏的红酒，2001年份的马塞多获得WS100分的评价，而且是2004年度世界百大葡萄酒第六名。自1987年推出以来，除了2000年以外，《葡萄酒倡导家》每一年的评分几乎都超过95分。当波尔多最好的酒庄柏图斯酒庄（Pétrus）庄主参访欧尼拉亚时，也不禁赞叹："这是意大利的'Pétrus'！"此后，这一称号就不逐而走了。欧尼拉亚本身也都有不错的成绩，自1985推出以来，除1989之外的每一年的成绩都不错，尤其2001~2011年，每一年几乎都超过95分，在意大利已经是排名前十的酒款，在《葡萄酒观察家》杂志评选中欧尼拉亚1998年份为2001年度百大第一名，分数96分，2004年份为2007年度百大第7名，分数97分。一个酒庄能有两款这样世界级的酒款，证明了这家酒庄经过三十年的努力，已经成功了。

1999年，美国罗伯蒙大维入主欧尼拉亚，买下50%的股份，并将欧尼拉亚推向世界级舞台，2001年罗伯蒙大维买下整个欧尼拉亚，成为唯一的拥有者。在历经四年后，2005年由佛瑞斯可巴第家族（Marchesi de'Frescobaldi）买下全部股份，目前是欧尼拉亚的新主人。这个家族在意大利酿酒已经几个世纪了，旗下的一些酒庄都可以酿出代表意大利风土的好酒，相信欧尼拉亚也是如此。

　　值得一提的是，在酒庄第一次喝到欧尼拉亚的白酒（Poggio Alle Gazze 2011），这是一款白苏维翁（Sauvignon Blanc）所酿制的，在意大利很少见到的一款酒。这款酒有着蜂蜜、葡萄柚、油桃和矿石的气息。年产量仅1万瓶，从来没有出口，只在意大利销售，真是难得啊！晚餐时我们到宝格丽的小镇用餐，李奥纳多将剩下的酒让我们带到了餐厅，我们请餐厅老板喝一杯，老板告诉我们：他是欧尼拉亚的经销商，这支白酒一年只配给他们36瓶而已，全部卖给他们的VIP客户，他自己都没喝过，想不到是远从台湾来的我们请他喝了，除了高兴以外，还念念有词地说：欧尼拉亚的总经理对我们太好了，也让我们感到很温暖！

欧尼拉亚
Ornellaia 2005

基本介绍

分数：WA93　WS95
适饮期：2010~2025
台湾市场价：约250美元
品种：56%卡本内·苏维浓、27%美洛、12%卡本内·弗朗、
　　　5%小维多
橡木桶：70%法国新橡木桶
桶陈：18个月
瓶陈：12个月
年产量：11,600箱

🍷 **品 酒 笔 记**

酒色呈不透光深紫黑色，有多层次的香气，黑色的水果味，细
致单宁犹如丝绒般的柔顺，口感充满各式莓果的熟成风味、包
括蓝莓、黑莓、黑醋栗和小红莓。温和的石墨、草本植物、辛
香料、皮革，还有白巧克力的诱人气味全都交织在一起。余韵
非常绵长、均衡、华丽，结束时口中所留的果味完整而强烈，
萦绕心中久久不散。

🍴 **建 议 搭 配**

卤牛肉、红烧蹄膀、烤鸡、烩羊杂。

★推 荐 菜 单　香茅烤羊排

刚端上桌热腾腾的羊排咬一口下去，油嫩出汁，咸香合宜，肉汁随
着口腔咬入而发出悦耳的滋滋声，这道烤羊排真是有水准，比起西
方人所煎的羊排还要软嫩，咬起来又具口感。欧尼拉亚这款酒单宁
非常细致，正好可以柔化肉排的油腻，让肉汁更为鲜美。搭配蓝莓
和黑醋栗的果香，让肉咬起来更为香嫩可口。白巧克力的浓香也带
动和延续了这支羊排更多的层次，让美酒与肉排更加完美地演出。

餐厅｜龙都酒楼
地址｜台北市中山北路一段105
　　　巷18之1号

93

Poderi Aldo Conterno

阿多·康特诺酒庄

　　如果你在无人的孤岛上，只能带一瓶酒，你会选哪一瓶?《华尔街日报》夫妻档酒评人Dorothy Gaiter 与 John Brecher 的一篇文章，便是以此开始。他们俩同时回答：巴罗洛! 巴罗洛中一定要选大布希亚（Granbussia）! 当然是阿多康特诺（Aldo Conterno）的大布希亚。

　　生于1931年的阿多·康特诺（Aldo Conterno）是贾亚可莫·康特诺（Giacomo Conterno）的第二个儿子。阿多和他的哥哥吉文尼（Giovanni Conterno）在1961年继承了父亲的贾亚可莫·康特诺酒庄，但两兄弟因为对巴罗洛葡萄酒的酿酒哲学相左而分道扬镳，于是阿多·康特诺在1969年建立了阿多·康特诺酒庄（Poderi Aldo Conterno）。

　　受到安哲罗哥雅（Angelo Gaja）现代派的酿酒学影响，阿多·康特诺在酿

A
B | C | D

A. 酒庄。B. 冬天的葡萄园。C. 不同的阿多·康特诺酒款。D. 现任庄主 Franco和作者儿子合影。

酒的风格及手法方面已经与其兄吉文尼坚持传统的手法不甚相同；阿多康特诺不像许多现代的巴罗洛酿造者一样使用许多小橡木桶，但在其他方面他也会采取现代的酿造方式，例如缩短发酵期间的浸泡期和比其他传统巴罗洛酿造者提前对葡萄皮进行挤压。在这种综合的酿造方式下所产出的葡萄酒会融合传统酿造方式所特有的强劲有力的结构及现代巴罗洛葡萄酒所具有的深厚的果香味。但普遍来说，阿多·康特诺所酿的酒除了在某些方面有例外之外，整体来说还是较偏传统。

一直以来，阿多·康特诺都被公认为皮蒙产区最有才华的酿酒师，他所酿造的葡萄酒也常因其完美的平衡度而被列为该区之最。阿多·康特诺酒庄曾被英国的《品醇客》杂志选为意大利的顶级二级酒庄之一，同时阿多·康特诺也被意大利人公认为七个最好的皮蒙产区酿酒大师之一。

在1970年时，为了修正蒙佛特（Monforte）产区巴罗洛特有的强大厚重的单宁，他缩短了浸皮发酵的时间，摒弃了传统采用的覆盖发酵的方式，进而使用泵机抽取循环的方式来完成发酵过程，这些想法在当时被人认为极为疯狂，后来他成功的酿出了让人更容易亲近的巴罗洛。虽然阿多·康特诺酒庄使用较为现代的酿酒设备与酿法，但始终不能被归为巴罗洛的现代派，只是采用让巴罗洛更完美的革新做法。

阿多·康特诺酒庄拥有的25公顷葡萄园，位于蒙佛特阿尔巴（Monforte d'Alba）著名的布希亚（Bussia）斜坡上，被认定为朗格（Langhe）区最好的产区之一。三座葡萄园，分别为罗米拉斯可（Romirasco）、奇卡拉（Cicala）及科罗内洛（Colonnello），位于约海拔400米的山丘上，面朝正南和西南方向。土壤是含铁的黏土及石灰岩，酒庄总共酿制出10种迷人的酒款。其中巴罗洛酒款，经过不等时间的浸皮发酵后，便各自于大型斯洛伐尼亚橡木桶中陈酿。

陈酿大布希亚（Barolo Granbussia Riserva）是阿多·康特诺以最传统的方法酿制的葡萄酒，这支酒能与其已故兄长所酿制的（Barolo Monfortino Riserva）一起角逐意大利最具代表性的巴罗洛的宝座。此酒是固定由科洛内、奇卡拉以及罗米可3个单一园混合，尤以罗米可为重（占70%）。此酒仅在好年份生产，甚至普遍认为的好年份2004都未生产，只因为当时某一个单一园受冰雹影响葡萄质量不够好。就酿法而言，大布希亚也几乎与三个单一园一样，差

酒窖。

别在于它当然优先拥有三个园内的老藤果实，同时它在桶内熟陈的时间也比较长，必须是六年以上。这款酒没有每一年生产，他们只有在最好的年份才酿制这支酒。值得一提的是，在1971年到2006年这35个年份之间，康特诺只有酿造16个年份的大布希亚。陈酿大布希亚的分数通常也比较高，上市价格也最贵。1989年份大布希亚被WA评为97高分，1978年份评为96高分，2005年份被评为95分；1997年份被WS评为98高分，2006年份被评为97高分，1989年份和2000年份同时被评为96高分；2006年份被安东尼奥评为96高分；2005年份则被詹姆斯·萨克林（James Suckling）评为满分100分。陈酿大布希亚在台湾上市价约为12,000台币。这款旗舰酒的年产量只有3,000瓶而已，不容易买得到，建议看到一瓶收一瓶。

阿多·康特诺的3个单一园分别是科罗内洛园，奇卡拉园以及罗米拉斯可园。科罗内洛园地势在3者中最低，同时地理位置与土壤性质均偏巴罗洛，因此酿出的酒多花香，单宁如丝，具女性的阴柔特质。奇卡拉园可谓典型的布希亚风格，土壤含铁、多矿物质，酒质富肌肉而强壮，有一点薄荷感，可说是较为男性化的酒款。至于罗米拉斯可园是阿多·康特诺的精华，此园地势最高，酒具结构而富层次，极具陈年潜力，可说是酒友窖藏的内行选择。

科罗内洛园WA的最高分数是2009年份95+分，2008年份的95高分；2010年份被WS评为98高分，2004年份被评为97高分，2008年份被评为96高分。台湾上市价约为5,000台币。

奇卡拉园2010年份被WA评为97高分，2008年份获95 高分。2010年份被WS评为98高分，1996年份被评为97高分，2000年份获96高分。2010年份被安东尼奥评为97高分。台湾上市价也是5,000台币。

罗米拉斯可园2010年份被WA评为98高分，2008和2009年份一起被评为97高分。2006和2010两个年份一起被WS评为97高分，2008则获得96高分。2010年份被安东尼奥评为96+高分。台湾上市价也是6,500台币。

阿多·康特诺的基本款巴罗洛为布希亚。布希亚本就是蒙佛特阿尔巴出名的产区，又是阿多·康特诺大本营，别小看这"基本款"，它前身即是酒友常在网路追寻的布希亚索拉纳（Bussia Soprana），如有机会喝到它的老酒，就知此酒实力非凡。

阿多·康特诺旗下各酒早已获奖无数，几乎所有酒款都是配额，大部分的酒一上市就进到藏家的酒窖，不然就流到佳士得或苏富比等拍卖会场，现在不下手，以后就到拍卖会去抢标吧！阿多·康特诺酒庄绝对是巴罗洛的首选，不论你将它定义成传统派或现代派，在巴罗洛的路上不可能错过这间名门酒庄，否则你就不算喝过巴罗洛。

在阿多生命中的最后几年，他已经是半退休的状态，将酒庄的大权交给他的三个儿子 —— Franco、Stefano和Giocomo Conterno。阿多·康特诺于2012年5月30日过世，享年81岁。阿多·康特诺一生心力全部奉献给巴罗洛，他离去无疑是巴罗洛产区的一大损失。这位巴罗洛的儒者也永远存在酒迷的心中。

DaTa

地　　址 | 12065 - MONFORTE D'ALBA Loc. Bussia, 48 - ITALIA
电　　话 | +39 0173 78150
传　　真 | +39 0173 787240
网　　站 | www.poderialdoconterno.com
备　　注 | 接受专业人士参观

recommendation
Wine

阿多·康特诺陈酿大布希亚

（ Poderi Aldo Conterno Barolo Granbussia
Riserva 1982 ）（ 1.5L ）

基本介绍

分数：JS99 WA99
适饮期：现在~2025
台湾市场价：约38,000元台币
品种：100% 内比欧罗
橡木桶：斯洛伐尼亚大型橡木桶
桶陈：32个月
不锈钢：24个月
瓶陈：12个月
年产量：300瓶

🍷 品酒笔记

酒色呈石榴红光泽，有极佳的玫瑰花瓣、成熟莓果香气及淡淡
的香草豆气息。口感复杂多变，酒体饱满，樱桃、椰子奶、香
草、矿物在口中慢慢展开，持久而绵长。1982年的陈酿大布
希亚是最好的年份之一。以纯玫瑰花瓣为中心，对比甘草、陈
皮和皮革的强劲香气。酒体鲜明，厚大而不失细腻，丰富而集
中。惊人的复杂度造就迷人的风采，这是一款均衡而令人回味
的伟大巴罗洛。

🍴 建议搭配

东坡肉、北京烤鸭、台式排骨酥、京都排骨。

★推荐菜单 大漠风沙蒜香鸡

传说曹操最喜欢大口喝酒、大口吃肉，尤其特别爱吃鸡肉和鲍鱼，
其中"曹操鸡"这道传统名菜，从三国时期就开始广为流传。主厨
严选来自台湾云林花东的活体现杀土鸡，先将整只鸡涂蜜油炸后，
再以特制的卤汁卤煮至骨酥肉烂，起锅上桌时皮脆油亮，光是色泽
和蒜香味就已令人垂涎，皮酥肉汁紧锁肉中，令人吮指回味。意大
利这款巴罗洛酒王有着玫瑰花瓣般的迷人香气，樱桃、椰奶的滑细
单宁，正好与蒜香鸡的酥嫩结合，犹如一场华丽的百老汇歌舞剧，
令人陶醉!巴罗洛酒中的甘草和陈皮所散发出的甘甜，蒜香鸡的香料
与蜜糖互相交融，一口大酒、一口大肉，遥想曹孟德征战沙场的豪
迈，"人生有酒须尽欢，莫使金樽空对月"。

餐厅｜古华花园饭店明皇楼
地址｜台湾桃园县中坜市民权路
　　　398号

Chapter 9　意大利　Italy

94
Giuseppe
Quintarelli

昆塔瑞利酒庄

　　吉斯比·昆塔瑞利（Giuseppe Quintarelli）是一个传奇性的人物，在意大利的维纳托（Veneto）更是无人不晓，尤其是所有酿制阿玛诺尼（Amarone）的酒庄更是以他为师，所以他也被称为"维纳托大师"（the Master of the Veneto）。2014年的4月17日午后我们来到了昆塔瑞利酒庄，这是一个很不起眼的酒庄，酒庄不设任何招牌，也没有门牌，我们开车来来回回错过了几次，最后还是问了他们的邻居才来到这个别有洞天的酒庄。这一天是由吉斯比的外孙法兰西斯哥先生来接待我们，他是一个非常腼腆的意大利帅哥，现在由他来管理酒庄的各种业务和营销。

　　昆塔瑞利酒庄是整个阿玛诺尼最低调也是最古老的酒庄之一，有一家著名阿玛诺尼的庄主告诉我：吉斯比·昆塔瑞利是他们的中心人物，也是传说中的酿酒师，所有酿制阿玛诺尼的酒庄都在学习他们的酿酒方式，包括著名的达法诺（Dal Forno Romano）。昆塔瑞利酒庄每年的产量并不多（仅约6万瓶），但昆塔瑞利所酿出的酒是葡萄酒大师学院（IWM）最尊崇的葡萄酒，他的酿酒功力犹如大师般完美到无法挑剔，可以说是意大利的一代宗师，他的酒称为意大利一级膜拜酒当之无愧。虽然不是著名的意大利5大酒庄，不需要和布鲁诺·贾可萨（Bruno Giacosa）或歌雅（Gaja）等名庄来比较，因为吉斯比·昆塔瑞利本身的魅力已超越了整个意大利。有人将其酒庄比为"意大利的伊肯堡（Château

A
B | C | D

A. 在酒庄可以眺望美丽的阿尔卑斯山。**B.** 作者与法兰西斯哥在刻有家徽的大木桶前合影。**C.** 酒标手抄的纸本。**D.** 法兰西斯哥在酒窖很专注为我们到酒。

d'Yquem）"，或推崇为"意大利的玛歌堡（Château Margaux）"，这些赞美都不足以代表他在葡萄酒世界的伟大。

吉斯比曾经告诉一位意大利记者说："我酿酒的秘密只按照我的规则，并不是去追求流行"。法兰西斯哥还说：瓶身上手写字体以前都是由他的祖父、妈妈和阿姨一张一张抄写的，现在还流传下来这个传统，成为酒庄的独特风格。这也代表了酒庄认真地对待每一瓶酒，这是世界上最用心的酒庄。

在维纳托昆塔瑞利酒庄是最早引进国际品种的酒庄，1983就开始酿制第一款由卡本内·弗朗、卡本内·苏维浓和美洛为原料的"阿吉罗"（Alzero）。其他尚有几款不同的酒款：经典瓦波丽希拉（Valpolicella Classico Superiore）、经典阿玛诺尼（Amarone della Valpolicella Classico）、顶级阿玛诺尼

（Amarone della Valpolicella Classico Riserva）。每一个酒款都有不同的特色，而且也获得各界酒评家的肯定。每一款酒价格都在台币万元起上，世界上的收藏家还是趋之若鹜，见一瓶收一瓶。

　　法兰西斯哥带我们进到昆塔瑞利酒窖，这里放置了各式各样的大小橡木桶，其中最大的是1万升斯洛伐克大橡木桶，酒桶上刻着家族的家徽："十字架代表宗教意义、孔雀代表劳作、葡萄藤代表农耕。"在酒窖里我们品尝到了6款酒，有三款比较特别。经典阿玛诺尼2004：年产量12,000瓶，4个月风干，8年新旧橡木桶陈年。早上就打开醒酒，非常优雅与均衡，首先闻到的是蓝莓、甘草和薄荷，感到非常舒服，也有奶油、杉木和花香不同层次上的变化，最后喝到的是烘焙咖啡，熟樱桃，余韵悠长，可以陈年30年以上。阿吉罗2004：建议和起司、鹅肝一起享用。年产量3000~4000瓶。完全与阿玛诺尼做法一样，只是全放在小橡桶，由40%卡本内·苏维浓、40%卡本内·弗朗、20%美洛酿成，薰衣草、水果干、没有青涩植物味、成熟果酱味、巧克力。瑞切托瓦尔波切拉（Recioto della Valpolicella 2001）：这款酒罗马时代就有了，瑞切托（Recioto）是阿玛诺尼（耳朵）葡萄最上面那两串，没有每年生产，10年中才酿出3~4个年份，它也是吉斯比的最爱，假日他们都会喝，有一点点波特香气，还有蜜饯和梅子味。很遗憾的是我们没有喝到顶级阿玛诺尼，因为这款酒在最好的年份才能酿，10年之中只有2~3次能酿出来，最近的年份有1990、1995、2000、2003，下个年份是2007。

　　吉斯比·昆塔瑞利于2012年1月15日过世。现在由他的女儿费欧莲莎（Fiorenza）夫妇和他们的孩子法兰西斯哥、劳伦佐（Lorenzo）一起管理酒庄，且依然不改以往低调的作风。因为昆塔瑞利酒庄所生产的葡萄酒已经是公认的意大利传奇，虽然价格不菲，但却还是一瓶难求，就如同法兰西斯哥所说："他们的酒就像雕刻在酒庄大酒桶上之孔雀与葡萄藤的图案，每喝一口昆塔瑞利的佳酿，都是烙印在酒迷心中最美丽的惊叹与回忆！"大师虽然仙逝驾鹤归去，但留给后人博大精深的美酒已到达几乎完美的境界。

DaTa

地　　址 | Via Cerè, 1 37024 Negrar Verona
电　　话 | 045 7500016
传　　真 | 045 6012301
网　　站 | www.kermitlynch.com/our-wines/
quintarelli
备　　注 | 参观前必须先预约

经典阿玛诺尼

Amarone della Valpolicella Classico 2004

基本介绍

分数：AG96

适饮期：2014~2034

台湾市场价：约15,000美元

品种：55%可维纳、30%罗蒂内拉、15%卡本内·苏维翁、内比欧罗、克罗迪纳和 山吉维斯

橡木桶：新旧大小斯洛伐克和法国橡木桶

桶陈：96个月

瓶陈：3个月

年产量：1000箱

🍷 **品 酒 笔 记**

这款经典阿玛诺尼红酒，必须醒酒4个小时以上，醒酒后非常优雅与均衡，是可以让您轻松饮用的一款好酒。它的单宁非常细致，犹如天鹅绒般的丝滑，闻到的是蓝莓、甘草和薄荷，令人愉悦。也有奶油香、杉木和花香不同层次上的变化，最后品尝到的是烘培咖啡、熟樱桃和杏仁，口感和谐，余韵悠长，在充满香料味道中画下美丽的句点。

🍴 **建 议 搭 配**

卤牛肉、煎烤牛排、烤鸭、东坡肉。

★ **推 荐 菜 单   八宝鸭**

上海老站餐厅主厨史凯大师一大早就帮我们准备了"八宝鸭"这道招牌大菜，因为这道菜制作非常费工，所以要提早预订。八宝鸭选用的是上海白鸭，每只大小控制在2~2.5公斤之间、肥瘦均匀，先将鸭子整鸭拆骨，备好蒸熟的糯米、鸡丁、肉丁、肫丁、香菇、笋丁、开洋、干贝一起红烧调好味塞进拆好骨的鸭子里，再将填好八宝的鸭子上色后入油锅炸一下，上笼蒸3~4个小时就好了。最后淋上特制酱汁加清炒河虾仁就大功告成。用这道菜来搭配意大利经典阿玛诺尼红酒可以说是绝配。红酒中的蓝莓、樱桃和糯米的微咸甜味相结合，犹如画龙点睛般的惊喜，而奶油和杉木的香气正好和蒸过的内料交融，香气与味道令人想起小时候的正宗台湾办桌菜，那就是妈妈的味道。最后烘焙咖啡和杏仁味提升了软嫩的鸭肉质感，让鸭肉尝起来更加美味，水乳交融，犹如维梅尔（Jan Vermeer）的名画"倒牛奶的女仆"那样的温暖与光辉。

餐厅 ｜ 上海老站本帮菜

地址 ｜ 上海市漕西北路201号

Chapter 9　意大利　Italy

95

Sassicaia

萨西开亚酒庄

　　英国葡萄酒杂志《品醇客》2007年将萨西开亚（Sassicaia）评为意大利的"五大酒庄"之一；和歌雅（Gaja）、布鲁诺·贾亚可沙（Bruno Giacosa）、欧尼拉亚（Tenuta dell Omellaia）、达法诺酒庄（Dal Fomo Romano）齐名。萨西开亚酒庄是意大利托斯卡纳最负盛名的酒庄，也是意大利四大名庄之一，和索拉雅、欧尼拉亚和歌雅3个酒庄并列，常与法国5大酒庄相提并论。

　　20世纪20年代，马里欧侯爵（Marquis Mario Incisa della Rocchetta）是一个典型的欧洲贵族公子，他最大的嗜好就是赛车、赛马、饮昂贵的法国酒，他甚至还自己养马驯马，参加比赛。他钟情于昂贵的、充满馥郁花香的波尔多酒，梦想着酿出一款伟大的佳酿。后来与妻子克莱莉斯的联姻，妻子为他带来了一座位于佛罗伦斯西南方100千米处、近海的宝格利地区的圣瓜托酒园（Tenuta San Guido）作为嫁妆，此处即是萨西开亚诞生的地方。

　　刚开始马里欧侯爵采用法国一流酒园常用的剪枝方式，在单宁量偏高的南斯拉夫小橡木桶中陈酿，使得酿出来的酒单宁极强，刚酿出的酒单宁太重、味道太涩、难以入喉。每年产出的600瓶酒连家人都不愿喝，只能堆积在酒窖中。家人力劝马里欧放弃酿酒，并建议不如改种牧草喂马来得实惠些。马里欧仍不死心，他决定改变方法，既然要在意大利酿制"纯正"的波尔多酒，就必须向法国人取经。在葡萄种苗方面，除部分选择本地与邻近各园优秀的种苗外，在养马场认识的法国木桐酒庄主人菲利普男爵对他创建酒庄也鼎力支持，他从木桐酒庄获得了葡萄种苗，同时还改用法国橡木桶进行酿酒。醇化所用的木桶也舍弃廉价的南斯拉夫桶，改以

A
B | C | D

A. 酒桶皆为斜放，主要是避免桶塞与桶产生空隙，让空气无法渗入。
B. 酒窖门口。C. 在酒窖内品酒。D. 不同年份的萨西开亚。

法国橡木桶。同时在辽阔的庄园中重新找到了一块朝向东北的坡地，意大利人称这块山坡地为"Sassicaia"，就是小石头的意思。他又找到了两块新的更适合葡萄生长的土地，开始种植卡本内·苏维翁和卡本内·弗朗。经过这一系列的变革，萨西开亚的酒开始跃上国际。

1965年萨西开亚酿成并在本园开始贩卖。1968年，马里欧侯爵的外甥彼德·安提诺里侯爵（Marchese Piero Antinori）为它广做宣传，当年度的萨西开亚便正式在市面上销售。1978年，英国最权威的《品醇客》杂志在伦敦举行世界葡萄酒的品酒会，包括著名品酒师Hugh Johnson、Serena Sutcliffe、Clive Coates等在内的评审团一致宣布1972年萨西开亚从来自11个国家的33款顶级葡萄酒里脱颖而出，是世界上最好的卡本内·苏维翁红葡萄酒。

萨西开亚曾被人怀疑它不是真正的意大利酒，这是因为它没有使用传统的意大利葡萄品种进行酿制，萨西开亚的现任庄主尼可（Nicolo）为此说："好酒就像好马，他们需要混种而产生最优秀的，萨西开亚当然是最好的意大利酒。"当时萨西开亚不愿遵守官僚所订下的"法定产区管制"（DOC），所以酒只标明了最低等的"佐餐酒"。但是由于酒的品质实在太精彩，反而显现出意大利官方品管分类的僵化和官僚主义，让意大利政府颇失面子。无奈之下，官方只好恳请萨西开亚挂上DOC的标志。因此从1994年起，萨西开亚开始被正式授权使用DOC标志。

提起萨西开亚，有一个名字贾亚可莫·塔吉斯（Giacomo Tachis）绝对不能遗忘。他是萨西开亚的创始酿酒师，担任意大利托斯卡纳酿酒师协会的会长，也是意大利近代最著名的酿酒师。萨西开亚在新法国橡木桶中陈酿24个月，瓶中熟成6个月。最终酿制出的佳酿让人联想到优雅的波尔多酒。这要得益于贾亚可莫·塔吉斯经常造访波尔多，并有机会向波尔多有名的一代宗师艾米尔·佩诺（Emile Peynaud）学习讨教。著名葡萄酒作家理查（Richard Baudains）写道："回想萨西开亚在1978年伦敦品酒会上夺冠的时刻，那的确象征着意大利葡萄酒进入一个新时代。"2011年贾亚可莫被评为《品醇客》年度风云人物，可以说是现代"意大利葡萄酒之父"。

在2004年上映的《寻找新方向》（Sideways）一片中，男主角迈尔斯（Miles）虽然对黑皮诺酿的酒情有独钟，但是女主角玛雅（Maya）却是因为一瓶1988年的萨西开亚而迷上了葡萄酒。电影原著小说作者雷克斯·皮克特先生（Rex Pickett）的启蒙之酒也是1988年的萨西开亚，他曾在接受美国《葡萄酒爱好者》（Wine Enthusiast）杂志采访时透露："我从1990年开始对葡萄酒非常感兴趣，当时我和一个意大利女孩交往，我们在佛罗伦斯与她的家人共享圣诞晚餐，喝了一瓶1988年的萨西开亚。我简直不敢相信还有什么东西可以有那么好的味道。"可见萨西开亚的魅力所及，连美国也有忠实的酒迷。

萨西开亚最好的年份在1985和1988两个年份，1985年份获帕克100分，WS99高分。1988年份获WS两个98高分和一个97高分。其它高分成绩还有2006年份获WA97高分，2008和2010都获WA96高分。台湾上市价约为7,500台币一瓶，好的老年份一瓶要10,000台币以上。

2004年，萨西开亚家族加入了世界最顶尖的Primum Familiae Vini（PFV，顶尖葡萄酒家族），成为PFV的成员，与世界知名，且仍由家族控制的10间酒庄平起平坐（西班牙国宝Vega Sicilia，波尔多五大酒庄Mouton Rothschild，德国桂冠Egon Müller……）。萨西开亚就如同他的酒标，散发着光芒，成为真正的意大利之光。

DaTa

地　址 | Località Le Capanne 27,57020 Bolgheri,57022（LI）,Italy
电　话 | 39 0565 762 003
传　真 | 39 0565 762 017
网　站 | sassicaia.com
备　注 | 参观前要先预约，参观前必须和世界各地的经销商预约。

推 荐
酒 款

Recommendation
Wine

萨西开亚
Sassicaia 1988

基本介绍
分数：WS97 WA90
适饮期：2002~2028
台湾市场价：约15,000元台币
品种：85%卡本内·苏维翁和15%卡本内·弗朗
橡木桶：法国橡木桶
桶陈：24个月
瓶陈：6个月
年产量：180,000瓶

🍷 **品 酒 笔 记**
酒色呈深红宝石色，具有黑醋栗，薄荷和香草的味道，饱满，黑醋栗、覆盆子、桑葚、松露、烤面包香和与众不同的香料，芬芳浓郁，高贵典雅，丰富而有层次，和谐典雅，登峰造极！这虽然不是最极致的萨西开亚1985，但已经超越很多极致好酒。坚若磐石的力道，令人难以置信的尾韵，醇厚而性感的果实，浓郁而饱满的单宁，让许多人会想起拉图酒庄，不愧为托斯卡纳酒王。

🍴 **建 议 搭 配**
湖南腊肉、葱爆牛肉、烤羊排、煎松阪猪。

★ **推 荐 菜 单　红烧猪尾** ─────────

红烧猪尾在处理上必须先洗净，然后在下水汆烫去膻，捞起再加一些作料红烧。最重要的是加米酒和好酱油，以小火慢慢地熬煮，要煮到入味。意大利托斯卡纳酒王来搭配这道老式经典菜，实在令人刮目相看。因为萨西开亚的雄厚香醇，强烈的黑色红色水果，可以淡化猪尾的油腻感。红酒中的单宁正好可以柔化偏咸的口感，猪尾肉的软中带弹遇到酒王应该是是一种美丽的邂逅，我们不禁为这迷人的红酒陶醉！

餐厅｜新醉红楼餐厅
地址｜台北市天水路14号2楼

96
Dow's
道斯酒厂

　　1798年由葡萄牙商人创立于英国伦敦的波特酒品牌道斯（Dow's），同样是葡萄牙最重要和最大的波特酒集团辛明顿（Symington）集团旗下的波特酒品牌之一。两个世纪来，道斯被认为是斗罗河谷地上游地区最细腻的波特酒。1912年安卓·詹姆·辛明顿（Andrew Jame Symington）成为合伙人，到现在辛明顿家族已经成为道斯酒庄的经营者，从酿酒到装瓶，辛明顿家族完全参与其中。辛明顿家族的酿酒师传承数代持续酿制道斯波特酒，年轻时它的酒质浓郁且带有类似红酒般的涩味，经历岁月淬鍊后，它展现出超级罕见的丝绸般细致度以及紫罗兰矿物质香味。而且道斯波特酒最迷人独特的地方在于它相较一般波特酒，有较为不甜的尾韵！

　　道斯酒庄的葡萄园主要在斗罗河谷（Douro Valley），共133公顷，分为5个

A. 从酒杯中看出去的斗罗河。B. 贫脊的土壤。C. 酿酒厂。D. 酒窖。

顶尖的庄园。在帕克所做的《帕克的葡萄酒购买指南》（Parker's Wine Buying Guide）有写到"葡萄牙波特酒的评分，道斯波特酒五颗星（杰出）。"道斯酒庄除了入门级的露比波特（Ruby）、进阶酒款陈年波特（Twany）、迟装瓶陈年波特（LBV）等，最著名的就是年份波特酒（Vintage Port），历年来得过无数大奖。世界酒坛对道斯从不吝给予肯定：2007年份获得了WS100满分，2011年份更荣获2014年度的WS百大第1名，WS评为99高分。而两个世纪前的1896年份则被WS评为98高分，1945年份和1994年份被WS评为97高分。同样的两个年份在WA也一起被评为97高分，这些评价已证明道斯在所有波特酒厂中，稳坐顶级波特酒的王者地位！

　　一般而言，年份波特年轻时酒质浓郁，且带有类似红酒般的涩味。经历岁月

传统用脚踩葡萄。

淬炼后，可展现出多层次的丝绸般质感，层层包裹着紫罗兰与矿物香气。好年份的波特陈年后，更有着多面向且宽广的口感。值得一提的是，几乎众酒庄都宣告2011为年份波特，可见此年份之实力普获肯定，市场如今已是全力追逐。而2011年份在道斯手上，酿成以花香为主的形态，新鲜而净洁，黑色水果主导的香气中，富矿物感而不甜，口感宽广，但酒体目前仍非常紧致，尾韵紧缩而绵长，带薄荷感。它那不甜的尾韵迷人而独特，这点有别于其他知名波特酒款。

道斯年份波特酒初上市价格一向平易近人。像2007年份，上市第一批不到3,500元台币，但是随着好评不断，二手价格水涨船高，现货已超过6,000元台币，但仍是逐年增长，从不回头。2011年份酒庄仍是以相近价格销售，能不能留住第一批，就看买家眼光。何况此酒现已有被WS评为年终百大第1名加持！由于年份波特几乎没有什么适饮年限，能摆多久就摆多久，所以价格永远是愈来愈高，一批比一批贵，这种酒就是要先收，剩下的只能留给时间去处理。而一款道斯年份波特酒（Dow's Vintage Port），产量不过6,000箱，而且并非每年都生产，因此专家们认为，年份波特酒是价值被低估的族群，特别是高分的年份波特酒堪称潜力股！

许多葡萄酒都宣称拥有陈年潜力，对于年份波特酒来说，这更不是问题。绝大多数的时间，我们很少可以喝到"过了巅峰期"的年份波特，尤其名厂作品，更是需要经年累月的耐心。无论任何场合，年份波特是绝对不会被看轻的佳酿。它只会出现在正餐后的甜点与巧克力时间，留给宾客回味无穷的轻叹。

DaTa

地　　址 | Rua Barão Forrester 86 4431-901 Vila Nova de Gaia
电　　话 | +351 223 776 300
网　　站 | http://dows-port.com/
备　　注 | 可以预约参观

Recommendation
Wine

道斯2011年份波特酒
Dow's Vintage Port 2011

基本介绍
分数：WS99　WA96~98
适饮期：2020~2070
台湾市场价：约6,000元台币
品种：国产多瑞加、弗兰多瑞加、罗兹、卡奥、巴罗卡
橡木桶：1年
年产量：5,000箱

🍷 **品 酒 笔 记**
年轻时酒质浓郁，且带有类似红酒般的涩味。经历岁月淬炼后，可展现出多层次的丝绸般质感，层层包裹着紫罗兰与矿物香气。以花香为主的形态，新鲜而净洁，黑色水果主导的香气中，富矿物感而不甜，口感宽广，但酒体目前仍非常紧致，尾韵紧缩而绵长，带薄荷感。它那不甜的尾韵迷人而独特，这点有别于其他知名波特酒款。

🍴 **建 议 搭 配**
黑巧克力、杏仁红豆糕、黄金流沙包、菠萝酥。

★推 荐 菜 单　客家小菜包

这道点心是内湾戏院客家餐厅的招牌点心，外皮软嫩带着清甜的艾草味，内馅包着菜脯炒素菜，独特的风味吸引着来自各地的食客。在弹滑艾草的甜甜外皮包覆下，香气扑鼻，内馅咸咸的菜脯香，尝起来有妈妈的味道。这刚出炉的百大冠军酒非常年轻，甜美的黑色水果味，微微的薄荷和淡淡的黑巧克力味，可以提升这道传统客家点心的层次变化，让人每尝一口就好像进入一个新的旅程，充满期待，如此巧妙神奇，出乎意料。

餐厅｜内湾戏院客家料理
地址｜新竹县横山乡内湾村中正
　　　路227号

Chapter 10 葡萄牙 Portugal

97

W. & J. Graham's

葛拉汉酒厂

　　葛拉汉酒厂于1820年由苏格兰籍的威廉及约翰葛拉汉兄弟（William and John Graham）在葡萄牙西北部之奥波多（Oporto）创立，今日被公认为全世界最佳的酿酒厂之一！在1890年，葛拉汉收购了马威杜斯庄园（Quinta dos Malvedos），葛拉汉是首批投资购买葡萄园的波特酒公司之一，这座朝南的庄园靠近杜雅（Tua）村，是斗罗境内位置最佳的园地之一，拥有非常特别的小区气候，生产出口感强劲且丰富的酒，现已成为所有葛拉汉波特酒最重要的产地代表，庄园的房子迄今仍屹立于山脊上，俯视山底下的斗罗河之绮丽风光。在1900年代初期葛拉汉便已晋身为最顶尖的酒厂之一，至于传奇性的1948年，更让葛拉汉成为葡萄牙最著名的波特酒厂。

　　1970年葛拉汉酒厂被辛明顿（Symington）家族所收购，今日葛拉汉酒厂是百分之百由辛明顿家族所拥有，该家族具有4代的生产波特酒专业经验。葛拉汉波特酒主要来自于4个位于斗罗河谷上游精华区的葡萄庄园，其中马威杜斯庄园（Quinta dos Malvedos）、拉吉斯庄园（Quinta das Lages）属于葛拉汉所拥有，维哈庄园（Quinta da Vila Velha）与玛哈达斯庄园（Quinta de Vale de Malhadas）则为辛明顿家族所拥有。除此之外，葛拉汉也会向其他优秀产区的葡萄园购入品质优异的葡萄酿酒！

　　著名酒评家罗伯特·帕克说："葛拉汉是二次世界大战后，最佳波特酒中酒

A | B | C | D   **A.** 酒窖收藏不同年份的波特。**B.** 葡萄园。**C.** 商店。**D.** 酒庄餐厅桌上放着葡萄园的土壤。

质最稳定的品牌。"虽然辛明顿家族还有波特酒其他品牌，但葛拉汉毫无疑义是其主力品项。毕竟葛拉汉在2003年获帕克评为"五星级酒厂"，在2007年又获《葡萄酒爱好者》颁发"年度风云酒厂"。在保罗·辛明顿（Paul Symington）的魔杖挥舞下，位列酒款尖端的年份波特酒，经常是名家收藏的对象。

葛拉汉庄主保罗·辛明顿是2012年《品醇客》年度风云人物，也是首位来自葡萄牙（斗罗地区）的获奖人，这是极难获得的葡萄酒从业人员荣誉，毕竟辛明顿对波特酒的贡献，少有人能与之相比。保罗得奖时说："我相当感谢父亲及叔伯们所做出的深远贡献，1940~1950年，当所有人都不对斗罗地区的未来抱有任何期望时，只有他们相信波特酒与斗罗地区会有发光闪耀的一天。"此外，拥有四个世代波特酒生产经验的辛明顿家族，也是酒界极尊崇的第一葡萄酒家族（PFV）成员。Primum Familiae Vini（PFV）是1992年才成立的组织，由对世界葡萄酒有极高贡献的家族组成（家族须能完全掌握酒庄股权，能生产世界级的优质葡萄酒，每区域仅有一名代表）。PFV家族成员Marchesi Antinori、Joseph Drouhin、Hugel & Fils、Perrin & Fils、Tenuta San Guido、Château Mouton Rothschild、Egon Muller-Scharzhof、Champagne Pol Roger、Symington Family Estates、Torres、Vega Sicilia全是酒界巨人。

众所皆知，年份波特酒的宣告是酒厂极为慎重的决定，每10年约有3至4年被认定为年份波特。近年来，葛拉汉所宣告的年份是1991、1994、1997、2000、2003、2007年，最新的年份则是2011。而位在斗罗河谷上游的马威杜斯庄园（Quinta dos Malvedos）是年份波特的主要骨干产区，此园直属葛拉汉，并非辛明顿家族成员私有，可见葛拉汉对此园是相当珍惜，品质自不在话下。在非年份波特酒宣告的年份，此园酒款会以年份单一庄园的形式装瓶，也就是所谓"单一庄园年份波特"，这种酒款往往有着极高的性价比，也常在许多大奖赛中脱颖而出。葛拉汉年份波特的分数都不错，在帕克的网站上WS的分数:1963年份（96分）、1985年份（96分）、1994年份（96分）、2007年份（98分）、2011年份（95~97分）。《葡萄酒观察家》杂志（WS）的分数: 1985年份（96分）、2007年份（96分）、2011年份（96分）、1963年份（97分）、2000

辛明顿家族。

年份（98分）。年份波特在台湾上市价约为4,000元台币能买到。

特别要一提的是葛拉汉新酿的葛拉汉"石墙园"年份波特酒（The Stone Terraces Vintage Port），这是葛拉汉酒厂团队新开发的酒款，一上市便获得佳评如潮。马威杜斯庄园内的两个18世纪页岩石墙园一直生产出优秀的波特酒。第一片葡萄园：葛拉汉家族的葡萄园，以前称作"Port Arthur"，在面积1.2公顷的土地上种植1,379株葡萄藤。11个石墙园中有10个只有一排葡萄藤。干燥的石墙全部都是由人工打造，平均高度为1.6米。葡萄园面朝东方，海拔约102至199米高。第二片葡萄园只有0.6公顷，名字叫作"Vinha dos Cardenhos"。这片小园面朝北方，是一个由石墙围成的完美圆形区域，有1,329株葡萄藤。上半部葡萄园较Port Arthru高一点，海拔约134米高。1890年，当葛拉汉家族买下马威杜斯庄园时，这两片葡萄园就已经存在了，现在葡萄藤都重新种植过。Touriga Nacional是这两片葡萄园的主要品种，另外也种植其他斗罗河谷传统品种。第一个首酿年份是2011年份波特，只有4大桶酒进行装瓶，仅仅生产3,000瓶750毫升瓶装。上市价格为8,000元台币以上。WA评为96~98高分，WS评为97高分。这是一款强劲有力又不失优雅且表现非凡的酒，对葛拉汉酒厂与辛明顿家族来说是一个崭新的里程碑。

2013年的夏天我受邀前往波特港的葛拉汉酒厂参观，我们一行人受到酒厂的热情招待，参观了葛拉汉博物馆、酒窖，品酒，还有在商店购买限量酒，最后来到新落成的餐厅用餐，听说开幕的时候是西班牙国王来剪彩的，餐厅在一个半山腰下，景色非常怡人，可以俯瞰整个城市，值得一游。

波特酒通常在饭后搭配巧克力或深色甜点，本人建议可尝试在端午佳节搭配常见的豆沙粽或者其他甜粽，必然成为台湾特有的新式搭配风格。

DaTa

地　址 | Graham's Porto, Vila Nova de Gaia, Portugal
电　话 | +351 223 776 484 / 485
网　站 | www.grahams-port.com
备　注 | 可以参观，每天9:30~17:30

Recommendation
Wine

1952单一木桶陈年波特酒
英国女王登基60周年纪念经典
Graham's 1952 Diamond Jubilee Port

基本介绍
分数：JH96
适饮期：现在~2030
台湾市场价：约1,000美元
品种：国产多瑞加、弗兰多瑞加、罗兹、卡奥、巴罗卡
橡木桶：60年

🍷 **品酒笔记**

为庆祝英国女王伊丽莎白二世登基60周年，葛拉汉酒厂特别推出这极为珍贵的限量酒款，1952单一木桶陈年波特酒。多年来辛明顿家族小心翼翼地守护着它，不断品试观察，确保其发展成熟良好，经过60年的漫长陈酿，以最出色的品质向英国女王致敬。醒目的红褐色酒体，边缘带着琥珀色的光芒，极为浓郁的香气，在脑海中勾起书香、秋天篝火与诗意缭绕的情境。入口感觉到酒体的深度与分量，深刻有劲，复杂而有层次感，每一分细致的风味都在经过时光隧道长长的旅行后，完整地呈现在面前。蜜糖、杏桃、无花果、丁香的气息在口中舞动，结构优雅和谐，高贵深邃。橘子的新鲜香气与圆润单宁衬托出和谐的酒体架构与绵长后韵，让人不禁沉陷于乡愁之中，也为其高贵的身价赞叹。

🍴 **建议搭配**
烤布丁、黑巧克力、红豆糕、甜粽。

★ **推荐菜单　缤纷点心**

这道点心五彩缤纷，盘中摆放4种不同的甜点；绿豆糕、红豆糕、花生小汤圆和奶油酥。每一种都非常清爽，不会太甜，这款60年以上的老波特喝起来优雅，也不至于太浓郁，正好和这几种台湾地道点心很搭，酒中的蜜饯和轻微的黑咖啡，犹如一位贵妇在下午茶时喝上一杯卡布奇诺配着简单的甜点般悠哉。有咸香有酸酸甜，轻轻举起一杯香醇的咖啡，凝视着远方，彷彿勾起无限的回忆。这款庆祝女王登基60周年的老波特经过60年岁月的洗练，十分细腻，风韵犹存！

餐厅｜俪宴会馆
地址｜台北市林森北路413号

Chapter 10　葡萄牙　Portugal

98
Quinta do Noval

飞鸟园酒庄

　　飞鸟园酒庄（Quinta do Noval）是葡萄牙出产波特酒最古老最好的顶级酒庄，其葡萄采摘自单一葡萄园，因而更显得卓尔不群。酒庄以葡萄牙最佳的波特酒（Quinta do Noval Naciona）而闻名。同样，酒庄亦出产葡萄牙高品质的红葡萄酒，在斗罗河地区出产的葡萄酒表现出无可比拟的深度和集中度，以及丰沛果味与辛香料的特质。"Douro"在葡萄牙语里面是黄金、金色的意思，所以斗罗河也被叫作黄金河谷，飞鸟园酒庄坐落在斗罗河区域最中心的平哈欧（Pinhao）村，酒庄现在有大约247英亩的葡萄园。

　　飞鸟园酒庄于1715年创建，最初由瑞贝罗·瓦连特（Rebello Valente）家族拥有并经营超过百年，19世纪初由于联姻而传给威斯康·维拉·达连（Viscount Vilar D'Allen）。19世纪80年代由于根瘤蚜危害，如同当地的其他酒庄一样，飞鸟园酒庄摇摇欲坠，面临倒闭。1894出售给葡萄牙著名商人安东尼欧·乔瑟·希瓦（Antonio Jose da Silva），安东尼欧重新栽植整理葡萄园，飞鸟园酒庄开始重现生机。后来由女婿路易士·瓦斯孔凯络·波特（Luiz Vasconcelos Porto）经营管理酒庄将近30年。路易士大力进行改革，加宽梯田宽度，增加光照以及田间操作的便捷性，即使用今天的技术标准来看，也是了不起的改革，并借助剑桥、牛津等等俱乐部进行推广，提升酒庄的知名度。在他的管理下，飞鸟园酒庄的声誉不断获得提升，其中1931年份是标志性的，由于当时世界经济不景气，波特酒的订单严重下降，在这一年仅有3个酒商还在继续进行业务，飞鸟园酒庄是当时唯一

A|B|C|D

A. 美丽的斗罗河出口波特酒。**B.** 夜间的斗罗河岸是恋人们约会的好去处。
C. 波特港。**D.** 作者在波特港留影。

还在连续不断出口英美市场的葡萄牙生产商。酒庄的声誉也是由1931年份酒培养起来，这款酒可以被看作是20世纪最美好的波特酒，《葡萄酒观察家》（WS）评为100满分，英国《品醇客》杂志选为此生必喝的100款酒之一。

飞鸟园酒庄在20年代第一次使用印刷图文的酒瓶，而且在波特酒酒标上标明10年、20年和40年以上，如同威士卡那样标明酒的陈年时间。在1958年，它又成为第一个制造迟装瓶年份（LBV）波特酒的酒庄，当时装的是1954年份飞鸟园酒庄LBV波特酒。1963年，路易士的两个孙子费南多（Fernando）和路易斯·文·泽乐（Luiz Van Zeller）接管了公司。开始大规模的更新酿酒设备、栽植设备和大多数葡萄酒在酒庄内装瓶。1963年只有15%的酒在这里装瓶，但是在15年后已经超过85%在酒庄装瓶。

飞鸟园酒庄1981年发生了一场大火，这场大火不但吞噬了酒厂的装瓶设备，还烧毁了许多波特年份酒，以及两个多世纪以来最有价值的酒庄记录。1982由路易士的曾孙克利斯蒂安诺·文·泽乐（Cristiano Van Zeller）和图丽莎.（Teresa Van Zeller）接管酒庄，飞鸟园酒庄开始重新建造更大的厂房和新设备。葡萄牙政府于1986年更改了法律，允许波特酒直接从斗罗河谷出口到海外，飞鸟园酒庄是第一个受惠的主要酒庄。

1993年5月，路易士家族把公司卖给了法国梅斯集团（AXA），该集团是世界上最大的保险集团之一。梅斯集团在法国已经拥有两个波尔多级数酒庄；碧尚女爵酒庄（Pichon-Lougueville Comtesse de Lalande）、康田布朗酒庄（Cantenac Brown）和位于匈牙利托凯产区（Tokay）的豚岩酒庄（Disznoko）（在本书百大酒庄匈牙利篇）。

飞鸟园酒庄生产各种不同种类的波特酒，其中最好的两款酒是飞鸟园酒庄年份波特酒（Quinta do Noval Vintage Port）和飞鸟园酒庄国家园年份波特酒（Quinta do Noval Nacional）。最珍贵的当属国家园，它的不寻常之处是有一个种满非嫁接葡萄树的小块葡萄园，占地面积只有2公顷。飞鸟园酒庄国家园年份波特酒就是酿自于这里，这款独特的年份波特酒有着出色的品质和寿命，但由于这块葡萄园的产量极小，而且酒庄极其珍视这块葡萄园超高品质的名声，因此这款酒只在很少的年份才有出产，年产量仅仅2000瓶而已。WA的分数大都在96分以上，1997年份和2011年份分别获得了100满分，1963年份、1966年份和1994年份都获得了接近满分的99高分，1962年份年也有98高分。WS的分数也都不错，世纪年份的1931年份毫无意外的获得100分，1963年份和1994年份也同样获得了100满分，有4个年份获得了98高分，分别是：1966、1970、1997和2011，千禧年2000年份则获得了97高分。这酒并不好买，通常一瓶在台湾上市价是50,000元台币以上，而且很难买到。

　　另一款是飞鸟园酒庄年份波特酒，每年的品质也都超越其他波特酒庄，产量也相当少，年产量只有10,000~20,000瓶。WA的分数虽然没有国家园的好，但是优异的1997年份同样获得了100满分，2000年份、2004年份和2011年份也都获得了96高分。世纪年份的1931年获得了（WS）接近满分的99高分，1934年份获98高分，1997年份和2011年份获得了97分，2000年份和2003年份也获得了96分的成绩，表现优异。在台湾的出价大约是30,000元以上，1997年份的100满分可能要80,000元台币才能买到一瓶。

　　有关1931飞鸟园酒庄年份波特酒被称为两个世纪以来最好的年份。其中有一个故事是这样的：Luíz Vasconcelos Port是飞鸟园酒庄的老板，为庆祝酒庄的伦敦代理商罗斯福（Rutherford Osborne & Perkins）的儿子大卫（David）出生，他打算送一桶年份波特酒聊表心意。偏偏1930是非常糟糕的年份，所以Vasconcelos Porto想1931可能会比较适合，所以1933年就将一个（Octave）桶（小型橡木桶，容量比Pipe少）从波特市送至英国代理商的酒窖去装瓶，这即是传奇的1931年佳酿。这些装瓶的酒就这样安稳地放在罗斯福家族的酒窖中，静静地等待80年的岁月，在大卫的80岁生日才被打开来！

　　也许有人会问，为什么像1931年这么棒的年份竟然没有被公开、也没上市？大约有两个原因：全球经济大萧条，所有酒商都囤积过量的1927年而滞销，讽刺的是1927年份是破天荒有33家波特酒庄共同宣布的超级好年份。很少有酒庄酿造1931年份。1927年后，许多酒庄酿的应该是堪称优良的1934年，之后是1935、1942、1943、1945到1950以后的好年份，但是都无法超越1931年。

　　2013年的夏天我在葡萄牙的一家大型百货超市看到了1927和1931酒庄国家园年份波特酒，两瓶价格都超过3,000欧元，虽然心动过，但终究还是没下手，如今难免有点遗憾！

DaTa

地　　址｜Av. Diogo Leite, 2564400 - 111 Vila Nova De GaiaPT
电　　话｜351 223 770 270
传　　真｜351 223 750 365
网　　站｜www.quintadonoval.com
备　　注｜必须预约参观

飞鸟园酒庄年份波特酒
Quinta do Noval Vintage Port 1997

基本介绍

分数：RP100 WS97
适饮期：现在~2060
台湾市场价：约2,000美元
品种：国产多瑞加、弗兰多瑞加、罗兹、卡奥、巴罗卡
橡木桶：3年
年产量：900箱

🍷 品酒笔记

飞鸟园酒庄1997年份波特酒是一款最好的波特酒之一，酒色呈深黑紫色，带有波特酒中常有的蜜饯、浓咖啡、黑莓、甘草、仙楂、百合花瓣的气息，相当集中而出色的香气，层次是多变的，广度和深度非常的丰富。1997这个传奇年份带来了灿烂而明亮的芳香，强劲而扎实，经过将近20年的考验，仍然年轻有活力；带着腌渍蜜果味、甘草、黑巧克力、烟丝与黑浆果的强烈口感；紧致甜美，单宁和酸度也很适中，风韵绝佳。飞鸟园酒庄的产量一般都是接近30,000瓶，但是1997年却只酿制了12,000瓶，非常不好买到，尤其帕克评为100满分以后，更是一瓶难求！现在已经可以打开来喝了，或许等到了10年以后喝，风味更佳。遇到绝佳年份和好酒厂的波特酒，只有少数的波特爱好者有足够耐心和金钱，能体验到波特长时间陈年后美丽的转变。

🍴 建议搭配

烤布丁、黑巧克力、红豆糕、甜粽。

★推荐菜单　桂花乌梅糕 ————————————

稍稍炭烤过的香浓乌梅汁与清新桂花茶的完美组合，不会有果冻类的无聊僵硬口感，看似一体的外观入口后有着独立却不冲突的好滋味。这款传说中的1997年份波特酒，配上这款创意的甜点，两者有着共通点，乌梅与蜜饯的浓甜蜜意，立刻互相吸引。酒中的蜜饯和类似果冻的乌梅糕紧密的结合，令人无法拒绝。软嫩Q弹的糕点中飘散着桂花香气，波特酒中黑巧克力涌出阵阵的浓香，两者互相较劲，诱惑迷人，让人忍不住一杯再一杯！

餐厅｜古华花园饭店明皇楼中餐厅
地址｜桃园县中坜市民权路398号

Chapter 11　西班牙　Spain

99

Tiano Pesquera

佩斯奎拉酒庄

　　继里奥哈（Rioja）之后，斗罗河岸（Ribera del Duero）应是西班牙排名第二的知名产区。斗罗河岸法定产区位在卡斯提列·里昂（Castillay León）自治区内，属斗罗河最上游的明星产区。多数的葡萄园位在河岸3公里以内距离，产区全长113公里，葡萄园海拔自700米爬升到1,000米，因海拔高，春霜是本产区最大的天然危害。斗罗河岸夏季炎热，有时气温可高达42℃，夜间则因高海拔而凉爽宜人。极大的温差，加上年降雨量仅约500毫米，造就了此酿酒宝地。虽然适宜酿酒，罗马人也早将酿酒技术与文化根植于此地，然而，一直要到1864年西班牙国宝酒庄维加西西里亚（Vega Sicilia）建园之后，本区才有了引人瞩目的"亮点"。之后的100多年，并没有酒质高超的酒庄随之建立，仅维加西西里亚酒庄一枝独秀。

　　1970年代，酿酒天才费南德兹（Alejandro Fernández）窜出，才使本区再度受到瞩目。1986年，美国著名酒评家帕克在尝到费南德兹所酿酒款后，将之誉为"西班牙的柏图斯"，更使斗罗河岸声名大噪，一跃成为国际知名的精英产区，而后才有平古斯（Pingus）等超级膜拜酒的纷纷崛起。有鉴于费南德兹对斗罗河岸产区的贡献，卡斯提亚·莱昂葡萄酒学院曾颁予他"荣誉酿酒人"的殊荣。本庄仅以田帕尼罗优品种酿酒，故也有人称费南德兹为"田帕尼罗大师"。美国《葡萄酒观察家》世上八大尊贵美酒之一，法国酒类指南（Le Guide

A|B|C|D **A. 庄主带参观者到葡萄园。B. 庄主为宾客在酒瓶上签名。C、D. 庄主招待宾客们饮酒，并亲自为大家倒酒。**

Hachette Vins）：世上百大名酒之一。

佩斯奎拉酒庄（Tiano Pesquera）在距离维加西西里亚酒庄（Vega Sicilia）不远的一个小镇。这家酒庄在斗罗河谷产区拥有约60公顷的葡萄园，现任庄主就是在西班牙酒界享有"教父"之称的亚历山德罗·费南德兹（Alejandro Fernandez）。费南德兹于1932年出生，14岁起就在酒园里工作，他深知西班牙斗罗产区的风土，所以他的酿酒哲学就是在于足够了解这片葡萄园。当我在2009年第一次见到这位年近80的老先生时，他这样告诉我。并且自己开车带我们到葡萄园参观，顶着40℃的大太阳，他仍然精神奕奕地为我们解说田帕尼罗（Tempranill）这个西班牙代表品种的特色，我们这群年轻人不太能适应这么毒辣的阳光，开始躲在树荫下，真是自叹不如啊！

费南德兹对采收日期有精确的把握，采收方式使用逐串采收，酿酒方式使用自然酵母发酵，年轻的葡萄会移到橡木桶进行苹果酸自然发酵。佩斯奎拉酒庄生产三款酒：第三级为珍藏（Crianza）在橡木桶陈年18个月，然后在瓶中陈年6个月才投放到市场销售。这一级的WA分数为88~96分，最高分数是1989年份的96高分，1994年份的95高分。台湾上市价一瓶约台币1,500元。第二级为陈酿（Reserva）在橡木桶陈年24个月，然后在瓶中陈年12个月才投放到市场销售。WA分数都在90分以上，最高分数是1978年份和2004年份的94高分。台湾上市价一瓶约台币2,500元。第一级为珍藏陈酿（Grand Reserva）在橡木桶陈年30个月，然后在瓶中陈年30个月才投放到市场销售。WA分数都在90分以上，最高分数是1994年份的92高分，1995年份评为91高分。由于年产量只有30,000瓶，台湾也是一瓶难求，台湾上市价一瓶新台币约4,000元。

佩斯奎拉酒庄的得意作品为耶鲁斯（Janus），罗马神话中意为"两面门神"，是自珍藏陈酿中选择最好的年份酿出的，迄今只出产6个年份（1982年、1986年、1991年、1994年、1995年和2003年），年产量仅10,000瓶而已。WA最高分数是1994年份的97高分，1995年份的94高分。这款酒更是摸不着，如果有看到一定要收。台湾市价约为10,000元台币。本人只尝过三个年份（1986、

1995和2003）。

酒庄庄主以创新的酿造法，酿造这款顶级的珍藏陈酿（Gran Reserva），他将一半的葡萄放在旧式的石槽中发酵；另一半则完全去梗后放在不锈钢槽中发酵，并放在旧的美国橡木桶中陈年，最后再将两者调配为一，这创新的酿造法酿造出惊人的平衡与复杂度，因此庄主将这一款珍藏陈酿以耶鲁斯命名，因为耶鲁斯是罗马神址中的"双面门神"，他有两张脸，分别代表着过去与未来。这也代表着庄主不但有着对传统的尊崇，也同时也愿意拥抱新技术。本庄另产一款仅出现过两个年份（1996以及2002），以法国新橡木桶陈年的千禧珍藏（Millenium Reserva），年产量也是10,000瓶而已，非常罕见，国际酒评都不错，WS给予1996年份的酒95高分，2002年份目前在台湾售价约10,000元台币。

佩斯奎拉酒庄自开园以来已有40余年的历史，目前其旗下拥有4个独立酒庄，即佩斯奎拉酒庄，哈查园（Condado de Haza），格朗哈园（Dehesa La Granja）和文库罗园（El Vínculo），分别由其3个女儿负责经营，都隶属于由费南德兹先生所创立的佩斯奎那集团（Pesquera Group），目前两者都位"顶级园"之列。其姐妹庄生产的哈查园珍藏级葡萄酒的实力也不容小觑，哈查园珍藏级葡萄酒2005年份（Condado de HAZA Crianza）在2008年的《葡萄酒观察家》杂志得到年度百大葡萄酒，被评为93分的高分，在6支入选的西班牙葡萄酒中排名第一。

2009年的夏天我带了一群学生来到了佩斯奎拉酒庄（Tiano Pesquera），受到庄主费南德兹先生的热烈招待，他邀请我们到酒窖中品酒，拿出最好的1986耶鲁斯（Janus）1.5升大瓶装，还有一款只能在酒庄喝到的夏多内白酒，一团人喝的翩翩起舞，抢着和老先生合照。喝到欲罢不能，老先生还带我们到他的别墅，拿出老太太独家特制的香肠来配酒，老先生边喝边唱歌，大伙跟着起哄，真是一个天真的老顽童，玩得不亦乐乎！

费南德兹在西班牙的酿酒界写下一个新的传奇，因为他的努力不懈，而让全世界看到了斗罗河产区的葡萄酒风情，所以在1982年官方认证了该葡萄产区的合法性，今日的斗罗河区已经有非常多的酿酒同业前仆后继的投入，造就了无数的世界顶级酒庄，这样的贡献对于一个从小就在葡萄园工作，没有真正接受正统葡萄酒训练的老先生来说，是非常难能可贵的。由此就可以一窥费南德兹的坚持：决不为赚钱而牺牲自己对美酒的理想！

DaTa

地　　址 | Calle Real 2,47315 Pesquera de Duero（Valladolid），Spain
电　　话 | (34) 988 87 00 37
传　　真 | (34) 988 87 00 88
网　　站 | www.pesqueraafernandez.com
备　　注 | 必须预约参观

佩斯奎拉耶鲁斯
Tiano Pesquera Janus 2003

基本介绍

分数：JH95
适饮期：2012~2035
台湾市场价：约300美元
品种：田帕尼罗
橡木桶：美国旧橡木桶
桶陈：30个月
瓶陈：30个月
年产量：350箱

🍷 **品酒笔记**

2003年的耶鲁斯（Janus）我已尝过3次之多，花香、黑浆果、台湾仙草茶、黑咖啡，外观呈墨般的深红，奔放的黑莓果、黑樱桃与新鲜的花束香气弥漫在空气中。舌尖上有烟熏肉味，非常性感，浓浓的黑浆果、薄荷、香料——随着脑海中的画面浮现。层次复杂，并有着悠长的余韵。严肃而柔美，结实而奔放，单宁如丝，质感优美，只要品尝一次就难忘其魅力。须醒酒3小时以上，才能感受到庄主的用心。

🍴 **建议搭配**

烤羊排、炸排骨、红烧肉、腊肠。

★**推荐菜单 原味焗烤牛肋排**

原味焗烤牛肋排采用进口的澳洲牛肉，新鲜多汁，肉质甜美。这道菜用焗烤的方式来料理，保持牛肋原来的自然风味，并且将鲜美的肉汁封存，客人可以直接品尝到最原始而甜美的牛肉原味。只要食材新鲜，就不需要添加太多的佐料破坏本身肉质的鲜美。今天用这款西班牙最优雅的酒来搭配牛肋的原味，非常高品质地提升了食欲。红酒与红肉本就是相辅相成，加上这款顶级的耶鲁斯浓郁的果味，让牛肋更能呈现肉嫩多汁，油而不腻，进入到完美的境界。喝一口红酒，配一块牛肉，口中散发出的香甜味，犹如烟火般的强烈，忍不住再喝一口酒。

餐厅｜俪宴会馆（东光馆）
地址｜台北市林森北路413号

100
Bodegas Vega
Sicilia

维加西西里亚酒庄

　　十年磨一剑——维加西西里亚珍藏级（Vega Sicilia UNICO）。

　　1864年，富裕的艾洛伊·雷坎达（Eloy Lecanda）家族在西班牙西北部斗罗河谷地区收购了一块葡萄园，取名为雷坎达酒庄（Bodegas de Lecanda），从此开始一段复杂而精彩的传奇。19世纪末，维加西西里亚酒庄（Bodegas Vega Sicilia）开始酿产自己的第一款葡萄酒，但只在里奥哈（Rioja）地区装瓶并出售，产量也非常有限，直到20世纪才开始好转。维加西西里亚酒庄最初是叫雷坎达酒庄，后来又更名为安东尼欧·赫雷罗（Antonio Herrero），直到20世纪初期才最终确定了现在的酒庄名。

　　从20世纪40~60年代，由西班牙一位极富影响力和传奇色彩的酿酒师唐·杰斯·阿纳唐（Don Jesus Anadon）负责酿制了很多优质的年份酒。

```
 A
―――――
B | C | D
```
A. 夜幕时分的酒庄。B. Vega Sicilia Uncio大小瓶装。C. 远眺葡萄园。
D. 作者与庄主合照。

1982年，阿瓦雷斯（Alvarez）家族购买了维加西西里亚酒庄的酒厂和葡萄园，从此，维加西西里亚酒庄由阿尔瓦雷斯家族接管，同时还聘请了当时已经小有名气的年轻酿酒师马瑞安诺·加西亚（Mariano Garcia）担任阿纳唐的助手。

维加西西里亚酒庄被世界酒评家帕克选为世界最伟大的156支酒之一，维加西西里亚珍藏级（Vega Sicilia Uncio 1964）被英国《品醇客》选为此生必喝的100支酒之一，也有西班牙拉图（Ch. Latour）之称，位列世界顶尖名酒之列，只要出场，永远都会吸引众人目光。这座国宝级酒庄，坐落于斗罗河谷，以Tito Fino（也就是田帕尼罗）为主要葡萄品种，混有少许的波尔多品种。酒庄目前仅出3款酒，但3款都是赫赫有名的佳酿。分别是珍藏级（Unico），特别珍藏（Unico Reserva Especial），以及丽谷（Valbuena 5°）。

旗舰酒珍藏级（Unico）单一年份酒，早在1912~1915年便面世。此酒仅好年份生产。酒庄的传统是不硬性规定酒的上市日期，著名的1968年酒，便等到1991年才上市，同时上市的是1982年，平均而言，珍藏级在10年后上市。珍藏级可以说西班牙酿酒工艺的极致精华，桶陈工夫各国名酒无出其右。珍藏级的维加园酒会在榨汁、发酵后置于大木桶中醇化1年，而后转换到中型木桶中继续储放。木桶中七成是由美国橡木桶、3成是法国橡木制成。醇化3年后，再转入老木桶中继续醇化6~7年。装瓶后会至少待1~4年才出厂。算起来一瓶珍藏级必须在收成后10年才能上市。有些年份甚至可以拖到25年后才出厂，酒庄对于酒的严格要求，可见一斑。

珍藏级（Unico）年产量虽然有60,000瓶左右，但是需求名单极长，全世界爱酒人士均疯狂收集，每年得以分到少数配额的客户名单上仅4,000名贵客，而等待名单则有5,000名。有幸每年分到配额者当然不乏名人在列，如当年的英国首相丘吉尔，西班牙抒情歌王胡立欧；而得以每年获本庄免费赠酒珍藏级大瓶装（1.5L）者，唯有崇圣的梵蒂冈教宗，可以称之为西班牙红酒代表作。此酒从1920年份到2014年份，WS分数大多为90分以上，最高分数是1962年的100满分。新年份在台湾上市价约为16,000元台币。国际最佳拍卖价格是45瓶垂直年份的珍藏级（Unico），拍得22.3万元人民币。维加西西里亚酒庄最近拍卖包括一瓶非常罕见的1938年珍藏级白酒，成交价格5万元人民币。维加西西里亚酒庄不仅是西班牙最贵的葡萄酒之一，同时也是伦敦红酒指数（Liv-ex100）指数中唯一的一款西班牙葡萄酒。在过去的两年中，它的市场表现可圈可点，在Liv-ex100排名中：2008年排名第27位，2009年排名第16位，2010年排名第68位，2011年排名第36位。

至于特别珍藏（Unico Reserva Especial），酒如其名，是一款少见而极其特殊的非年份酒款，由酒庄选定3个年份的珍藏级（Unico）混合而成，可说是最贵的无年份葡萄酒。酒庄表示，年份是为了展现年份特色，但是经由调配的特别珍藏才真正表现了珍藏级风格。此酒产量甚少，结构扎实，风格独具，由于调配年份多已超过15年以上，较珍藏级更适于即饮，珍藏级好酒，珍贵的磨砂瓶装，陈年空间巨大。

DaTa

地　　址｜Carretera N 122, Km 323 Finca Vega Sicilia E-47359 Valbuena de Duero, Spain

电　话｜(34) 983 680 147
传　真｜(34) 983 680 263
网　站｜www.vega-sicilia.com
备　注｜限专业人士，须先预约

丽谷（Valbuena 5°）经常被当成珍藏级二军。丽谷收成后5年上市，是比较早熟的酒，以前有一段时间，有三年酒（Valbuena 3°），但1987年之后已经停产。不过酒庄认为称它是年轻版的珍藏级比较妥切，毕竟它的葡萄园与珍藏级不同，混调方式也不同，桶陈与窖陈时间也明显较短，通常经三年半桶中熟成以及一年半瓶中熟成后在第五年上市，故名（Valbuena 5°）。此酒气味饱满，陈年实力极佳，新酒香气封闭，长时间醒酒后方能慢慢开展。果香浓郁，单宁厚实，黑莓为主的香气层层交叠，丰满而不肥美。就价格与适饮等待期而言，都是珍藏级的替代品，一般藏家乐于纳入酒窖。搭烤羊肉，烤虾均可，也是高级牛排馆良伴。

以上3款酒多年来均盛名不坠，珍藏级更毫无疑问地属于收藏级珍品。至于醒酒过后的丽谷，在任何场合皆可单挑高级好酒，彻底展现西班牙酒的精彩力量。

西班牙酒王维加西西里亚酒庄2014年恰逢建庄150周年（1864~2014）。也许葡萄酒本身就非常像庄主帕勃罗·阿瓦雷斯（Pablo Alvarez）的个性，现在掌管家族酒庄集团。2013年，他带了酒庄总经理和酿酒师来到我的酒窖参观，并接受好朋友张治的采访，晚间我们举办了一场盛大的维加西西里亚酒庄餐酒会。他的珍藏级是一个崇高的美，带着优雅与迷人的气息，酒体脆弱微妙，但充满活力和永恒。

2014年庄主经营的酒庄缤帝亚（Pintia）回收及更换10万瓶2009年的酒，原因是酒有很多悬浮物，一直查不出原因，可能是澄清时出现问题。为了保卫酒庄声誉，决定向客人回收，客人可以更换为2008台2010年的酒。试想这需要多少的时间和金钱的投入，而又需要多大的勇气去承担？作为西班牙酒的领头羊，他们做到了。

以下是特别珍藏（Unico Reserva Especial）通常用三个年份收成混合调配而成的，酒标上注明上市日期和调配酒的年份。

2014年上市的（Unico Reserva Especial），三个年份酒是（1994、1995、2000）

2013年上市的（Unico Reserva Especial），三个年份酒是（1994、1999、2000）

2012年上市的（Unico Reserva Especial），三个年份酒是（1991、1994、1999）

2011年上市的（Unico Reserva Especial），三个年份酒是（1991、1994、1998）

2010年上市的（Unico Reserva Especial），三个年份酒是（1991、

1994、1995）

2009年上市的（Unico Reserva Especial），三个年份酒是（1990、1994、1996）

2008年上市的（Unico Reserva Especial），三个年份酒是（1990、1991、1996）

2007年上市的（Unico Reserva Especial），三个年份酒是（1990、1991、1994）

2006年上市的（Unico Reserva Especial），三个年份酒是（1989、1990、1994）

2005年上市的（Unico Reserva Especial），三个年份酒是（1985、1991、1996）

2004年上市的（Unico Reserva Especial），三个年份酒是（1985、1990、1991）

2003年上市的（Unico Reserva Especial），三个年份酒是（1985、1990、1991）

2002年上市的（Unico Reserva Especial），三个年份酒是（1985、1986、1990）

2001年上市的（Unico Reserva Especial），三个年份酒是（1985、1990、1994）

2000年上市的（Unico Reserva Especial），三个年份酒是（1981、1990、1994）

Wine

维加西西里亚珍藏级
Vega Sicilia Uncio 1962

基本介绍

分数：WA100
适饮期：2012~2030
台湾市场价：约1200美元
品种：田帕尼罗，混有少许的波尔多品种
橡木桶：法国橡木桶、美国橡木桶
桶陈：84个月以上
瓶陈：12~48个月
年产量：5,000箱

🍷 **品酒笔记**

此酒色呈棕红色，经过50多年的陈年，丝毫看不出疲惫，仍然炯炯有神，充满力量，单宁如丝，优雅且复杂，纯净而有条理，饮来有一层神秘的黑色果香、烟熏、野莓、黑巧克力、雪茄盒、饱满而厚实，但又让人觉得深不可测，难以想象，不愧为世界顶级佳酿，无与伦比。难怪WA会将其评为100满分，堪称当今世界1962年份葡萄酒最佳典范。个人觉得应该能再放30年以上。

🍴 **建议搭配**

烤羊腿、红烧排骨、卤牛腱、煎牛排。

★ 推荐菜单 烤乳猪

烤乳猪是传统食品的一种。制法是将2~6个星期大，仍未断奶的乳猪宰杀后，以炉火烧烤而成。中国在西周时相信便已有食用烧猪。烤乳猪在广东已有超过2,000年的历史。在南越王墓中起出的陪葬品中，便包括了专门用作烤乳猪的烤炉和叉。

乳猪的特点包括皮薄脆、肉松嫩、骨香酥。吃时把乳猪剁成小片，因肉少皮薄，称为片皮乳猪。西班牙的南部烤乳猪也是一绝，大部分用来搭配西班牙酒。今日我们也以这款西班牙酒王的维加西西里（Vega Sicilia Uncio 1962）来搭配这道菜。这支酒经过50多年的陈年，仍然勇猛如虎，充满活力，散发出难以形容的新鲜果味，还有亚洲胡椒粉，明显的黑巧克力，轻描的烟木桶，优雅的森林芬多精。乳猪的皮和酒相搭，甜美而不腻，果香与乳猪皮的焦香互不干扰，而且可以同时发挥实力，提升至最美味的境界。细致的单宁甚至可以柔化乳猪肉的干涩，这是我第二次喝到这款美酒，能再度喝与自己同年龄的酒，实在妙不可言。

餐厅｜上海皇朝尊会
地址｜上海市长宁区延安西路
　　　1116号

（左至右）酒庄建筑如宋代官帽。作者与庄主在酒庄合影。酒窖中全新橡木桶。

101　志辉源石酒庄

　　法国波尔多大学葡萄酒科学院院长、酿酒工程博士杜德先生（Dubourdieu）来到志辉源石酒庄，曾发出这样的赞叹："来到志辉源石酒庄，仿佛置身葡萄酒的东方殿堂，感受到灵魂最深处的震撼。"杜德生先生这样的赞美岂是只有东方之美，对于整个西方的酒庄来说志辉源石酒庄都可以排名全世界最美最大的酒庄。

　　酒庄总占地面积2,050亩，其中葡萄园面积占2,000亩，酒堡面积占50亩。建筑面积12,000平方米。酒堡主要分为：品酒大厅、文化展示馆、会所。酒窖占地约4,000平方米，用于葡萄酒的窖藏。酒庄建设理念是给游人提供休闲、度假、品酒、欣赏高雅文化的场所。酒庄的主建筑形似中国宋代的官帽，这代表着庄主对中国传统历史的推崇与尊重。酒庄建筑结合中国的石雕、青砖、青瓦、树枝、木块的点缀，打造成中国最大最美丽的度假休闲酒庄。

　　源石酒庄的"源"字与庄主姓氏"袁"谐音，同时也蕴含了酒庄的起源特点。酒庄位于贺兰山东麓葡萄酒产区，为中国主要葡萄酒产区，寓意"酒之源"。"石"字有两层寓意。1985年，庄主在父亲的带领下，兄弟一起，在贺兰山下经营砂石。"石"字寓意庄主经营的砂石产业。另一层寓意，来源于酒庄的建筑，全部使用贺兰山下的卵石建造而成。

　　酒庄特别请来法国著名葡萄酒酿酒师派翠克·索伊（Patrick Soye）当酒庄顾问。并且在国内外获奖无数：2014年3月，山之魂2012年份卡本内·苏维翁红酒在中国葡萄酒发展峰会上获珍西·罗宾森（Jancis Robinson）、贝纳·布尔奇（Bernard Burtschy）、伊安·达加塔（Ian D'Agata）三位大师联名推荐。2014年7月，山之魂2012年份再荣获世界葡萄酒大会葡萄酒巅峰挑战赛铜奖。2013年7月，山之子2011年份荣获第七届烟台博览会中国优质葡萄酒挑战赛金奖。2014年9月，山之魂2012荣获贺兰山东麓国际葡萄酒博览会金奖。2014年10月，山之了2011年份荣获第三届国际领袖产区葡萄酒（中国）品质大赛金牌奖，山之魂2012年份荣获评委会特别大奖。

2014年的5月和6月两度造访酒庄，都是由庄主袁辉先生亲自接待，这是一家在贺兰山下，风光秀丽，鸟语花香的酒庄。酒庄主体以宋代官帽呈现，巨大雄伟，气度恢宏。当我看到这么大的酒庄之后，立刻想到美国最著名的酒庄罗伯·蒙大维，并且告诉袁辉庄主说："这么广大的酒庄应该发展成旅游观光酒庄，酒庄内可建设度假中心，提供住宿、参观、美食、品酒、艺术音乐表演和举行婚宴场地。"他马上同意此看法，并且说现在已经陆续在建造了。他接着又说："酒庄已投入2亿人民币，最主要是想酿自己的酒，酿出具有宁夏贺兰山东麓特色的酒，希望有一天消费者一喝就知道是源石酒庄酿的酒。"这样豪情万丈又非常有中华民族情怀的庄主，实在令人钦佩。

DaTa

地　　址｜银川市西夏区镇北堡镇110国道玉佛寺南侧
电　　话｜0951-5685880/5685881
网　　站｜www.yschâteau.com
备　　注｜可以预约参观，并接受团体行程

推荐酒款

志辉源石山之魂2012

基本介绍
适饮期：2015~2025
市场价：1,000元人民币
品种：80%卡本内·苏维翁，15%美洛，5%卡本内·弗朗
橡木桶：法国新橡木桶
桶陈：12个月
年产量：5,000瓶

庄主龚杰、宁夏电视台主持人张染和作者在酒庄前合影。酒窖。难得的百年老树藤。

102 贺东庄园

2015年3月6日，由贝丹和德梭酒评家团队主办的"北京首届贝丹德梭中国葡萄酒品鉴会"在北京798艺术区喜马拉雅俱乐部举行。酒评家团队是包括担任《法国葡萄酒评论RVF》25年的主编贝丹（Michel Bettane）和德梭（Thierry Desseauve）在内等9名中法著名酒评人。评审团对173款中国葡萄酒进行了盲品，最后有31款评分超过13分（20分制）的葡萄酒入围，其中有21款葡萄酒来自宁夏贺兰山东麓产区，其余10款分别来自北京、山西、新疆、甘肃、河北和胶东产区。这也是该年鉴首次收录来自中国产区的葡萄酒。贺东庄园2013年份卡本内·苏维翁红酒和贺东窖藏卡本内·苏维翁红酒两款高端酒成功晋入国际著名酒评家贝丹和德梭的《2015-2016贝丹德梭葡萄酒年鉴中文版》，这项殊荣确实得来不易，这也代表中国的葡萄酒将正式登上国际舞台。

宁夏贺兰山东麓庄园酒业有限公司（简称贺东庄园）成立于2002年，虽然是一个非常年轻的酒庄，但是雄心勃勃，而且挟着100年以上老藤和大量的资金投入，在国内外葡萄酒比赛中屡创佳绩，获奖无数。2013年5月份在伦敦举行的《品醇客》杂志世界葡萄酒大赛中，贺东庄园夏多内白酒脱颖而出，荣获推荐奖；2013年7月份在蓬莱举行的2013Vinalies国际比赛中，贺东庄园夏多内白酒荣获银奖；2014年《品醇客》杂志世界葡萄酒大赛中，贺东庄园夏多内白酒2013年份再度荣获银奖。

贺东庄园种植面积200公顷土地，1997年至今从法国多次引进了卡本内·苏维翁、卡本内·弗朗、蛇龙珠、希哈、黑皮诺、美洛、夏多内等国际种苗。园内风景秀丽，地理位置十分优越，在最适宜种植酿酒葡萄的北纬38°黄金点上，和法国波尔多的地理位置相似。酒庄重金礼聘法国著名酿酒师吉姆（Guillaume Mottes）作为公司的执行长，指导酒庄的建造、葡萄的种植、葡萄酒酿制和储存。

贺东庄园是宁夏历史最悠久的庄园之一，园内的老藤葡萄为"黑无核"葡萄品种，经专家鉴定，树龄已超过百年，现存225株，其中最粗的直径达28.6厘米，周长为90厘米，为现存最古老的葡萄树种之一，堪称葡萄树之王。一株老藤仅酿750到1,000毫升酒，还必须在橡木桶里放18个月以上，年产量仅仅300瓶。作者曾在2014年的5月为了拍摄《中国·北纬38度》专题节目，和宁夏电视台主持人当家一姐张染到酒庄采访，董事长龚杰先生亲自接待并引导参观。他告诉我们当初以为这些产量少的老藤葡萄不是枯死就是无法结果了，所以铲除很多老树，重新栽种新的葡萄树来增加产量，后来才知道贺东庄园里的葡萄老株是中国的珍宝啊！他也接受我的建议，从2014年开始酿制百年老树葡萄酒，这些酒正存放于橡木桶内，留待世人享用！我还帮它取名为："贺东庄园百年老树限量葡萄酒。"

对于中国的葡萄酒我们应该给予更多的鼓励与关怀，正如法国酒评家德梭先生所说："对于中国葡萄酒的前景充满了期待，生产好的葡萄酒对中国是一种挑战。但是在世界新兴葡萄酒产区里面，中国是发展最快的，我们需要给他们一些时间。"

DaTa

地　　址 | 宁夏石嘴山市大武口区金工路1号
电　　话 | +286 952-2658398
传　　真 | +286 952-2658398
网　　站 | www.nxhdzy.cn
备　　注 | 可预约参观

推荐酒款

贺东庄园卡本内·苏维翁红酒 2011
已进入《2015-2016贝丹德梭葡萄酒年鉴中文版》

基本介绍
适饮期：2015~2025
市场价：1,100元人民币
品种：100% 卡本内·苏维翁
橡木桶：法国新橡木桶
桶陈：12个月
年产量：110,000瓶

A | B | C

A. 作者与酒庄创办人容健、酿酒师张静在酒庄门口合影。B. 珍西·罗宾森在橡木桶上签名。C. 葡萄园。

103 贺兰晴雪酒庄

英国《品醇客》一年一度的世界葡萄酒大赛是国际上最具影响力的葡萄酒赛事之一，向来是国际酒界必争之地，也是世界上所有酒庄一展拳脚的舞台。在2011年，共有来自世界各国的12,252款葡萄酒参赛，评选之后的结果令人跌破眼镜，贺兰晴雪2008年份加贝兰红葡萄酒获得银奖，2009年份的加贝兰特别珍藏（Grand Reserve）红酒获得"国际特别大奖"，这是中国葡萄酒首次登上世界最高殿堂。英国销量最高的报纸每日电讯报（The Daily Telegraph）在头版刊登"中国葡萄酒正在挫败法国"的标题。

600多年前，明太祖朱元璋第十六子庆王朱栴选出了"宁夏八景"，并分别赋诗一首，第一景是《贺兰晴雪》。贺兰晴雪酒庄名称也是根据这八景而来，创办人容健先生曾经在酒庄园内拍下这样的美景，这幅作品就放在酒庄的入口处供来访者欣赏。酒庄注册的品牌是加贝兰，谈起加贝兰的由来，容会长笑称当时注册的品牌名称是以贺兰开头的，但是审核没通过，索性把贺兰山的"贺"字的上下两部分拆开，于是就有了现在的加贝兰。

贺兰晴雪酒庄离西夏王陵只有10分钟，作为贺兰山东麓葡萄酒的领头羊，为了探索在宁夏的风土气候中能够适应的酿酒葡萄品种和其栽培方式，并酿造出优质葡萄酒，曾经是宁夏回族自治区党委副秘书长现任自治区葡萄产业协会会长的容健和王奉玉秘书长在贺兰山脚下创建了这家示范酒庄，酒庄同时也是宁夏葡萄酒产业协会的所在地。酒庄初创时面积很小，葡萄园只有100多亩，谁也不会想到这间小酒庄日后会成为贺兰山东麓的一颗明珠。酒庄引种了法国16个品种的葡萄，种植面积200多亩，拥有地下酒窖1,000平方米，年产量仅仅50,000瓶。张静为酒庄的酿酒师，是"世界十大酿酒顾问"之一的李德美先生的弟子。酒庄2008年正式聘请他为贺兰晴雪的酿酒顾问。

2009年酿酒师张静为即将出生的女儿专门酿造了一款红葡萄酒，并在橡木桶上刻上了女儿名字和初生时的脚印，取名"小脚丫"。2012年，珍西·罗宾森大师品尝了小脚丫之后十分惊叹，认为比获大奖的加贝兰2009更具特色，并将这款酒收录在最新的第七版《世界葡萄酒地图》中。

2014年的5月和6月份我分别拜访了酒庄，受到容健会长和酿酒师张静的亲自接待。容老先生特别告诉我："宁夏土壤贫瘠，产量低而成本高，所以生产日常酒品是没有出路的，只有做优质酒才是正确路线。"并且决定将得到大奖的2009年份特别珍藏作为一级标准，只有在最好的年份，用最优质的葡萄才可以酿造这个等级的酒。然而从2010年至2013年，足够优秀的天气条件尚未出现，酒庄已经连续四年放弃"特别珍藏版"的酿造，只好用来酿制加贝兰珍藏级（Reserve）。在酒窖的品酒室我分别品尝了2010、2011、2012三个垂直年份的加贝兰珍藏级，我对2011年份酒特别喜欢，笔记上是这样写着："结构扎实、果味强、香草、蓝莓、奶油、西洋杉，余韵长，单宁柔软，紫罗兰花香、橄榄味在其中。"

最后值得一提的是：贺兰晴雪酒庄2013的加贝兰珍藏级红酒已经列入国际著名酒评家贝丹和德梭的《2015~2016贝丹德梭葡萄酒年鉴中文版》。这又再一次证明了酒庄的实力绝不是靠运气得来的。

地　　址 | 宁夏银川公园街24号317室葡萄产业协会
电　　话 | 0951-5023809
备　　注 | 必须预约参观

DaTa

推荐酒款

贺兰晴雪酒庄2011加贝兰珍藏级红酒

基本介绍

适饮期：2014~2025
市场价：1,000元人民币
品种：100% 卡本内·苏维翁
橡木桶：法国新橡木桶
桶陈：12个月
年产量：10,000瓶

A | B　**A.** 作者与酒庄创办人容健、酿酒师张静在酒庄门口合影。**B.** 珍西·罗宾森在橡木桶上签名。

104　银色高地酒庄

国际葡萄酒大师珍西·罗宾森（Jancis Robinson）在金融时报就她的中国之行发表《中国葡萄酒的清新酒香》一文，称"中国葡萄酒产业出现的一颗新星。"罗宾森所指的新星，就是宁夏的银色高地酒庄。珍西·罗宾森（Jancis Robinson）给银色高地的酒打分，在其20分制的评分当中2007年的酒打了16分，2008打了16+分，2009年份的艾玛私家珍藏打了17分，这水平相当于法国的列级酒庄甚至是二级酒庄以上的分数，这对于一个刚萌芽的中国酒庄来说相当不容易。

银色高地酒庄创办人高林先生从1999年开始种葡萄，当时高林在贺兰山海拔等高线1300米的半山腰找了一大片3000亩的冲积扇地块，开始种植葡萄。

庄主女儿高源在父亲的安排下在法国接受了葡萄酒专业培训。在波尔多第二大学三年学习葡萄酒酿造，随后又在波尔多第四大学读了一年的市场营销。并且获得进入波尔多三级酒庄的卡浓·西谷酒庄（Calon Ségur）实习。回国后高源在新疆的香都酿了三个年份的酒，2007年到上海桃乐丝公司做训练师。这些经历都为她日后的酿酒事业打下基础。

2007年是酒庄的首酿年份。那一年高源尝试性酿了10桶酒，其中包括5个法国橡木桶，在院子里挖了一个地下酒窖储存橡木桶，开始酿酒，这就是酒庄的前身。

银色高地目前拥有1,000亩的葡萄园，年产量为60,000瓶酒。总共生产四款酒：入门级"昂首天歌"，并不进桶，只在宁夏市场销售。"银色高地家族珍藏"，在50%的美国旧橡木桶和50%的法国旧橡木桶中陈年12个月。售价新台币1,300元一瓶。"银色高地阙歌"在100%的法国新橡木桶中陈酿20个月。售价新台币2,000元一瓶。艾玛私家珍藏，以高源女儿艾玛（Emma）命名，100%卡本内·苏维翁，100%新桶，橡木桶陈年24个月，产量仅仅1,000瓶1.5升装。只作为酒庄招待客人或赠送贵宾之用。

2014年的5月7日我第一次拜访银色高地酒庄，酒庄离市区不远，汽车沿着贺兰山中路行驶，15分钟以后就来到这个"小院"。这个·小酒庄和我在波尔多、勃艮第甚至是意大利看到的车库酒庄很相似，一间小小的院子和两三个由砖块砌成的房子，还有几棵白杨树和一些葡萄藤，连门口挂的都是铁制的酒庄招牌，就如同一间小型加工厂。这就是银色高地酒庄，高源一家人也住在这里。

　　高源与父亲高林特别亲自迎接，带我参观了酒窖，也看看她在这里所试种的几十株葡萄树，最后，又请我们在院子里进行品酒，品尝的是2011银色高地家族珍藏、2011银色高地阙歌和2009艾玛私家珍藏，在我来之前已经先放在醒酒瓶醒过。其中阙歌和艾玛私家珍藏表现相当优异，不愧是当家作品。尤其是艾玛私家珍藏酒色呈墨紫色不透光，有蓝莓、黑醋栗、紫罗兰、红色浆果和雪松的味道。

　　很多中国评论家议论高源酿酒是在模仿法国风格，但是高源说："她所做的，只是把法国酿酒师的精神带到了银色高地。"但是不可否认银色高地的诞生对中国葡萄酒确实有绝对性的影响。酒庄所生产的酒几乎囊括国内外大奖；银色高地家族珍藏2009年份荣获2011年中国本土最佳葡萄酒奖，银色高地阙歌2009年份、银色高地家族珍藏2009年份荣获2012年法国葡萄酒评论RVF中国葡萄酒大赛金奖，高源荣获中国最佳酿酒师荣誉。银色高地阙歌也已经列入国际著名酒评家贝丹和德梭的《2015-2016贝丹德梭葡萄酒年鉴中文版》。以上这些殊荣都足以证明银色高地在中国举足轻重的地位。

DaTa

地　　址 | 宁夏银川市银丰村林场内贺兰山中路爱伊河畔
电　　话 | 0951-5067030
备　　注 | 必须预约参观

推荐
酒款

银色高地酒庄阙歌红酒 2007

基本介绍

适饮期：2011~2022
市场价：800元人民币
品种：100%卡本内·苏维翁
橡木桶：法国新橡木桶
桶陈：12个月
年产量：3,000瓶